U0143580

静物效果图（一）

金属焦散

光滑玻璃材质

工业设计 / 汽车

现代建筑效果图

阳光客厅效果图

灯光材质

水果拼盘

静物效果图（二）

金属效果

月光卧室效果图

阳光卧室效果图

磨沙金属效果

玉材质效果

现代建筑效果图制作

展览展示效果图

地毯置换效果

天光照明效果

VRay 卡通特效

玻璃焦散

丁海关 /编著

VRay 1.5 课堂实录

清华大学出版社

内 容 简 介

本书是一本关于VRay渲染器软件技术与实战应用的学习手册，全书共16课，循序渐进地从浅到深进行讲解，包括VRay渲染器简介、控制面板的使用、VR灯光、一些特殊材质效果以及VR渲染器的贴图等内容，最后以实例贯穿全书内容，本书对建模、材质、灯光、动画、渲染、摄像机等多方面进行了详细的介绍。并且有多个独立的典型实例，题材丰富，步骤详细清晰，紧扣VRay渲染器的主要功能，可以让读者朋友们通过对实例的学习熟练地掌握VRay渲染器的使用技巧和方法。

本书由业内资深的设计师精心设计编著，内容丰富，图文并茂，所附的光盘中包含书中实例的素材文件和场景文件，非常方便读者朋友们学习使用。

本书适合初、中级用户使用，非常适合自学，也可以作为电脑美术专业的教材和参考手册。

图书在版编目（CIP）数据

VRay 1.5课堂实录 / 丁海关编著. —北京：清华大学出版社，2008.12
（课堂实录）
ISBN 978-7-302-17580-3
Ⅰ.V…　Ⅱ.丁…　Ⅲ.三维－动画－图形软件，VRay 1.5—教材　Ⅳ.TP391.41
中国版本图书馆CIP数据核字（2008）第066080号

责任编辑：陈绿春
装帧设计：新知互动
责任校对：徐俊伟
责任印制：孟凡玉
出版发行：清华大学出版社　　**地　址**：北京清华大学学研大厦A座
http://www.tup.com.cn　　**邮　编**：100084
社 总 机：010-62770175　　**邮　购**：010-62786544
投稿与读者服务：010-62776969，c-service@tup.tsinghua.edu.cn
质 量 反 馈：010-62772015，zhiliang@tup.tsinghua.edu.cn
印 刷 者：北京市世界知识印刷厂
装 订 者：三河市金元印装有限公司
经　销：全国新华书店
开　本：203×260　**印　张**：18　**插　页**：4　**字　数**：527千字
附DVD1张
版　次：2008年12月第1版　　**印　次**：2008年12月第1次印刷
印　数：1～5000
定　价：69.00元

本书如存在文字不清、漏印、缺页、倒页、脱页等印装质量问题，请与清华大学出版社出版部联系调换。联系电话：(010)62770177转3103　　产品编号：026332-01

Preface 前 言 →

伴随以计算机的发展为主要视觉设计工具的今天，从电影特效、三维动画、建筑表现、电视广告、片头，到我们身边的手机游戏画面、彩信、电脑桌面图案、数码照片，甚至简单到超市中的宣传海报，无时无刻不是与今天的计算机三维技术有着密切的联系。

本书中的 VRay 渲染器大体是以由浅到深，循序渐进，并通过图解说明的办法提高学习的效率。本书详细地介绍了 VR 渲染器的材质、灯光和渲染参数设置等方面的应用，为了使读者朋友们在短时间内掌握 VRay 渲染器的精髓，全书每一课都有实例，特别是后面几课的实例篇，全部是以实例组成，使读者朋友们可以通过学习实例融会贯通前面所学的知识，可以更强地加深印象，而且每个实例有丰富的图片和文字说明，让每一个步骤都简单明了。

本书的后面几课内容中也安排了建模的简要步骤，充分地考虑到读者朋友们学习 VRay 渲染器的方式，把每一课的内容都做了详细的介绍，并且通过实例的制作来消化前面所学的内容，非常容易上手，也不容易忘记前面所学的内容。本书通过实例制作的方式加深对学习内容的印象，可以让读者朋友们迅速地掌握 VRay 渲染器的技术和内容。

本书主要是针对初、中级读者，在内容上力求照顾到不同层次的读者，既能让初学者通过学习本书一步一步地从入门入手学起，也可以让已经具有一定基础的朋友学习到比较深入一些的知识，本书在进行知识讲解的时候，兼顾了实际的操作，同时还配有详细的小知识讲解，因此对初、中级用户是一本非常好的入门教材和参考手册。

在本书所赠的光盘中有每个实例的场景文件和素材文件，读者朋友可以在学习过程中省去很多不必要的麻烦，提高了学习的效率，配套的光盘里所有的素材只限个人学习使用，严禁用于其他用途。

祝愿所有的读者朋友们能早日掌握 VRay 渲染器的技术，并走向自己理想的岗位。

感谢您选择本书，也衷心希望本书能对您制作水平的提高有所帮助，由于时间紧迫，书中难免有疏忽之处，敬请广大读者朋友指正。

编　者

目 录
Contents

目 录 Contents

目　录 Contents

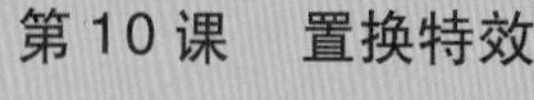

第 01 课

VRay 概述

本课主要讲解 VRay 1.5 渲染器的安装方法、基本特点和使用程序，并初步了解 VRay 1.5 渲染器的材质和灯光的设置方法。

1.1 基础知识讲解

1.1.1 当代渲染世界

IT 产业现在发展迅猛，其支撑就是计算机技术，而最近国内高呼发展游戏动漫产业，其核心技术就是计算机技术中的一支——图形学中的渲染技术，尤其是3ds max 渲染技术，接下来就浅谈一下3ds max 的渲染技术。

渲染技术顾名思义就是用计算机描述外界事物的一种可视化技术。它被大量地用于游戏平台、动画软件、专业效果图制作、工作站，以及影视中。而3ds max 的渲染技术就是用3ds max 的观念将事物渲染出来，于是如何将事物表达得更加真实，便成了3ds max 渲染技术中首要的目标。

回到1960 年美国的一间实验室中，当时有一名叫威廉 · 菲德尔的设计师，正试图提高波音飞机内的空间利用率，最终他发明了一种能以人的视角看的视图，这就是最早的3d 视图，而威廉 · 菲德尔就是最早运用3d 渲染技术的人，可见最早的3d 渲染技术是运用于商业工程的，或者说正是由于商业界对利润的追求，使得计算机科学家们挖掘计算机的一些可用之处，从而促生了3ds max 渲染技术，为美国的电影特技、广告的宣传、商业制图以及游戏的繁荣提供了强有力而又基础的支持。

在1963 年，伊万 · 萨瑟兰郡在他的博士论文中，讲述了使3d 物体运动起来的原理。从那时候起，人们便可以通过计算机与自己创建的图形进行交互。这就是第一款用户交互界面，为以后的游戏平台、操作系统的图形化奠定了基础。

自从那以后，萨瑟兰郡便一直为军方效力，他在军方工作的这时间里，创造出比其他工作人员更多的图形技术。如果以现在的标准来评判，当时的技术是十分粗糙的。人们可以从一个方向上看到物体的前后两个面。萨瑟兰郡和他的同事威列、罗米尼以及埃德尔，开发了对固体隐藏面消除的扫描线技术，在他们名为10 项背面消除算法的描述的论文中，涵盖了现在为人所知的背面探测、深度排序、光线覆盖以及z 缓冲和分区间等一系列背向消除算法。

到这个阶段，人们已经可以看到相对真实的效果了，但是为了增强真实性，制图只能是增加三角形的个数（3d 图形的最小单位），为了进一步减小成本，研究人员就把目光转向了如何用较少的多边形，表达很多多边形产生的效果上。这就产生了一系列叫描影法（shading）的技术，其中就有著名的Gouruad 渲染模型，它是哈里 · 格兰德发明的，虽然这个模型使真实感得到了重大飞跃，但是它没有很好地解决物体边界上的小型面的模糊问题。

基于这个问题，一个名叫发恩 · 布通的研究员，在哈里的基础上对其算法进行改进，创建了高精度的Phone 模型，这很好地解决了上面的问题，而且带来的是接近于Gouruad 模型8 倍的时间。

在模拟物体上，前两个模型都是模拟光滑的物体，而在现实生活中很大部分都是粗糙的物体。所以很自然的，便有人研究怎么样模拟粗糙的物体。吉姆 · 布林恩发明了一种叫凹凸映射的技术，用于模拟表面粗糙有凹凸感的物体。但是问题出现了，凹凸映射产生的物体，在主要区域有着很好的凹凸感，而它却有光滑且清晰的边缘，这使得物体很不自然。

这样便产生了叫代替映射的技术，如果说Phone 模型对应着Gouruad 模型的话，那么代替映射就对应着凹凸映射，新的技术在解决老技术的问题的同时，带来的是对资源的需求和渲染时间的延长。

从20 世纪60 年代一直到80 年代，都是基于纯计算机概念去产生可视化的图像，而在特纳 · 华特德的名为《在渲染显示中改进的光照模型》论文发表以后，人们就将目光转向了基于物理光学的模型，而现在要解决的一个最大的问题就是全局光照的技术，对全局光照的自然模拟，是现代图形渲染所追求的目标，也是奔向真实感的一条路径。

光线追踪技术，就是模拟一条光线从用户眼中发射，通过屏幕进入虚拟场景中的物体，进行反射，直到其走出场景或遇到发光体的过程，这已经将视角从物体发光、人们被动地接受光线的角度，转到了主动地去接收光子的角度，这一视角的变化毫无疑问为技术开辟了一个崭新的发展方向。它使得物体更加有现实感，但在反走样上却做得不够。

罗伯特·库克在他 1986 年的论文中首先提出了随机采样的策略，并以噪波的概念来解决反走样的问题，库克的技术擅长于模拟类绒毛物。库克还建立名叫“渲染者”的标准来解决光线追踪带来的问题。

但是随机采样并未完全解决全局光照的问题，从物理模型中分析，要有种与漫反射相关的模型来解决这些问题，而早在 1984 年，辛迪·格荣、肯纳斯·唐罗伦斯、唐纳德·格林比格以及柏斯莱特·柏泰尔就研究了有关漫反射的算法并发表了名为《漫反射面间的交互建模》，后来叫辐射度技术。但这种技术需要把一个空间分成若干子空间，这样需要占用很多资源。辐射度技术要求对多边形紧密地操作，同样导致了其他问题，比如有很明显的不自然的图像，在累加中的误差产生的形变，以及圆钝而不真实的阴影。

直到 1994 年，一位名叫亨利克·沃恩·简森的研究人员，在他的博士论文中，阐明了一种叫光子映射的技术，以解决全局光照带来的问题，而简森的研究成果在 2 年后才公开出来，在他的论文《用光子映射来做全局光照》中，对光子映射技术有深刻的阐述。光子映射技术有两个步骤：第一，先释放一些光子到虚拟世界中，这些光子遇到物体反射后将减小光强，但是此物体上的颜色被记录到了数据结构中；第二，将使用光子进行取样，有点像光线跟踪，并且计算一个光子对多少个像素颜色和光照产生作用。对于光子映射来说，这样的技术很容易模拟新的、对视觉很有冲击的图像，比如：半透明的东西、火焰、人体皮肤等，如图 1-1 所示。

图 1-1　半透明和金属材质的运用

最近几十年，游戏产业占领了市场很大的份额，它甚至成为了韩国、日本等国家的重要经济来源之一，不得不称其为他们国家的经济支柱，就在强大的市场驱动下，要求发明强大实时的渲染技术，而实时的特点就是对时间的要求特别高，不像在电影与动漫中用的离线渲染。游戏产业的发展和地位，使得人们的目光转向了即时渲染上。

反射、折射和阴影在以前的基础上，已经可以很好地进行即时渲染，但漫反射还做不到这点，这就催生了基于图像的照明技术，它不仅将颜色存储在文件中，而且将辐射度信息也存在文件中。后者，用于计算每一个像素对场景漫发射的贡献程度。

基于图像的照明技术和高动态范围映像技术，在 2005 年的 SIGGRAPH 上作了介绍。它们算得上现在最先进的渲染技术。

在当今这个以求制作超写实的渲染器世界中，渲染器种类非常多，在这里就仅介绍具有领先地位之一的 VRay 渲染器。

1.1.2 VRay 渲染器的特点以及特殊功能

VRay 渲染器是德国 Chaos Group 公司开发的渲染工具，早在 2000 年之前就推出了一个测试版本，后来更名为 VRay，与 3ds max 的渲染器 MentalRay、MaxMan、finalRender、Lightscape 以及 Maxwell 等形式的渲染器形成了竞争的局面。这些渲染器各有所长。VRay 渲染器的特点是使用比较简单，容易出效果；缺点是中间版本比较多。它的最大特点是功能稳定、渲染速度较快，尤其是在制作室内外效果图与产品展示的图像方面非常出色，如图 1－2 所示。

图 1－2 VRay 产品造型和效果图渲染

VRay 渲染器在表现物体材质、光影等诸多方面都超过了 3ds max 默认的效果，下面具体介绍一下它的特点。

材质特点

VRay 渲染器的材质类型有 VR 双面材质、VR 代理材质（全局光材质）、VR 灯光材质、VRayMtl（VRay 材质）与 VR 材质包裹器（包裹材质），它的贴图类型有 VR 位图过滤器、VR 合成纹理（混合贴图）、VR 灰尘（污垢）、VR 边纹理（边线贴图）、VR 颜色、VRayHDRI（高动态纹理）、VRay 贴图与 VR 天光。

材质类型细分如下。

1. VR 双面材质

它可以用来制作类似报纸等两面都有不同贴图的材质。

2. VR 代理材质（全局光材质）

可以通过设置接受与传递光子参数来控制物体的色溢。

3. VR 灯光材质

它可以运用贴图来模拟灯光效果，例如灯箱、电视电影荧屏等。

4. VRayMtl（VRay 材质）

它是 VRay 渲染器的标准材质，类似于 3ds max 默认的 Standard 材质，可以有效控制物体反射折射属性。

5. VR 材质包裹器（包裹材质）

用来制作类似阴影遮罩等属性的材质，还可以控制接受与传递光子的属性。

贴图类型细分如下。

1. VR 位图过滤器

类似于施加了 Photoshop 滤镜的贴图控制材质。

2. VR 合成纹理（混合贴图）

它是用来制作贴图的混合效果的。

3. VR 灰尘(污垢)

用来制作带有灰尘或者污垢效果的材质。

4. VR 边纹理(边线贴图)

用来制作线框特效的材质。

5. VR 颜色

用于制作类似于半透明属性的材质，例如蜡烛、玉石或者皮肤等。

6. VRayHDRI(高动态纹理)

是制作环境反射或者照明的贴图类型。

7. VRay 贴图

在 VRay 渲染器模式下取代了 3ds max 默认的光线跟踪贴图。

8. VR 天光

用来模拟天空球，与 VR 天光灯光物体联合使用能够制作出逼真的天空与阳光。

这里我们只讲解了各个材质所模拟的物体，在后面的学习当中将会对这些材质的设置进行系统的学习。带大家一起体验 VRay 材质的强大功能。

光影特点

光照阴影是 VRay 在全局光照功能上的独到之处，也是它与其他渲染器竞争的主要资本。VRay 的专用灯光阴影会自动产生真实且自然的阴影。VRay 还支持 3ds max 默认的灯光，并提供了 VRayShadow 专用阴影。VRay 的光线跟踪效果来自于优秀的渲染计算引擎，包括准蒙特卡洛、发光贴图、灯光贴图与光子贴图。VRay 的环境光支持 HDRI 图像与纯色调，HDRI 图像则会产生更加真实的光线色泽。VRay 还提供了类似 VRaySun 与 VRaySky 等用于控制真实效果的天光模拟工具。

特效特点

VRay 的专用特效焦散、置换、毛发、卡通、运动模糊与摄影机镜头等，例如焦散特效制作玻璃有很好的效果，置换和毛发经常运用到毛巾、地毯等织物材质的设置上面。其实这些特效制作方法是非常简单的，只需激活某项功能或者调节几个选项即可，在后面会对特效做进一步详细的讲解，这里就不多介绍了。

技巧 / 提示

在进行 3ds max 渲染器的学习过程中，大家最好不要多个渲染器同时进行学习，这样效果肯定不佳，往往出现的后果是竹篮打水一场空，要循序渐进逐个攻克，这才是好习惯。并且在学习一个渲染器时可以针对以前学过的渲染器进行比较对照，掌握它们的优缺点。

任何一款渲染器的学习都不是在固定模式下进行的，例如：相同材质在不同的环境下不改变的反射和折射值所表现出来的效果是不一样 的。所以说学习一个渲染器的过程也是我们不断实验的过程，我们应该提高自己造型和色彩上的能力，并且要很好地掌握自然界事物的物理属性，这样才能在渲染的时候做到精益求精。

1.1.3 VRay 1.5 的安装

鼠标双击(VRay 安装程序文件)，提示即可安装。

技巧 / 提示

如果想让 3ds Max 9 中文版每次打开时都在默认的状态下使用 VRay 渲染器，可以在“指定渲染器”卷展栏中单击 保存为默认设置 按钮，来存储默认设置。这样，下次打开 3ds Max 9 中文版后，系统默认的渲染器就是 VRay 渲染器。

1.1.4 如何调出 VRay 1.5 渲染面板

VRay 渲染器的指定

打开3ds Max 9中文版软件后，单击工具栏中的按钮或者按快捷键F10，此时弹出“渲染场景”对话框，从中打开“指定渲染器”卷展栏，在这里指定VRay渲染器。

单击“产品级”一栏后面的按钮，在弹出的“选择渲染器”对话框中选择“V-Ray Adv 1.5 RC3”渲染器，如图1-3所示。

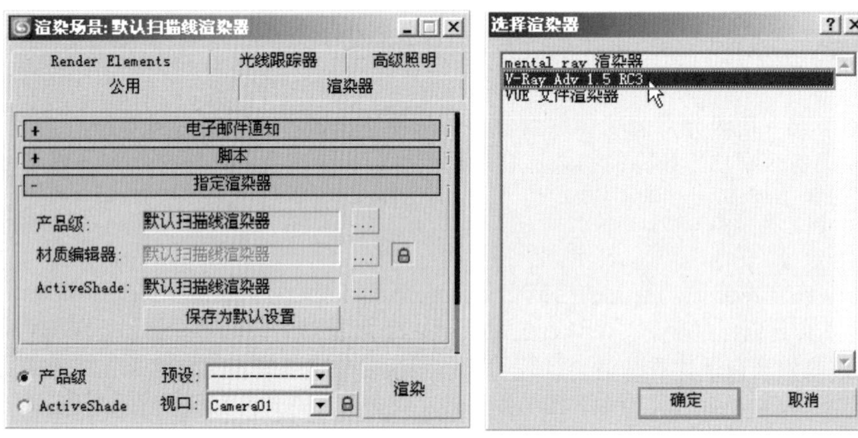

图1-3 设置VRay渲染器

VRay 渲染器的简单使用方法

打开“渲染场景”对话框，单击“渲染器”一项，弹出“渲染器”分栏界面，如图1-4所示。

在VRay渲染器中共有16个卷展栏，初学者一般比较常用的卷展栏为“图像采样(反锯齿)”与“间接照明(GI)”。其中“图像采样(反锯齿)”用于控制画面的质量也就是渲染精细程度，“间接照明(GI)”用于开启全局光系统及使用何种全局光照引擎。“帧缓冲区”是一种VRay自己开发的渲染显示窗口，与3ds max默认的窗口功能比较相似，没有必要必须去使用。“全局开光”是总体设置，在深入学习VRay渲染器时就会用这个卷展栏的参数来控制如何优化工作流程。“rQMC采样器”是VRay渲染器的基本采样控制，一般情况下保持默认的参数，除非想进一步放弃精度来提高渲染速度。“环境”卷展栏用于天光与反射控制，一般情况下会打开它进行补光照明，至于反射控制，只是VRay众多反射控制方法之一，这里先不做过多介绍。“发光贴图”卷展栏用于控制整体画面的曝光效果，类似于Photoshop的后期处理，在不增加任何灯光或者间接照明的前提下使用这个卷展栏的参数可以控制画面的明暗度。“焦散”、“摄像机”与“默认置换”只是VRay渲染器的个别特效功能，对于初步掌握VRay不太重要。“系统”卷展栏用于控制渲染方式或者显示渲染时的各种数据。

图1-4 VRay渲染器界面

1.2 实例应用

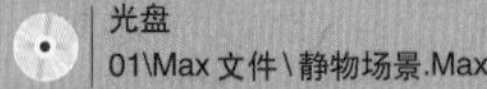

光盘
01\Max 文件\静物场景.Max

「静物场景」

实例目标

在当今社会，随着科学技术的日益发展，当然人们已经不会单单满足于影视技术的“昨天”，在当今影视技术也同时得到突飞猛进的发展，特别是从三维技术进入影视制作以后，难度再高超，效果再花哨的影视效果也是可以很容易被实现的。其实，运用三维软件实现影视效果，最重要的一点就是场景与物体的真实问题，其实也就是渲染器的好与坏是影响效果真实的主要原因，在本例中我们针对一组静物，运用 VRay 渲染器进行渲染，主要目的是通过此例对写实渲染拥有一个大体了解。

技术分析

在本例中，通过对一组静物渲染，综合地运用 VRay 材质、VRay 物理相机、VRay 灯光。在学习的过程中大家可能会有些问题，不过没有关系，我们只是想让大家了解一下 VRay 渲染器的整个工作流程。至于详细知识点在今后的学习中将逐个突破。

制作步骤

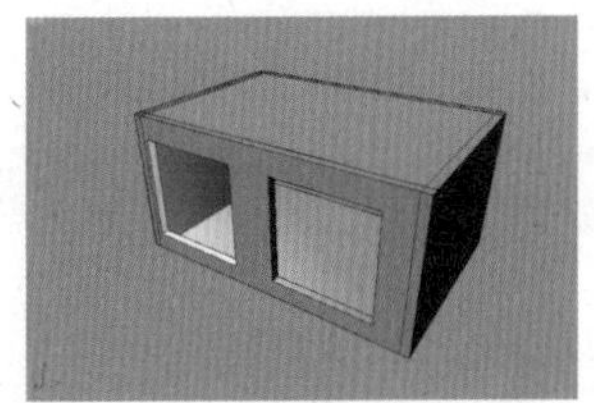

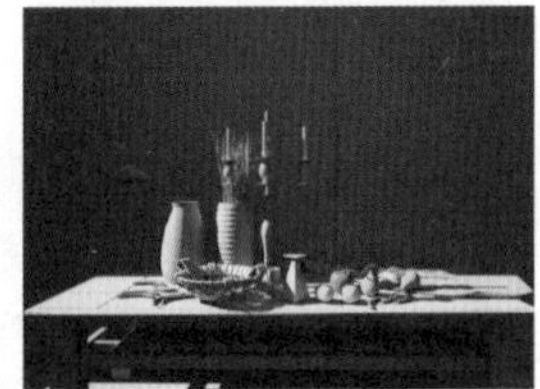

01. 在视图中创建一个室内空间的轮廓（在本例中我们将静物的场景安排在一个半封闭的室内空间中，让阳光透过窗户的玻璃照射在物体上，模拟出天光的效果），如图 1－5 所示。

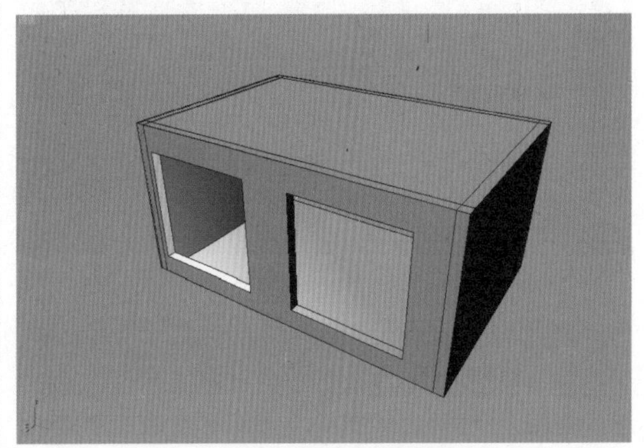

图 1—5　创建室内空间的轮廓

02. 创建窗框和玻璃模型。我们之所以创建这两个模型，是因为阳光经过窗户时一部分被窗框挡住，留下投影，一部分则透过玻璃（玻璃的颜色对光线会产生影响）折射到物体上面。这样整个场景的光照就更加地丰富，如图1－6所示。

图1—6　创建窗框和玻璃模型

03. 对窗户一侧的墙面进行修改，先将要修改的墙面转化成可编辑的多边形，利用切割工具将其切割成若干个面，分别对新产生的面进行倒角修改，如图1－7所示。（由于本书的重点主要是讲解VRay渲染器，所以对建模就不细说了，不过这样简单的模型对大家来说已经是家常便饭了。）

图1—7　修改墙面

04. 导入模型（路径为“配套光盘/Vray 1.5软件概述/模型”）。调整模型之间，模型和场景之间的空间大小关系，如图1－8所示。（大家在创建和引用模型的时候一定要把握好模型的空间元素，比例失真的场景即使效果再好也是枉然。）

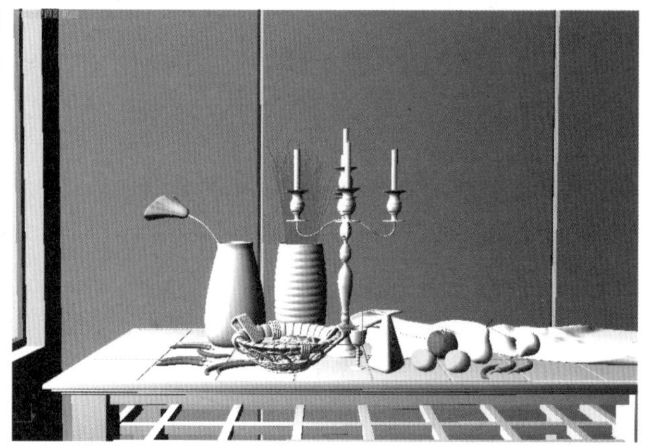

图1—8　导入模型

05. 创建VRay物理摄像机。在调整VRay物理摄像机的参数之前先确定摄像机的类型为照相机。设置胶片规格为37，焦距为35.5，缩放因数为0.8，快门速度为默认的30，胶片速度（ISO）为默认的200。将它调整到如图1—9所示的位置。（VRay物理摄像机和普通MAX摄像机不同点是，它有强大的照明功能，一般配合VRay灯光或MAX默认灯光来对整个场景进行照明，效果非常好。这一知识点将在后面的教学中进行详细的讲解，现在大家只需初识一下就可以了。）

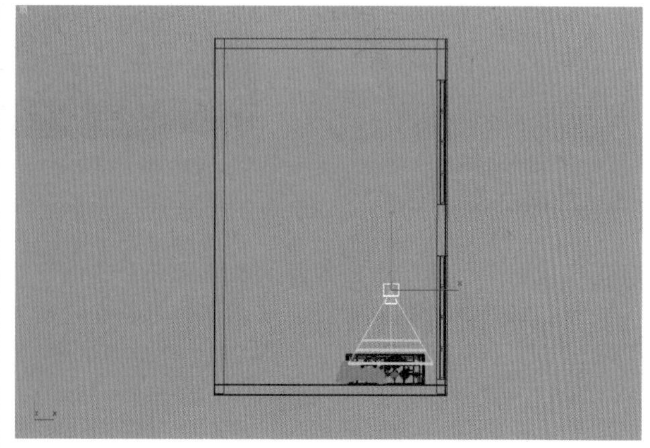

图1—9　创建VRay物理摄像机

06. 为场景创建灯光。单击“灯光”按钮，进入灯光创建面板。在灯光类型的下拉列表中选择VR灯光、VR阳光，在场景中创建一盏VR阳光灯光。调整它的位置如图1－10所示。

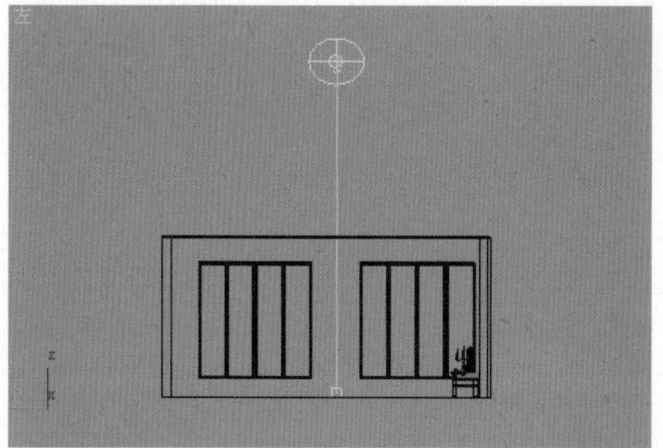

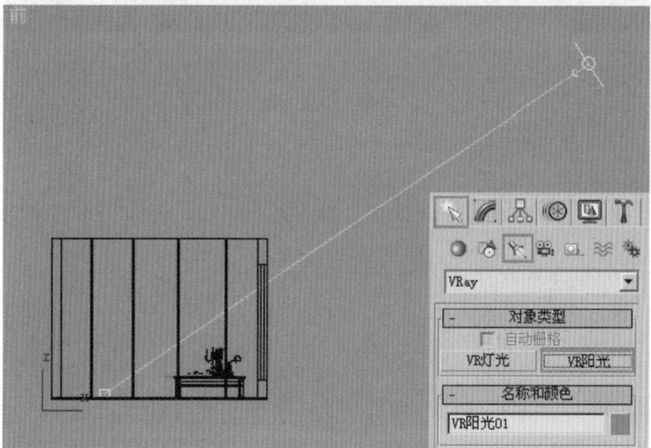

图 1–10　创建 VR 阳光灯光

07. 创建主光源。单击“灯光”按钮，进入灯光创建面板。在灯光类型的下拉列表选择 VR 灯光，在场景的窗口处创建一盏 VR 灯光，并关联复制一盏到另一侧的窗户上。调整它们的位置如图 1–11（a）和图 1–11（b）所示。

图 1–11（a）　创建 VR 灯光 a

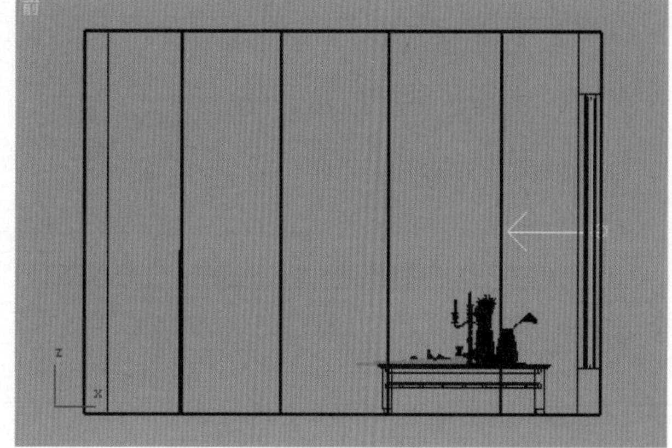

图 1–11（b）　创建 VR 灯光 b

08. 对场景进行测试渲染。在测试前先将渲染器设置为 VRay 1.5 渲染器。进入 VRay 1.5 渲染器的设置，在“VRay 1.5::全局开关“[无名]”卷展栏中取消“默认灯光”的勾选，勾选“最大深度”，设置最大深度为 1；进入“V–Ray::间接照明（GI）”卷展栏，将 V–Ray 间接照明打开，设置“二次反弹”下的“全局光引擎”为“灯光缓冲”，如图 1–12 所示。

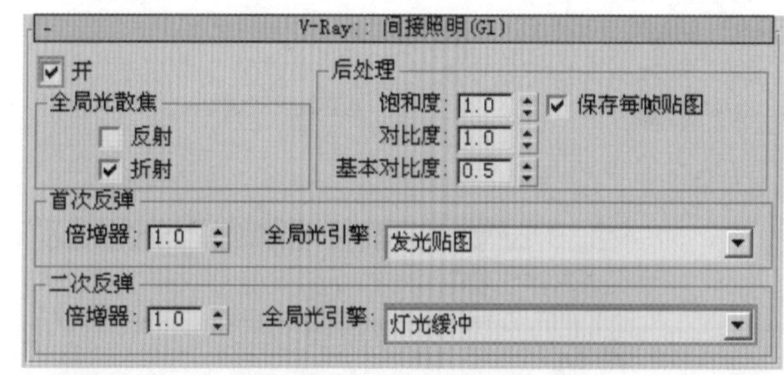

图 1–12　调整“间接照明（GI）”和“全局开关”的参数

09. 继续调整渲染器面板。进入“V–Ray::发光贴图[无名]”卷展栏，将“当前预置”更改为低，（因为现在是测试渲染所以不必将其调高，以免浪费时间）；进入“灯光缓冲”卷展栏，设置“细分”为 500，勾选“显示计算状态”，如图 1–13 所示。

V-Ray:: 发光贴图[无名]
内建预置
当前预置：低
基本参数
最小比率：-3　颜色阈值：0.4
最大比率：-2　标准阈值：0.3
模型细分：30　间距阈值：0.1
插补采样：20
选项
显示计算状态 ☑
显示直接光 ☑
显示采样 ☐

V-Ray:: 灯光缓冲
计算参数
细分：500　保存直接光 ☑
采样大小：0.02　显示计算状态 ☑
比例：屏幕　自适应跟踪 ☐
仅使用方向 ☐
进程数量：4

图 1-13　调整“发光贴图”和”灯光缓冲”的参数

10. 进入“V-Ray::环境”卷展栏，勾选“天光倍增器”、“反射倍增器”和“折射倍增器”并给它们分别贴上一张 VR 天光贴图。将 VR 天光贴图关联复制到“环境和效果”中的“环境贴图”，如图 1-14 所示。

V-Ray:: 环境[无名]
全局光环境（天光）覆盖
☑ 开　倍增器：1.0　Map #40（VR天光）☑
反射/折射环境覆盖
☑ 开　倍增器：1.0　Map #40（VR天光）☑
折射环境覆盖
☑ 开　倍增器：1.0　Map #40（VR天光）☑

环境和效果
环境　效果
公用参数
背景：
颜色：　环境贴图：　☑ 使用贴图
Map #43（VR天光）
全局照明：
染色：　级别：1.0　环境光：

图 1-14　调整“V-Ray::环境”的参数

11. 下面就可以对场景进行渲染了，通过渲染会发现在没有材质的情况下，场景的效果已经很不错了，那么大家就想象一下添加材质后的效果吧，是不是很有诱惑力啊，如图 1-15 所示。

图 1-15　测试渲染效果

技巧 / 提示

前面已经提到了，本例的教学目的是让大家了解并熟悉 VRay 渲染器的操作流程。在上面的步骤中我们先初步给场景创建了灯光，而在一般的程序中都是先进行材质设置。这只是个人的习惯问题，读者大可不必拘泥。但是我们都知道材质的设置是不断调试的过程，材质对灯光的反应也特别地敏感，所以在灯光环境里调整材质会更加直观，达到事半功倍的效果。

12. 下面我们一起来了解一下 VRay 的材质特性吧。设置”乳胶漆“材质。虽然乳胶漆部分的材质在 VRay 物理摄像机视图中不可见，但场景需要表现的物体对它的反射依然存在，所以我们要将它表现出来。在材质编辑器中选中一个新的材质球，将它命名为”乳胶漆“。单击“材质贴图浏览器”按钮 Standard ，弹出对话框，从中选择“VRayMtl”材质，如图 1-16 所示。

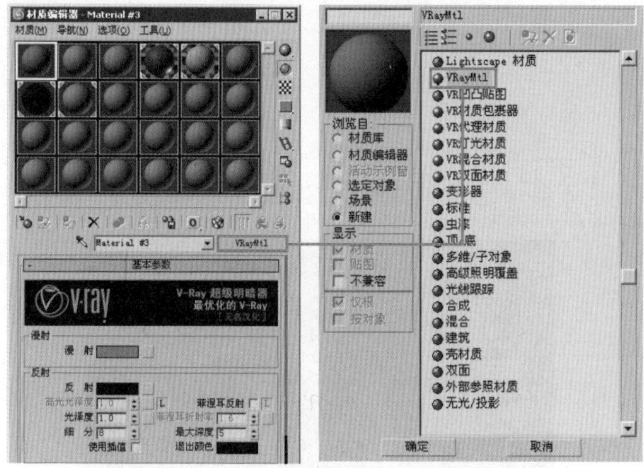

图 1—16　将材质改为“VRayMtl”材质类型

13.继续编辑“乳胶漆”材质。修改“漫射”颜色为（R：245，G：245，B：245），“反射”颜色为（R：24，G：24，B：24）。进入“反射”卷展栏，激活“高光光泽度”，设置它的值为0.2。在“选项”卷展栏中取消“跟踪反射”，如图1—17 所示。

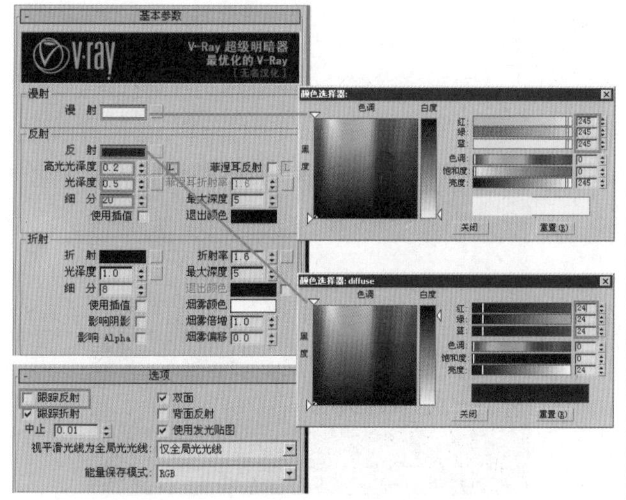

图 1—17　设置“乳胶漆”材质的特性

14.设置“桌子”材质。在“反射”卷展栏下，设置“高光光泽度”的参数为0.45，“光泽度”为0.45，“细分”为15，“最大深度”为2。为“漫射”贴一张木头的纹理。在漫射贴图坐标下面设置它的模糊值为0.01，这样就可以让渲染出来的图像更加清晰。为反射通道贴一张衰减贴图，设置它的“衰减类型”为Fresnel，折射率为1.1。为高光光泽通道贴一张木头高光贴图。在凹凸通道里贴一张木头凹凸贴图，设置凹凸量为10，如图1—18 所示。

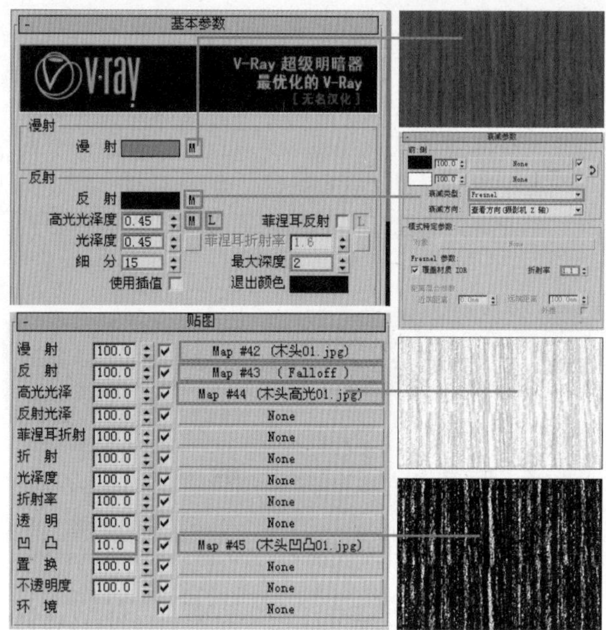

图 1—18　设置“桌子”材质

技巧／提示

在例子中有两种不同的木头纹理材质，我们只需要将已经设置好的材质复制一个到新的材质球上面，然后进行重新命名就可以了。

15.设置”衬布“材质。为”漫射”添加一张衰减贴图，设置衰减的方式为Fresnel，在第一个通道里贴一张床单的纹理贴图，在第二个通道里设置一个比第一个通道里的贴图颜色稍浅的颜色。为凹凸通道贴一张凹凸贴图，数值设置为30。取消“跟踪反射”选项，如图1—19 所示。（本例中衬布材质的特点是纹理细腻，高光相对较小，粗糙度也较小，后面将陆续介绍麻布、地毯等质地粗糙的和纱制半透明的布面材质。）

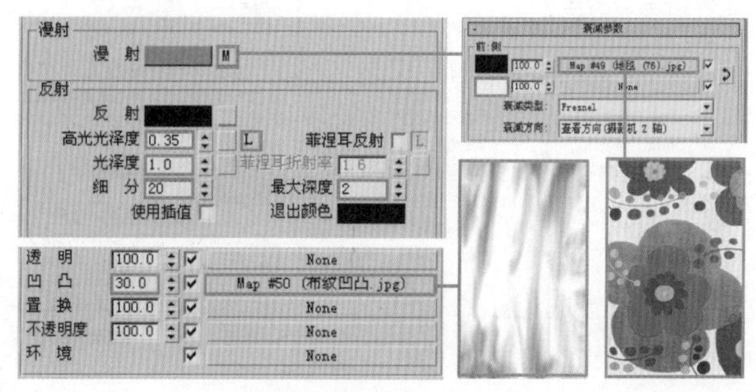

图 1—19　设置“衬布”材质

16.设置"藤编"材质。在设置藤编材质时，我们利用"白透黑不透"的原理在透明通道中贴一张黑白贴图来模拟镂空效果。在漫射通道里贴一张藤编的真实纹理，为"反射"添加一个衰减贴图，设置"衰减类型"为Fresnel，同时为高光光泽通道贴一张黑白贴图。具体参数如图1—20所示。

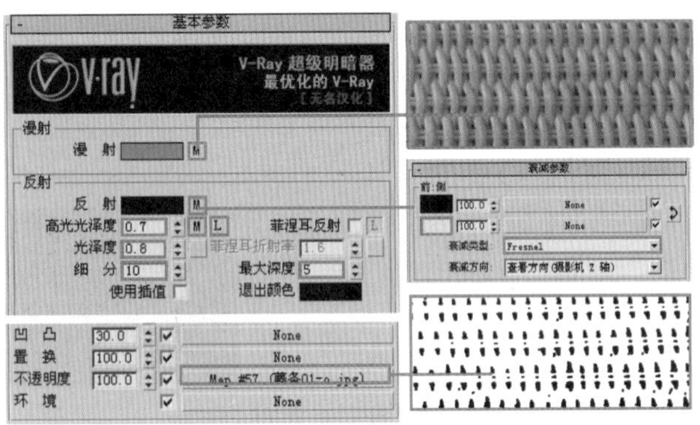

图 1—20 设置"藤编"材质

技巧/提示

如今在生活中，"藤编"家具倍受青睐，它不仅再生速度快，而且对人的健康很有帮助，同时也是家居环境的点缀精品。我们日常生活中所见到的藤织家具如：藤椅、藤制茶几、藤制沙发，制作都比较精致、细腻、配合布面软包让人感觉清新、自然。即使这样，我们也能在MAX中将它们复制出来。

17.玻璃材质。设置"反射"颜色为（R：20，G：20，B：20）；"折射"颜色为（R：250，G：250，B：250）；勾选"影响阴影"，设置"折射率"为1.3，"烟雾倍增"为0.01。为反射通道贴一张衰减贴图，如图1—21所示。

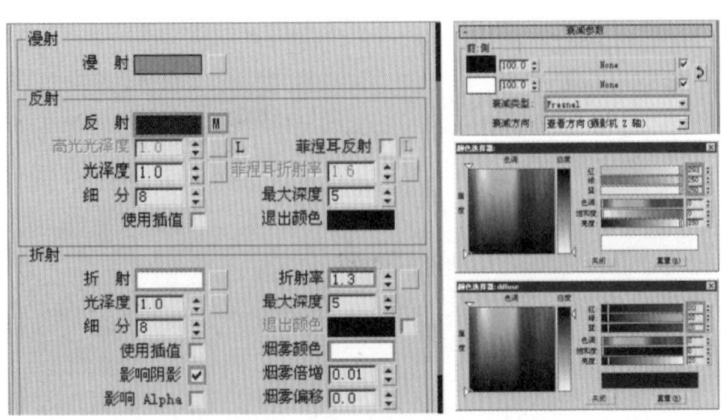

图 1—21 设置"玻璃"材质

18.设置"陶瓷"材质。设置"漫射"颜色为（R：250，G：250，B：250）；激活"高光光泽度"选项，设置它的值为0.88，"光泽度"的值为0.95。在漫射通道里贴一张陶瓷的纹理贴图，反射通道里贴一张衰减贴图，如图1—22所示。

图 1—22 设置"陶瓷"材质

19.设置"金属"材质。设置"漫射"颜色为（R：90，G：90，B：90），"反射"颜色为（R：100，G：100，B：100），激活"高光光泽度"，设置"高光光泽度"为0.75，"光泽度"为0.8，"细分"为20。在漫射通道里贴一张金属的纹理贴图，"反射"通道里贴一张衰减贴图，如图1—23所示。

图 1—23 设置"金属"材质

技巧/提示

在上面这些材质的设置中，我们都会在反射中加入一个衰减方式为Fresnel的衰减贴图。之所以这么做是因为在真实的物理世界中，物体的反射强度和光线的入射角度是有关系的。入射角越大，反射就越弱，反之越强。而人眼与物体构成的角度决定了入射角度的大小：人眼与物体构成的角度大的时候入射角就会变小，反之就变大。例如我们距离一个物体远的时候物体的反射会很强，当我们走近物体的时候会发现物体的反射变弱了。Fresnel的衰减在后面的学习过程中会经常用到。

20. 渲染场景。场景中其他材质的设置这里就不多做解释了，在后面的教学中将会带大家逐个突破。

21. 在渲染场景之前先要对摄像机和灯光参数作进一步的修改。具体设置如图 1－24 所示。

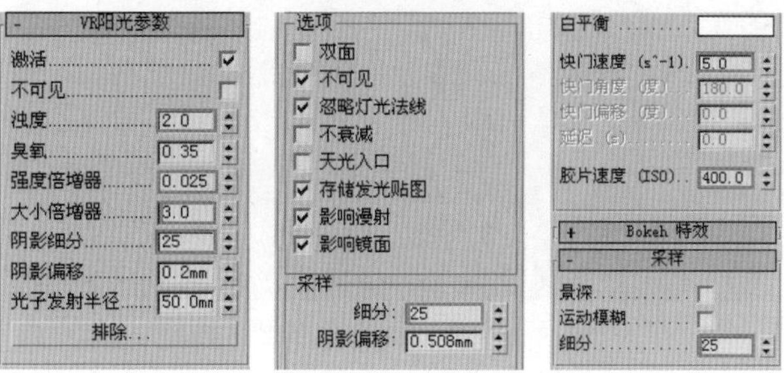

图 1－24　调整摄像机和灯光参数

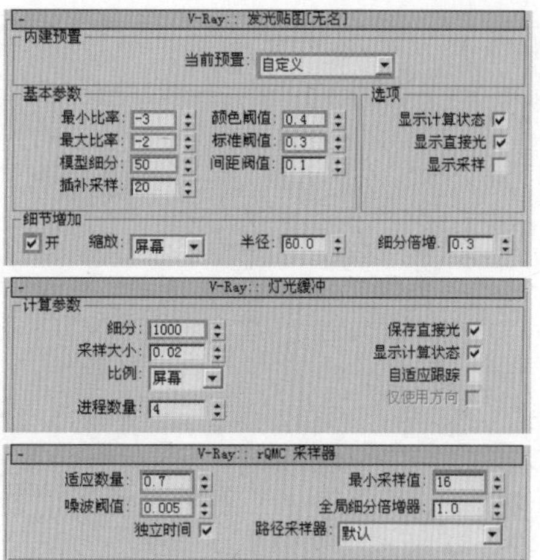

图 1－25　设置最终渲染参数

22. 设置最终渲染参数。前面我们进行测试渲染的时候，为了节省时间，将渲染面板的参数调得都比较低。在这个场景中，模型相对较少，所以就不要输出光子图了，直接渲染场景即可。渲染面板的各项参数如图 1－25 所示。最终效果如图 1－26 所示。

图 1－26　最终渲染效果

1.3　拓展训练：材质与灯光设置

随着以计算机为主要工具进行视觉设计的一系列相关产业的不断成熟，如电影、卡通以及电影特效等这些新鲜而时尚的单词越来越为人们所熟知。人们身边随处可见各种各样的 CG 产品，从电影特效、三维动画、建筑表现、电视广告、片头，到手机游戏画面、彩信、电脑桌面图案、数码照片，甚至简单到超市中的宣传海报。现在的三维技术已经达到以假乱真的水平，无论在一些大片或者人们熟知的广告片中都是可以见到的，一些比较复杂或者惊险系数较高的场景运用三维技术均可以轻松实现。被渲染物体的真实程度与渲染器有着密不可分的关系，当今的三维超写实渲染，全部得益于此时的高级渲染器。

01. 打开配套光盘中的场景文件，将视图切换到摄像机视图，如图 1－27 所示。

02. 打开“材质编辑器”，利用吸管工具，在场景中单击模型，将它的材质显示在材质编辑器中，然后观察材质的设置方法，并对照临摹，如图 1－28 所示。

图 1—27　打开场景文件

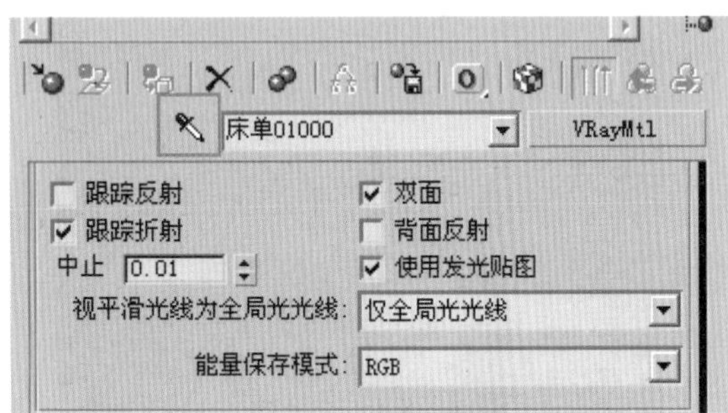

图 1—28　观察场景中模型的材质

03. 在材质编辑完成之后进行灯光的设置。灯光的参数设置参照场景文件，灯光的位置如图 1—29 所示。

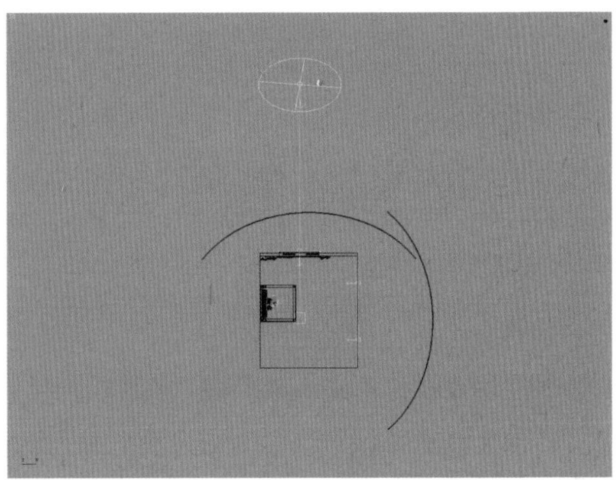

图 1—29　观察场景中模型的材质

04. 由于刚起步，读者朋友在设置材质的时候会不够从容，不过没有关系，在后面的教学中将会带着大家对各个材质和灯光进行逐一的学习。现在大家可以根据场景文件中设置好的材质进行临摹设置，效果如图 1—30 所示。

图 1—30　场景的最终效果

1.4 课后练习

一、单项选择题

(1) 讲述如何使 3d 物体运动起来的原理，成为第一款用户界面的作者是（　　）。

A．伊万 · 萨瑟兰郡　　B．发恩 · 布通

C．哈里 · 格兰德　　D．威廉 · 菲德尔

(2) 1994 年，一位亨利克 · 沃恩 · 简森的研究人员，在他的博士论文中，发明了一种叫光子映射的技术，这本著作是（　　）。

A．《用光子映射来做全局光照》　　B．《法反射面间的交互建模》

C．《在渲染显示中改进的光照模型》　　D．《3D 曲面建模型方案》

(3) 用来制作类似报纸等两面都有不同贴图的材质是（　　）。

A．VR 双面材质　　B．VR 代理材质

C．VR 灯光材质　　D．VRayHDRI（高动态纹理）

二、简述题

(1) 简要叙述一下 3D 渲染器的发展历程。

(2) 叙述一下 VRay 渲染器的各项材质的属性和模拟对象。

三、问答题

(1) VRay 渲染器在材质上比 MAX 默认渲染器新增了哪些功能？它们分别可以模拟真实环境中的哪些物体的材质？

(2) VRay 材质的特效有哪些？它们的特点分别有哪些？

四、实例制作

利用 VRay 渲染器制作玻璃和陶瓷的效果（配套光盘中提供了场景文件）。效果如图 1－31 所示。

图 1－31　玻璃与陶瓷效果

第 02 课

VRay 1.5 渲染面板

本课主要介绍VRay 1.5的渲染参数面板，将会详细地介绍每一个渲染参数的知识，以及每个参数的用途和应用理论。

2.1 基础知识讲解

上一课对 VRay 有一个大概的了解，现在来看一下它的界面功能。VRay 的功能和 3ds max 结合得很紧密，其各项功能都附加或者内置到了 3ds Max 当中。在正式学习之前先将它每个界面的功能搞清楚，这样方便以后的学习。因为此书是针对 3ds Max 9 的版本，所以 VRay 的版本是 1.50，读者朋友们使用的版本不能低于此版本，如图 2–1 所示。打开 VRay 的渲染界面，可以看到 16 个参数卷展栏，如图 2–2 所示。下面来详细地介绍每一个卷展栏的功能。

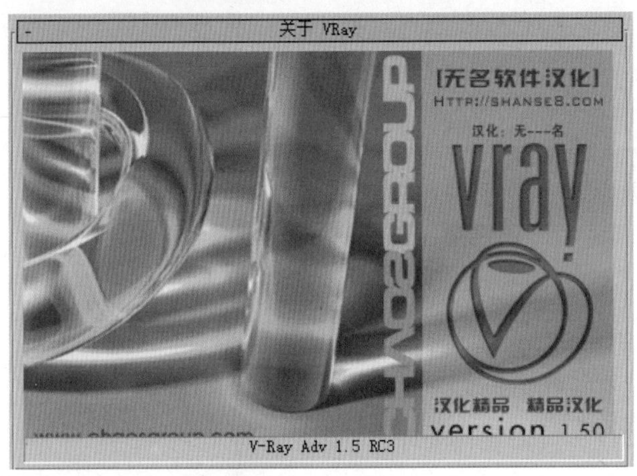

图 2–1　VRay 版本

图 2–2　VRay 渲染界面

2.1.1 “V-Ray::帧缓冲区”卷展栏

可以设置 VRay 自身的图像帧缓存窗口、输出的尺寸、最后图像保存的目录，以及将 MAX 默认的帧缓冲窗口替换为 VRay 的帧缓冲窗口，如图 2–3 所示。

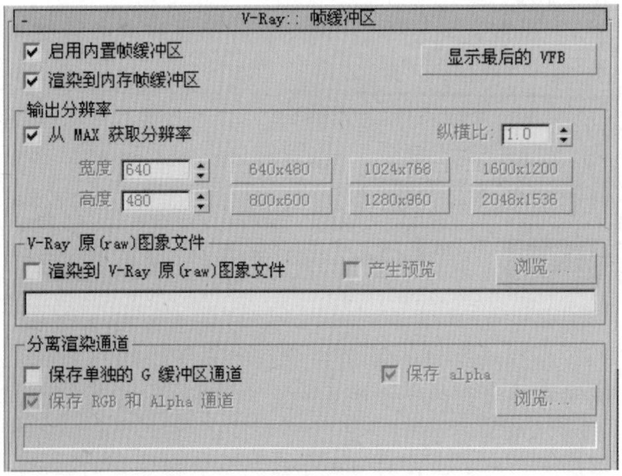

图 2–3　“V–Ray::帧缓冲区”卷展栏

“启用内置帧缓冲区”：勾选此项时可以启用 VRay 渲染器中内建的帧缓冲器，但是在计算时 MAX 的帧缓冲器仍然会出现，这样会占去系统一部分资源，可以进入“公用”面板中，在“渲染输出”选项组中取消“渲染帧窗口”选项，这样在渲染的时候就不会出现 MAX 默认的帧缓冲器了。

“渲染到内存帧缓冲区”：勾选此项时将创建 VRay 帧缓冲器，它控制着色彩数据的存储，方便在渲染时或渲染后进行观察。

“显示上次的 VFB”：单击此按钮，系统可以显示最后一次渲染的虚拟帧缓冲器。

“输出分辨率”选项组：主要控制 VRay 渲染器使用的分辨率。

“V-Ray 原（raw）图像文件”选项组：主要控制 VRay 外部保存的图像文件。

“分离渲染通道”选项组：主要控制 VRay 渲染器通道保存的路径。

2.1.2 “V-Ray::全局开关”卷展栏

主要控制VRay的一些全局参数设置，包括几何体、材质、光线追踪等，如图2－4所示。

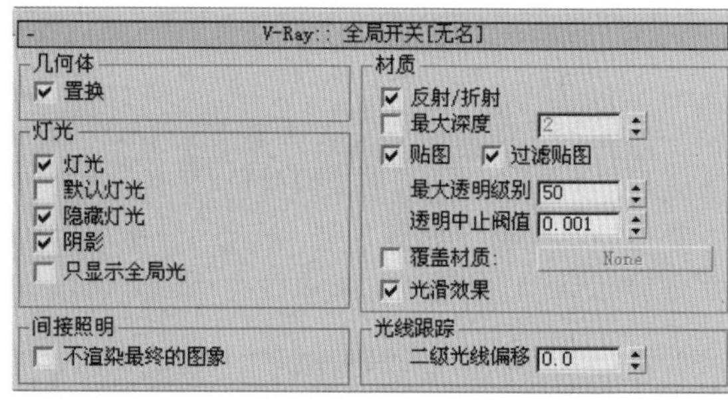

图2－4 “V－Ray::全局开关”卷展栏

1）“几何体”选项组

“置换”：勾选此项时将使用VRay自己的置换贴图，不勾选则不使用。

2）“灯光”选项组

“灯光”：不勾选此项时VRay将使用默认灯光来渲染场景，主要作用是启用或禁止使用全局灯光。

“默认灯光”：勾选此项时VRay将对max默认的灯光进行计算，不勾选则不计算，为了节省资源一般是不勾选的。

“隐藏灯光”：启用或者静止隐藏灯光的使用，勾选此项被隐藏的灯光也会进行计算，不勾选则不计算。

“阴影”：勾选此项灯光将产生阴影效果，不勾选则不产生阴影效果，默认为打开。

“只显示全局光”：勾选此项时，直接光照将不会被包含在最终渲染的图像中。

3）“间接照明”选项组

“不渲染最终的图像”：勾选此项，VRay只计算某些全局光照明的贴图。

4）“材质”选项组

“反射／折射”：禁止和启用在VRay的贴图和材质中反射／折射效果的计算。

“最大深度”：设置VRay材质在计算时最大的反弹次数。

“贴图”：显示和禁止贴图的显示。

“过滤贴图”：启用或禁止使用纹理贴图过滤。

“最大透明级别”：可以控制透明物体被光线最终的深度。

“透明中止阈值”：用于控制透明度的光线数量，数量累计总数低于此选项设定的值时将会停止追踪。

“覆盖材质”：勾选此项，可以在后面的按钮中添加材质来替换场景中所有的材质，以达到快速渲染的效果。

“光滑效果”：此选项控制一种非光滑的效果来代替场景中所有的光滑反射效果，测试渲染的时候很有用处。

5）“光线跟踪”选项组

“二级光线偏移”：此项目可以避免渲染图像中场景的重叠表面上出现的黑斑，正确设置此项目对最后渲染的效果很有帮助。

2.1.3 “V-Ray::图像采样（反锯齿）”卷展栏

图像采样器的算法和过滤的算法相同，它将产生最终的像素组来模拟图形的渲染，VRay提供了几种不同的采样算法，尽管在使用后会增加渲染的时间，但是所有的采样器都支持3ds max标准的抗锯齿过滤算法，用户可以在“图像采样器”和“抗锯齿过滤器”中选择自己需要的类型。打开“图像采样（反锯齿）”卷展栏，如图2－5所示。

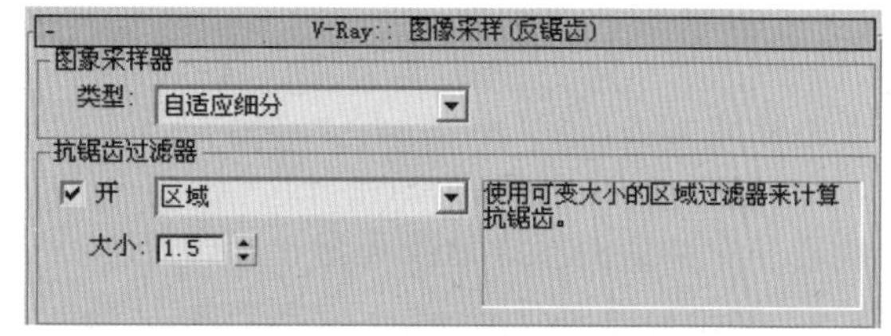

图2－5 “V－Ray::图像采样（反锯齿）”卷展栏

1）“图像采样器”选项组

图像采样器的类型有三种，用户可以在“自适应细分”下拉菜单中选择自己需要的一种，如图2－6所示。

每一种类型都有自己详细的参数面板，选中“自适应细分”可以在下面的“V-Ray：：自适应细分图像采样器”中设置它详细的参数，如图 2-7 所示。

图 2-6　图像采样器类型

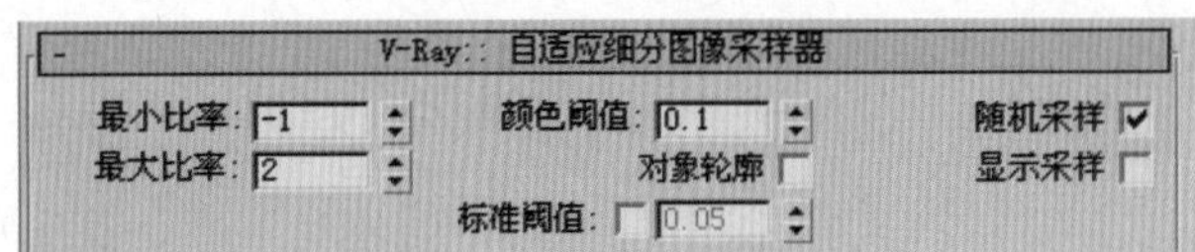

图 2-7　“V-Ray：：自适应细分图像采样器”卷展栏

“自适应细分”：自适应细分采样器是一个具有负采样功能的高级采样器，在没有 VRay 模糊特效（直接 GI、景深、运动模糊等）的场景中，它是首选的采样器。它使用较少的时间就可以达到其他采样器使用较多时间所得到的高品质的质量。但是在具有大量细节或者模糊特效的场景中，它要比前两个慢很多，同样在计算的时候它占用的内存也非常多。

“最小比率”：控制每个像素使用的样本的最小数量，一般默认为 1 。

“最大比率”：控制每个像素使用的样本的最大数量，一般默认为 2 。

“颜色阈值”：控制颜色采样在像素亮度改变方面的灵敏度。值越低产生的效果越好。

“对象轮廓”：此项控制着采样器在物体的边缘进行强制采样，而不管该物体是否需要进行超级采样，在做运动模糊的时候此项将失效。

“标准阈值”：控制采样器在画面像素上进行采样的数值。

“随机采样”：在画面中随机地进行采样。

“显示采样”：启用和禁止显示采样。

“自适应准蒙特卡洛”：这个采样器可以在每个像素和它相邻的像素之间产生不同数量的样本。该采样器主要是针对一些微小细节，比如处理物体运动的模糊效果、景深等效果时，这个采样器是首选。

“固定”：这个采样器是 VRay 中最简单的一种采样器，它对于每一个像素都有一个固定的数量样本。

“细分”：决定每一个像素使用的样本数量，当该值为 1 时，则每一个像素的中心使用一个样本。

对于一个场景来说，如果场景中只有一点模糊效果或纹理贴图，选择“自适应细分采样器”比较好。

如果场景中具有高细节的纹理贴图或者大量细节而只有少量的模糊效果时，“自适应准蒙特卡洛”是不错的选择，特别是在渲染动画的时候。

如果场景中具有大量的模糊特效或高细节的纹理贴图，“固定”是不错的选择。

2）“抗锯齿过滤器”选项组

该选项组主要是控制场景材质贴图的过滤方式，可以改善纹理贴图的效果。它的过滤方式有很多种，打开“区域”下拉菜单可以弹出所有抗锯齿的过滤类型，如图 2-8 所示。

图 2-8　过滤器类型

“开”：勾选此项，可以启用抗锯齿过滤器。

“区域”：使用可变大小的区域过滤器来计算抗锯齿。

“清晰四方形”：来自 Neslon Max 的清晰 9 像素重组过滤器。

“四方形”：基于四方形样条线的 9 像素模糊过滤器。

“立方体”：基于立方体样条线的 25 像素模糊过滤器。

“视频”：针对 NTSC 和 PAL 视频应用程序进行了优化的 25 像素模糊过滤器。

“柔化”：可调整高斯柔化过滤器，用于适度模糊。

“Cook 变量”：一种通用过滤器。设置 1～2.5 之间的值时将使图像变清晰，更高的值则使图像变模糊。

“混合”：在清晰区域和高斯柔化区域之间进行混合。

“Blackma”：清晰但是没有边缘增强效果的 25 象素过滤器。

“Mitchell－Netravali”：两个参数的过滤器，在模糊、圆环化和各向异性之间交替使用。如果圆环化的值设置为大于 0.5，则将影响图像的 alpha 通道。

"Catmull – Rom"：具有轻微边缘增强效果的25像素重组过滤器。

"大小"：用来控制图像中模糊的范围，可以增大也可以减小，设置为1.0可以有效地禁用过滤器。

2.1.4 "V-Ray::间接照明（GI）"卷展栏

这个卷展栏中的参数将对场景中的间接照明参数进行设置，一般情况下不需要进行设置，若需设置只要将其打开即可。该卷展栏主要是针对渲染品质和渲染速度之间平衡的需要，并提供了几种不同的计算间接照明的方法，如图2–9所示。

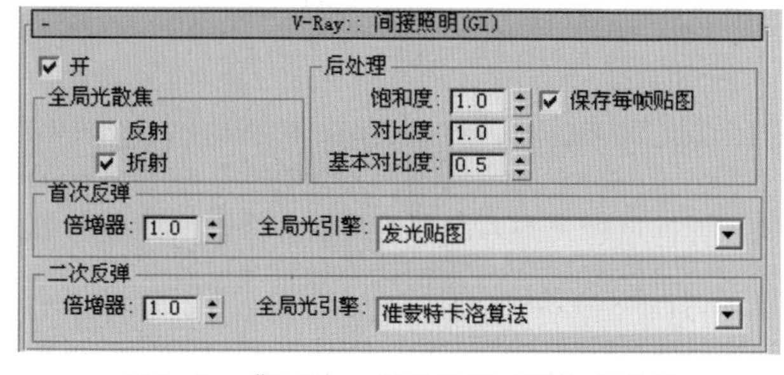

图2–9 "V–Ray::间接照明（GI）"卷展栏

1）"全局光散焦"选项组

"反射"：间接反射焦散，间接光照射到镜射表面的时候会产生反射焦散。一般默认为不勾选状态。

"折射"：间接光穿过透明物体时产生折射焦散效果。比如灯光穿过玻璃时留下的折射焦散的效果。

2）"后处理"选项组

"饱和度"：控制图像颜色的饱和度，值越高，图像色彩的饱和度越高，默认为1。

"对比度"：控制画面色彩的对比度，值越高，图像色彩的对比度越高，默认为1。

"基本对比度"：控制画面的明暗对比，默认为0.5。

3）"首次反弹"选项组

"倍增器"：该参数决定初次漫反射反弹的强度。值越高，场景越明亮。默认的值为1.0。

"全局光引擎"：该引擎一共提供了四种方式，分别是"发光贴图"、"光子贴图"、"准蒙特卡洛"、"灯光缓冲"。用户可以在其中选择一种作为自己需要的引擎方式。

"发光贴图"：发光贴图的计算方法是基于发光缓存技术的，它仅仅是计算场景中某些特定点的间接照明，然后对剩余的点进行插值计算。发光贴图在最终图像品质相同的情况下要快于其他几个渲染引擎，而且噪波比较少。发光贴图可以被保存，可以重复使用，特别是在渲染相同的场景中不同方向的图像或动画的过程中可以有效地加快渲染速度。由于"发光贴图"渲染引擎采用的是差值运算，所以在处理表面细节或者运动模糊时，会不够精确，渲染动画的过程中也会产生闪烁。

"光子贴图"：这种方法是建立在追踪从光源发射出来的并能够在场景中反弹的光线微粒的基础上的渲染引擎。对于封闭的有大量灯光和较少窗户的空间来说，这种渲染引擎是非常好的选择。如果直接使用，通常不会产生足够好的效果，需要和其他的引擎配合使用。光子贴图也可以被保存，可以重复使用。

"准蒙特卡洛"：是一种非常优秀的计算全局光照的渲染引擎。它会计算每个材质点的全局光照信息，所以渲染速度非常慢，但是效果非常好，特别是在具有大量细节的场景中，对于运动模糊的计算也非常准确，不过需要和其他引擎搭配使用，而且参数设置过低的话，画面中会产生很明显的颗粒。

"灯光缓冲"：该渲染引擎和光子贴图渲染引擎的计算方式十分相似，但是比光子贴图更加自由一些。灯光缓冲渲染引擎追踪从摄像机中发出的一定数量的光线，以实现对场景中光线的反弹追踪。灯光缓冲渲染引擎经常被用到室内外场景的渲染中，它的设置非常简单，而且对于灯的类型也没有限制。它可以对非常细小的物体和角落处理产生正确的计算结果。

4）"二次反弹"选项组

"二次反弹"的"全局光引擎"和上面的"首次反弹"的"全局光引擎"完全相同，这里就不再做重复的介绍了。"二次反弹"的"全局光引擎"默认为"准蒙特卡洛"，当选择了"无"，则关闭二次反弹全局光照的效果。

如图2–10所示，显示了VRay中渲染引擎结合使用，渲染同一个场景的不同效果。

灯光缓冲

发光贴图

光子贴图

灯光缓冲加光子贴图

发光贴图加准蒙特卡洛

光子贴图加准蒙特卡洛

图2—10 不同引擎结合的效果

2.1.5 “V-Ray::发光贴图”卷展栏

这个卷展栏一般情况下是不可用的，只有在发光贴图被指定为当前初级漫反射引擎的时候才能使用，为了详细了解该卷展栏的参数，现在先来看一下”发光贴图“是如何工作的。发光贴图是由3D空间中任意一点来定义的一种功能，它描述了从全部可能的方向发射到这一点的光线。

通常情况下”发光贴图“在某一点上的所有光线都不相同，但是对它可以采取两种有效的约束：第一种约束是表面约束，换句话说就是发光点的地点位于场景中物体表面上，这是一种自然限制；第二种约束是漫射表面发光，它表现的是被发射到指定表面上的特定点的全部光线数量，而不会考虑到这些光线来自于哪一个方向。

在大多数简单的情况下，假设物体的材质是纯白的和漫反射的，则可以认为物体表面的可见颜色代表漫反射表面发光。在VRay中，发图贴图在计算场景中物体的漫反射表面发光的时候会采取一种优化计算方法，因为在计算间接光照明的时候，并不是场景中每个部分都需要细节表现，这时它会自动判断，将发光贴图设置为自适应。

发光贴图实际上是计算3D空间点的集合（称之为点云）的间接照明，当光线射到物体表面时，VRay将会在发光贴图中寻找是否具有与当前点类似的方向和位置的点，从这些已经被计算过的点中提取各种信息，决定是否使用发光贴图中已经存在的点来对当前的间接光照进行内差值替换。如果不需要替换，那么当前点的间接光照会被计算，并保存在发光贴图中。

打开”发光贴图“卷展栏，如图2—11所示。

1）“内建预置”选项组

“内建预置”选项组一共提供了8种系统预设的模式供选择，默认的情况下为“高”，一般在出草图看大概效果的时候会选用“低”的模式来渲染。

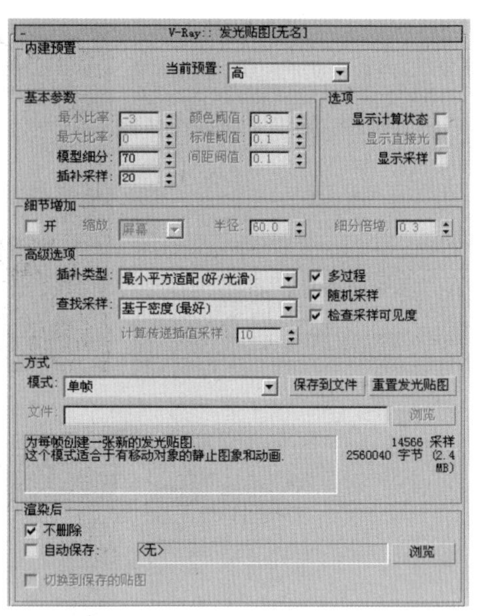

图 2-11 “V-Ray::发光贴图”卷展栏

“非常低”：该项一般用于预览，它只能表现场景中原始普通的光照。

“低”：一种低质量的用于预览场景大概效果的预设模式。

“中等”：一种中等品质的预设模式，场景中如果不需要太多细节可以产生好的效果。

“中等品质动画”：一种中等品质的预设动画效果模式，主要用于减少动画中的闪烁效果。

“高”：一种高品质的预设模式，如果场景中需要非常多的细节，这个模式是个非常好的选择。

“高品质动画”：一种高品质预设动画效果的模式，主要用于解决高品质模式下渲染动画出现的闪烁效果。

“非常高”：这种模式一般只用在有大量细节或及其复杂的场景中。当然消耗的时间也是非常长的。

“自定义”：可以根据自己的需要设置不同的参数值。

2）“基本参数”选项组

“最小比率”：控制场景中平坦区域的采样率。

“最大比率”：控制场景中全局光照最终传递的采样比率。

“模型细分”：这个参数决定着单个GI样本的品质，较小的值可以得到较快的渲染速度，但是会产生黑斑，较高的值可以得到平滑的图像，但是会增加渲染的时间。它十分类似于直接计算的细分参数。

“插补采样”：此参数定义被用于插值计算的GI样本的数量。较大的值会趋向于模糊GI的细节，较小的取值会产生更光滑的细节，但是如果使用较低的半球光线细分值，最终效果可能会产生黑斑。

“颜色阈值”：此参数确定发光贴图算法对间接算法对间接照明变化的敏感程度。

3）“方式”选项组

该选项组主要控制发光贴图的使用方法，可以通过它来保存上次计算好的发光贴图，也可以通过它来读取上次计算好的发光贴图。

4）“渲染后”选项组

“不删除”：勾选该项，可以将发光贴图保存在内存中，直到下一次渲染前，默认为勾选状态。

“自动保存”：勾选该项，可以自动保存发光贴图。默认为不勾选。

“切换到保存的贴图”：勾选该项，在渲染完后，发光贴图将自动转到“从文件”模式，可以直接读取上一次的发光贴图。

2.1.6 “V-Ray::准蒙特卡洛全局光”卷展栏

该卷展栏只有在VRay的“间接照明”卷展栏中选择了“准蒙特卡洛”渲染引擎时才会出现。它的参数比较少，只有“细分”和“二次反弹”两个参数，所以对初学者来说非常适合，可以得到非常好的效果，但是渲染的速度非常地慢。打开“准蒙特卡洛全局光”卷展栏，如图2-12所示。

图 2-12 “V-Ray::准蒙特卡洛全局光”卷展栏

“细分”：用来定义全局光照所使用的样本数量，值越大越准确。默认值为8。

“二次反弹”：此参数仅在准蒙特卡洛GI引擎被选择作为次级GI引擎的时候才能被激活，主要用于控制被计算的光线的反弹次数。

2.1.7 “V-Ray::散焦”卷展栏

VRay 渲染器支持散焦效果的渲染，并且其散焦功能非常强大，散焦的效果也非常好。首先在场景中必须同时具有可以产生散焦的对象以及可以接收散焦的对象。打开“散焦”卷展栏，如图 2–13 所示。

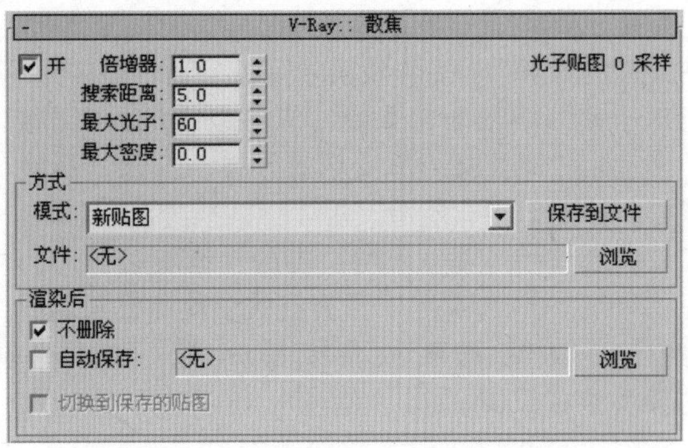

图 2–13 “V–Ray::散焦”卷展栏

“开”：勾选此项，将打开散焦效果。

1）“开”复选框

“倍增器”：控制散焦的强度，它是一个全局控制的参数，对场景中所有能产生散焦的对象都管用。

“搜索距离”：当 VRay 追踪撞击物体表面的某些点的某一个光子的时候，会自动搜索位于周围区域同一个平面的其他光子，不同的搜索范围得到不同的效果，如图 2–14 所示。

图 2–14 不同搜索距离参数的散焦效果

“最大光子”：当 VRay 追踪撞击物体表面的某些点的某一个光子的时候，也会将周围区域的光子计算在内，然后根据这个区域内的光子数量来均分照明。如果光子的实际数量超过了最大光子数的设置，VRay 也只会按照最大光子数来计算。

“最大密度”：此参数允许用户限定光子贴图的分辨率。

2）“方式”选项组

“模式”下拉列表框：选用该下拉列表框的时候，光子贴图将会被重新计算，并将结果覆盖到先前渲染过程中所创建的散焦光子贴图。

“文件”：可以从该模式导入上次计算好的光子贴图文件。

“保存到文件”：该选项用来保存计算好的焦散光子贴图文件。

3）“渲染后”选项组

“不删除”：勾选该复选框，可以将焦散光子贴图保存在内存中，直到下一次渲染前。

“自动保存”：勾选该复选框后，VRay 会在渲染完成后自动将焦散光子贴图保存到指定路径。

“切换到保存的贴图”：勾选该复选框，焦散光子贴图的模式会自动转到“文件”模式。

2.1.8 “V-Ray::环境”卷展栏

这个卷展栏主要是控制场景中环境光和天光的设置，可以将MAX中默认的环境替换为VRay的环境，但是只有打开VRay间接照明才可以。适合的应用环境光对于室外场景非常重要，它可以模拟天光的效果。使室外效果更接近真实场景效果。打开“环境”卷展栏，如图2-15所示。

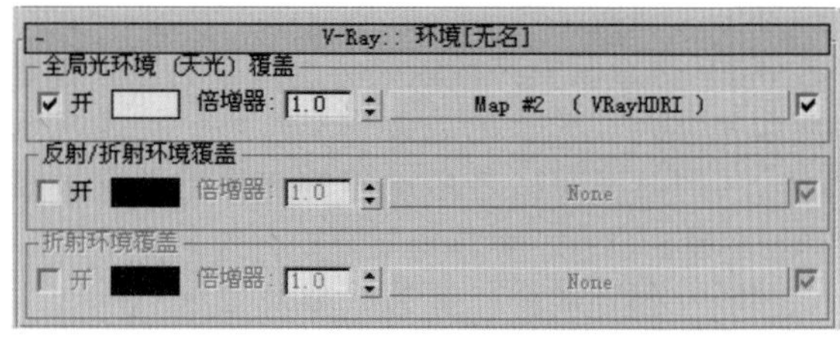

图2-15 “V-Ray::环境”卷展栏

1）“全局光环境（天光）覆盖”选项组

“替代MAX的环境”：只有在这个复选框勾选后，该组中的参数才会被激活，在计算GI的过程中VRay才能使用指定的颜色或纹理贴图，否则，使用MAX默认的环境参数设置。

“颜色”：可以改变背景的颜色。

“倍增器”：控制颜色的亮度，值越高亮度越高，亮度的增加可以更好地照亮环境。

2）“反射/折射环境覆盖”选项组

此选项组允许用户在计算反射/折射的时候被用来替代3ds max自身的环境设置。当然，用户也可以选择在每一个材质或贴图的基础设置部分替代3ds max的反射/折射环境。

3）“折射环境覆盖”选项组

该选项组用于取代MAX的默认的折射参数设置。

2.1.9 “V-Ray::rQMC采样器”卷展栏

rQMC采样器，即准蒙特卡洛采样器。它是VRay的核心部分，贯穿于VRay的每种”模糊“评估中—抗锯齿、景深、间接照明、面积灯光、模糊反射/折射、半透明、运动模糊等。rQMC采样一般用于确定获取什么样的样本，最终哪些样本被光线追踪。与上面提到的那些”模糊“评估使用分散的方法来采样不同的是，VRay根据一个特定的值，使用一种独特统一标准框架来确定有多少以及多精确的样本被获取。那个标准框架就是rQMC采样器。打开“rQMC采样器”卷展栏，如图2-16所示。

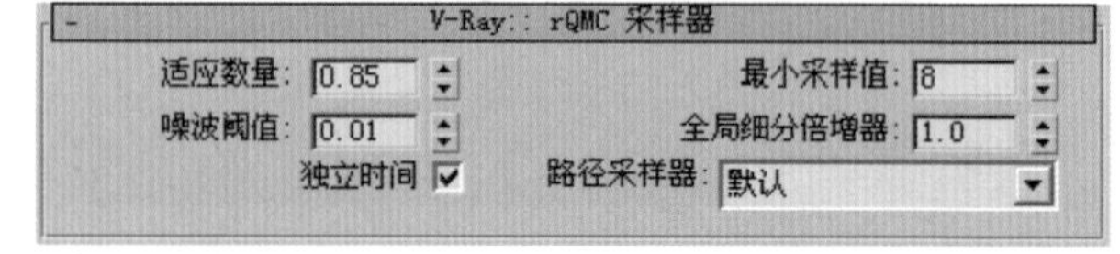

图2-16 “V-Ray::rQMC采样器”卷展栏

“适应数量”：控制早期终止应用的范围，值为0.85，在早期终止算法被使用之前被使用的最小可能的样本数量。

“最小采样值”：确定在早期终止算法被使用之前必须获得的最少的样本数量。

“噪波阈值”：在评估一种模糊效果是否足够好的时候，用它来控制VRay的判断能力。

“全局细分倍增器”：在渲染过程中这个选项会倍增任何地方任何参数的细分值。

“独立时间”：此项可以控制动画过程中rQMC样式的变化，但是在同一帧的动画中，勾选和取消该项是没有任何变化的。一般在渲染动画的时候是不勾选此项的。

2.1.10 “V-Ray::颜色映射”卷展栏

颜色贴图通常被用在最终图像的色彩转换上，打开”颜色映射“卷展栏，如图2-17所示。

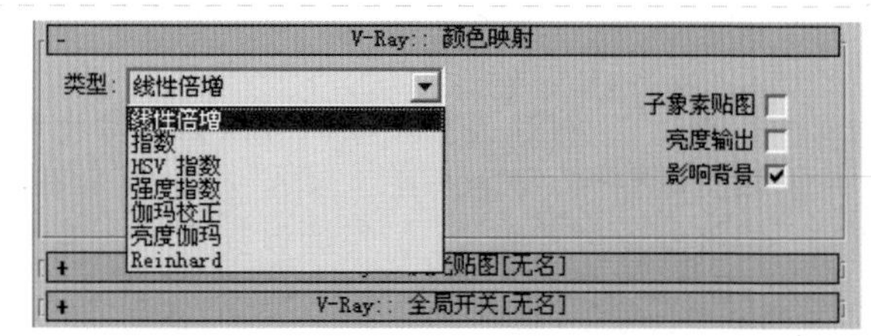

图2-17 “V-Ray::颜色映射”卷展栏

“类型”：定义色彩转换使用的类型，一共有7种类型供选择。

“线性倍增”：这种模式是将最终的图像色彩的亮

度进行简单的倍增，太亮的画面不适合选用该类型。

"指数"：这个模式将基于亮度来使之更饱和，对于预防非常明亮的区域的曝光是很有用的。

"HVS 指数"：与上面的指数模式非常相似，但是它会保护色彩的色调和饱和度。

"强度指数"：与上面的指数模式非常相似，但是它会保护色彩的亮度。

"伽码校正"：勾选此项，当前的色彩贴图控制会影响背景颜色。

"亮度伽码"：控制画面的亮度，该选项与强度指数很相似。

2.1.11 "V-Ray::摄像机"卷展栏

摄像机卷展栏主要是控制场景中的几何体投射到图形上的方式，以及景深和运动模糊的效果。打开"摄像机"卷展栏，如图 2–18 所示。

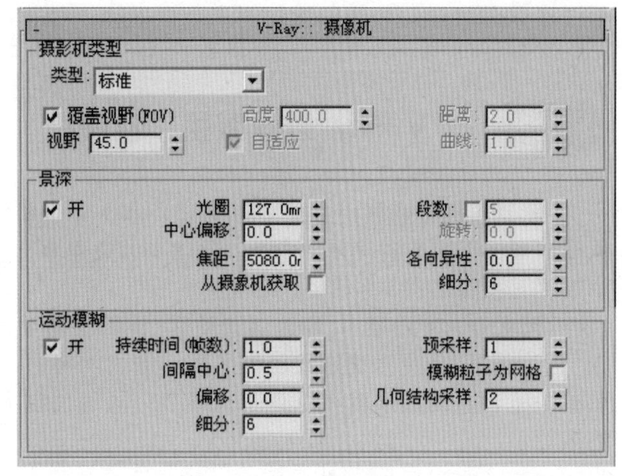

图 2–18　"V–Ray::摄像机"卷展栏

1）"摄影机类型"选项组

一般情况下 VRay 中的摄像机是定义发射到场景中的光线，从本质上来说是确定场景是如何投射到屏幕上的。在"类型"下拉菜单中有 VRay 支持的几种摄像机类型，分别是"标准"、"球形"、"点状圆柱"、"正交圆柱"、"盒"、"鱼眼"、"变形球"，同时也支持正交视图。最后一种类型是为了兼容以前版本的场景而存在的。

"覆盖视野"：用户可以使用这个选项替代 3ds max 的视角，因为在 VRay 中，有些摄像机类型可以将视角扩展，其范围从 0 到 360，而 3ds max 默认的摄像机类型则被限制在 180 以内。

"视野"：该项在勾选了"覆盖视野"复选框，且当前选择的摄像机类型支持视角设置的时候才被激活，用于设置摄像机的视角。

"高度"：这个选项只有在选择了"正交圆柱"的摄像机类型时候才能使用，用于设定摄像机的高度。

"距离"：这个选项是针对"鱼眼"摄像机类型的，当勾选了"自适应"复选框的时候，这个选项失效。

"曲线"：这个选项也是针对"鱼眼"摄像机类型的，该选项主要控制的是被摄像机虚拟球反射的光线角度。

2）"景深"选项组

"开"：打开景深效果。

"光圈"：使用世界单位定义虚拟摄像机的光圈尺寸。较小的光圈值将减小景深的效果，较大的值将产生更多的模糊效果。

"中心偏移"：该选项决定景深效果的一致性，值为 0 意味着光线均匀地通过光圈，正值的时候光线向光圈边缘集中，负值则向光圈中心集中。

"焦距"：此参数确定从摄像机到物体被完全聚焦的距离。

"从摄像机获取"：激活该选项时，如果渲染的是摄像机的视图，那么焦距是由摄像机的目标点来确定。

"段数"：该选项是用来模拟真实世界摄像机的多边形形状的光圈。

"旋转"：指定光圈形状的方位。

"各向异性"：此选项允许对 Bokeh 效果在水平方向或垂直方向进行拉伸。

"细分"：该参数用于控制景深效果的品质。

3）"运动模糊"选项组

"开"：打开运动模糊效果。

"持续时间"：在摄像机快门打开的时候指定在帧中持续的时间。

"间隔中心"：指定关于3ds max动画帧的运动模糊的时间间隔中心。值为0.5时，运动模糊的时间间隔中心位于动画帧之间的中部，值为0时，则位于精确的动画帧位置。

"偏移"：控制运动模糊效果的偏移，当值为0时灯光均匀通过全部运动模糊间隔。

"细分"：确定运动模糊的品质，值越高品质越好，越低则会有噪波出现。

"预采样"：计算发光贴图的过程中有多少样本被计算。

"模糊粒子为网格"：用于控制粒子系统的模糊效果，当勾选该项时，粒子系统会被作为正常的网格物体来产生模糊效果。

"几何结构采样"：设置产生近似运动模糊的几何学片断的数量，物体被假设在两个几何学样本之间进行线性移动，对于旋转速度非常快的物体，需要增加这个参数值才能得到正确的运动模糊效果。

通常只有标准摄像机类型才能产生景深效果，其他类型的摄像机是无法产生景深效果的。

在景深和运动模糊效果同时产生的时候，使用的样本数量由两个细分参数合起来产生的。

2.1.12 "V-Ray::默认置换"卷展栏

"默认置换"卷展栏主要是替换3ds max中使用置换修改器一次性预先镶嵌所有网格的置换方式，VRay的默认置换可以节省很大的内存，且渲染的效果要比3ds max置换修改器产生的效果好，打开"默认置换"卷展栏，如图2-19所示。

"覆盖MAX设置"：勾选该选项后，VRay将使用自己内置的微三角置换来渲染具有置换材质的物体。

"边长度"：用来确定置换的品质，原始网格的每一个三角形被细分为许多更小的三角形，这些小三角形的数量越多则转换就具有越多的细节，同时也会减慢渲染的速度，增加渲染的时间，当然也会占用更多的内存。

"最大细分"：控制从原始的网格物体的三角形细分出来的细小三角形的最大数量，实际上细小三角形的最大数量是由这个参数的平方值来确定的。

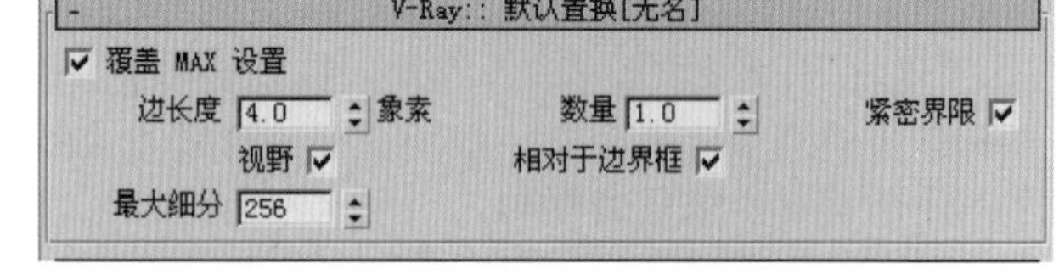

图2-19 "V-Ray::默认置换"卷展栏

"数量"：该参数主要控制置换的强度，值越高，置换的效果也就越强。

"紧密界限"：勾选该选项时，VRay将视图计算来自原始网格物体的置换三角形的精确的限制体积。当未勾选该选项时，VRay会假定限制体积最坏的情形，不再对纹理贴图进行预采样。

2.1.13 "V-Ray::系统"卷展栏

系统卷展栏中的参数对VRay渲染器进行全局控制，其中包括光线投射、渲染区块设置、分布渲染、物体属性、灯光属性、场景的检测以及水印的使用等内容，控制着VRay渲染器的基础部分，打开"VRay系统"卷展栏，如图2-20所示。

1）"光线计算参数"选项组

此选项组允许用户控制VRay的二元空间划分树的各项参数。

作为最基础的操作之一，VRay必须完成的任务是光线投射—确定一条特定的光线是否与场景中的任何几何体相交，假如相交的话，就需要鉴定那个几何体。实现这个鉴定过程最简单的方式莫过于测试场景中逆着每一个单独渲染的原始三角形的光线，很明显，场景中可能包含成千上万个三角形，因而这个测试将是非常缓慢的，为了加快这个过程，VRay将场景中的几何体信息组织成一个特别的结构，这个结构我们称之为二元空间划分树（BSP树，即Binary Space Partitioning）。

BSP 树是一种分级数据结构，是通过将场景细分成两个部分来建立的，然后在每一部分中寻找，依次细分它们，这两个部分我们称之为BSP 树的结点。在层级的顶端是根结点一表现为整个场景的限制框，在层级的底部是叶结点，它们包含场景中真实三角形的参照。

2）"渲染区域分割"选项组

通过这个选项组可以控制渲染区域的各种参数。渲染块的概念是VRay 分布式渲染系统的精华部分，一个渲染块就是当前渲染帧中被独立渲染的矩形部分，它可以被传送到局域网的其他空闲机器中进行处理，也可以被几个CPU 进行分布式渲染。

3）"分布式渲染"选项组

分布式渲染是一种能够将动画或单帧图像分配到多台机器或多个CPU 上渲染的多处理器支持技术。可以在"设置"按钮中添加和解除服务器。

4）"VRay 日志"选项组

在渲染过程中，VRay 会将各种信息记录下来并保存在C:\VRayLog.txt 文件中。信息窗口根据用户的设置显示文件中的信息，无需用户手动打开文本文件查看。信息窗口中的所有信息分成4 个部分并以不同的字体颜色来区分，红色是显示错误，绿色是警告显示，白色是情报显示，黑色是调试信息显示。

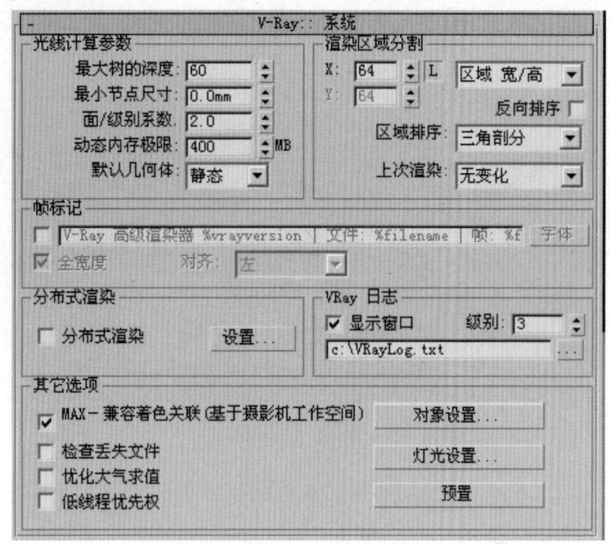

图 2-20　"V-Ray::系统"卷展栏

2.2 实例应用

光盘
02\Max 文件\天光效果.Max

「天光照明设置」

实例目标

本章将从介绍VRay的全局光照和天空光开始，逐步深入介绍它们的用法和技巧，由于全局光照用到的范围非常广泛，所以，我们将用特别真实的案例，来探讨全局光照的应用技法，并使用VRay不同的全局光照引擎。一方面是为了让读者能够比较全面地了解VRay的全局光照；另一方面是为了让读者了解如何针对不同的项目来选择不同的引擎。

技术分析

本章中将用到全局光照和天空光的有关参数，并会涉及环境光与天光的配合，如何使用好太阳光，HDRI照明贴图等，读者朋友们可以通过本实例来初步地了解一下室内外场景中全局光照和天光配合使用的方法。

制作步骤

01. 首先打开光盘中的场景文件，这是一个简单的过道场景，过道的前面开着窗户，下面要模拟的就是阳光透过窗户照射到场景中的效果，如图2—21所示。

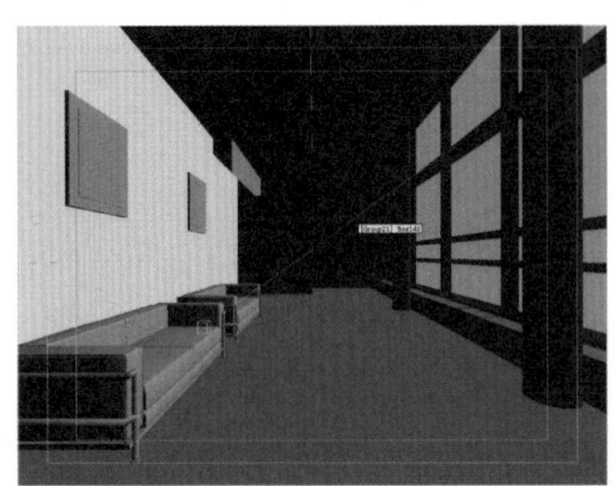

图2—21　场景文件

02. 按下键盘上的F10键，弹出“渲染场景”对话框。打开“指定渲染器”卷展栏，将渲染器更改为VRay渲染器，如图2—22所示。

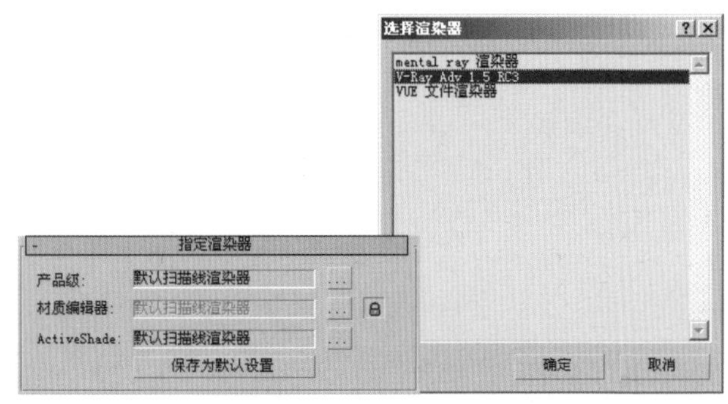

图2—22　指定渲染器

03.进入渲染器面板卷展栏，取消“默认灯光”选项。打开全局开关。设置“二次反弹”的“全局光引擎”为“灯光缓冲”，如图 2–23 所示。

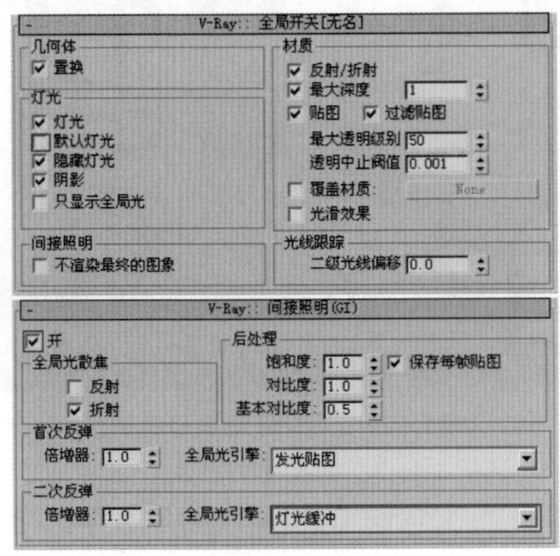

图 2–23　打开“全局开关”卷展栏

04.打开“图像采样（抗锯齿）”卷展栏，将“图像采样器”选项组中的“类型”改为“自适应细分”模式，然后再打开下面的“抗锯齿过滤器”，设置类型为 Catmull–Romi，如图 2–24 所示。

图 2–24　打开“图像采样器（抗锯齿）”卷展栏

05.按下键盘上的“8”键，弹出“环境和效果”面板，单击“颜色”右边的颜色块，弹出“颜色选择器：背景色”面板，将它指定一张 VRay 天光的贴图，如图 2–25 所示。

06.进入灯光创建面板，在“标准”下拉菜单中选择“VRay”，单击“VR 阳光”按钮，在前视图中创建一盏天光，然后将其移动到合适的位置，进入修改命令面板中，设置它的“浊度”为 2，“强度倍增器”为 0.1，如图 2–26 所示。

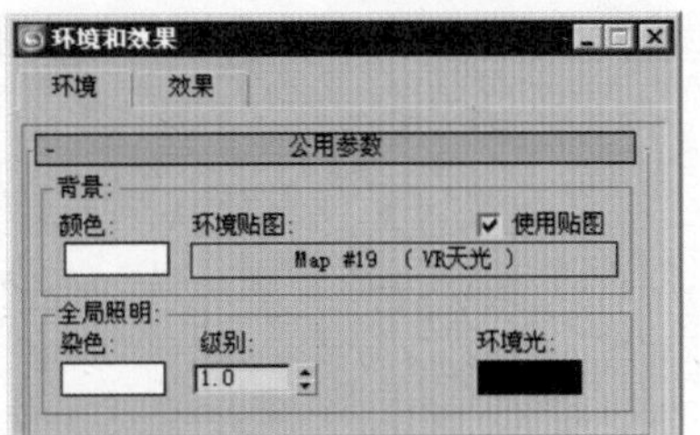

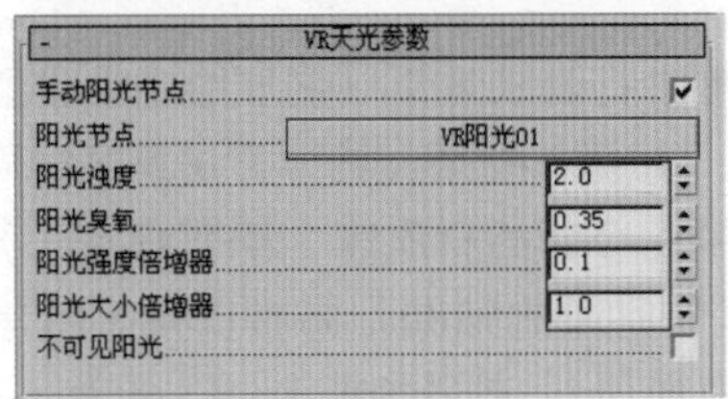

图 2–25　指定环境贴图

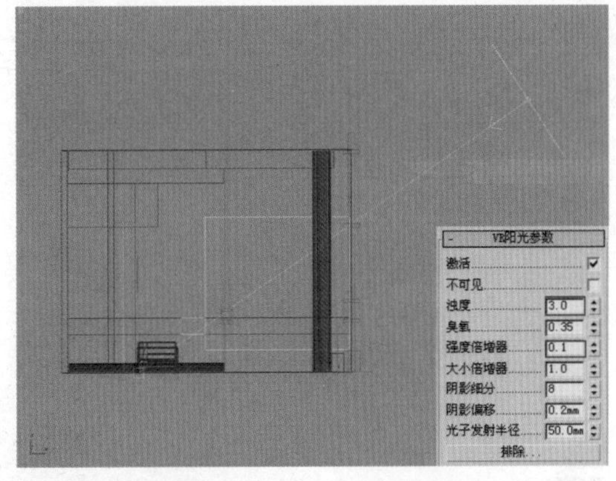

图 2–26　创建“VR 阳光”

07.进入渲染器面板，打开“V–Ray：：环境（无名）”卷展栏，勾选“开”选项，然后再打开“环境”卷展栏，在“全局光环境（天光）覆盖”选项组中勾选“开”选项，打开天光效果，将它指定一张 VRay 天光的贴图，如图 2–27 所示。

图 2–27　设置“间接照明”参数

08.打开“发光贴图”卷展栏，设置“当前预置”的模式为“低”，然后在“基本参数”选项组中，设置“模型细分”的值为 30，勾选“显示计算状态”选项，如图 2–28 所示。

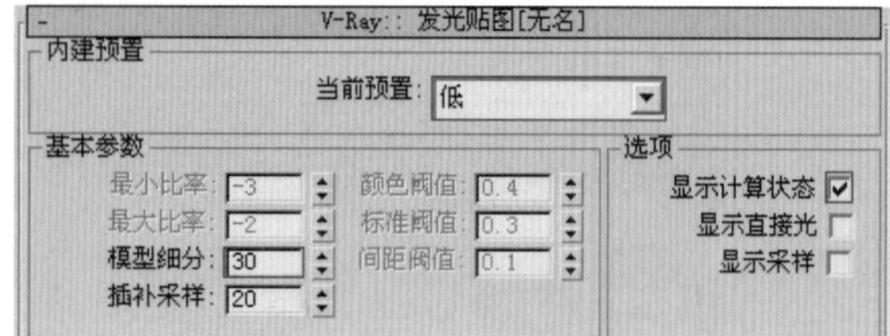

图 2-28 设置“发光贴图”参数

09.对场景进行测试渲染（这里给场景模型添加了VRay“线框”材质。具体方法是在材质编辑器中选中一个新的材质球，给它指定一张VRay“线框”材质的贴图，将材质指定给除玻璃外的所有模型），效果如图2-29所示。

图 2-29 VRay“线框”材质测试渲染

10.刚才测试的是默认材质的渲染效果，下面来测试一下带上材质后的效果。这时发现大体的感觉已经出来了（由于本节不对材质进行讲解，所以大家可以打开配套光盘中已添加材质的场景文件进行渲染），如图2-30所示。

11.设置最终渲染参数。再次打开“渲染器”面板，打开“图像采样（反锯齿）”卷展栏，将图像采样器的“类型”设置为“自适应准蒙特卡洛”，在“抗锯齿过滤器”中选择Mitchell-Netravali模式。再打开“自适应准蒙特卡洛图像采样器”卷展栏，设置“最小细分”为1，“最大细分”为5，如图2-31所示。

图 2-30 添加材质后的效果

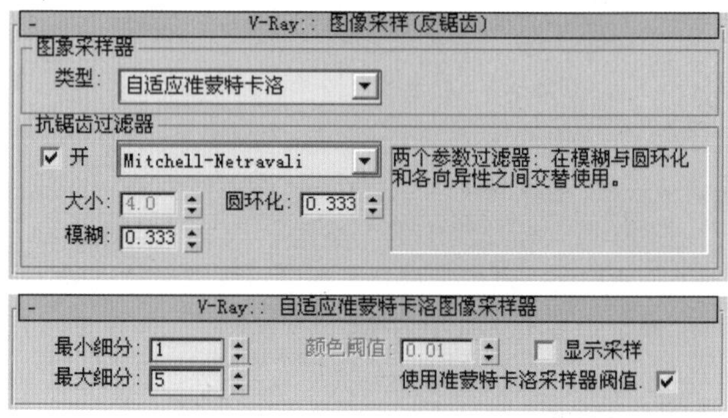

图 2-31 设置“图像采样（反锯齿）”参数

12.打开“发光贴图”卷展栏，设置“当前预置”的模式为“自定义”，设置“基本参数”选项组中“模型细分”的值为70，启用“细节增加”效果。设置采样器数值，如图2-32所示。

V-Ray:: 发光贴图[无名]
内建预置
当前预置: 自定义
基本参数
最小比率: -3
最大比率: -2
模型细分: 70
插补采样: 20
颜色阈值: 0.4
标准阈值: 0.3
间距阈值: 0.1
选项
显示计算状态
显示直接光
显示采样
细节增加
开 缩放: 屏幕 半径: 60.0 细分倍增. 0.3
V-Ray:: rQMC 采样器
适应数量: 0.75
噪波阈值: 0.001
独立时间
最小采样值: 20
全局细分倍增器: 1.0
路径采样器: 默认

图 2-32 “发光贴图”参数

13.将“灯光缓冲”卷展栏中的“细分”值设置为 1500。在“颜色映射”卷展栏中，将“颜色映射”中的“类型”修改为“指数”，如图 2-33 所示。

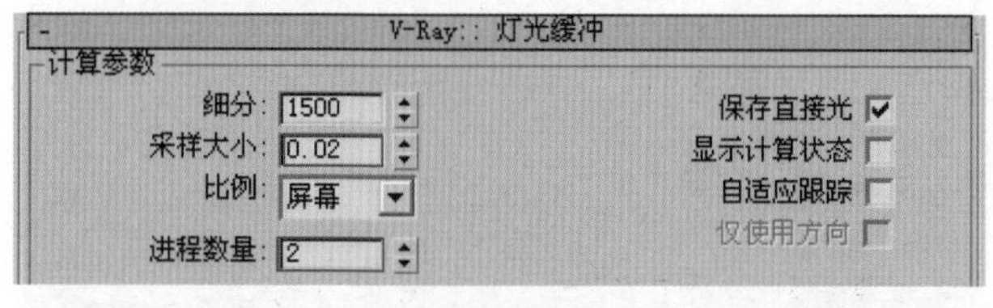

图 2-33　设置“灯光缓冲”参数

14.现在可以对最终效果进行渲染出图了。由于参数调得比较高，所以要花一定的时间等待。最终效果如图 2-34 所示。

图 2-34　最后效果

2.3　拓展训练：天光照射效果

只有一面墙开窗户的场景，主光源只有通过那面墙的窗口照射进来对场景形成照明效果。但是在生活中除了一面开窗户的场景外，还有两面、甚至多面开窗的室内场景。在这种情况下，对光照的强度要把握好，场景中的主光源不能过强否则就会出现曝光现象。下面就通过对一组多面墙开窗的场景进行灯光的设置，帮助读者朋友更好地把握 VRay 灯光的设置。

01.生活中的天光场景到处都是。下面通过对一个日光天光场景的照明设置来帮助读者朋友更多地了解和掌握 VRay 灯光的知识和运用。日光天光的最终效果如图 2-35 所示。

图 2-35　日光照明的最终效果

02.打开配套光盘中的场景文件，场景中的模型材质已经设置完毕了，如图 2-36 所示。

图 2-36　打开场景模型

03.在视图中创建一盏“VR 阳光”，调整位置，并修改“VR 阳光”的参数，如图 2-37 所示。

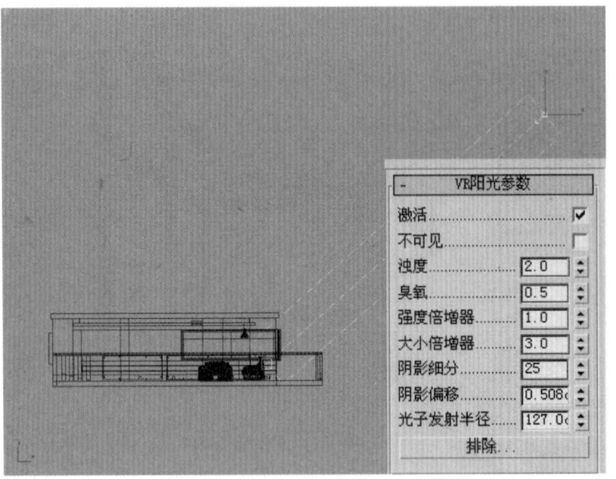

图 2-37 创建“VR 阳光”

04.在各个窗户上面创建一盏 VRay 面光源，为它们设置同样的参数，如图 2-38 所示。

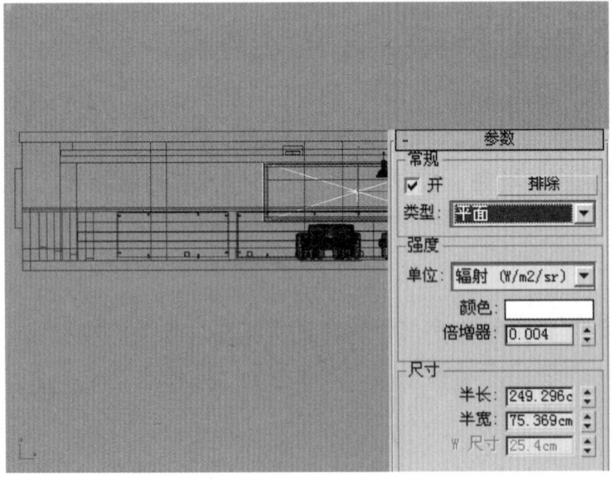

图 2-38 创建“VRay 面光源”

05.打开“发光贴图”卷展栏，设置“当前预置”的模式为“低”，然后在“基本参数”选项组中，设置“模型细分”的值为 30，勾选“显示计算状态”选项，如图 2-39 所示。

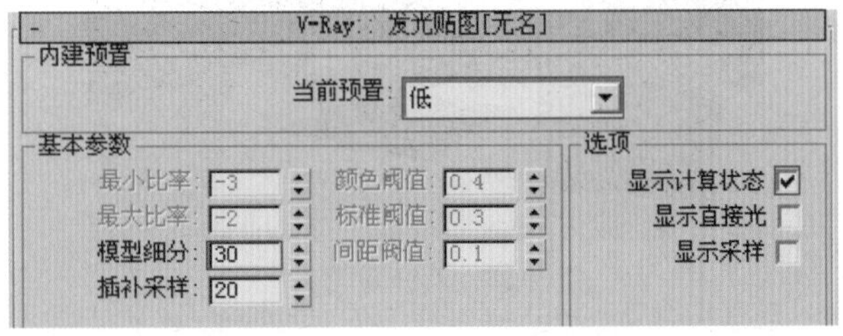

图 2-39 设置“发光贴图”参数

06.进入渲染器面板，打开“V-Ray::环境（无名）”卷展栏，勾选“开”选项，然后打开“环境”卷展栏，在“全局光环境（天光）覆盖”选项组中勾选“开”选项，打开天光效果，将它指定为一张 VRay 天光的贴图，如图 2-40 所示。

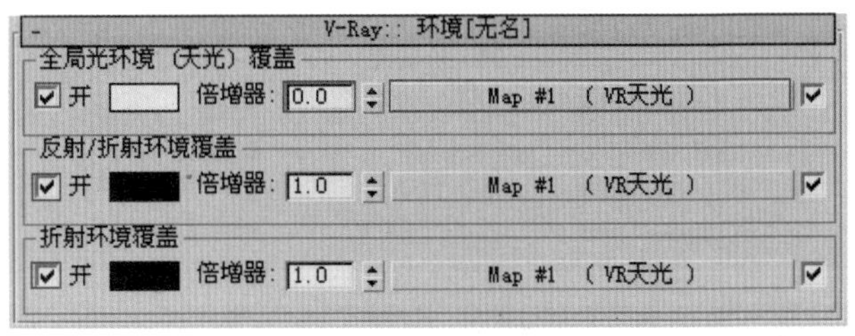

图 2-40 设置环境参数

07.进入渲染器面板卷展栏，打开全局开关。取消“默认灯光”选项。进入“间接照明”卷展栏，设置“二次反弹”的“全局光引擎”为“灯光缓冲”，如图 2-41 所示。

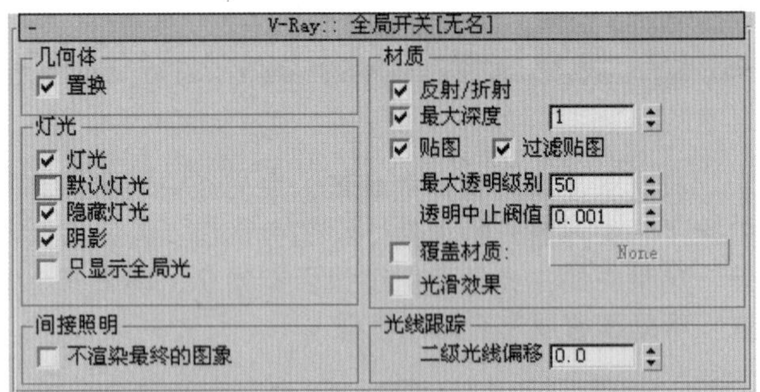

图 2-41 打开“间接照明”卷展栏

08.在卷展栏下面勾选“不渲染最终图像”选项。进行光子图的计算。光子图效果如图 2-42 所示。

图 2—42　光子图

09. 现在可以对场景进行最终渲染出图了。单击工具栏中的快速渲染按钮，观察渲染的最终效果，如图 2—43 所示。

图 2—43　最终效果

2.4　课后训练

一、单项选择题

（1）可变大小的区域过滤器计算的抗锯齿的命令是（　　　　）。

A．区域

B．清晰四方形

C．四方形

D．柔化

（2）计算每个材质点的全局光照信息，且渲染速度非常慢，但效果非常好，特别是在具有大量细节的场景中，对于运动模糊的计算也非常准确，不过需要和其他引擎搭配使用，而且参数设置过低的话，画面中会产生很明显的颗粒，下面四个选项中哪种全局光引擎具有这样的特征（　　　　）。

A．光子贴图

B．灯光缓冲

C．发光贴图

D．准蒙特卡洛

（3）用来在评估一种模糊效果是否足够好的时候，控制 VRay 的判断能力的采样选项是（　　　　）。

A．全局细分倍增

B．独立时间

C．最小采样器

D．噪波阈值

二、简述题

（1）简要叙述倍增器中各全局光引擎的不同特性并尝试模拟出各个全局光引擎的渲染效果。

（2）叙述 VRay 散焦卷展栏中各个参数值的作用，并总结出设置不同数值产生不同效果的规律。

三、问答题

（1）VRay 物理摄像机对场景产生照明调整的方法包括哪些？

（2）利用VRay阳光模拟场景照明的步骤有哪些？

四、实例制作

（1）打开配套光盘中提供的场景文件，利用VRay灯光进行照明设置。效果如图2-44所示。

（2）自己制作一个场景模型，为场景添加日光的照明效果，并尝试着添加夜晚的天光照明效果。（提示：夜晚时刻的室内场景也是具有天光照明效果的，只不过这个时候的天光较弱。读者朋友可以降低VRay阳光的值，并配合VRay球体光来模拟这个时候的照明效果。）

图2-44　场景的最终效果

第03课

VRay材质基础知识

本课主要讲VRay材质的设置和运用，其中包括VRay Mtl材质、VRay Light Mtl材质和Mtl Wrapper材质等VRay材质的介绍。结合实例，具体讲解了利用VRay材质模拟，玻璃材质、灯光材质、金属材质和置换材质的设置方法。

3.1 基础知识讲解

3.1.1 VRay专用材质概述

VRay渲染器有自己的专用材质，它是一种非常特殊的材质，在VRay中使用它可以得到较好的物理上的正确照明，较快的渲染速度和更方便的反射／折射参数。在VRay材质中用户可以运用不同的纹理贴图，控制反射／折射，增加凹凸和置换贴图，强制直接GI计算，为材质选择不同的BRDF类型等。但是在VRay材质中设置透明度和强度是通过颜色来控制的。

3.1.2 VRay Mtl材质

VRay Mtl材质VRay的基本材质，如图3-1所示。

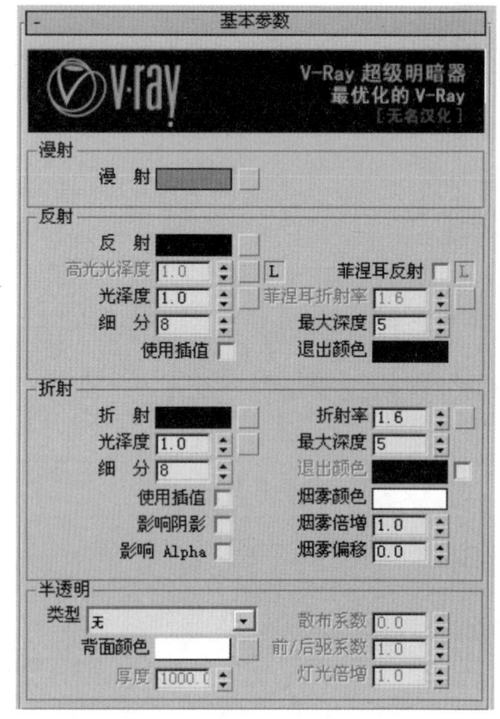

图3-1 “VRay Mtl材质”参数面板

“漫射”：用于设置材质的漫反射颜色。

“反射”：可以通过控制右边的颜色来设置物体反射的强度，颜色越亮反射强度越强。

“菲涅耳反射”：勾选此项，反射的强度将取决于世界中真实的反射效果。

“高光光泽度”：此选项控制VRay材质的高光状态，此选项必须先激活才可以使用。

“菲涅耳折射率”：此参数默认情况下是被锁定不可用的，只有勾选了“菲涅耳反射”项目才可以使用。

“光泽度”：此项目控制着反射的锐利效果，该值越小反射越模糊，默认的值为1。

“细分”：此项目控制着模型平滑反射的品质，一般默认的值都为8。值越小细分越低，品质也越低。

“最大深度”：此项目决定着反射的最大次数。

“使用插值”：VRay能够使用一种类似于发光贴图的缓存方案来加快模糊反射的计算速度。

“退出颜色”：当光线在场景中的反射达到最大深度定义的反射次数后就会停止反射。此项可以控制颜色返回，并且不再追踪远处的光线。

“折射”：用于控制折射的强度，它和反射一样，也是通过颜色来控制折射的强度。

“折射率”：此项目控制着物体的折射率，不同的材质有不同的折射率。

“烟雾颜色”：当光线穿过材质的时候，会变得稀薄，此选项可以让用户模拟厚的物体比薄物体透明度低的效果。

“影响阴影”：此选项将控制物体投射透明阴影，透明阴影的颜色取决于折射的颜色和雾的颜色。

“烟雾倍增”：决定雾的强度，一般取值都不超过1。

“影响Alpha”：勾选此项时雾效将影响alpha通道。

“烟雾偏移”：此项决定着雾效的方向和角度。

“厚度”：此参数控制光线在表面下方被追踪的深度，在用户不想或不需要追踪完全的散射效果的时候，可以设置这个参数来达到目的。

“散布系数”：该值主要是定义物体内部散射的数量。设置为 0 值时，光线会在任何方向上被散射，将值设置为 1.0 时，表面散射的过程中光线不能改变散射的方向。

“灯光倍增”：决定半透明效果的倍增效果。

“前／后驱系数”：该参数主要用于控制光线散射的方向。

一般在使用 VRay 渲染器时，在场景中只要有可能就尽量都使用 VRay Mtl 材质，这种材质为 VRay 渲染器做了特别的优化处理。一般情况下，使用 VRayMtl 材质计算 GI 和照明比使用 3ds max 标准材质要快。并且 VRayMtl 材质也可以为光滑的物体产生反射／折射效果，可以很好地模拟物体磨砂的效果。

3.1.3 VRay Light Mtl材质

VRay 的灯光材质是 VRay 渲染器提供的一种特殊材质，当这种材质被指定给物体时一般用于产生自发光效果，通常使用在室内壁灯和吊灯处比较好一些。这种材质在进行渲染的时候要比 MAX 默认的自发光材质快很多。在使用 VRay 灯光材质的时候最好使用纹理贴图来作为自发光的光源，这样可以使效果更加漂亮一些，如图 3-2 所示。

图 3-2　自发光效果

下面来详细介绍一下 VRay Light Mtl 材质的参数面板，如图 3-3 所示。

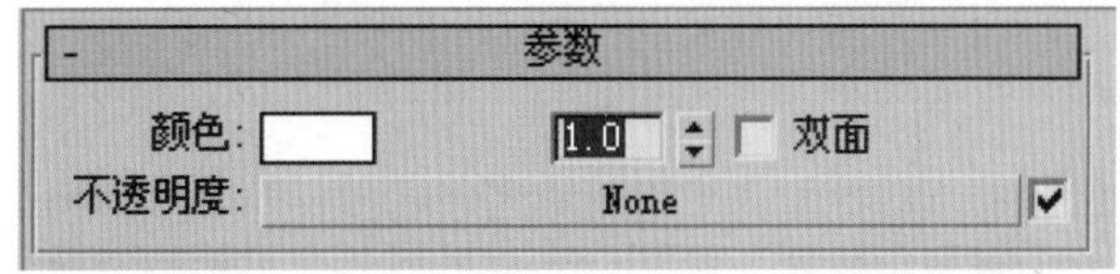

图 3-3　“VRay Light Mtl 材质”的参数面板

“颜色”：主要用于设置自发光材质的颜色，默认为白色。

“倍增”：控制自发光的强度，默认值为 1.0。

“双面”：设置自发光材质是否两面都产生自发光。

“不透明度”：可以给自发光的不透明度指定材质贴图，让材质产生自发光的光源。

3.1.4 Mtl Wrapper材质

VRMtl Wrapper 能包裹在 MAX 默认材质的表面上，它的包裹功能主要用于指定每一个材质的额外的表面参数。这些参数也可以在“物体设置”对话框中进行设置，不过，在 VRay 材质包裹中的设置会覆盖掉以前 MAX 默认的材质。也就是将默认的材质转换成为 VRay 的材质类型。设置面板如图 3-4 所示。

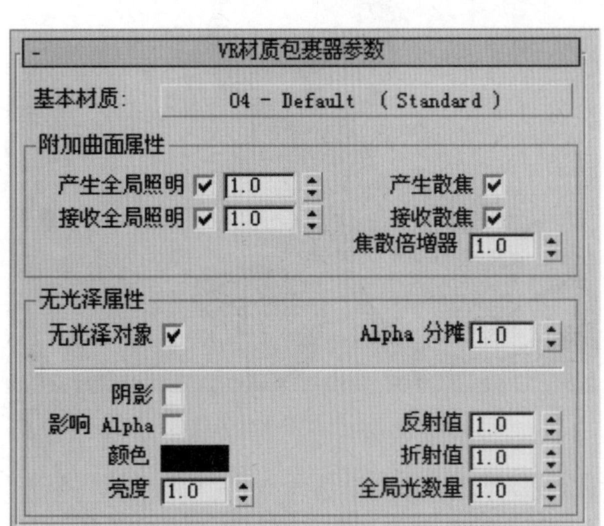

图 3-4　“VR 材质包裹器”参数

“基本材质”：可以控制包裹材质中将要使用的基本材质的参数，可以返回到上一层中进行编辑。

“产生全局照明”：控制使用此材质的物体产生的照明强度。

“接收全局照明”：控制使用此材质的物体接收的照明强度。

“产生散焦”：去掉该项材质才会产生散焦效果。

“接收散焦”：去掉该项材质将接收散焦的效果。

“焦散倍增器”：确定材质中焦散的影响。

“无光泽对象”：勾选此项目后，在进行直接观察的时候，将显示背景而不会显示基本材质，这样材质看上去类似3ds max标准的不光滑材质。

“Alpha分摊”：该项主要是用来确定渲染图像中物体在Alpha通道中的外观。

“阴影”：当勾选了此项后，阴影将不在不光滑表面上显示。

“影响Alpha”：勾选此项，将使阴影影响不光滑表面的Alpha分摊。

“颜色”：设置不光滑表面阴影的可选色彩。

“亮度”：设置不光滑表面阴影的亮度，值为0时阴影完全不可见，值为1时将显示全部的阴影。

“反射值”：显示来自基本材质的反射程度，此参数只有在基本材质设置为VRayMtl类型的时候才可以使用。

“折射值”：显示来自基本材质的折射程度，此参数只有在基本材质设置为VRayMtl类型的时候才可以使用。

“全局光数量”：显示来自基本材质的全局光数量。

3.2 实例应用

3.2.1 灯光材质

通过“VR灯光”材质的学习，掌握“VR灯光”材质的设置方法。利用掌握的“VR灯光”对场景中的模型进行照明。认识“VR灯光”材质的颜色与照明强度的关系，学会双面材质在“VR灯光”材质中的运用。

01.首先打开光盘中的场景文件，可以看到场景中有一组静物，除了灯光材质以外，其他的材质都已经设置完毕了，如图3－5所示。

图3－5 打开场景文件

02.打开材质编辑器，选择一个空的材质球，单击Standard按钮，弹出“材质／贴图浏览器”面板，选择“VR灯光”材质，如图3－6所示。

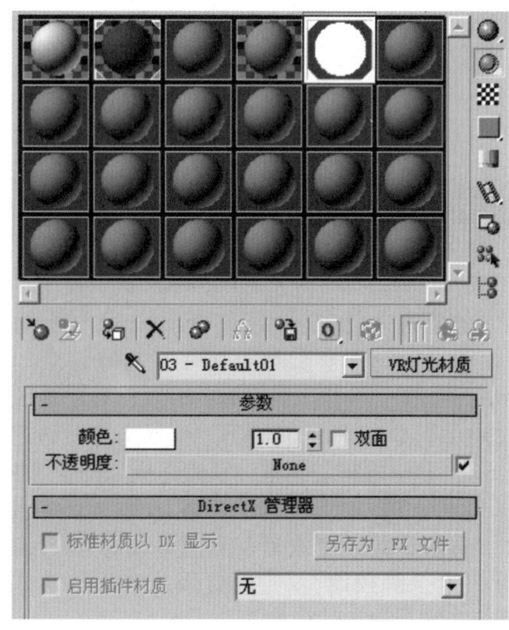

图3－6 设置“VR灯光”材质

03.选中灯泡部分和里面的灯罩部分，然后将“VR灯光”材质指定给选中的模型，并设置“倍增”值为2.0，如图3－7所示。

图 3–7　指定灯光材质

04. 进入灯光创建面板，单击“VR 灯光”按钮，在顶视图中创建一盏”VR 球灯“，并调整好它的位置，如图 3–8 所示。

图 3–8　创建泛光灯

05. 然后打开“VRay 渲染器”面板，打开“图像采样（反锯齿）”卷展栏，设置“图像采样器”的“类型”为“自适应细分”模式，设置“抗锯齿过滤器”的模式为 Catmull–Rom。再打开“间接照明”卷展栏，勾选“开”选项，如图 3–9 所示。

V-Ray:: 图像采样(反锯齿)
图象采样器
类型: 自适应细分
抗锯齿过滤器
开　Catmull-Rom　具有显著边缘增强效果的 25 像素过滤器。
大小: 4.0

图 3–9　设置抗锯齿参数

06. 打开“发光贴图”卷展栏，设置它“当前预置”的模式为“高”。再设置“模型细分”的值为 70，勾选“检查采样可见度”选项，如图 3–10 所示。

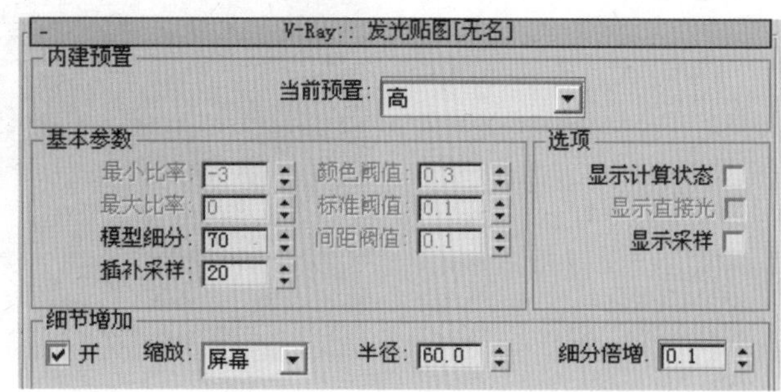

图 3–10　设置“发光贴图”参数

07. 打开“准蒙特卡洛全局光”卷展栏，设置它的“细分”值为 50，如图 3–11 所示。

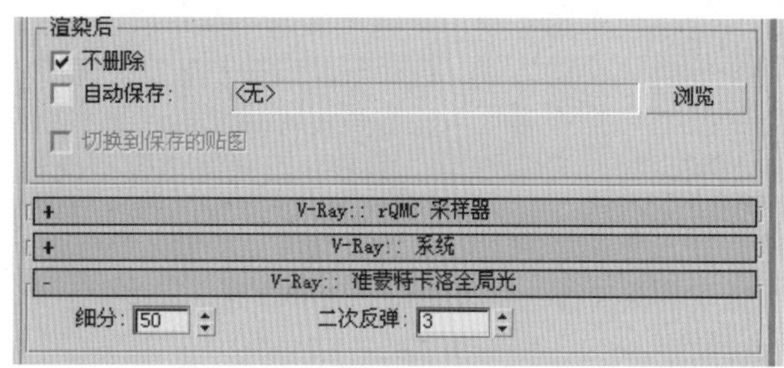

图 3–11　设置模型细分

08. 对光子图进行计算，以方便下面的渲染。直接调出光子图就无须反复计算光子了，节省了资源，如图 3–12 所示。

图 3–12　光子图

09. 最后进行渲染输出，得到效果如图 3–13 所示。

图 3-13　最后效果

3.2.2 玻璃材质

通过对透明玻璃、半透明玻璃、磨砂玻璃等三种玻璃材质的学习，掌握材质透明度、表面凹凸效果和材质折射的设置方法。区分三种玻璃材质的不同用途。制作真实的玻璃模型需要正确地理解场景中玻璃物体的反射和折射属性，比如每种玻璃材质不同的折射率所产生的效果不同，反射强度也是不同的，磨砂玻璃则需要控制光滑度等。本节介绍的几个例子能够帮助读者清楚地理解玻璃材质的属性。

01. 首先打开光盘中的“玻璃材质”场景文件，发现场景中有一组酒瓶和一架摄像机，如图 3-14 所示。

图 3-14　打开场景文件

02. 现在来设置玻璃的材质，打开“材质编辑器”，选择一个空白样本球，点击 Standard 类型，弹出“材质 / 贴图浏览器”，选择 VRayMtl，如图 3-15 所示。

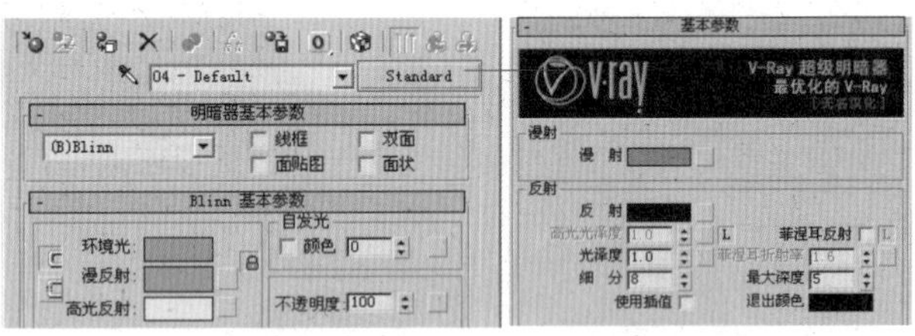

图 3-15　改变材质类型

03. 打开“基本参数”卷展栏，设置“漫射”的颜色为黑色，设置“反射”的颜色为纯黑，然后贴一张衰减贴图，如图 3-16 所示。

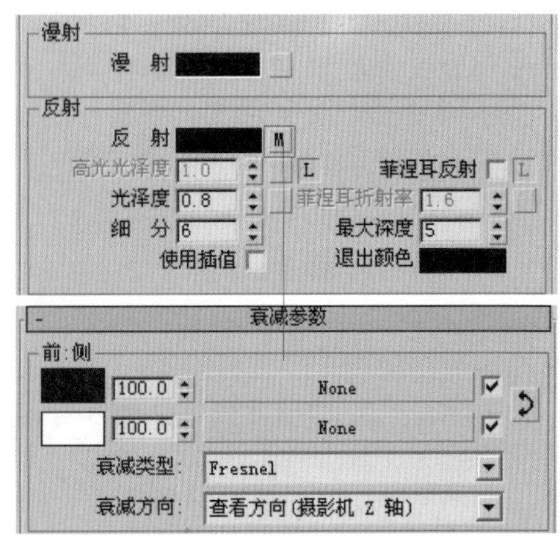

图 3-16　设置“反射”参数

04. 将“折射”的颜色设置为灰色，然后将“烟雾颜色”也设置为灰色，将瓶子的颜色设置为一种深蓝色，如图 3－17 所示。

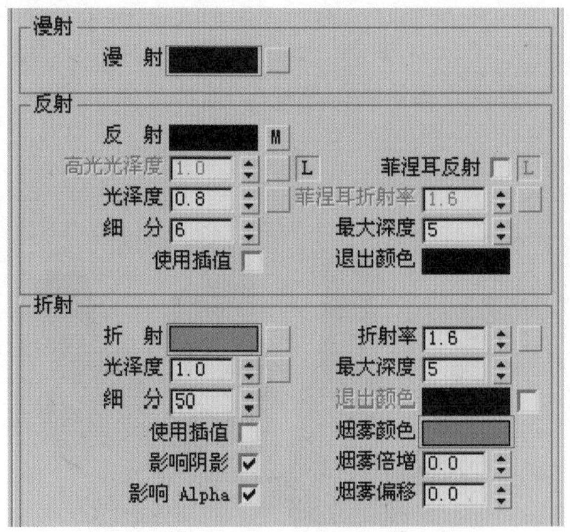

图 3－17　设置瓶子颜色

05. 现在将材质指定给其中一个瓶子，然后进行渲染，观察渲染的效果如图 3－18 所示。

图 3－18　观察大概效果

06. 材质已经指定完毕了，现在可以渲染出图了（要想达到更逼真的效果，就要将各项参数尽量设高，当然这也需要更多的时间等待）。最终效果如图 3－19 所示。

图 3－19　最后效果

07. 光滑玻璃的材质已经制作完成了，下面来制作磨砂玻璃的材质，磨砂玻璃的制作方法和光滑玻璃的大致相同，首先打开配套光盘中的场景文件，如图 3－20 所示。

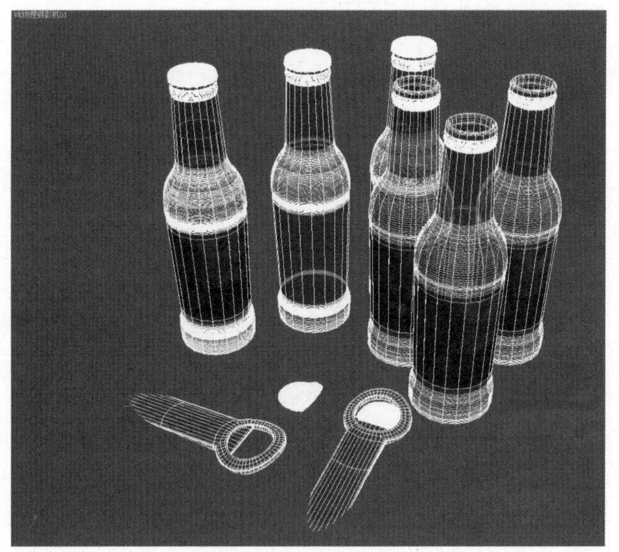

图 3－20　场景文件

08. 打开“基本参数”卷展栏，设置“折射”的“光泽度”为 0.8，设置“细分”的值为 50，然后将“折射率”设置为 1.517，这是现实中磨砂玻璃的折射率，如图 3－21 所示。

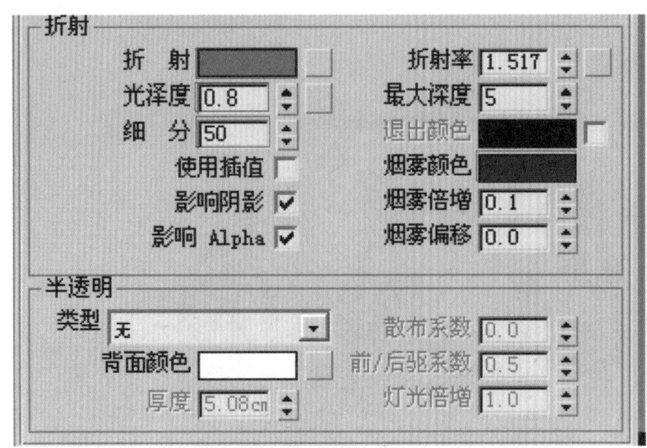

图 3-21 设置折射参数

09. 在“凹凸”的贴图类型中添加一个“噪波”贴图类型，然后进入“噪波参数”卷展栏，设置它的“大小”值为1.5，如图3-22所示。

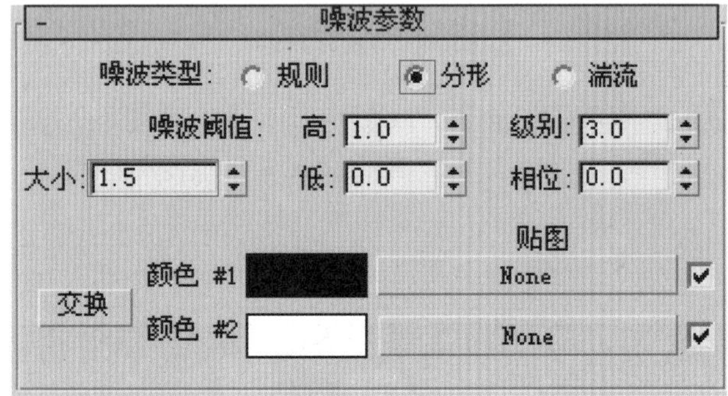

图 3-22 设置“噪波参数”

10. 对当前场景进行渲染（灯光和渲染的知识这里就不作解释了，读者朋友可以参照配套光盘提供的场景进行设置）。最终效果如图3-23所示。

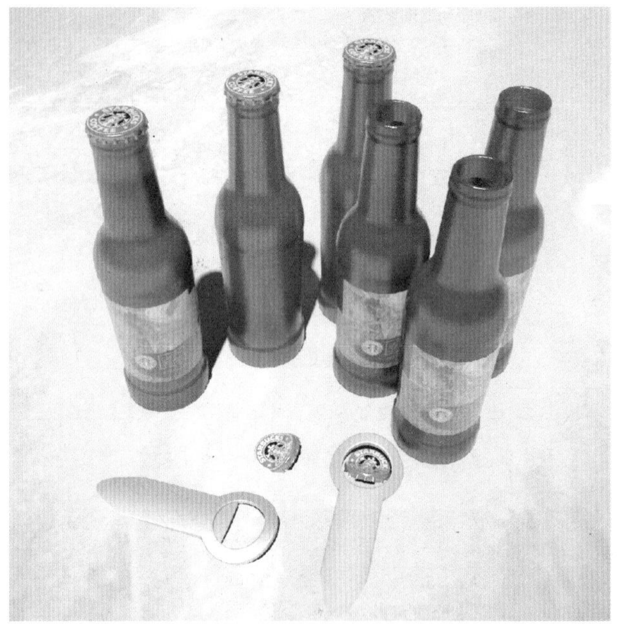

图 3-23 最终效果

3.2.3 金属材质

通过金属材质的学习，进一步把握影响反射效果的各项因素，不同的因素对效果的不同影响。强化模型表面纹理的制作方法。不同透明度的反射颜色对模型的反射强度具有决定性的影响。还可以通过衰减贴图来影响模型反射的剧烈程度。另外，环境贴图对反射的效果也有很大的影响。

01. 现在先来制作不锈钢的材质。首先打开光盘中的场景文件，发现场景中有两把椅子和一个茶几，如图3-24所示。

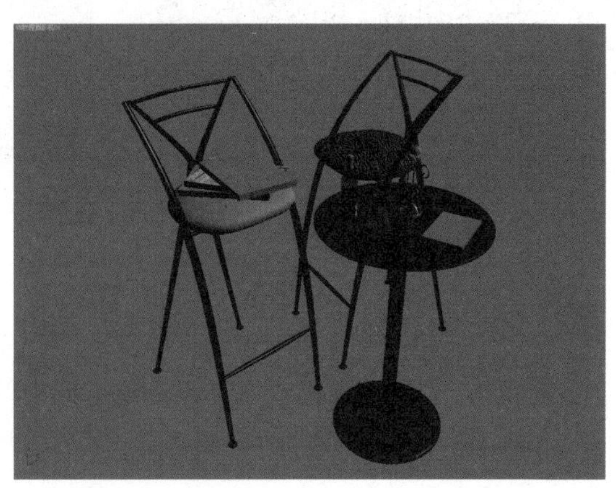

图 3-24 打开场景文件

02. 将渲染器设置为 VRay 渲染器，按下键盘上的 M 键，打开“材质编辑器”，选择一个空白的材质球，单击 Standard 按钮，将材质类型设置为 VRay 材质模式，如图 3–25 所示。

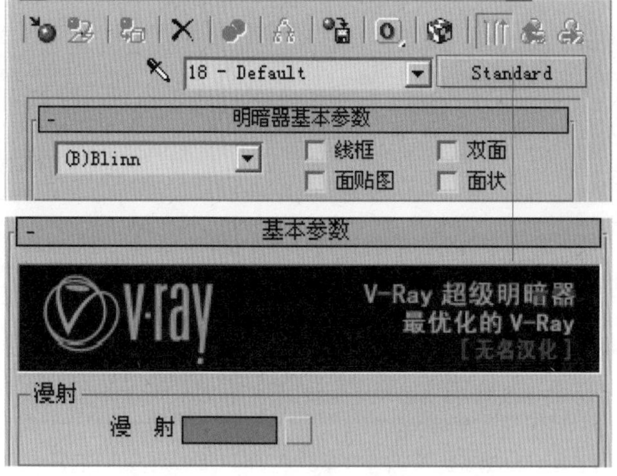

图 3–25　改变材质类型

03. 打开“基本参数”卷展栏，设置“漫射”的颜色为黑色，将“折射”的颜色设置为灰色，为它设置一个较大的反射，本例中的不锈钢材质并非完全镜面反射，所以设置“反射”的“光泽度”为 0.95，“细分”为 10，如图 3–26 所示。

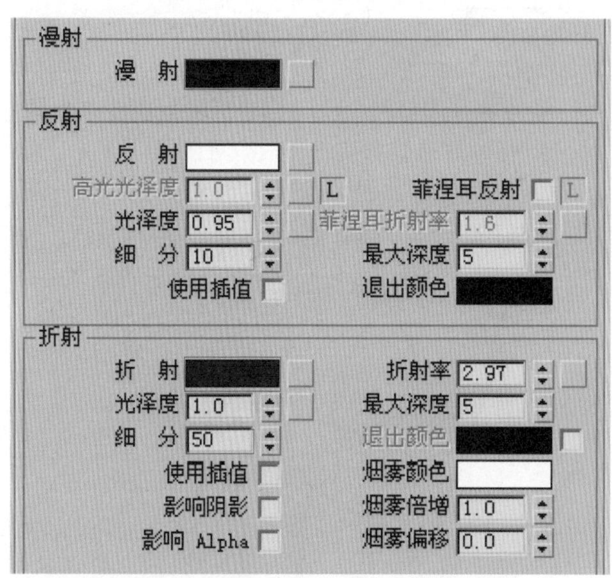

图 3–26　设置材质参数

04. 按下键盘上的 F10 键，进入“VRay 渲染器”面板，打开“全局开关”卷展栏，取消“默认灯光”选项，然后打开“图像采样（反锯齿）”卷展栏，设置“图像采样器”的类型为“自适应准蒙特卡洛”，将“抗锯齿过滤器”设置为 Catmull–Rom 模式，如图 3–27 所示。

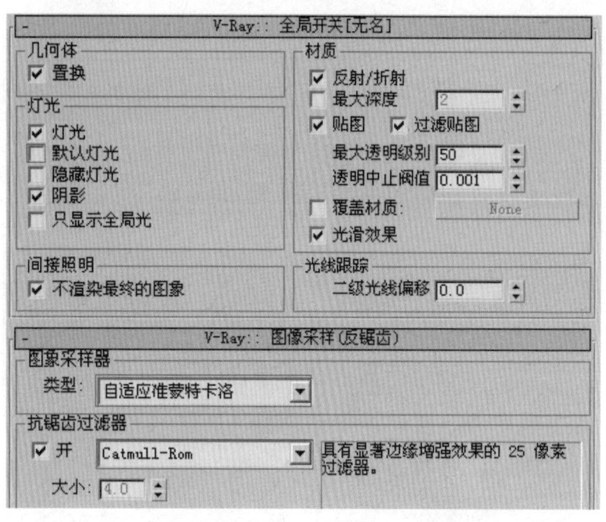

图 3–27　设置“抗锯齿”参数

05. 打开“间接照明”卷展栏，勾选前面的“开”复选框，这样就激活了全局光照的功能，渲染引擎默认的为发光贴图和灯光缓冲引擎，设置“二次反弹”的值为 1.0，一般不要高过光线的一次反弹就可以了，如图 3–28 所示。

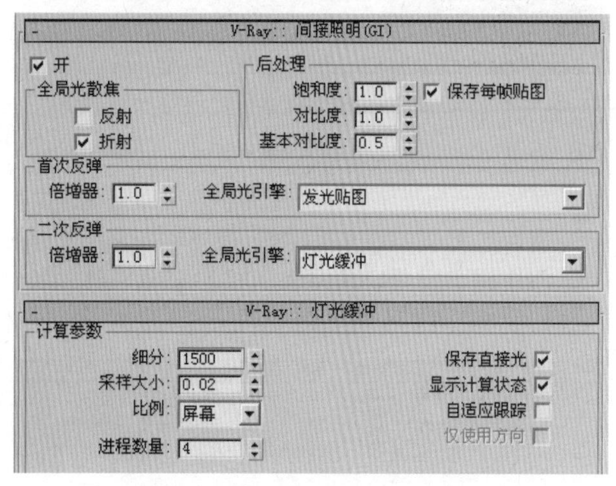

图 3–28　设置“间接照明”参数

06. 打开“发光贴图”卷展栏，设置“当前预置”的模式为“自定义”，然后设置它的“最小比率”为 –3，“最大比率”为 –2，如图 3–29 所示。

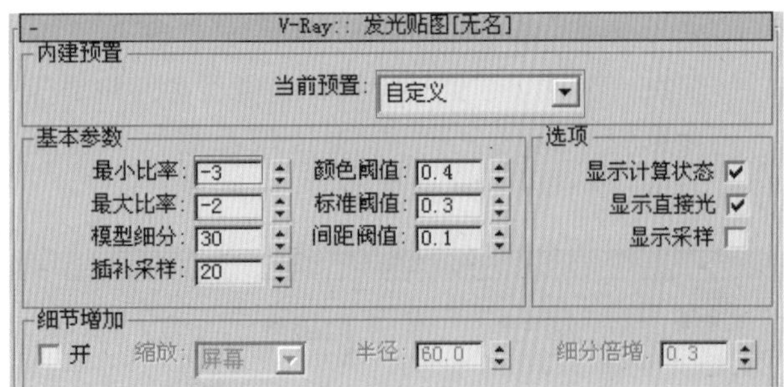

图 3-29　设置“发光贴图”参数

07.进行测试渲染输出，得到的效果如图 3-30 所示。

图 3-30　测试效果

08.通过渲染发现图像的品质还没有达到理想的效果。分析一下有两方面原因：一方面是图像的锯齿太明显，另一方面是反射不够丰富。先来解决锯齿问题。在渲染面板里提高采样的级别，如图 3-31 所示。

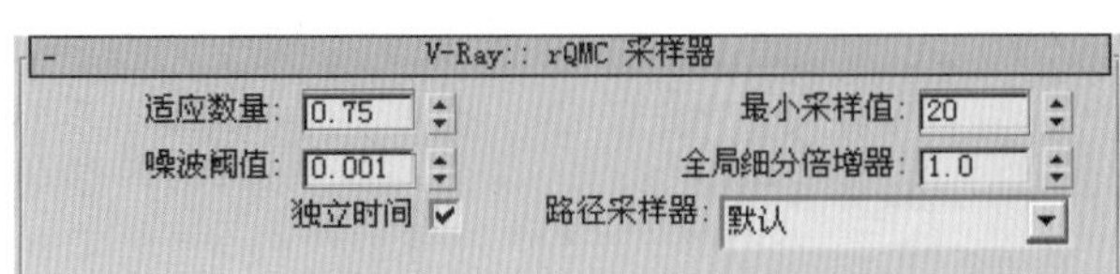

图 3-31　提高采样的级别

09.选择一个新的材质球，将它设置为 VRay 材质，然后贴一张 HDRI 文件的贴图，如图 3-32 所示。

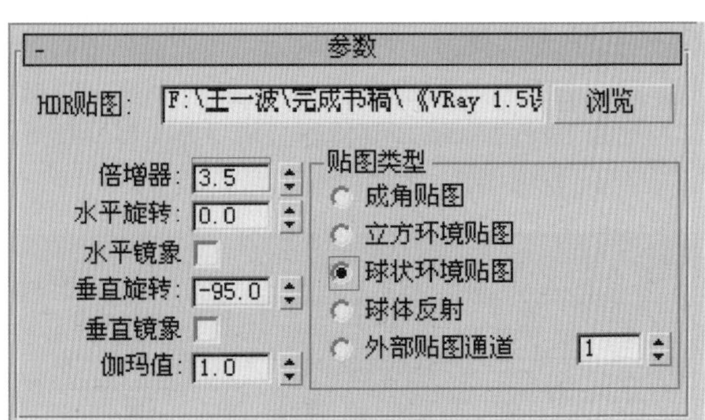

图 3-32　设置 HDRI 贴图

10.将刚才设置的材质关联复制给“环境”面板中的“环境贴图”和渲染面板中的“环境[无名]”卷展栏，如图 3-33 所示。

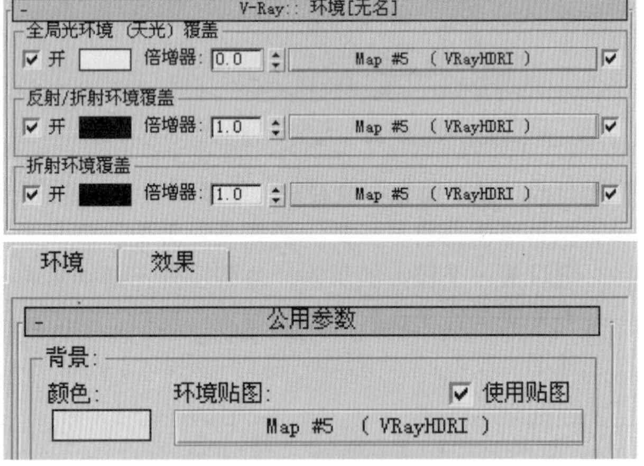

图 3-33　复制 HDRI 贴图

11.重新进行渲染输出，可以看到反射图像产生的 HDRI 效果比较真实，一般也可以用“渐变”来替代“HDRI 贴图”，这样可以让水龙头有一些灰度的效果，如图 3-34 所示。

图 3–34　最后效果

技巧 / 提示

磨砂金属材质的制作原理和磨砂玻璃的差不多，磨砂玻璃是通过控制“折射”的“光泽度”来控制磨砂的效果，金属主要是控制反射的光泽度来模拟磨砂的效果。值越低磨砂效果越强。

3.2.4 置换材质

掌握并了解 VRay 置换特效的运用，学会利用 VRay 置换特效制作表面凹凸的物体材质，并区别 VRay 特效与凹凸贴图的区别。了解表面凹凸程度与置换参数之间的关系，并学会利用置换贴图来控制物体表面凹凸纹理的样式。本例与拓展训练中的实例是联系的，本例主要是利用置换贴图来制作置换效果。

01. 首先打开光盘中的“置换贴图”场景文件，发现场景中有一条毛巾和一本书，还有一架摄像机，如图 3–35 所示。

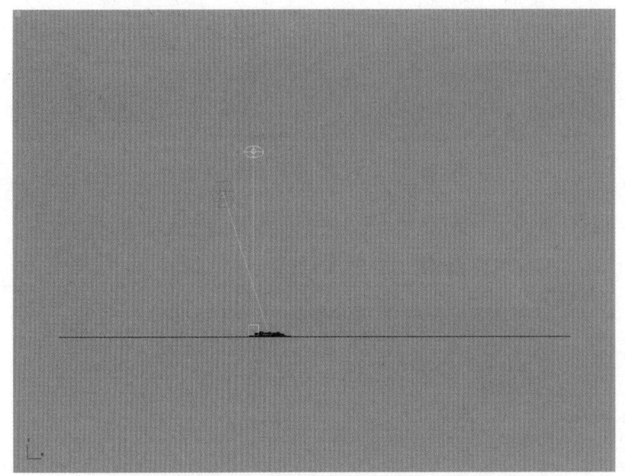

图 3–35　打开场景文件

02. 现在对场景进行测试渲染。按下键盘上的 F10 键，打开渲染面板，将渲染输出尺寸改为 640、480，然后打开“全局开关”卷展栏，取消“默认灯光”选项，如图 3–36 所示。

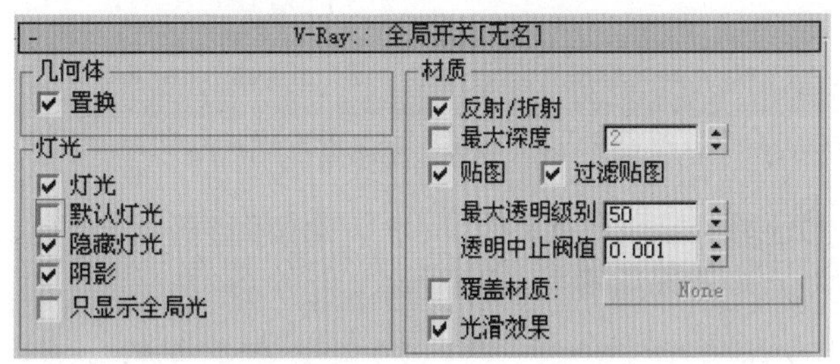

图 3–36　设置全局开关参数

03. 打开“图像采样（反锯齿）”卷展栏，设置“图像采样器”的“类型”为“自适应细分”模式，然后将”抗锯齿过滤器”的类型设置为 Catmull–Rom 模式，如图 3–37 所示。

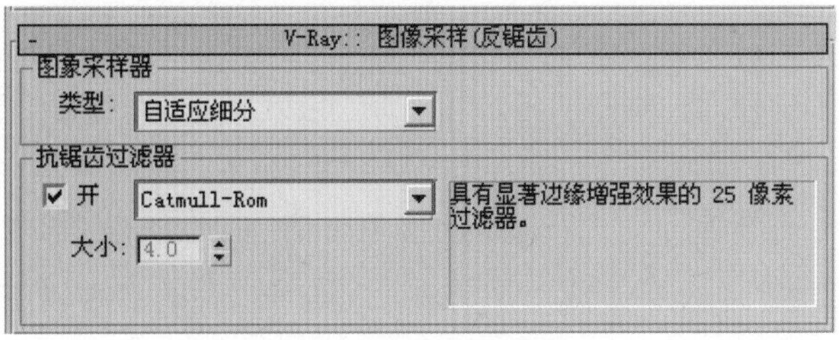

V-Ray:: 图像采样(反锯齿)

图象采样器

类型: 自适应细分

抗锯齿过滤器

开　Catmull-Rom　具有显著边缘增强效果的 25 像素过滤器。

大小: 4.0

图 3–37　设置图像抗锯齿参数

04. 打开“间接照明”卷展栏，勾选“开”选项，然后将“首次反弹”的倍增值设置为 0.8，再将“二次反弹”的倍增值设置为 0.75，如图 3–38 所示。

V-Ray:: 间接照明(GI)
开
后处理
全局光散焦
饱和度: 1.0
保存每帧贴图
对比度: 1.0
反射
基本对比度: 0.5
折射
首次反弹
倍增器: 0.8
全局光引擎: 发光贴图
二次反弹
倍增器: 0.75
全局光引擎: 准蒙特卡洛算法

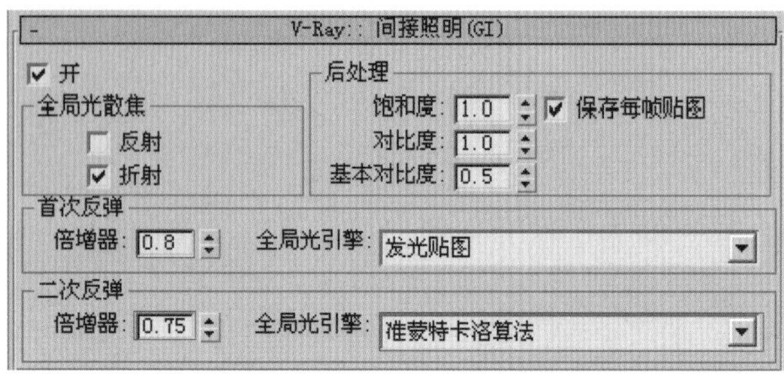

图 3-38　设置“间接照明”参数

05.打开“发光贴图”卷展栏，设置它的“当前预置”的类型为“低”，再设置“模型细分”的值为 50，设置“插补采样”的值为 20，如图 3-39 所示。

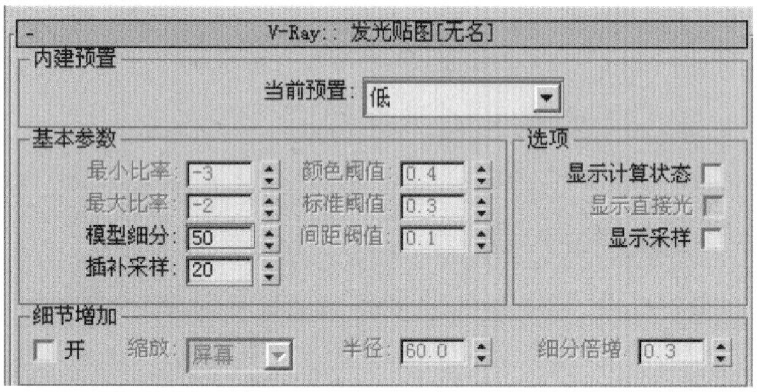

V-Ray:: 发光贴图[无名]
内建预置
当前预置: 低
基本参数
选项
最小比率: -3
颜色阈值: 0.4
显示计算状态
最大比率: -2
标准阈值: 0.3
显示直接光
模型细分: 50
间距阈值: 0.1
显示采样
插补采样: 20
细节增加
开
缩放: 屏幕
半径: 60.0
细分倍增: 0.3

图 3-39　设置“发光贴图”参数

06.现在按下键盘上的 Shift+Q 键渲染当前场景，得到效果如图 3-40 所示。

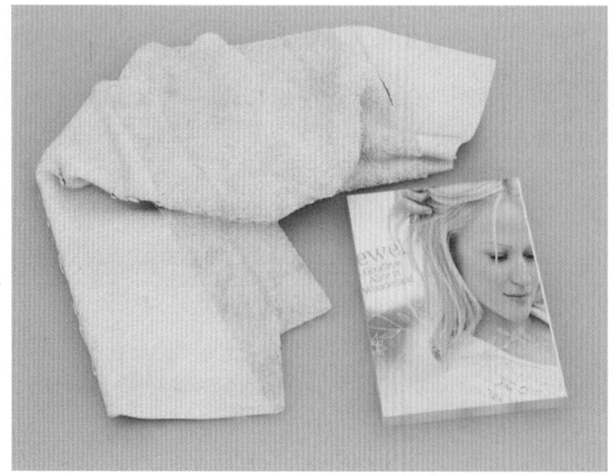

图 3-40　测试效果

07.进入视图中，选中毛巾的部分，然后按下键盘上的 M 键，弹出“材质／贴图浏览器”对话框，选择 VRayMtl 材质类型，并将其指定给毛巾，如图 3-41 所示。

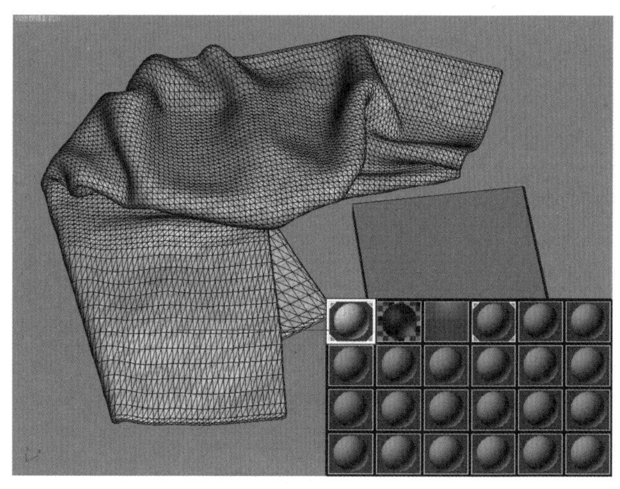

图 3-41　给毛巾指定材质

08.打开“基本参数”卷展栏，设置“漫射”添加一张毛巾的真实纹理贴图，然后给“反射”添加一张衰减贴图，设置它的“高光光泽度”值为 0.35，如图 3-42 所示。

漫射
漫　射
M
反射
反　射
M
高光光泽度 0.35
L
菲涅耳反射
L
光泽度 0.35
菲涅耳折射率 1.6
细　分 20
最大深度 5
使用插值
退出颜色

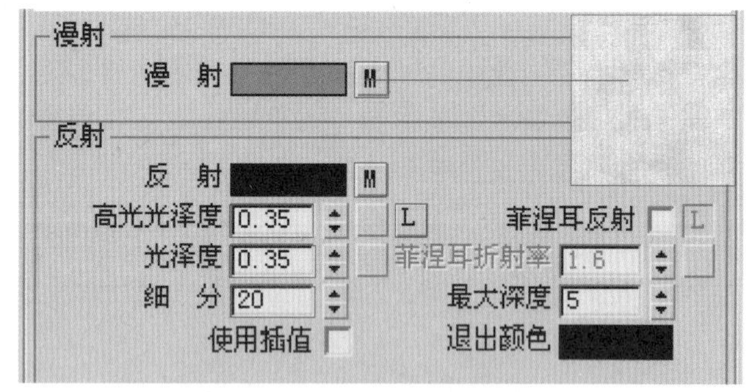

图 3-42　设置漫射和反射参数

09.进入“衰减”贴图，选择衰减贴图的类型为 Fresnel。设置“折射率”为 1.1，如图 3-43 所示。

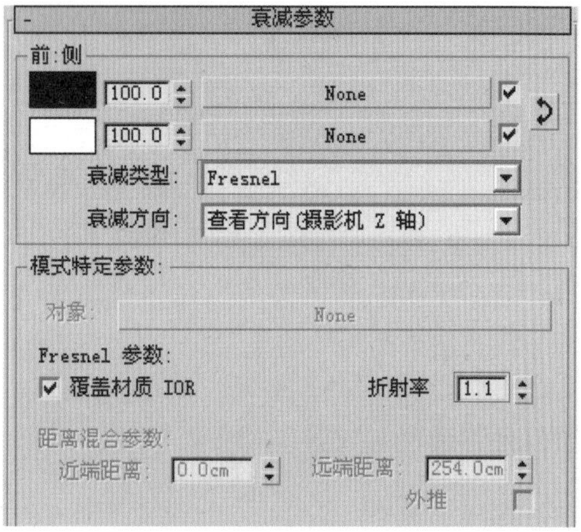

衰减参数
前:侧
100.0
None
100.0
None
衰减类型: Fresnel
衰减方向: 查看方向(摄影机 Z 轴)
模式特定参数:
对象:
None
Fresnel 参数:
覆盖材质 IOR
折射率 1.1
距离混合参数:
近端距离: 0.0cm
远端距离: 254.0cm
外推

图 3-43　设置衰减材质参数

10. 在“置换”贴图通道中，贴一张置换纹理。设置大小为 6，如图 3-44 所示。

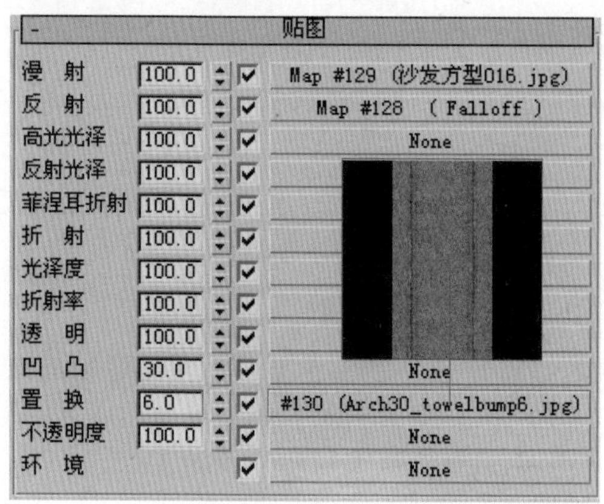

图 3-44　添加置换贴图

11. 设置毛巾的置换贴图，在视图中选择毛巾模型，打开“修改器”命令面板，然后给其添加一个“U V W 贴图”修改器，进入“修改”命令面板中，设置它的“贴图类型”为“长方体”，长、宽、高的比例分别设置为（42.682、51.766、6.429），如图 3-45 所示。

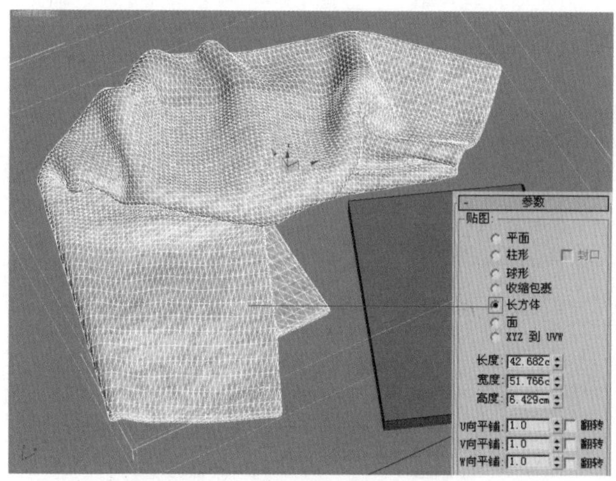

图 3-45　添加 UVW 贴图修改器

12. 选择毛巾，进入“修改”命令面板中，打开“修改器列表”下拉菜单，在弹出的下拉菜单中选择“VRay 置换模式”，如图 3-46 所示。

13. 打开“参数”卷展栏，设置它的材质类型为“2D 贴图”，然后给“纹理贴图”添加贴图文件，设置“数量”的值为 -0.8cm，设置“2D 贴图”选项组中“分辨率”的值为 2048，设置“精确度”的值为 10，如图 3-47 所示。

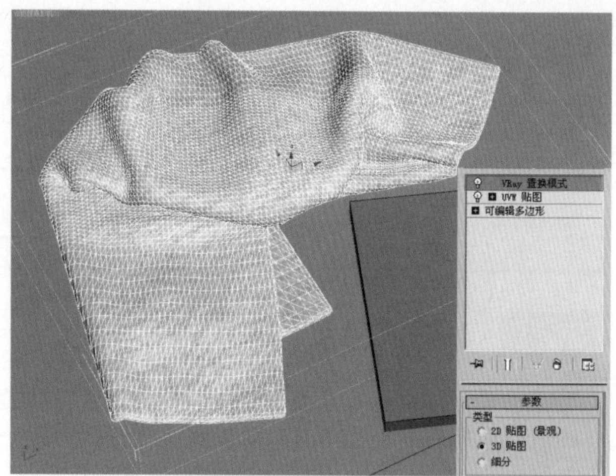

图 3-46　添加 VRay 置换修改器

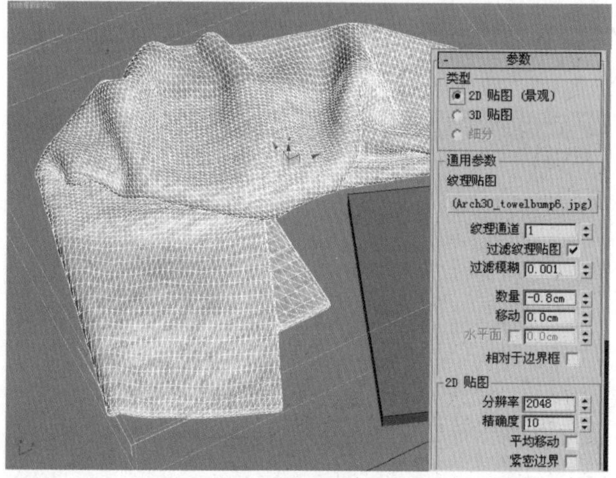

图 3-47　设置 VRay 置换参数

14. 到这一步，置换效果的全部设置已经完成了。下面就来进行最终渲染，最终效果如图 3-48 所示。

图 3-48　最后效果

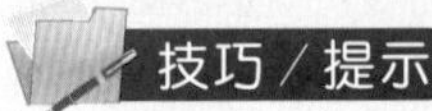

技巧／提示

如果在制作过程中贴图和模型比例不对应，读者朋友们可以调节一下它的UVW贴图坐标的轴向，或者进行单个UVW贴图设置。VRay置换模式在场景中只能出现一个，或者进行复制可以出现多个，但是不能单独地出现多个，否则会出现错误。最后再进行渲染输出，得到的效果如图3-50所示。

虽然“VRay置换模式”渲染速度比MAX自带的要快很多，效果也很好，但是对于制作商业效果图来说速度还是很慢的，所以一般在制作商业图的时候不建议使用它，

3.2.5 半透明材质

在前面玻璃材质的学习过程中，已经了解了半透明材质的设置方法，本例主要是利用混合材质来模拟一种透明度相对更小的模型材质。跟其他透明材质一样，主要还是要注意折射颜色的设置对透明度的影响。在本例中介绍MAX默认材质和VRay材质的混合使用。

01.首先打开光盘中“半透明材质”场景文件，发现场景中有一个壁灯模型和一架摄像机，场景非常简单，如图3–49所示。

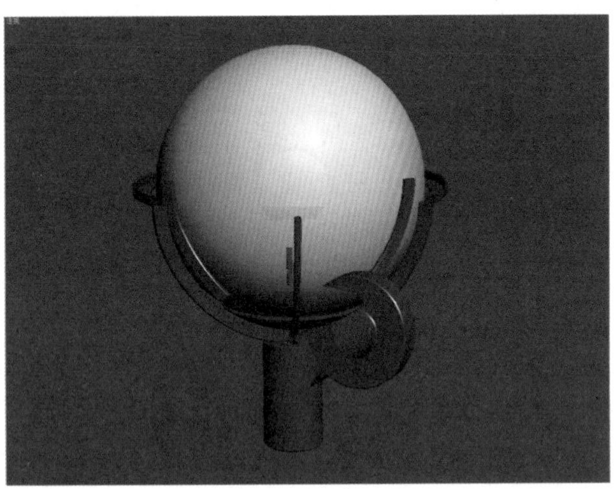

图3–49　打开场景文件

02.按下键盘上的M键，打开“材质编辑器”窗口，选择一个空白的材质球，然后单击Standard按钮，选择“虫漆”材质类型，这是一个可以进行混合的材质类型，如图3–50所示。

虫漆基本参数
基础材质：Material #6 (Standard)
虫漆材质：Material #7 (Standard)
虫漆颜色混合：0.0
DirectX 管理器
标准材质以 DX 显示　另存为 .FX 文件
启用插件材质　无
mental ray 连接

图3–50　指定虫漆材质

03.进入“基础材质”，将它的材质类型设置为VRayMtl类型，设置“漫射”的颜色为白色，“反射”的RGB颜色都为35，设置“光泽度”的值为0.8，“细分”的值为16，设置“折射”的RGB颜色都为105，“光泽度”为0.5，“细分”的值为16，如图3–51所示。

漫射
漫　射
反射
反　射
高光光泽度 1.0　L　菲涅耳反射　L
光泽度 0.8　菲涅耳折射率 1.6
细　分 16　最大深度 5
使用插值　退出颜色
折射
折　射　折射率 1.6
光泽度 0.5　最大深度 5
细　分 16　退出颜色
使用插值　烟雾颜色
影响阴影　烟雾倍增 1.0
影响 Alpha　烟雾偏移 0.0
半透明
类型 硬(蜡)模型　散布系数 0.0
背面颜色　前/后驱系数 1.0
厚度 2540.0　灯光倍增 1.0

图3–51　设置基础材质参数

04.进入“虫漆”材质，将它的材质类型设置为“VRay灯光”材质类型，设置它的“漫射”的颜色为黑色，设置“反射”的RGB颜色都为30，并且激活“高光光泽度”，设置“光泽度”的值为0.8，如图3–52所示。

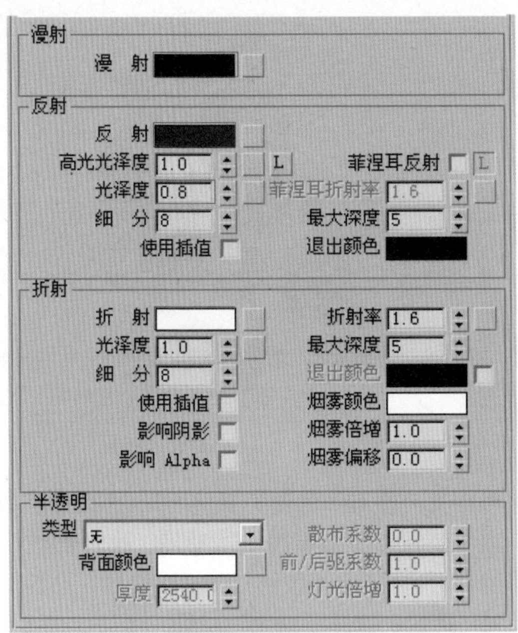

图 3–52　设置虫漆材质参数

05. 半透明材质已经制作完成了，最后进行渲染输出，渲染器的设置方法和上面的相同，这里就不再做介绍了。不过半透明材质里有大量的模糊效果，所以渲染的时候比较慢。最后效果如图 3–53 所示。

图 3–53　最后效果

3.2.6 卡通材质的设置

卡通材质不是 VRay 的强项，它存在着很多局限性。本例主要是通过对一组静物模型进行卡通材质的设置，了解一下 VRay 卡通材质的设置方法。卡通材质的制作过程要配合渐变贴图来表现出颜色的体积感，同时为场景添加大气效果可以使场景变得更加柔和一些。

01. 首先打开光盘中“卡通材质”的场景文件，发现场景中只有一组静物和一盏灯光，打开“材质编辑器”窗口，发现材质都已经指定好了，接下来只要设置卡通渲染器的项目即可，如图 3–54 所示。

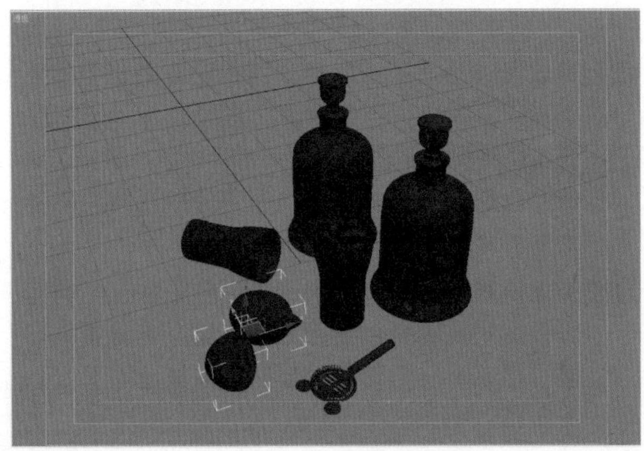

图 3–54　打开场景文件

02. 给场景添加卡通渲染功能。按下键盘上的 8 键，弹出“环境和效果”面板，在环境面板中打开“大气”卷展栏，单击“添加”按钮，在弹出的“添加大气效果”面板中选择“VRay 卡通”选项，如图 3–55 所示。

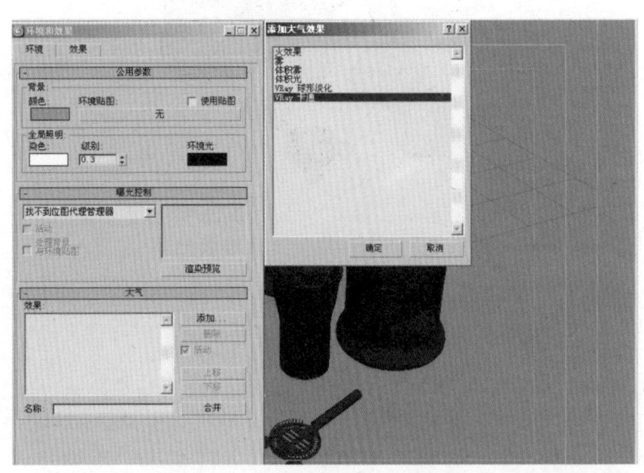

图 3–55　添加卡通大气效果

03.打开“VRay 卡通参数”卷展栏，可以看到 VRay 卡通材质的参数面板，卡通材质的参数基本上不用调节，如果想改变卡通模型的边线，可以通过设置“线颜色”来改变其线框的颜色，如图 3–56 所示。

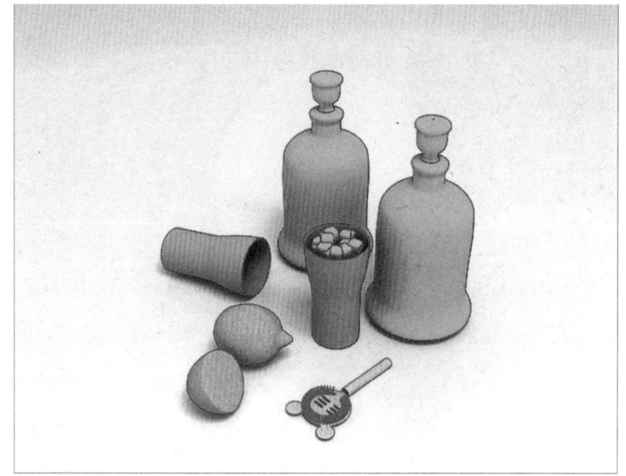

图 3–56　卡通渲染效果

04.也可以通过改变“像素”的值来改变轮廓线的宽度，值越大，轮廓线越粗。可以通过控制“世界比例”来控制轮廓线的景深效果，控制“透明度”可以改变线框的透明程度，如图 3–57 所示。

图 3–57　调节控制线框参数的值

05.在“贴图”选项组中可以通过给”颜色“添加贴图来控制线框的颜色，不同的贴图可以得到不同的线框效果，现在单击“颜色”选项右边的 None 按钮，弹出“材质 / 贴图浏览器”对话框选择“旋涡”材质，然后进行渲染，效果如图 3–58 所示。

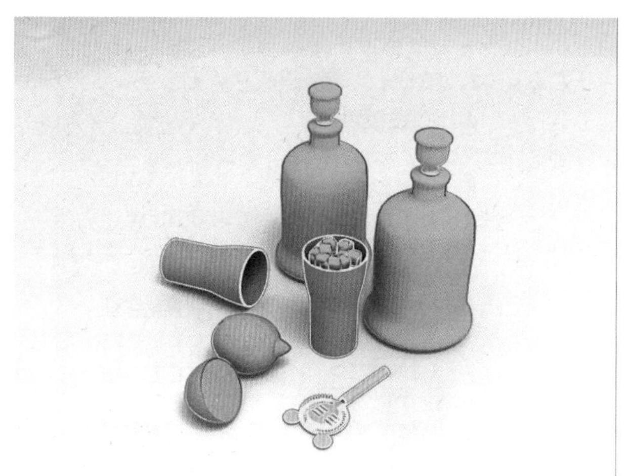

图 3–58　给线框颜色添加贴图

06.现在将“像素”的值设置为 10，这样可以增加线框的宽度，然后单击“贴图”选项组中“宽度”右边的 None 按钮，弹出“材质 / 贴图浏览器”面板，选择“渐变”材质。再进行渲染，发现线框有渐变的效果，如图 3–59 所示。

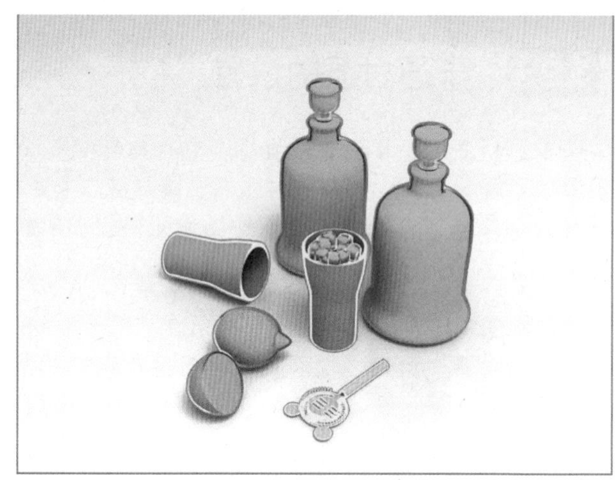

图 3–59　给线框宽度添加贴图

07.可以通过给“不透明度”添加贴图来让效果更加真实。单击“不透明度”右边的 None 按钮，弹出“材质 / 贴图浏览器”对话框然后选择“渐变”材质，再进行渲染，发现线框根据明暗产生了变化，如图 3–60 所示。

08.卡通材质通常被运用到动画片的制作上，也可以设置材质本身的反光效果来模拟更真实的效果，现在看一下其他物体对象的卡通效果，如图 3–61 所示。

图 3—60　给线框不透明度添加贴图

图 3—61　卡通其他效果

3.3 拓展训练：VR 置换和 max 置换的效果对比

3ds　max 置换主要是通过贴图来产生置换的效果，在“贴图”卷展栏的“置换”贴图中添加一个黑白的位图图像，它和 VRay 置换相似，黑的部分凹下去，白的部分凸出来，3ds　max 也有自己的置换修改器，可以在“修改”命令面板中进行添加，3ds　max 默认的置换修改器具体参数如下。

“细分置换”：使用“细分预设”和“细分方法”组框中指定的方法和设置，细分网格面可以精确地位移贴图。禁用时，修改器通过移动网格中的顶点应用贴图，就是位移修改器所用的方法。默认设置为启用。

“分割网格”：影响置换网格对象的接缝；也影响纹理贴图。启用时，在将网格进行位移前，将网格分割为单独的面，这有助于保持纹理贴图；禁用时，使用内部方法指定纹理贴图。默认设置为启用。

技巧／提示

由于存在着建筑方面的局限性，该参数需要采用位移贴图的使用方法。启用“分割网格”通常是一种较为理想的方法。但是，使用该选项时，可能会使面完全独立的对象（如长方体，甚至球体）产生问题。长方体的边向外发生位移时，可能会分离，使其产生间距。如果没有禁用“分割网格”，球体可能会沿着纵向边（可以在“顶”视图中创建的球体后部找到）分割。但是，禁用“分割网格”时，纹理贴图将会工作异常。因此，可能需要添加“位移网格”修改器，然后制作该网格的快照。再应用 UVW 贴图修改器，重新指定贴图坐标给位移快照网格。

VRay 的置换和 MAX 置换效果，在速度上 VRay 置换要比 MAX 快很多，而且效果也很好，容易控制。若使用 2D 贴图模式，须注意 VRay 置换效果与模型的网格细分的关系。若使用 3D 贴图模式，VRay 会将物体的原始网格再细分，其数值由 3D 贴图的”最大细分“参数来决定，默认值为 256，也就是说它将任何一个给出的网格里的三角形细分成 256*256=65　535 个次三角形，一般采用默认值即可。VRay 的置换效果跟置换贴图的黑白颜色区域有关，使用置换贴图黑色区域将凹下，白色区域将凸起。下面就来看一下 VRay 置换和 3ds max 置换的对比效果，如图 3—62 所示。

3ds max 置换效果

VRay 置换效果

图 3—62　MAX 和 VRay 置换效果的对比

3.4　课后练习

一、单项选择题

（1）使模型产生发光效果并对周围环境产生照明的 VRay 材质类型是（　　　　）。

A．VRay 天光材质

B．VRay 灯光材质

C．VRay 卡通材质

D．VRay 玻璃材质

（2）关于 VRay 置换效果和 MAX 默认的置换效果的相同点叙述错误的是（　　　　）。

A．都产生凹凸效果

B．都是黑的部分凹进去，白的部分凸出来

C．渲染的时间都相同

D．都要设置两次 UVW 贴图坐标

（3）下列选项中可以用来制作磨砂金属表面效果的材质类型是（　　　　）。

A．渐变

B．衰减

C．噪波

D．虫漆

二、简述题

（1）简要叙述 VRay 透明材质和半透明材质的相同点和不同点。

（2）简要归纳出 VRay 不锈钢材质和磨砂金属材质的制作过程，并对比两者的物理属性。

三、问答题

（1）VRay 置换材质需要进行几次 UVW 贴图的设置？设置的过程是怎样的？

（2）透明材质和半透明材质在制作的过程中要注意哪些区别？

四、实例制作

（1）创建一组玻璃器皿，将这些玻璃器皿的材质设置为光滑玻璃、磨砂玻璃和半透明玻璃材质。

（2）制作一组包含玻璃材质、金属材质、织物材质和卡通材质的场景（在配套光盘中没有提供场景文件，需要读者朋友自己亲自动手制作。这也使大家在制作的过程中，对前面介绍过的内容有更深入的了解）。

第 04 课

VRay 灯光基础知识

本课主要讲解 VRay 灯光在场景照明中的运用。利用 VRay 面光源和 VRay 阳光为场景添加日光的效果。

4.1 基础知识讲解

4.1.1 VRay灯光的创建方法

VRay渲染器中，只要打开间接照明开关，就会产生真实的全局光照明效果。VRay渲染器对3ds max的大部分内置灯光均支持得非常好(不支持天光与IE天光)。VRay渲染器自带了两种专用灯光，分别是VR灯光与VR阳光，如图4-1所示。

VRay的灯光系统与3ds max默认灯光的区别就在于是否具有面光。现实世界所有光源都是有体积的，体积灯光主要表现在范围照明与柔和投影。而3ds max的标准灯光都是没有体积的，Photomeric光度灯有几种有体积的。其实阴影并不是按体积计算的，需要使用Area投影，Area投影只是对面光的一种模拟(其本质还是点光，VRay也基本支持这类情况的灯光，但是在模糊反射的高光上仍是一个圆点采样)。

图4-1 VRay灯光类型

创建"VR灯光"

运行3ds max后单击"灯光"按钮，进入灯光创建面板，打开"灯光类型"下拉菜单，选择"VRay"，如图4-2所示，此时发现"VRay"灯光中有两种类型，首先单击"VR灯光"按钮 激活第一种类型，同时来到前视图或者左视图，在视图中按住鼠标左键划出VR灯光后松开鼠标左键即可创建一盏VR灯光，如图4-3所示。

图4-2 选择VRay灯光类型

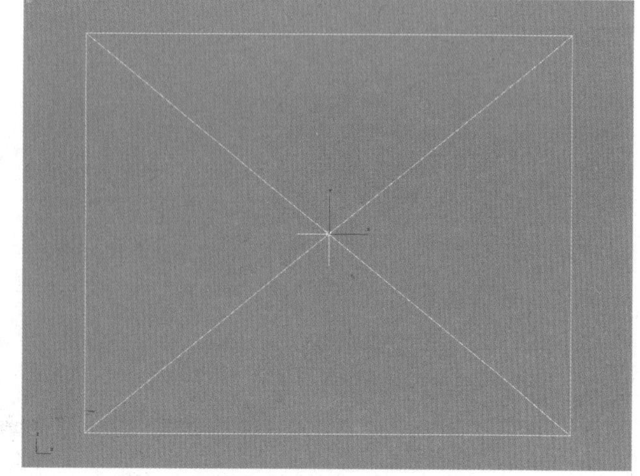

图4-3 创建VR灯光

创建"VR阳光"

单击"VR阳光"按钮 ，激活第二种类型，同时来到顶视图，在视图中按住鼠标左键划出VR阳光后松开鼠标左键，此时弹出"VR阳光"对话框，选择"是"为环境自动添加一张VR天光贴图，选择"否"则不添加，如图4-4所示。

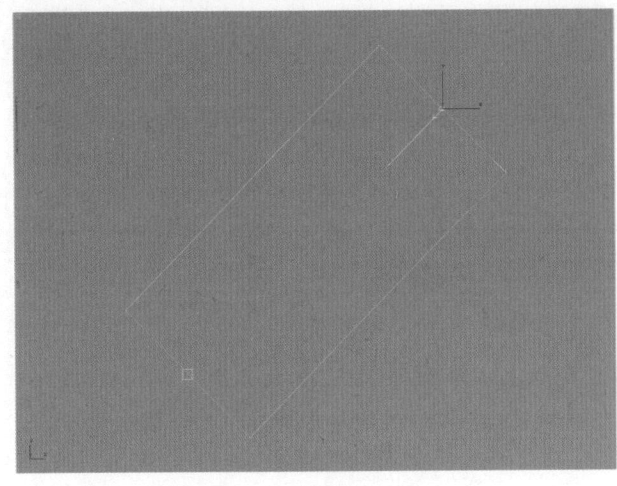

图 4-4　创建 VR 阳光

技巧 / 提示

"VR 灯光"多用于小型场景的辅助照明，"VR 阳光"则多用来模拟真实场景中的阳光效果。

4.1.2 VRay 灯光参数介绍

VR 灯光

单击"灯光"按钮，进入灯光创建面板，打开"灯光类型"下拉菜单，选择"VRay"，如图 4－5 所示，激活 VR灯光 灯光按钮，在视图中创建一盏 VR 灯光。灯光创建完毕后单击"修改"按钮，进入修改面板，打开 VR 灯光"参数"卷展栏，勾选灯光"双面"复选框，效果如图 4－6 所示，同时单击"快速渲染"按钮，进行透视图渲染，默认状态下的渲染结果，灯光是可见的。

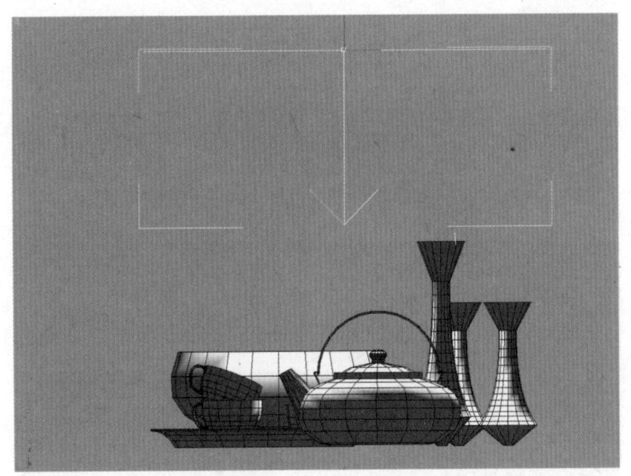

图 4-5　在场景中创建 VR 灯光

图 4-6　VR 灯光默认渲染结果

灯光"参数"卷展栏中"常规"选项组是用来控制灯光开关与灯光类型的，如图 4－7 所示，它拥有三种灯光类型，分别是"平面"、"穹顶"与"球体"，这三种灯光类型是分别为各种情况下的场景做照明服务的，"强度"选项组用来控制灯光颜色与倍增值，如图 4－8 所示，倍增值越低灯光强度越低。

图 4-7　更改灯光类型为球体光

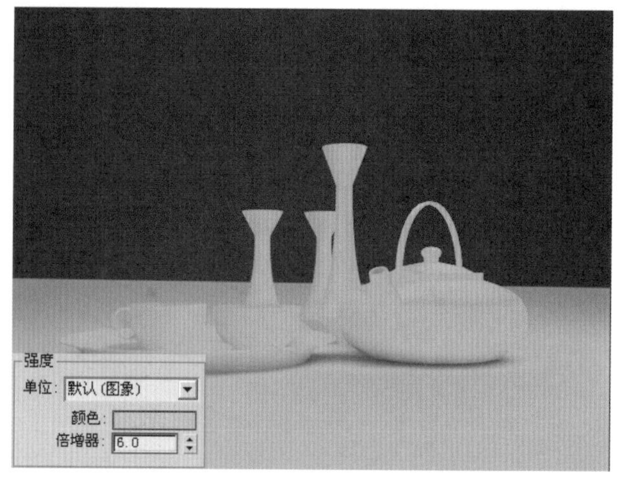

图 4-8　调节光源颜色与倍增值

“尺寸”控制发光体长、宽值，在“选项”中“不可见”一项默认是不勾选的，如图 4-9 所示。在一些比较特殊的场景中可以使灯光可见，一般“不可见”开关均会打开，使光源在渲染出图后不可见。在“采样”选项组中分别有“细分”与“阴影偏移”两项，细分级别越高，场景中阴影渲染精度越高，而阴影偏移值是用来控制物体阴影在场景中的偏移程度的，如图 4-10、图 4-11 所示，对细分与阴影偏移进行调节，阴影就会有明显的变化。

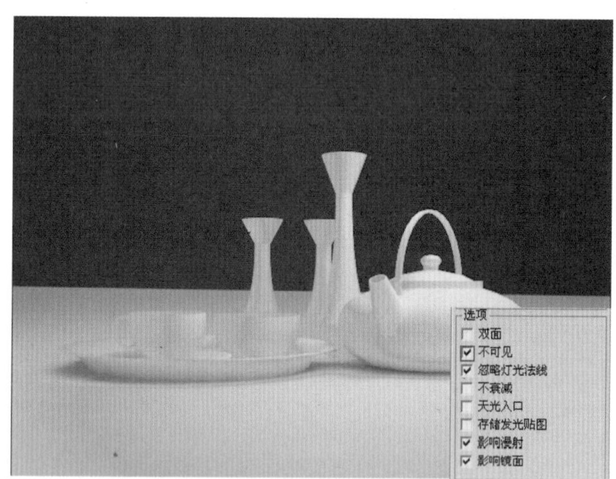

图 4-9　勾选不可见开关

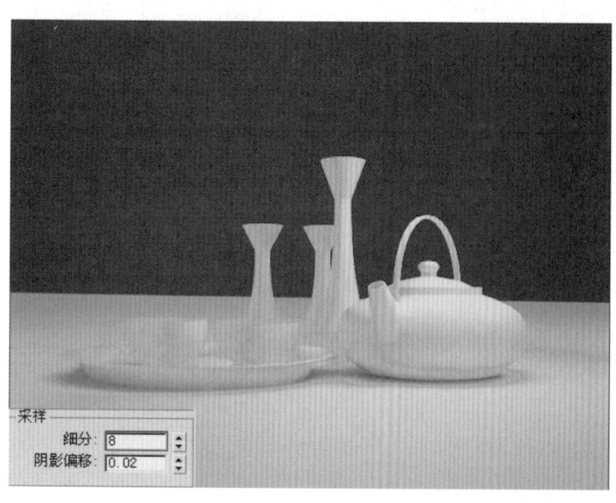

图 4-10　默认采样效果

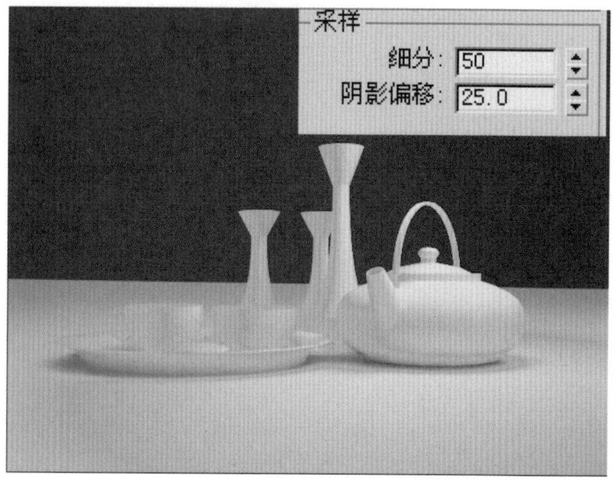

图 4-11　调整采样后的效果

VR 阳光

激活 VR阳光 灯光按钮，在顶视图中创建一盏 VR 阳光，进入修改面板“VR 阳光参数”卷展栏，会发现内部参数比较简单易懂，VR 阳光是用来模拟太阳光源的，它功能强大，效果真实，设置简单，容易控制，本节将通过一个场景测试来学习 VR 阳光的各个参数的设置方法。

在 3ds max 操作界面中打开配套光盘中的“VR 阳光”场景源文件，如图 4－12 所示，在这个场景中首先开启“间接照明”，并且采用“发光贴图”与“准蒙特卡洛算法”渲染引擎。

下面对场景中 VR 阳光进行参数与渲染尺寸的设置。将“强度倍增器”设置为 0.1，“大小倍增器”设置为 0.01，如图 4－13 所示。同时在“公用参数”卷展栏的“输出大小”子栏中利用 MAX 默认的 640 × 480 尺寸来进行默认渲染测试，如图 4－14 所示。

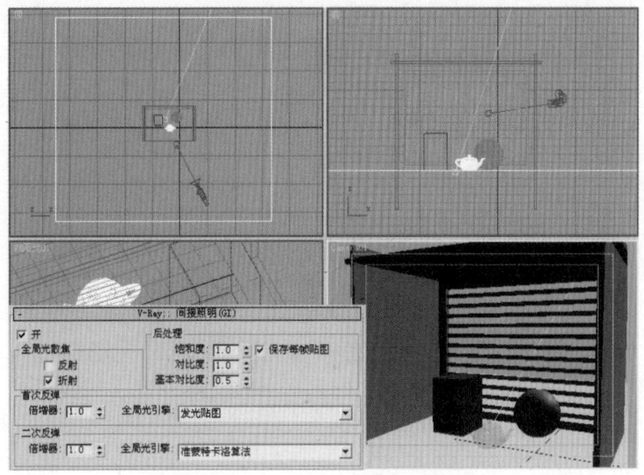

图 4－12　调入场景源文件

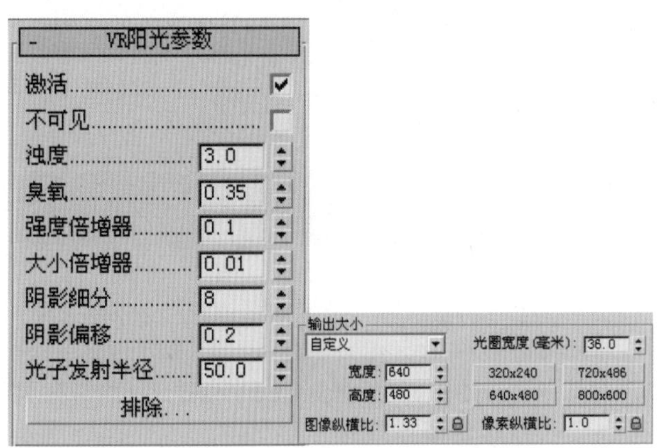

图 4－13　设置灯光与输出参数

图 4－14　默认参数测试渲染结果

在“VR 阳光参数”卷展栏下有 VR 阳光的所有参数。“激活”为激活开关，控制 VR 阳光的设置使用开关，勾选时表示开启 VR 阳光设置面板。“不可见”开关是用来控制 VR 阳光是否可见的。“浊度”控制空气的清澈程度，在光线混浊的空气中穿过时，空气中的悬浮微粒会使光线发生衍射，吸收部分波长较短的光线从而削弱光波能量，而清澈的空气对光线的传播影响非常小。“臭氧”模拟大气中的臭氧部分，作为强氧化剂，臭氧极不稳定，容易吸收电磁波中的紫外线分解，臭氧值设高后，渲染出的墙面颜色受环境影响减弱，物体固有色纯度高一些，并且地板有真实的颜色变化。“强度倍增器”控制 VR 阳光的光照强度，值越大光照越强，值越小光照越弱。“大小倍增器”在光照强度保持不变的情况下，设置值越小，光线发射越集中，物体的阴影相对清晰；设置值越大，光线越发散，阴影相对模糊。”阴影细分”控制物体阴影的品质，值越高渲染的阴影效果越好，同时消耗的渲染时间也越长；值越低，阴影效果越差，噪点越多，越不均匀，但渲染时间相对比较短。“阴影偏移”用来控制投射阴影的偏移程度，偏移值越低，阴影的范围越大，噪点越多；反之则阴影范围越小，投影效果越细腻。“光子发射半径”，它的参数大小只影响场景中灯光物体的显示，并不影响场景的渲染效果。

配合“渲染器”对话框中的“颜色映射”卷展栏，会渲染出真实的太阳光照效果，将此卷展栏中的“类型”更改为“指数”方式，“变暗倍增器”与“变亮倍增器”均设置为 0.1，同时相应设置“VR 阳光”参数卷展栏中的数值并进行渲染测试，如图 4－15 所示，为测试渲染的结果。

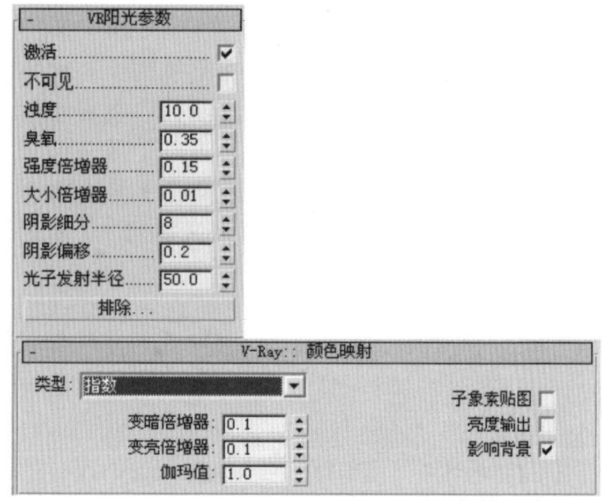

图 4-15　修改参数后的渲染效果

技巧／提示

创建"VR阳光"以后，"强度倍增器"与"大小倍增器"的值均为1.0，这个值对于一般比较小的场景过大，所以在对灯光的初始设置中即降低两个值的大小，以免做无用功。

4.2 实例应用

4.2.1 阳光客厅

利用VRay灯光进行室内场景的灯光练习，在此场景中对于VRay的"VR灯光"与"VR阳光"均有很好的体现，其中主要对灯光的参数配合模型上的材质来进行调节，以实现最佳效果。"VRay阳光"是一个功能比较强大的光照系统，利用VRay阳光可以模拟出真实的太阳光穿过大气后产生的效果，同时通过对其参数的调节，可以很容易地将大气中的混浊度与臭氧浓度调节出来。只是在光照强度方面有时候不是很容易控制，需要反复测试，来达到最终的效果。

01. 找到配套光盘中的"阳光客厅"原始文件，在3ds max中运行并且打开，会发现此场景中主要运用的照明设备是VR灯光，而且灯光的数量也不是很多，其中有一盏VR阳光用来模拟太阳光线，材质已经添加完毕，渲染器运用的是VR渲染器，如图4-16所示，为此场景的源文件。

图 4-16　场景源文件

02. 单击“快速渲染”按钮，对场景进行默认渲染，观察到此时的效果不是很好，如图 4－17 所示。

图 4-17　默认渲染效果

03. 首先为室内增加灯光，灯光选用“VR 灯光”，单击“灯光”按钮，进入灯光创建面板，打开“灯光类型”下拉菜单，选择“VRay”类型，在窗户上创建一盏 VR 灯光，如图 4－18 所示。

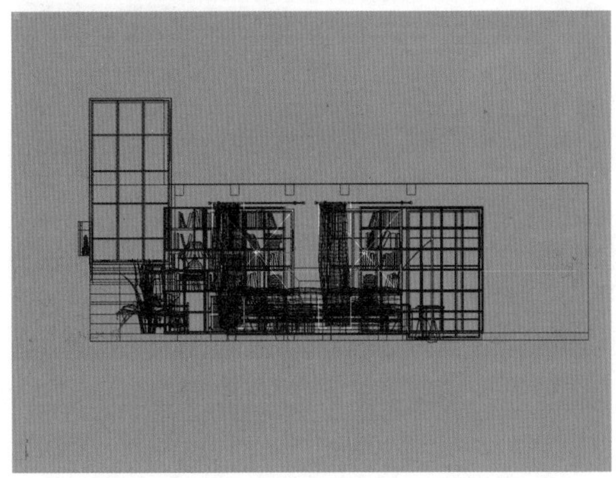

图 4-18　创建 VR 灯光

04. 修改“VR 灯光”参数，灯光的方向打向屋内，类型为“平面”，强度设置为“辐射（W/m2/sr），灯光颜色为偏白色，倍增值为 0.4，采样细分值为 20，打开“不可见”开关，如图 4－19 所示。

05. 利用“镜像”工具在顶视图中以“X 轴”方向做镜像复制，以此得到第二盏灯光，灯光参数保持不变，如图 4－20 所示。

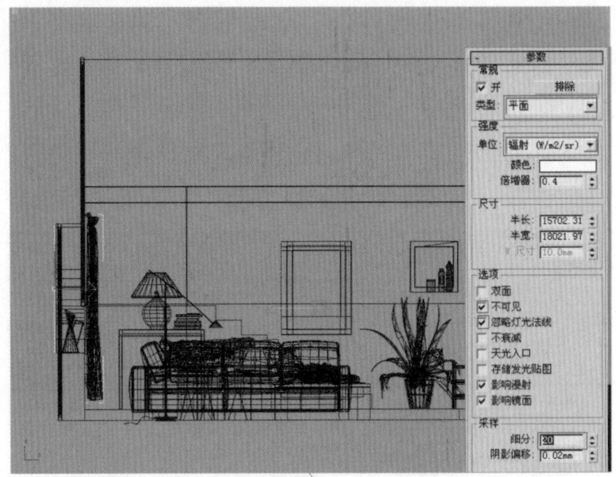

图 4-19　修改“VR 灯光”参数

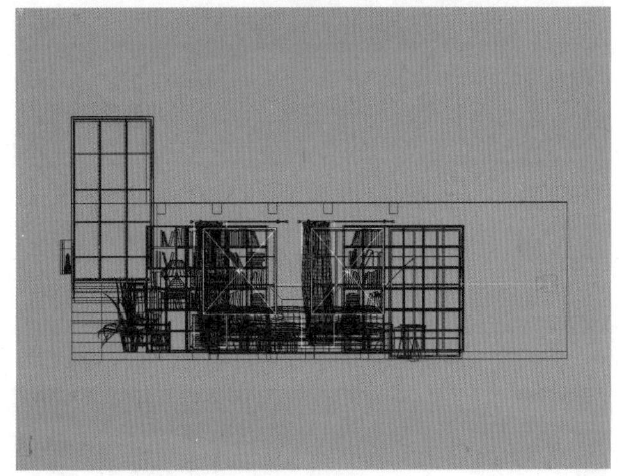

图 4-20　复制 VR 灯光

06. 此时场景内部的照明灯光基本设置完毕，两盏灯光均为室内照明的主要光源，在此可以对场景再次进行渲染测试，如图 4－21 所示。

图 4-21　两盏灯光的渲染效果

07. 在场景中会发现还有四个灯带，灯带效果需要另外增加四盏灯光来模拟。再次利用“VR 平面灯光”，在顶视图中创建四盏灯光，调整到合适位置，灯光方向向上，颜色为浅黄色，倍增值为0.04，打开“不可见”开关，如图4-22 所示。

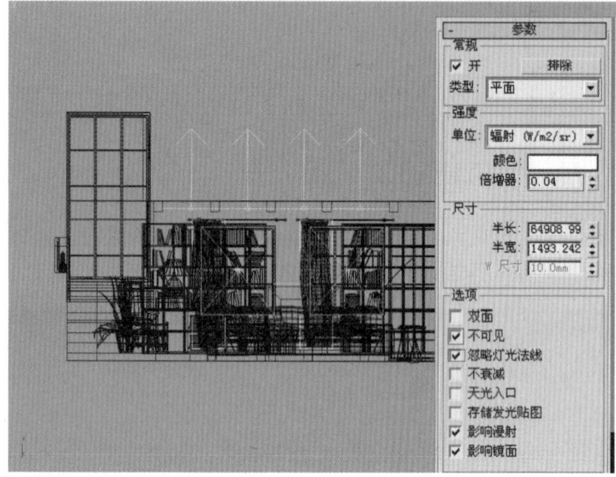

图 4-22　创建灯带灯光

08. 模拟灯带的灯光位置与参数设置完毕，单击“快速渲染”按钮，进行场景测试渲染，此时渲染已经出现灯带效果，如图4-23 所示。

图 4-23　测试渲染灯带效果

09. 增加窗口阳光效果。单击“灯光”按钮，进入灯光创建面板，打开“灯光类型”下拉菜单，选择“VRay”类型，单击“VR阳光”按钮 VR阳光 ，在顶视图窗口位置创建窗口灯光，并且配合各视图进行位置调整，如图4-24 所示。

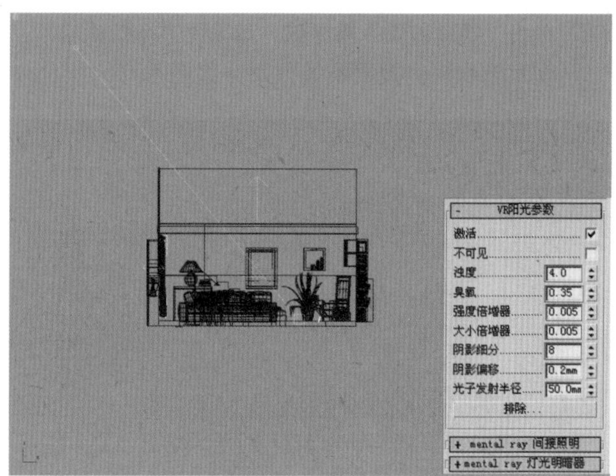

图 4-24　创建窗口阳光

10. VR 阳光位置与参数设置完毕，切换到“摄影机视图”，单击“快速渲染”按钮，进行场景渲染，此时渲染的效果就是场景的阳光效果，如图 4-25 所示。

图 4-25　VR 阳光渲染效果

11. 到了这一步灯光设置已经完成了，通过测试发现照明效果还是很不错的。为了在渲染时灯光阴影能够更加准确，将灯光的细分值都设置得大一些。这里我们设置为 25，如图 4-26 所示。

12. 下面要进行最终出图了。在渲染之前先要调节”渲染面板“的参数（由于本例只是针对 VR 灯光进行讲解，所以对渲染不细讲，具体的设置在下列的图解中有注解）。详细设置如图 4-27 所示。

选项
双面
不可见
忽略灯光法线
不衰减
天光入口
存储发光贴图
影响漫射
影响镜面
采样
细分：25
阴影偏移：0.02mm

图 4–26　设置灯光的细分值

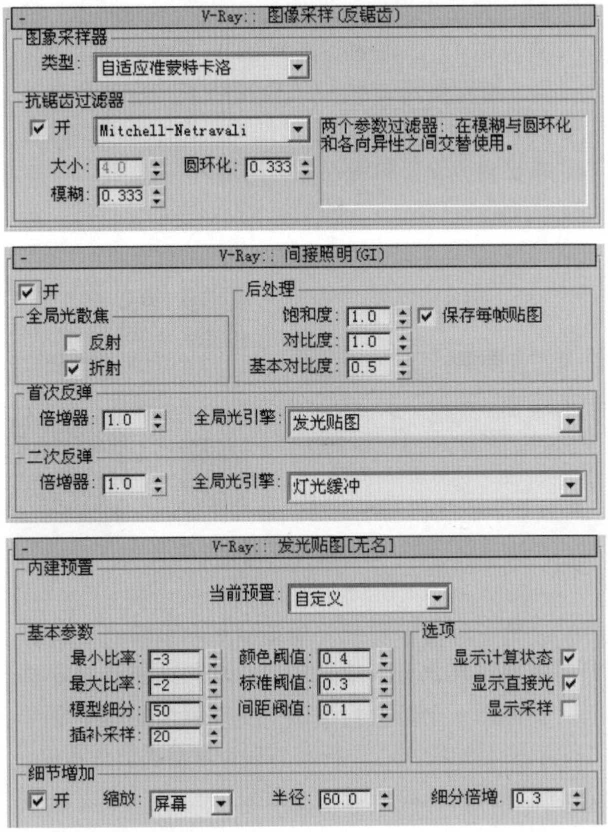

V-Ray：：图像采样(反锯齿)
图象采样器
类型：自适应准蒙特卡洛
抗锯齿过滤器
开　Mitchell-Netravali　两个参数过滤器：在模糊与圆环化和各向异性之间交替使用。
大小：4.0　圆环化：0.333
模糊：0.333

V-Ray：：间接照明(GI)
开
全局光散焦
反射
折射
后处理
饱和度：1.0　保存每帧贴图
对比度：1.0
基本对比度：0.5
首次反弹
倍增器：1.0　全局光引擎：发光贴图
二次反弹
倍增器：1.0　全局光引擎：灯光缓冲

V-Ray：：发光贴图[无名]
内建预置
当前预置：自定义
基本参数
最小比率：-3　颜色阈值：0.4
最大比率：-2　标准阈值：0.3
模型细分：50　间距阈值：0.1
插补采样：20
选项
显示计算状态
显示直接光
显示采样
细节增加
开　缩放：屏幕　半径：60.0　细分倍增：0.3

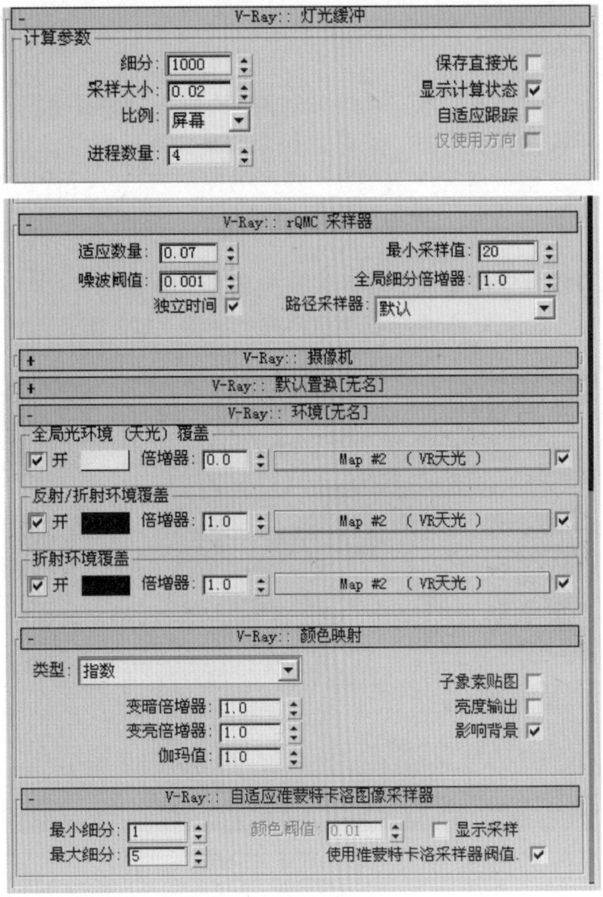

V-Ray：：灯光缓冲
计算参数
细分：1000　保存直接光
采样大小：0.02　显示计算状态
比例：屏幕　自适应跟踪
仅使用方向
进程数量：4

V-Ray：：rQMC 采样器
适应数量：0.07　最小采样值：20
噪波阈值：0.001　全局细分倍增器：1.0
独立时间　路径采样器：默认
V-Ray：：摄像机
V-Ray：：默认置换[无名]
V-Ray：：环境[无名]
全局光环境（天光）覆盖
开　倍增器：0.0　Map #2　(VR天光)
反射/折射环境覆盖
开　倍增器：1.0　Map #2　(VR天光)
折射环境覆盖
开　倍增器：1.0　Map #2　(VR天光)
V-Ray：：颜色映射
类型：指数　子象素贴图
变暗倍增器：1.0　亮度输出
变亮倍增器：1.0　影响背景
伽玛值：1.0
V-Ray：：自适应准蒙特卡洛图像采样器
最小细分：1　颜色阈值：0.01　显示采样
最大细分：5　使用准蒙特卡洛采样器阈值

图 4–27　设置“渲染面板”的参数

13. 单击“快速渲染”按钮，进行场景渲染，此时渲染的效果就是场景的最终效果，如图 4–28 所示。

图 4–28　最终渲染效果

技巧 / 提示

在效果图制作的过程中，虽然可以渲染出较真实的效果，但不一定都能形成很好的视觉感受。这就要求我们对生活现象要有很好的洞察能力，同时要培养很好的色彩感觉。在软件操作上大家差别并不会很大，即使有差距也能在很短的时间里通过自身的努力攻克，而美感是需要经历很长时间体会的。所以希望大家针对自身的情况进行积累。

4.2.2 展馆空间

在上一个例子中我们利用VR灯光对场景进行照明已经得到了很好的效果（见图4-28）。生活中由于不同的采光方式，场景的照明效果会有所不同。本例将带着大家一起制作一个通过天窗采光的场景。通过对本例的学习，巩固VR灯光的使用方法。开天窗的场景的光线采集主要来自透过天窗的阳光，它的照射面积比较大，照射效果也相对强烈，这就要求在灯光的强度上作出适当的调整，不要出现过曝的现象。

01. 找到配套光盘中的“天光场景”原始文件，在3ds max中运行并且打开，如图4-29所示。

图4-29　最终渲染效果

02. 在本例子中，我们来简单地介绍一下VRay材质的设置。在设置VRay材质前首先要将渲染器更改为VRay渲染器，材质类型更改为VRay材质，如图4-30所示。

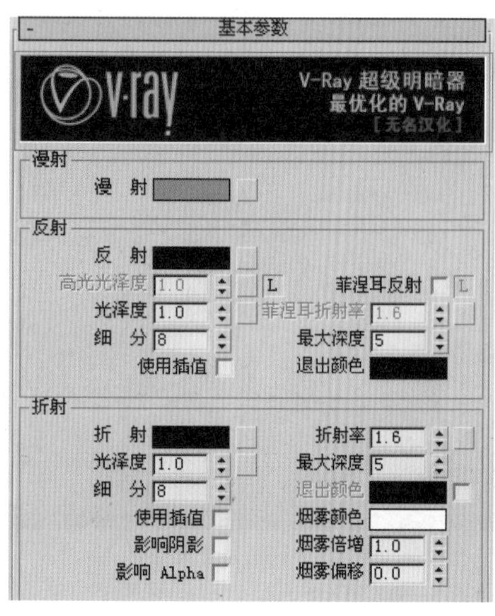

图4-30　更改VRay材质类型

03. 设置“地面”材质。为漫射通道贴一张真实的地面纹理贴图，高光光泽度通道贴一张地面高光的位图，凹凸通道贴一张地面凹凸贴图。设置“高光光泽度”的值为0.45，“光泽度”的值为0.45，“细分”值为10，“最大深度”值为2。为反射通道贴一张衰减贴图，衰减的方式为Fresnel。为环境通道贴一张输出贴图，设置输出量为3，如图4-31所示。

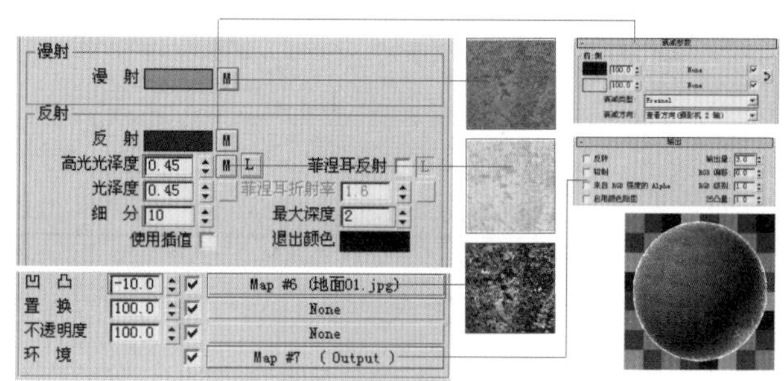

图4-31　创建“地面”材质

04. 设置“墙面”材质。墙面材质和地面材质的物理属性基本上一致，所以只要将地面材质复制一种到一个新的材质球，更改材质的贴图就可以了，如图4-32所示。在设置材质的过程中，相同属性的材质可以一起设置，这样可以统筹规划时间，以减少不必要的工作量，为后面的操作留出更充足的时间。

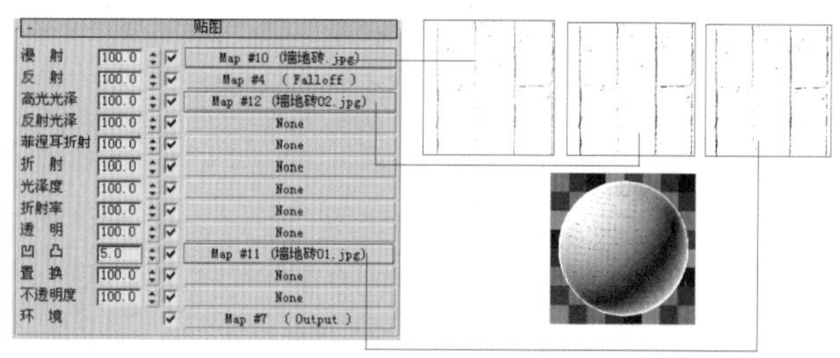

图4-32　创建“墙面”材质

05. 设置“台阶”材质。将“漫射”设置为黑灰色，同时设置较小的反射。设置“高光光泽度”的值为 0.5，“光泽度”的值为 0.5（台阶的材质是一种高光较大的金属材质，所以要将它的“高光光泽度”和“光泽度”的值设置得大一些），如图 4-33 所示。

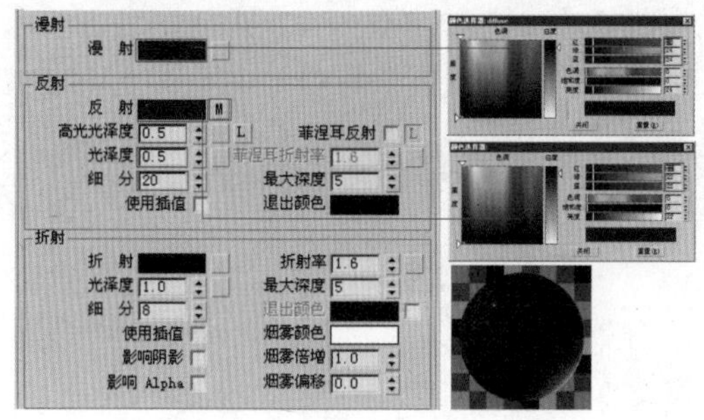

图 4-33　创建“台阶”材质

06. 创建“不锈钢金属”材质，设置浅灰色的反射颜色，将“高光光泽度”值设置为 0.84，“光泽度”的值设置为 0.91，“细分”值为 20，“最大深度”值为 5。为“反射”添加一个噪波贴图。将 BRDF 现象设置为“沃德”的方式，“各向异性”的值为 0.5，旋转 90 度，如图 4-34 所示。

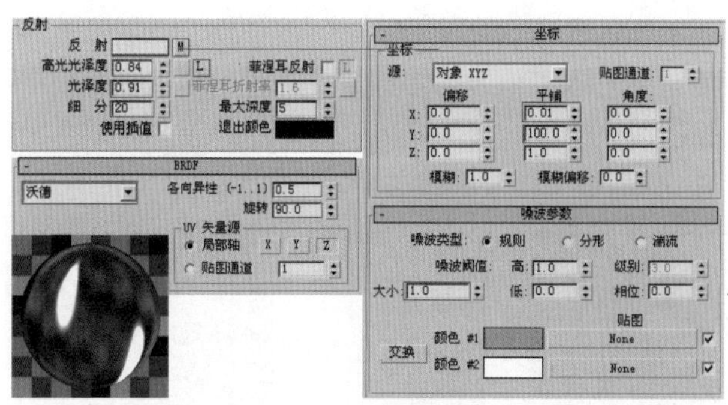

图 4-34　创建“不锈钢金属”材质

07. 设置“玻璃”材质。玻璃材质的设置较为简单。场景中的玻璃材质是透明玻璃，目的是让光线透过天窗对场景形成照明效果。具体设置如图 4-35 所示。

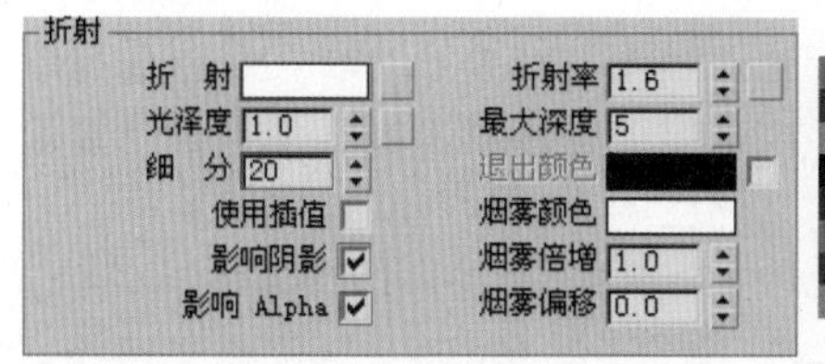

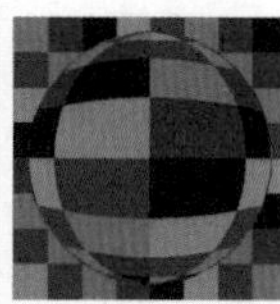

图 4-35　创建“玻璃”材质

技巧 / 提示

“VR 阳光”作为 VRay 灯光的重要组成部分，常常与 VRaySky(VR 天光)配合，用来创建真实自然的阳光效果，既方便又快捷。

08. 设置“沙发织物”材质。为“漫射”贴一张衰减贴图，在衰减贴图的控制面板中为第一个通道贴一张噪波贴图，修改“噪波”的类型为“分形”，大小为 10。为凹凸通道贴一张凹凸贴图，设置凹凸的大小为 180，如图 4-36 所示。

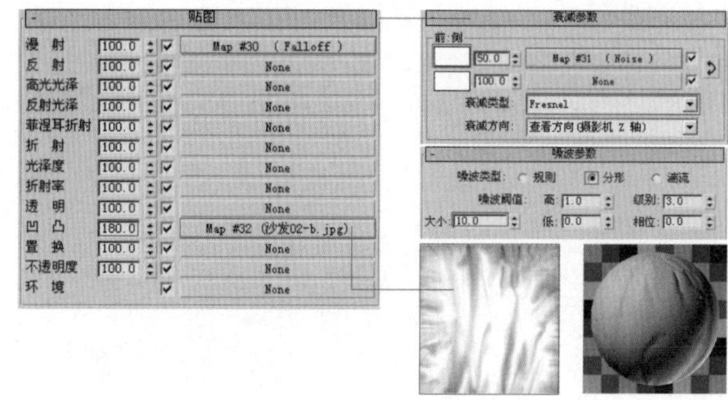

图 4-36　创建“沙发”材质

09. 创建“装饰画”材质。场景中的装饰画是板面油画，有木头纹理，所以要将油画贴图和木头纹理结合使用，具体方法是在漫射通道里贴一张油画贴图，在凹凸通道里贴一张木头纹理贴图，如图 4-37 所示。

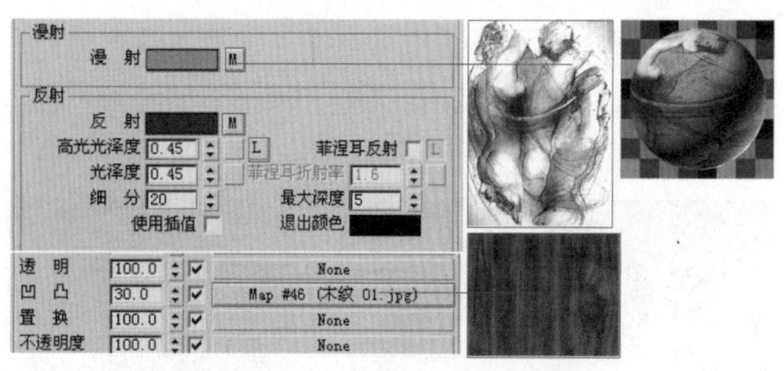

图 4-37　创建“装饰画”材质

10. 运用上面介绍的方法完成剩余装饰画材质的设置。下面设置一下天窗窗框的材质。天窗窗框的材质是深色的合金材质，跟不锈钢金属材质的物理属性相比，合金材质的反射较小，表面粗糙度较大。可以利用“噪波”来表现表面的粗糙感。具体设置如图 4-38 所示。

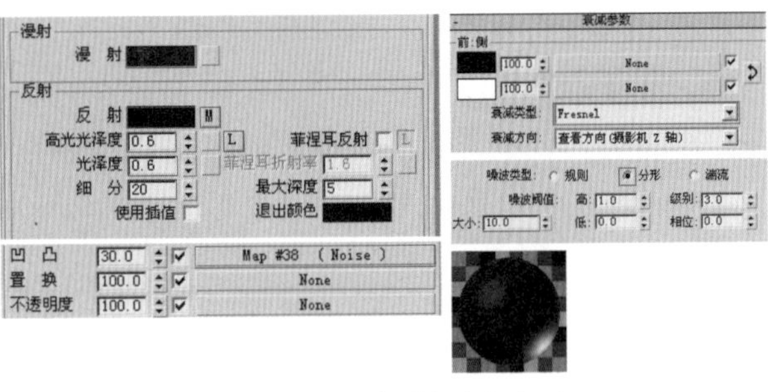

图 4-38 创建"合金"材质

11. 到这步为止材质设置已经基本完成。下面为场景设置灯光，先分析一下场景的光照情况。场景的主光是透过天窗的天光。用"VR 阳光"模拟天光，在场景中创建一盏"VR 阳光"，调整它的位置和数值，如图 4-39 所示。

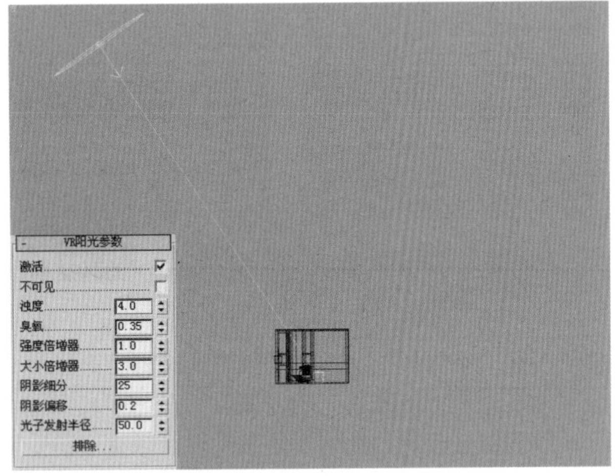

图 4-39 创建"VR 阳光"

12. 为场景中（除了玻璃）所有材质添加一个"VRay 边纹理"材质。这样可以在测试渲染时节省不少时间。单击"快速渲染"按钮，渲染当前的场景，如图 4-40 所示。

图 4-40 线框效果

13. 除了天光，场景中还有几盏射灯，是用来补充装饰画的光照的。用"VR 面光源"模拟射灯，在场景中创建一盏"VR 灯光"调整它的参数，并关联复制到各个装饰画上面，如图 4-41 所示。

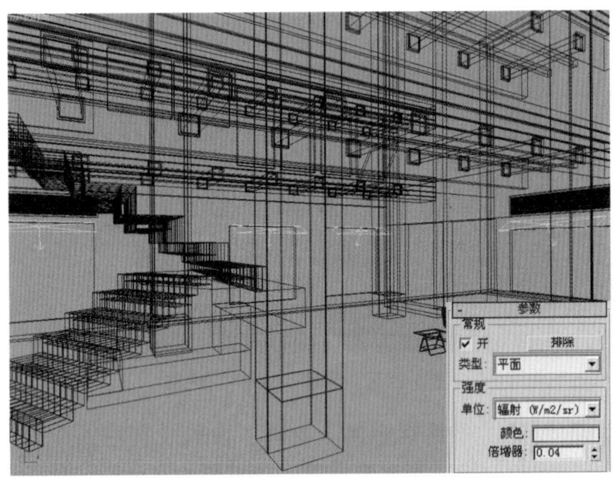

图 4-41 创建射灯

14. 对射灯照射效果进行渲染，效果如图 4-42 所示。为了体现出射灯的照射效果，将阳光的强度降低到 0.25，这样一来场景中灯光的层次就会丰富一些，照明效果也就更有味道。

图 4-42 射灯渲染效果

15. 材质和灯光已经设置完毕了，现在可以进行最终渲染了。调出渲染设置面板。根据自己喜欢的视角定义画面的大小。在"全局开关"中取消"默认灯光"选项，打开"间接照明"，设置"二次反弹"的"全局光引擎"为"灯光缓冲"，如图 4-43 所示。

V-Ray:: 间接照明(GI)
开 | 后处理
全局光散集：反射　折射
饱和度：1.0　保存每帧贴图
对比度：1.0
基本对比度：0.5
首次反弹　倍增器：1.0　全局光引擎：发光贴图
二次反弹　倍增器：1.0　全局光引擎：灯光缓冲

图 4-43　设置“间接照明”参数

16. 进入“灯光缓冲”卷展栏，将模型的细分值设置为1500，使模型在渲染时更能体现出细节。一般情况下最终渲染之前会先保存一个光子图文件，可以节省渲染时间。但是这也不是绝对的，要具体情况具体对待，并非都要计算光子图，如图 4-44 所示。

V-Ray:: 灯光缓冲
计算参数
细分：1500　保存直接光
采样大小：0.02　显示计算状态
比例：屏幕　自适应跟踪
仅使用方向
进程数量：4
重建参数
预滤器：10　过滤器：接近
使用灯光缓冲为光滑光线　插补采样：10

图 4-44　设置“灯光缓冲”参数

17. 进入“发光贴图”卷展栏，将“当前预置”的级别设置为“自定义”。设置“模型细分”的值为50。打开“细节增加”选项。这是一种优化渲染方法，既保持了图象的质量又加快了渲染速度。测试表明当前设置下渲染出的图象和“当前预置”设置为“高”的情况下渲染出来的图象质量是差不多的，如图 4-45 所示。

V-Ray:: 发光贴图[无名]
内建预置　当前预置：自定义
基本参数
最小比率：-3　颜色阈值：0.4
最大比率：-2　标准阈值：0.3
模型细分：50　间距阈值：0.1
插补采样：20
选项：显示计算状态　显示直接光　显示采样
细节增加　开　缩放：屏幕　半径：60.0　细分倍增：0.3

图 4-45　设置“发光贴图”参数

18. 进入“环境[无名]”卷展栏下，打开“全局光设置”选项。将“反射”和“折射”都贴一个“VR 天光”材质。由于在场景中只需要场景对环境的反射和折射的影响，不需要产生光照影响，所以将“全局光环境”的值设置为0，如图 4-46 所示。

V-Ray:: 环境[无名]
全局光环境（天光）覆盖　开　倍增器：0.0　Map #8（VR天光）
反射/折射环境覆盖　开　倍增器：1.0　Map #8（VR天光）
折射环境覆盖　开　倍增器：1.0　Map #8（VR天光）

图 4-46　设置“环境[无名]”参数

19. 设置图像的采样值。在“V-Ray::rQMC 采样器”卷展栏中设置“适应数量”为0.75，“噪波阈值”为0.001，“最小采样值”为20。在“V-Ray::自适应准蒙特卡洛图像采样器”中，设置“最大细分”值为5，如图 4-47 所示。

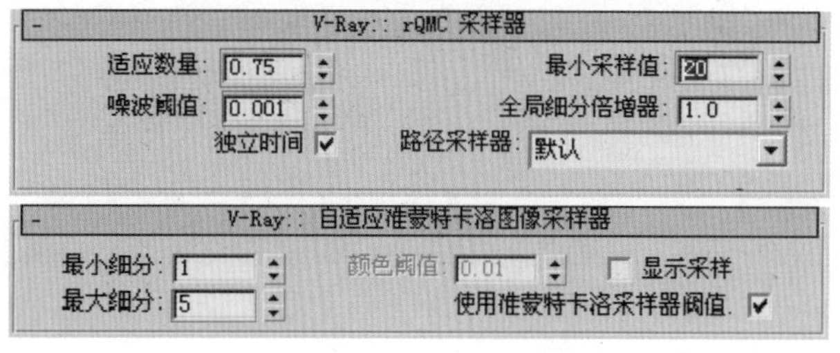

图 4-47　设置图像的采样值

20. 所有设置已经完毕，现在可以渲染出图了。单击“快速渲染”按钮，渲染当前场景。最终效果如图 4-48 所示。

图 4-48　最终渲染效果

4.3 拓展训练：解决场景中物体“发飘”的现象

在利用VRay灯光对场景进行照明的时候，经常会出现场景中的物体“发飘”没有体积感的现象。其实，造成这种现象的原因是物体的阴影不明显。那么又是什么原因使物体的阴影不明显呢？分析一下有两种原因，一种是相切的两个物体之间存在缝隙，另外一种是场景中的照明过暴。其中第一种只要将两个物体利用捕捉工具进行对齐就可以了，第二种则需要对相应的参数进行设置。下面就通过一个场景文件来具体叙述一下第二种现象的解决方法。

01.打开配套光盘中提供的场景文件。为了加快渲染速度，场景中的模型只添加了一个“VR边纹理”材质，如图4－49所示。

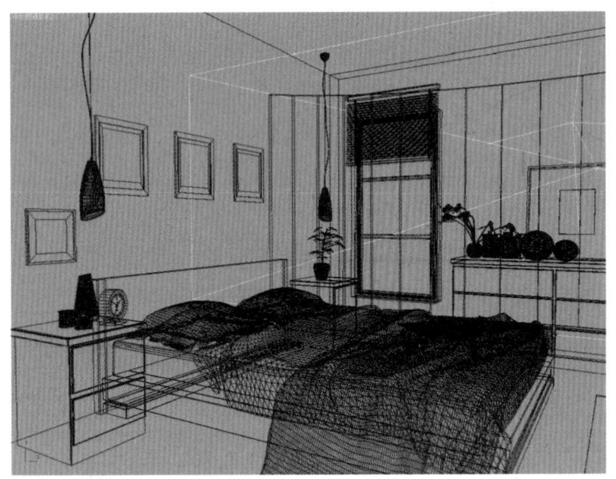

图4－49　打开场景文件

02.对场景进行默认渲染发现，场景缺乏重力，从而导致了效果的不真实，如图4－50所示。

图4－50　默认渲染效果

03.场景中的光线主要来自VR灯光和物理摄影机，先将VR灯光的值降低，如图4－51所示。

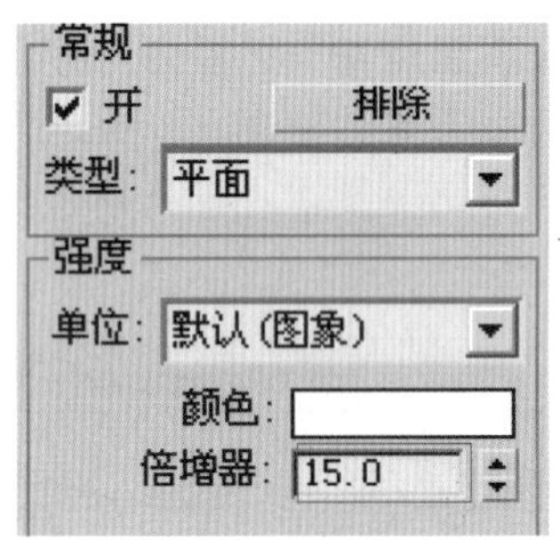

图4－51　降低VR灯光的强度

04.再次对场景进行渲染，观察当前的效果如图4－52所示。

图4－52　降低VR灯光的强度后的效果

05.通过渲染可以看到效果比原来要好多了。不过还是不够。接着进入渲染面板的“颜色映射”卷展栏中，将“变暗倍增器”的值降低，如图4－53所示。

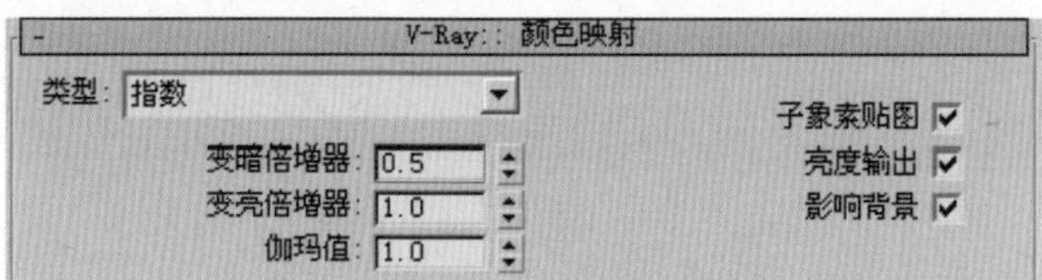

图 4–53　修改“变暗倍增器”

06. 对场景进行渲染，效果如图 4–54 所示。

图 4–54　修改“变暗倍增器”后的效果

07. 观察上面的效果发现，此时的场景变得很暗，要解决这个问题，可以将上面的两个参数值调高，除此之外还可以将“变亮倍增器”的值调高，如图 4–55 所示。

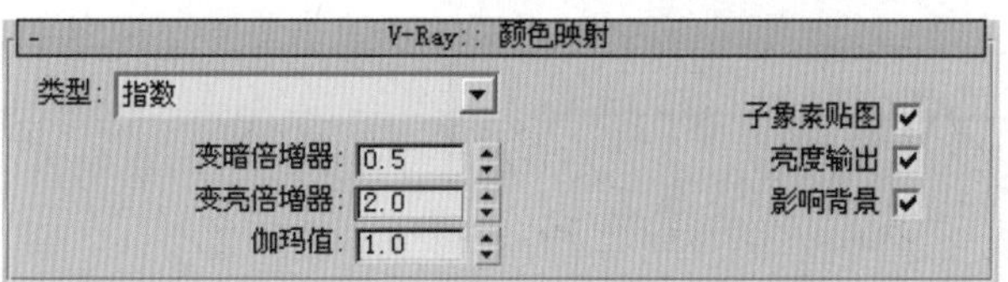

图 4–55　设置“变亮倍增器”

08. 对当前场景进行渲染，效果如图 4–56 所示。设置为 8，出现很明显的光斑现象。

09. 除了上面介绍的两种方法，还可以对摄像机进行设置，从而达到增加场景亮度的方法，如图 4–57 所示。

10. 对最终效果进行渲染，这时候场景中物体“发飘”的现象已经解决了，场景也不会太暗。效果如图 4–58 所示。

图 4–56　设置“变亮倍增器”后的效果

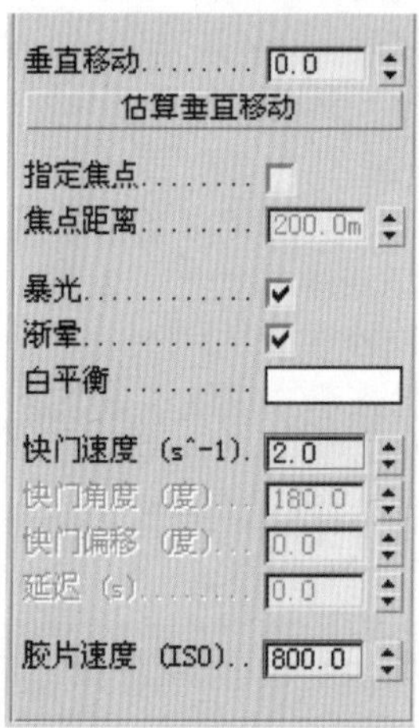

图 4–57　设置摄像机参数

图 4–58　最终效果

4.4 课后练习

一、单项选择题

(1) VRay 的灯光系统与3ds max 默认灯光的区别在于(　　　)。

A．计算方法　　B．照射强度

C．是否具有面光　　D．支持光域网

(2) VRay 阳光选项中"臭氧"的值和照明效果的关系是(　　　)。

A．值越小光线越黄　　B．值越大光线越黄

C．没有关系　　D．值越小光线越蓝

(3) 影响 VRay 灯光阴影效果的选项卡是(　　　)。

A．强度倍增　　B．大小倍增

C．阴影细分　　D．光子发射半径

二、简述题

(1) 简要叙述 VRay 灯光和MAX 默认灯光的不同点。

(2) 归纳出 VRay 灯光和 VRay 阳光的各个参数变化所带来的不同照明效果。

三、问答题

(1) 利用VRay 灯光对场景进行照明有哪几种组合方式? 它们各自有哪些优缺点?

(2) 解决场景中的物体"发飘"现象有哪些方法?

四、实例制作

(1) 在配套光盘中提供了一个简单的客厅场景。为客厅设置中午时分的天光照明。参考效果如图4－59所示。

(2) 自己动手制作一个室内场景，并为场景添加夜晚的天光效果。

图 4—59　最终效果

第05课

渲染初步

本课主要是针对VRay材质、灯光和渲染器的综合运用进行讲解，并介绍渲染的流程以及制作过程。

5.1 实例应用

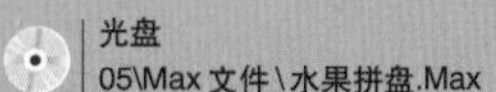

「水果拼盘」

实例目标

通过本例的学习，主要是让读者朋友们体会一下VRay渲染器，对场景进行设置渲染的操作流程，感受VRay渲染带来的高质，快速的渲染效果，并为后面的学习提供基础。

技术分析

本节从材质入手，将制作好的材质指定给物体，再进行灯光的测试、渲染的测试，保存光子贴图，然后进行最终的渲染输出。本节将运用VRay的基本材质、玻璃材质、混合材质等，并运用VRay专用灯光进行照明，可以让读者朋友们有效地了解VRay灯光的特点。

制作步骤

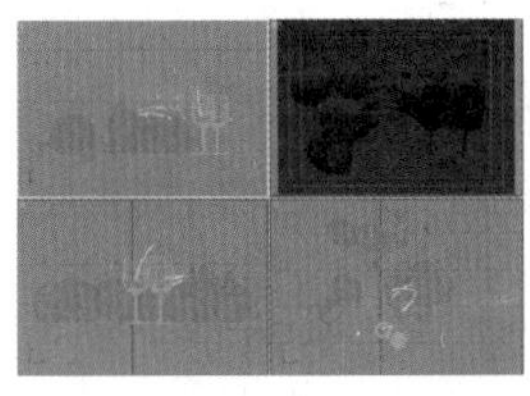

01.打开光盘中的场景文件，可以发现场景中有一组制作好的水果模型和两个杯子，还有一个地面，场景非常简单，如图5-1所示。

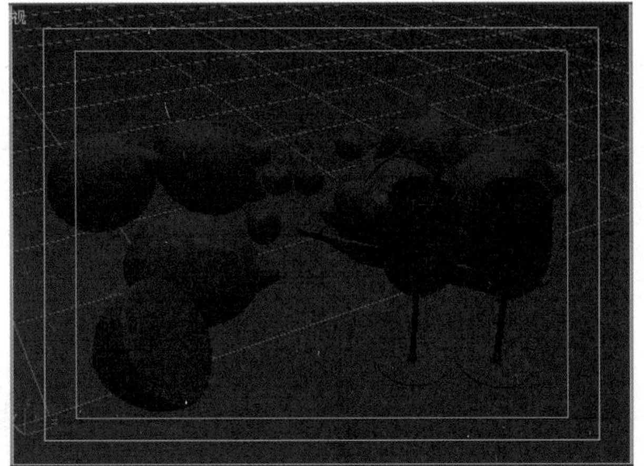

图5-1 打开场景文件

02.按下键盘上的M键，打开“材质编辑器”窗口，选择一个空白的材质球，将其指定给场景中的一个橙子，并且单击Standard按钮，在弹出的“材质／贴图浏览器”窗口中选择VRayMtl材质类型，如图5-2所示。

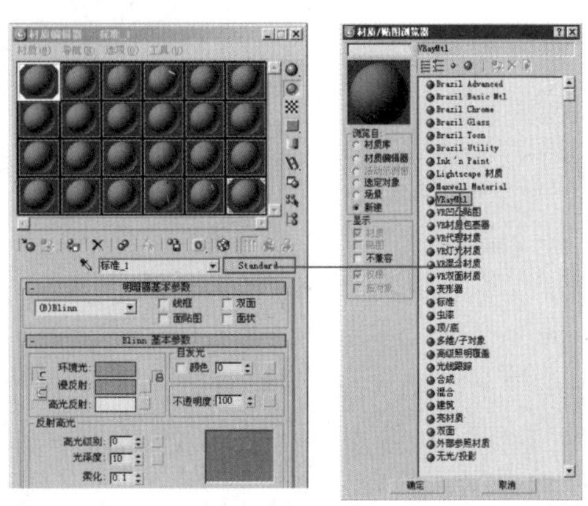

图5-2 指定材质

03. 打开"基本参数"卷展栏，单击"漫射"右边的按钮，弹出"材质／贴图浏览器"选择"位图"贴图，在弹出的"选择位图图像文件"对话框中找到光盘中配套的 lemon-3 贴图文件，并将其指定，如图 5-3 所示。

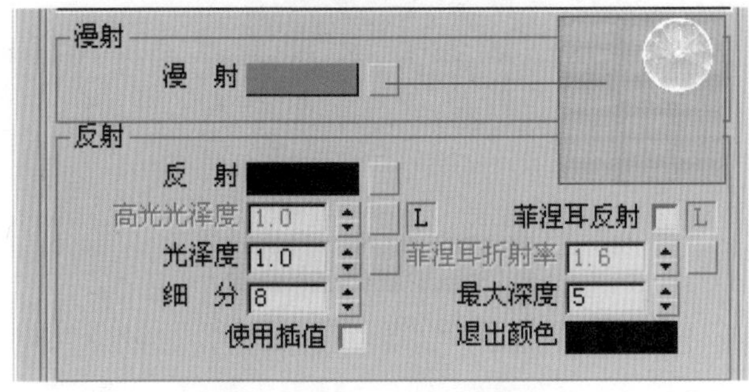

图 5-3　设置漫射贴图文件

04. 单击"反射"选项组中"光泽度"右边的按钮，在弹出的"材质／贴图浏览器"对话框中选择"位图"贴图，然后找到光盘中配套的 texture-1 贴图文件，并将其指定，然后设置"光泽度"的值为 0.7，"细分"的值为 15，如图 5-4 所示。

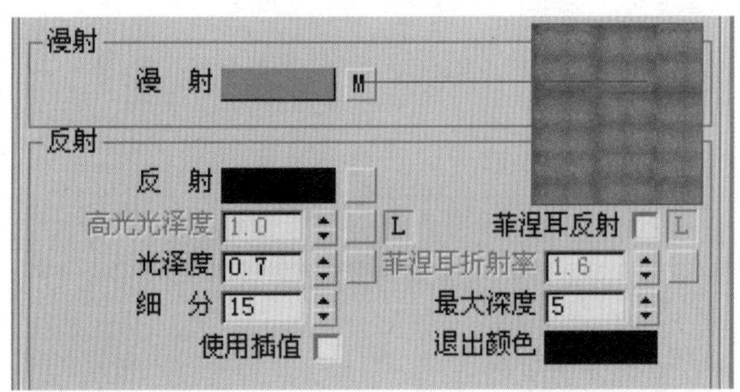

图 5-4　设置"反射"参数

05. 打开"贴图"卷展栏，单击"凹凸"右边的 None 按钮，弹出"材质／贴图浏览器"窗口，选择"位图"贴图，然后找到光盘中的 BUMP-2 贴图文件，并将其指定，回到上一层中，设置"凹凸"的值为 -12，如图 5-5 所示。

06. 回到视图中，选中视图中任意四个橙子模型，然后按下键盘上的 M 键，选择一个空白的材质球，并将其转换为 VRayMtl 材质类型指定给选中的橙子模型，然后利用相同的办法将剩下的橙子也指定材质，如图 5-6 所示。

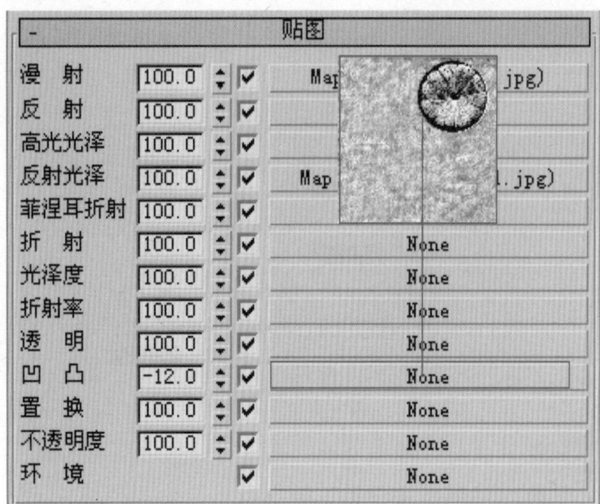

图 5-5　给"凹凸"添加位图贴图并设置其参数

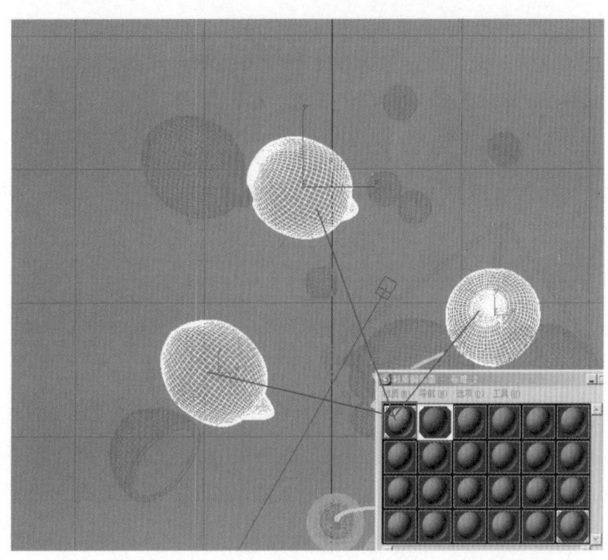

图 5-6　给剩余的橙子模型指定材质

07. 打开"基本参数"卷展栏，单击"漫射"右边的按钮，弹出"材质／贴图浏览器"窗口，选择"位图"贴图，如图 5-7 所示。

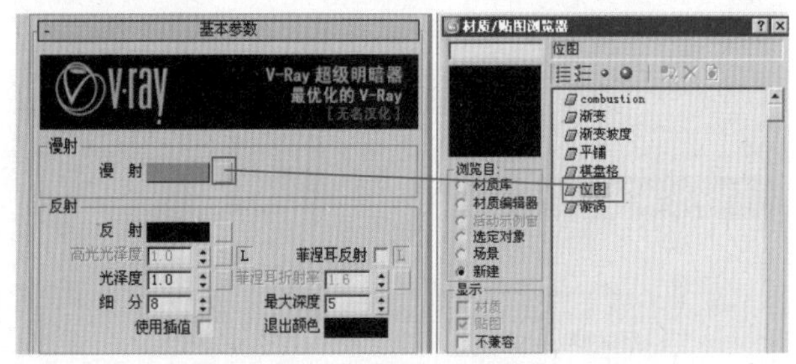

图 5-7　在"漫射"中添加位图

08. 选择"位图"贴图后，在弹出的"选择位图图像"对话框中找到光盘中配套的texture贴图文件，并将其指定，如图5-8所示。

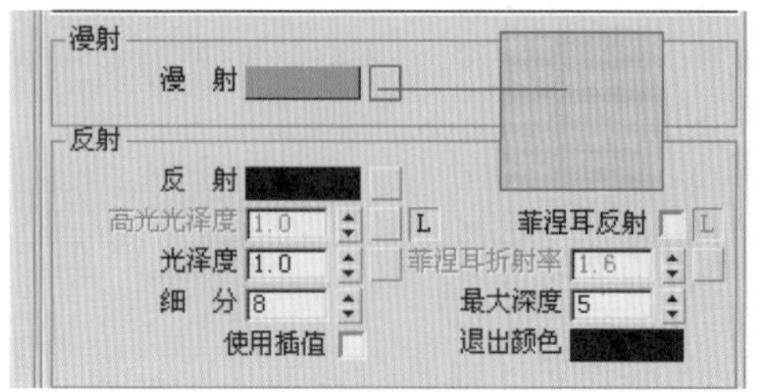

图5-8 指定光盘中的贴图文件

09. 在"反射"选项组中，单击"反射"的颜色框，弹出"颜色选择器"对话框，设置它的RGB颜色分别为49、49、49，如图5-9所示。在VRay中强度是通过颜色来控制的。

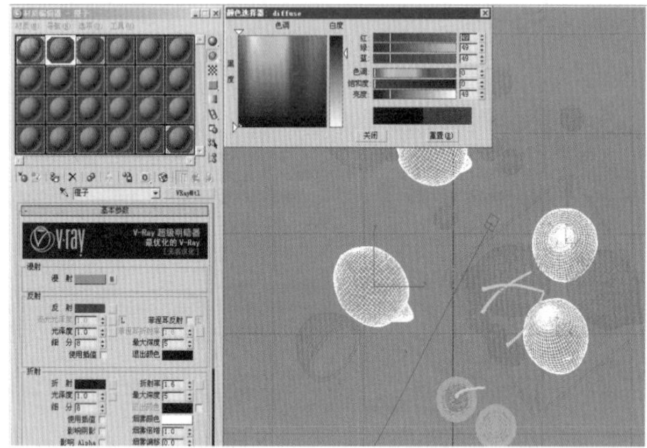

图5-9 设置反射的强度

10. 单击"光泽度"右边的按钮，弹出"材质/贴图浏览器"对话框，选择"位图"贴图，然后在"选择位图图像文件"对话框中找到光盘中配套的texture-1贴图文件，如图5-10所示。

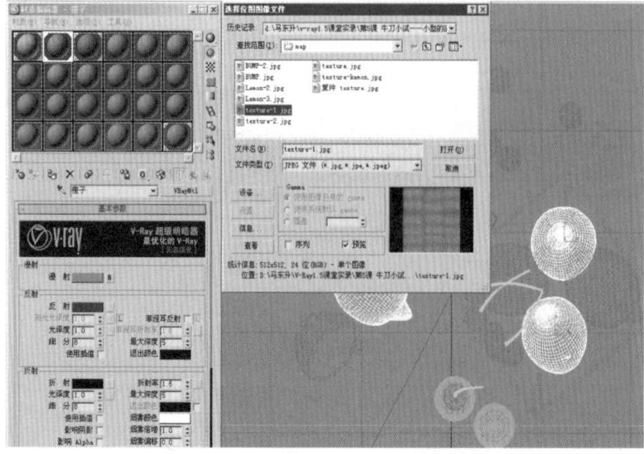

图5-10 在"光泽度"中添加贴图文件

11. 回到"基本参数"层中，设置"反射"选项组中"光泽度"的值为0.7，设置"细分"的值为15，如图5-11所示。

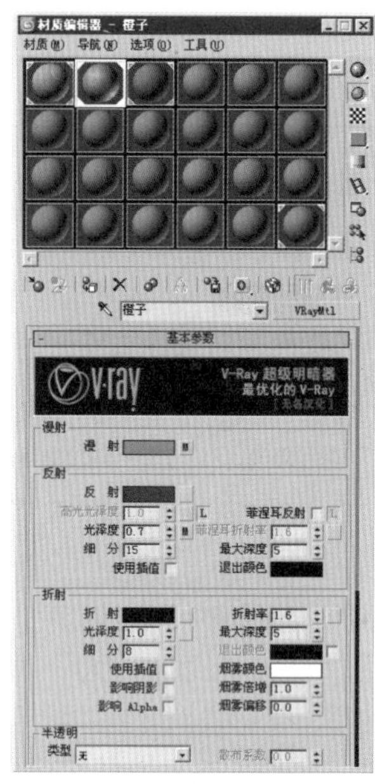

图5-11 设置反射组参数

12. 打开"贴图"卷展栏，单击"凹凸"右边的None按钮，弹出"材质/贴图浏览器"，选择"位图"贴图，然后在"选择位图图像文件"对话框中找到光盘中的texture-2贴图文件，如图5-12所示。

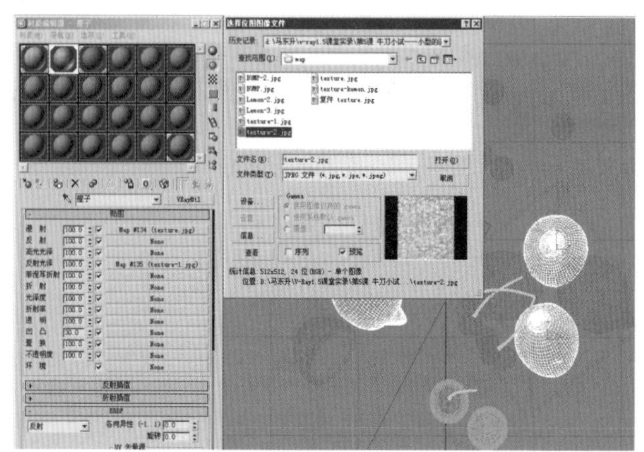

图5-12 给凹凸添加贴图

13. 回到"基本参数"层中，设置"凹凸"的"数量"值为-12。"橙子2"的材质设置方法和"橙子"的大致相同，只要把漫射贴图通道中的贴图换为"附件texture-2"即可，如图5-13所示。

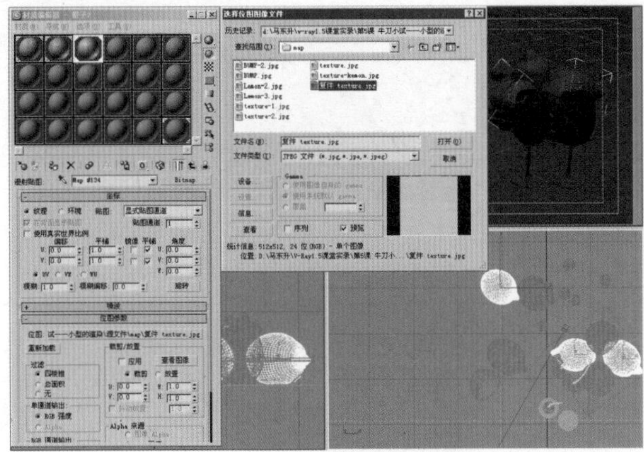

图 5-13　设置凹凸的数量

14. 选中场景中的“杯子”模型，然后将一个空白的材质球指定给杯子，并将其转换为 VRayMtl 材质类型，在“反射”中添加衰减贴图，将“折射”设置为白色，如图 5-14 所示。

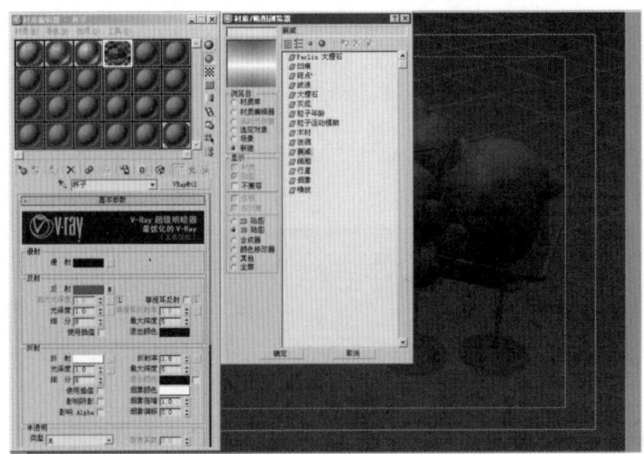

图 5-14　设置玻璃杯子材质

15. 下面来给“樱桃”模型制作并指定材质，进入顶视图选所有的“樱桃”模型，按下键盘上的 M 键，选择一个空白的材质球，并将其指定给“樱桃”模型。然后单击 Standard 按钮，在弹出的“材质／贴图浏览器”对话框中选择 VRayMtl 材质类型，如图 5-15 所示。

16. 打开“基本材质”卷展栏，单击“漫射”右边的颜色框，弹出“颜色选择器”对话框，然后设置它的 RGB 颜色分别为 118、3、20，将它设置为红色，如图 5-16 所示。

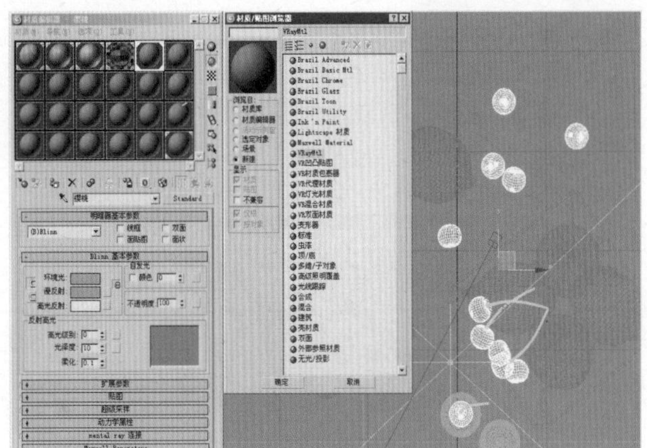

图 5-15　将材质转换为 VRay 材质

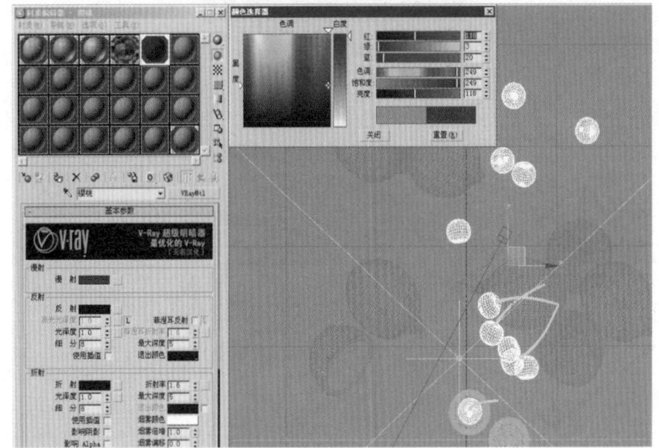

图 5-16　设置漫射的颜色

17. 单击“反射”右边的颜色框，弹出“颜色选择器”对话框，设置它的 RGB 颜色分别为 237、237、237，将它反射的强度调得高一些，如图 5-17 所示。

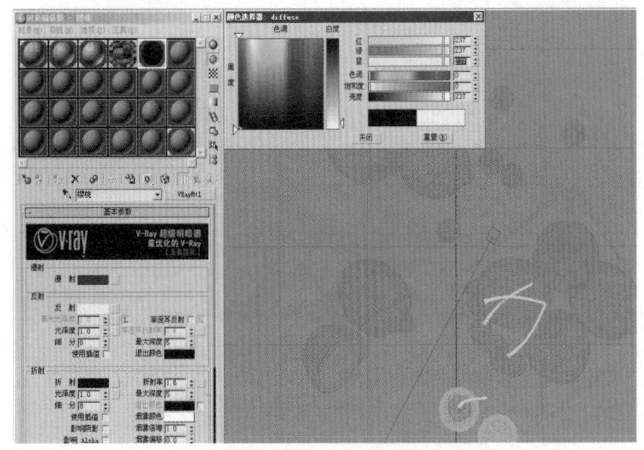

图 5-17　设置反射的强度

18. 设置“反射”选项组中“光泽度”的值为0.7，“细分”的值为10，勾选“菲涅耳反射”选项，然后设置“折射”选项组中“细分”的值为50，“折射率”的值为2，如图5-18所示。

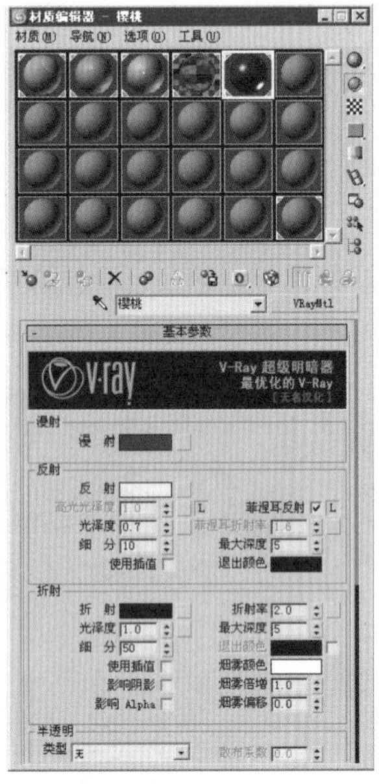

图5-18 设置反射参数

19. 打开“贴图”卷展栏，单击凹凸右边的None按钮，弹出“材质/贴图浏览器”对话框，选择“3D贴图”类型，然后在右边的列表中选择“噪波”贴图，如图5-19所示。

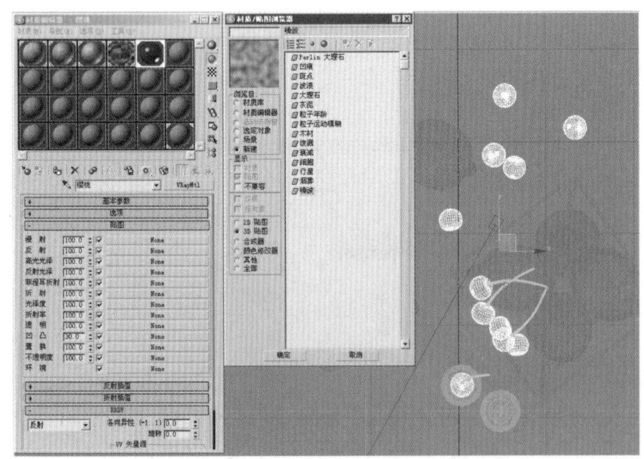

图5-19 给凹凸添加噪波贴图

20. 进入“噪波”贴图控制面板，设置噪波“大小”的值为5，然后回到“基本参数”层中，设置“凹凸”的“数量”值为2.0，如图5-20所示。

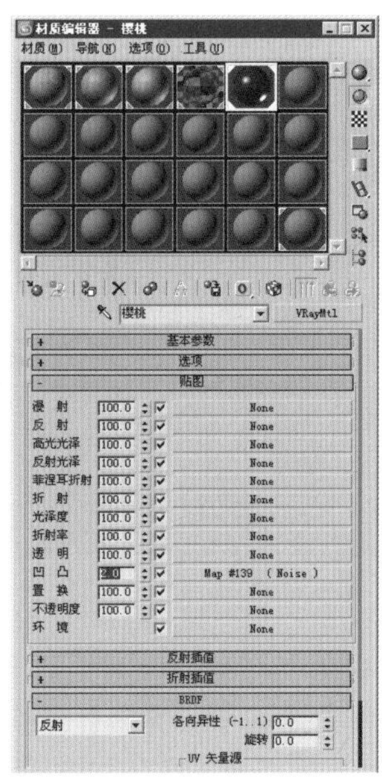

图5-20 设置凹凸的数量值

21. 回到顶视图中，选中所有的“樱桃杆”模型，然后按下键盘上的M键，打开“材质编辑器”窗口，选择一个空白的材质球，并将其指定，再单击Standard按钮，弹出“材质/贴图浏览器”对话框，选择VRayMtl材质类型，如图5-21所示。

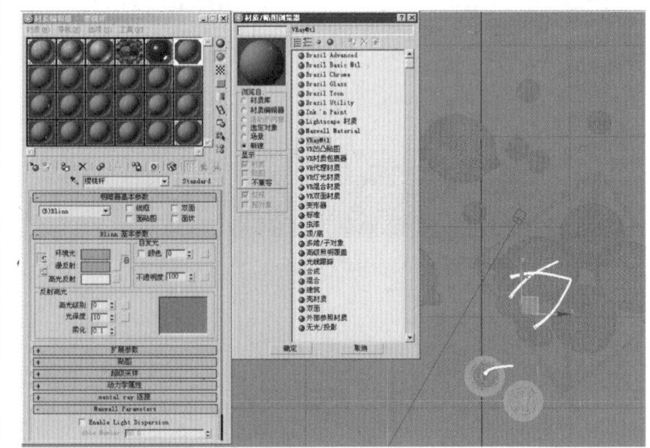

图5-21 将普通材质转换为VRay材质

22. 打开“基本参数”卷展栏，单击“漫射”右边的颜色框，弹出“颜色选择器”对话框，设置它的RGB颜色值分别为173、95、20，将它设置为桔黄色，如图5-22所示。

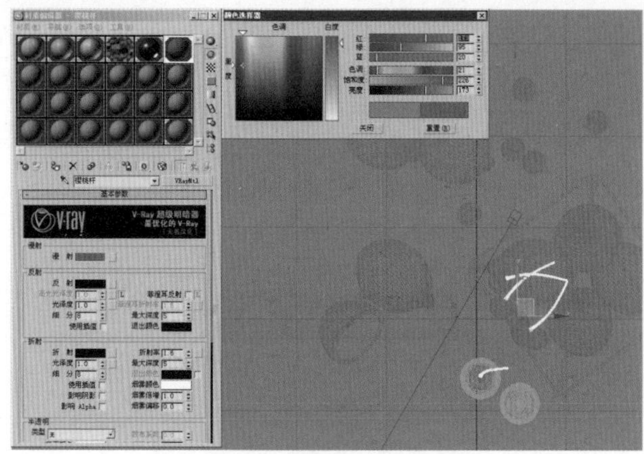

图 5-22　设置漫射的颜色

23. 设置“反射”选项组中“光泽度”的值为 0.7，“细分”的值为 50，并勾选“菲涅耳反射”选项。然后设置“折射”选项组中“细分”的值为 50，“折射率”的值为 2.0，如图 5-23 所示。

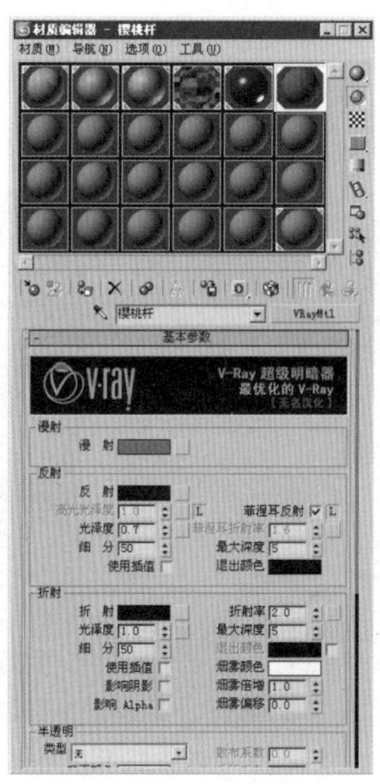

图 5-23　设置反射选项组中的参数

24. 打开“贴图”卷展栏，单击“凹凸”右边的 None 按钮，在弹出的“材质 / 贴图浏览器”对话框中选择“3D 贴图”类型，然后在右边的列表中选择“噪波”贴图，如图 5-24 所示。

25. 进入“噪波”贴图控制面板，设置噪波“大小”的值为 5.0，然后回到“基本参数”层中，设置“凹凸”的“数量”值为 2.0，如图 5-25 所示。

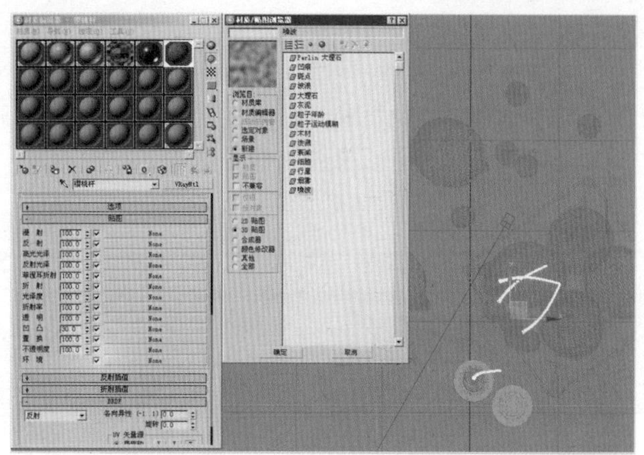

图 5-24　给凹凸添加噪波贴图

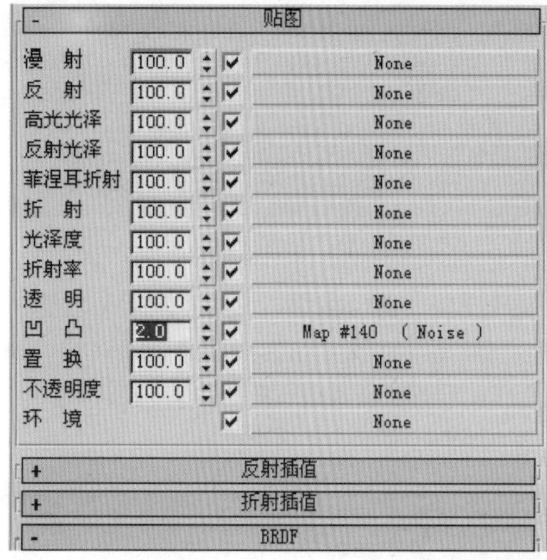

图 5-25　设置噪波的参数

26. “水果”模型的材质已经制作完毕了，现在进行简单的渲染，看一下大概的效果，如图 5-26 所示。

图 5-26　樱桃材质的效果

27.进入顶视图，选中“盘子”模型部分，然后按下键盘上的M键，打开“材质编辑器”窗口，选择一个空的材质球，将其指定给盘子，并单击Standard按钮，在弹出的“材质／贴图浏览器”中选择VRayMtl材质类型，如图5-27所示。

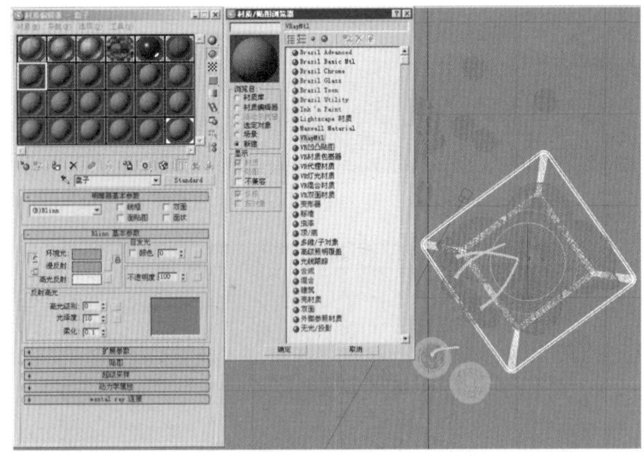

图5-27 设置漫射的颜色

28.在“反射”选项组中，单击“反射”右边的按钮，弹出“材质／贴图浏览器”对话框，然后选择“3D贴图”类型，在右边的列表中选择“衰减”贴图，如图5-28所示。

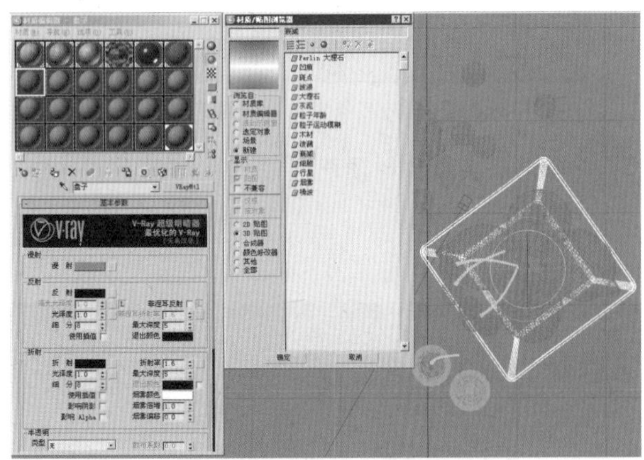

图5-28 给反射添加衰减贴图

29.设置“反射”选项组中“光泽度”的值为0.8，“细分”的值为6，设置“折射”选项组中“细分”的值为50，并勾选“影响阴影”选项，设置“烟雾倍增”的值为0.1，如图5-29所示。

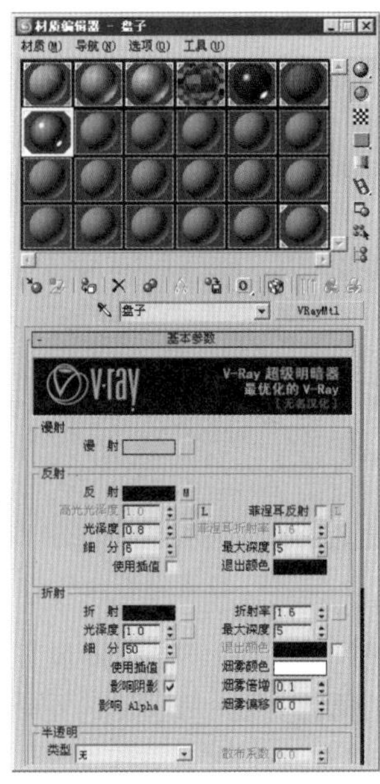

图5-29 设置基本参数数值

30.在“折射”选项组中，单击“折射”右边的按钮，弹出“材质／贴图浏览器”对话框，选择“3D贴图”类型，然后在右边的列表中选择“衰减”贴图，如图5-30所示。

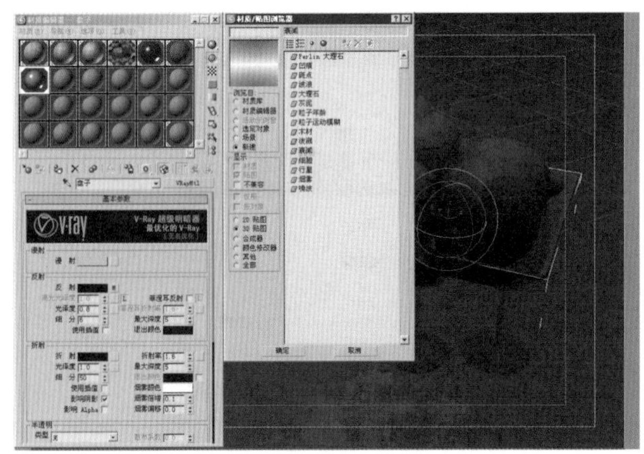

图5-30 在折射中添加衰减贴图

31.打开BRDF卷展栏，单击“反射”下三角按钮，在弹出的下拉菜单中选择“沃德”，再打开“折射插值”卷展栏，设置它的“最小比率”值为-3，“最大比率”值为0，其他参数默认，如图5-31所示。

32.打开“反射插值”卷展栏，设置它的“最小比率”值为-3，“最大比率”值为0，“颜色阈值”值为0.25，“插补采样”值为20，如图5-32所示。

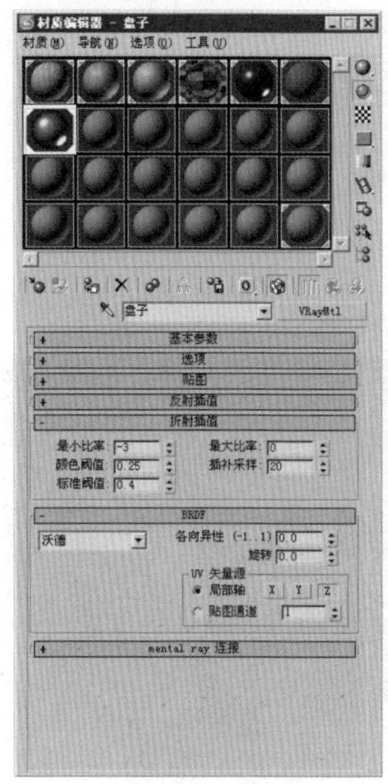

图 5-31 设置折射插值的参数

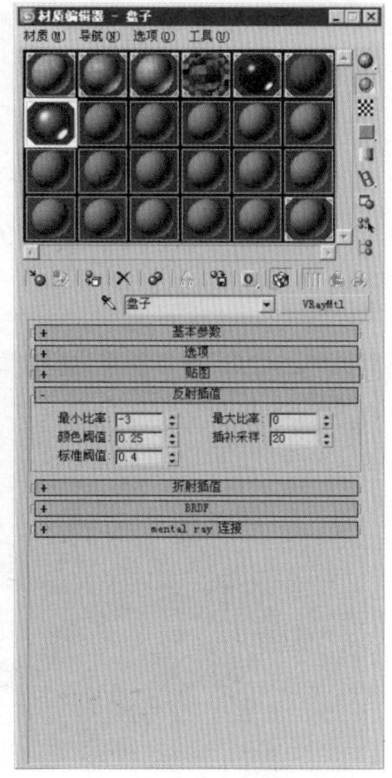

图 5-32 设置反射插值的参数

33. 按下键盘上的 8 键，弹出“环境和效果”面板，单击“环境贴图”下面的 None 按钮，弹出“材质／贴图浏览器”对话框，然后选择“衰减”贴图，如图 5-33 所示。

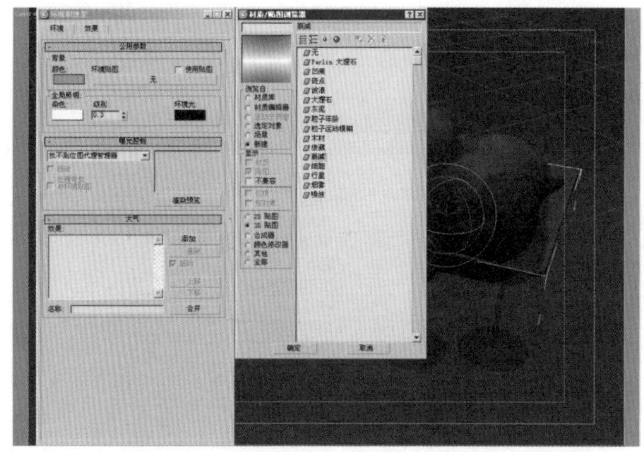

图 5-33 给环境添加衰减贴图

34. 按下键盘上的 M 键，弹出“材质编辑器”对话框，然后将“环境贴图”中的贴图拖曳到一个空白的材质球上，在弹出的“实例（副本）贴图”对话框中选择“实例”方式，如图 5-34 所示。

35. 在视图中选中地面，然后将一个空白的材质球指定给地面，并将其转换为 VRayMtl 材质类型，打开“基本参数”卷展栏，设置“漫射”RGB 颜色的值为（88、141、161），然后设置“反射”RGB 颜色的值为（60、60、60），设置“光泽度”的值为 0.9，“细分”的值为 16，设置“折射”选项组中“细分”的值为 50，如图 5-35 所示。

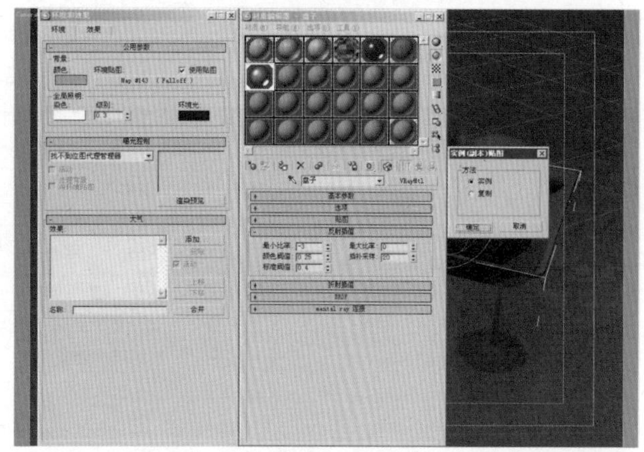

图 5-34 将环境贴图拖曳到新的材质球上

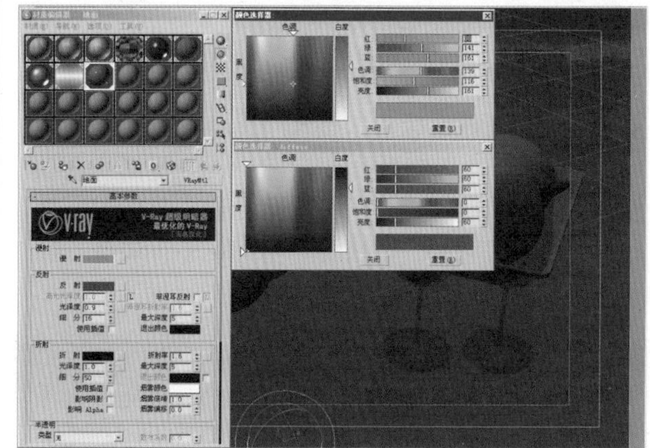

图 5-35 设置地面的参数

36. 材质都已经制作完毕。下面进行简单的渲染，可以看出已经有一些大概的效果了，如图 5-36 所示。

图 5-36 指定材质后的效果

37.进入灯光创建面板，单击“目标聚光灯”按钮，在顶视图中创建一盏目标聚光灯，然后将其移动到合适位置上，打开“修改”命令面板，勾选“阴影”选项组中的“启用”选项，并设置“倍增”值为0.3，如图5－37所示。

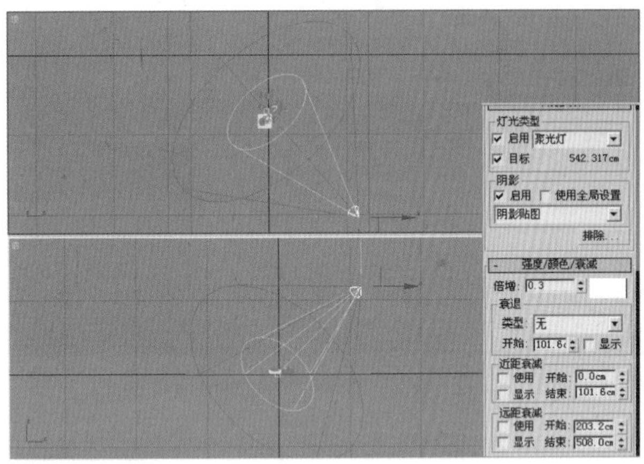

图5－37 创建并设置目标聚光灯

38.在灯光创建面板中，打开“标准”下拉菜单选择“VRay”，然后单击“VR灯光”按钮，在顶视图中创建一盏“VR灯光”，进入“修改”面板，设置它的“倍增器”值为8.0，勾选“不可见”选项，如图5－38所示。

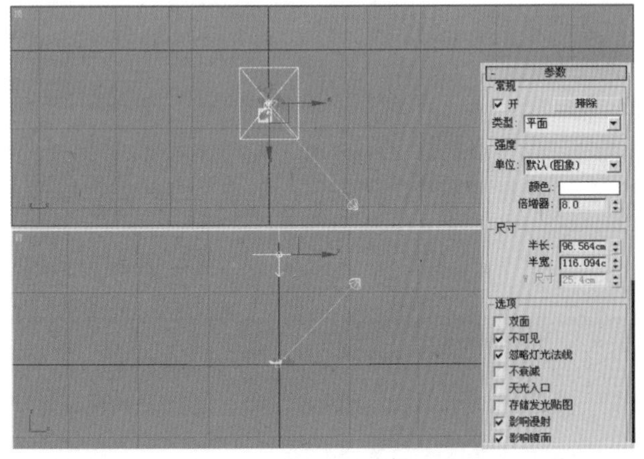

图5－38 创建并设置VR灯光

39.灯光已经创建完毕了，因为场景比较小，所以应用到的灯光也比较少，在场景中主要有一个主光源和一个辅助光源来照亮场景，主光源主要是给物体创造投影和照亮场景，辅助光源主要是照亮物体的阴影和物体的背面，一般在场景中都会有主光源和辅助光源两盏灯光，这样场景中的阴影会变得很柔和，不会那么生硬，没有辅助光源的衬托场景将会显得很单调，且层次感不强。灯光就介绍到这里，剩下有关灯光的知识会在后面的章节中介绍，现在先来看一下添加完灯光后场景的效果，如图5－39所示。

图5－39 添加完灯光后的效果

40.现在来设置渲染器的参数。按下键盘上的F10键，弹出“渲染场景”对话框，单击“渲染器”进入VRay渲染器控制面板，这里可以看到所有有关VRay渲染器的参数，如图5－40所示。

图5－40 VRay渲染器控制面板

41.打开“全局开关”卷展栏，取消“默认灯光”选项，这样可以有效地节省系统的资源，提高渲染的速度，如图5－41所示。

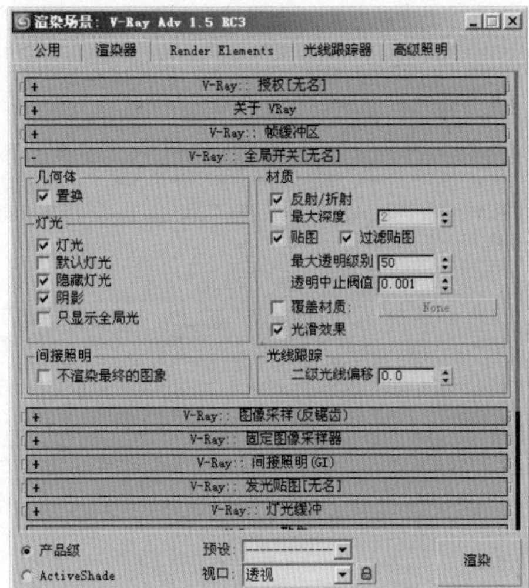

图 5-41　关闭默认灯光选项

42. 打开“图像采样（反锯齿）”卷展栏，设置“图像采样器”的“类型”为“固定”，设置“抗锯齿过滤器”为“区域”模式，如图 5-42 所示。

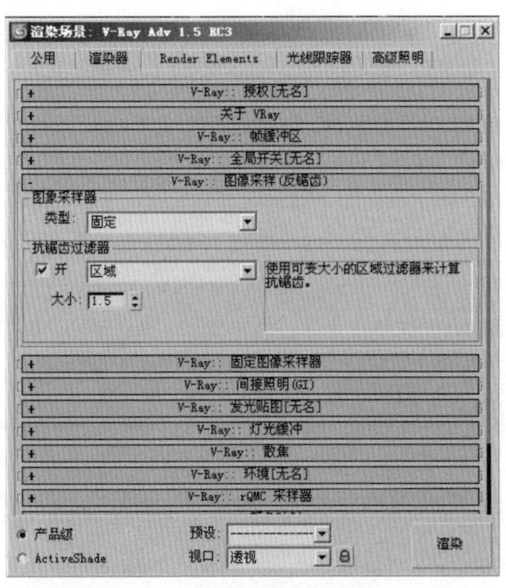

图 5-42　设置“图像采样”参数

43. 打开“间接照明”卷展栏，勾选“开”选项，打开“间接照明”功能，并设置“二次反弹”的“倍增器”值为 0.75，如图 5-43 所示。

44. 打开“发光贴图”卷展栏，设置“当前预置”的模式为“低”，设置“模型细分”的值为 30，勾选“自动保存”选项，单击“浏览”按钮，弹出“自动保存发光贴图”窗口，将保存的文件名命名为 qq，然后勾选“切换到保存的贴图”选项，如图 5-44 所示。

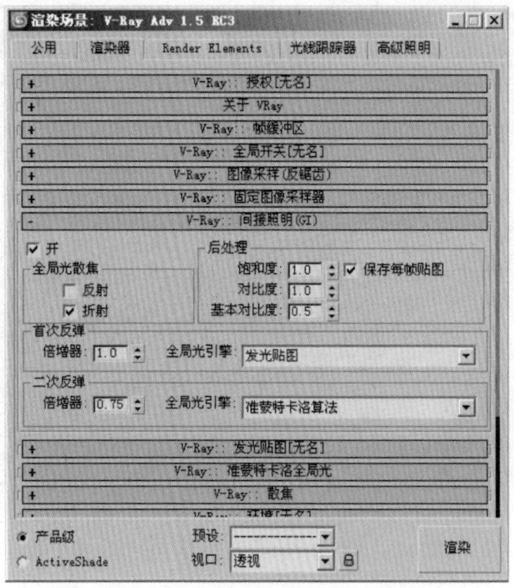

图 5-43　设置“间接照明”参数

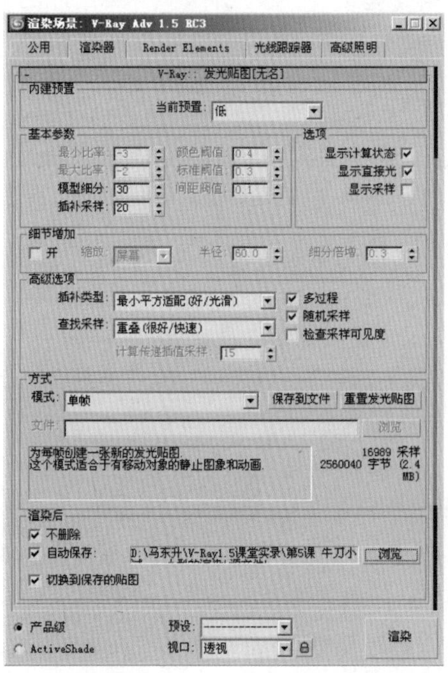

图 5-44　设置“发光贴图”参数

45. 现在切换到透视图中，然后按下键盘上的 Shift+Q 键，进行渲染输出，得到的效果如图 5-45 所示。发现视图中的效果已经很不错了，但图像中还是有很多地方出现了锯齿的情况，而且细节不够。

46. 现在来设置画面的细节，打开“图像采样（反锯齿）”卷展栏，设置“图像采样器”的类型为“自适应细分”，然后设置“抗锯齿过滤器”的模式为 Catmull-Rom，如图 5-46 所示。

图 5—45 渲染效果

图 5—46 设置图像采样的参数

47.打开“发光贴图”卷展栏，设置“当前预置”的模式为“自定义”，设置“最小比率”的值为-3，“最大比率”的值为-1，“模型细分”的值为50，现在可以发现，光子贴图已经自动切换到当前文件，如图 5—47 所示。

48.打开“准蒙特卡洛全局光”卷展栏，设置它的“细分”值为50，如图 5—48 所示。

49.打开“rQMC 采样器”卷展栏，设置它的“最小采样数”值为15，如图 5—49 所示。

50.最后进行渲染输出，得到的效果如图 5—50 所示。

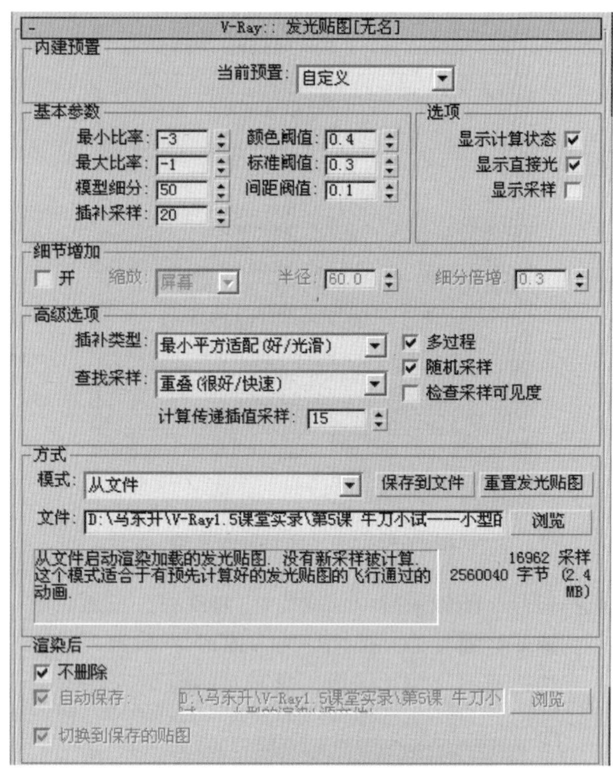

图 5—47 设置“发光贴图”参数

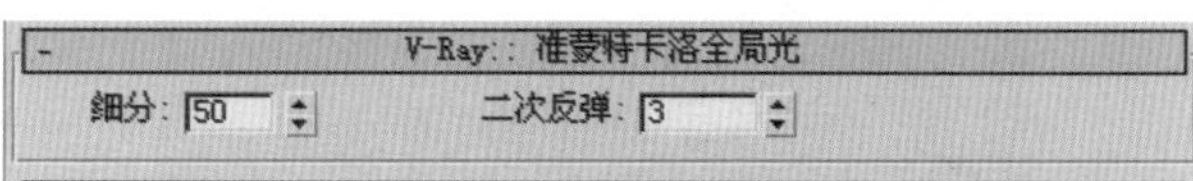

图 5—48 设置“准蒙特卡洛全局光”的细分值

图 5—49 设置“rQMC 采样器”的参数

图 5—50 最后效果

5.2 拓展训练

5.2.1 解决整个画面过暗的几种常见方法

通常在制作过程中，常常会出现画面过暗，导致画面的对比过于强烈或者产生曝光的现象，下面就来讲解 VRay 出现上述情况时解决的几种办法。一般出现画面过暗时，可以通过对全局光、颜色映射等参数的设置来提高画面亮度。

01. 首先打开光盘中的场景文件，现在场景中只有几盏灯和一架摄像机，直接进行渲染，发现画面比较暗，该亮的地方没有亮起来，并且也很生硬，画面的质量很差，如图 5－51 所示。

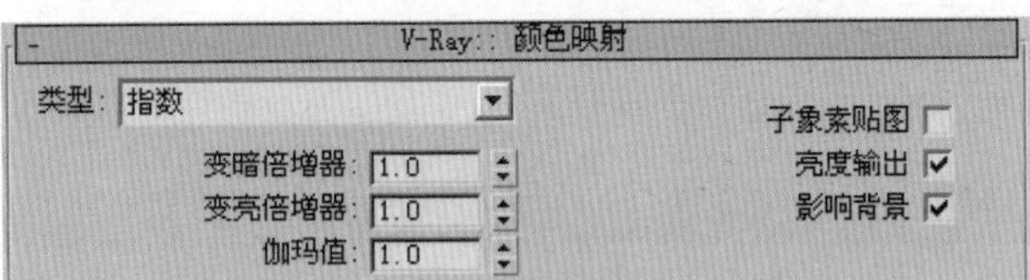

图 5－51　场景初始效果

02. 借助于设置 VRay 渲染器的”颜色映射“使画面亮起来，可以通过改变它的模式和参数得到不同的亮度效果。打开“颜色映射”卷展栏，设置“变暗倍增器”的数值为 2.5。然后直接渲染。得到效果如图 5－52 所示。

03. 观察画面，发现画面已经变亮了很多，但是有些地方还是比较黑，现在再进行设置，将“变亮倍增器”的值设置为 2.5，然后进行渲染，如图 5－53 所示。观察画面，发现场景又变亮了许多。

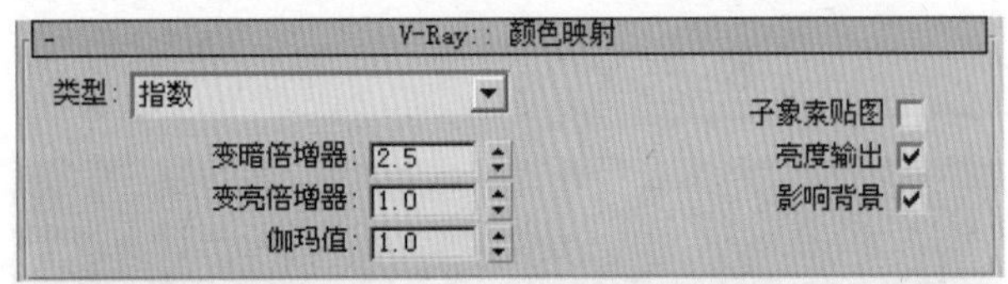

图 5－52　调整完参数后的效果

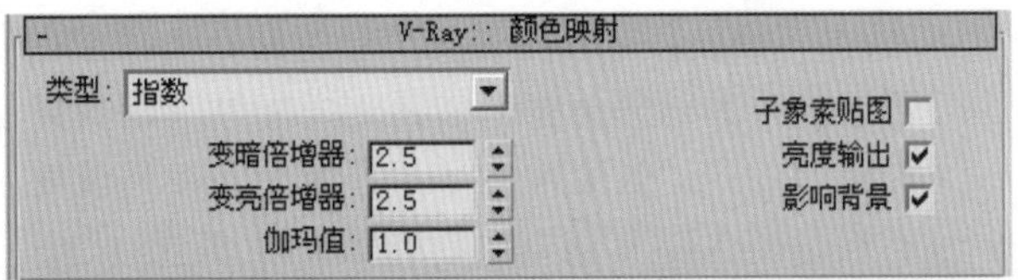

图 5－53　设置变亮倍增器的数值

04.刚才是在“指数”模式下进行调节，现在将“类型”改为“线性倍增”模式进行渲染，先将“线性倍增”的“变暗倍增器”的值设置为2.5，然后进行渲染，观察效果。发现它要比”指数“模式的效果更亮一些，如图5－54所示。

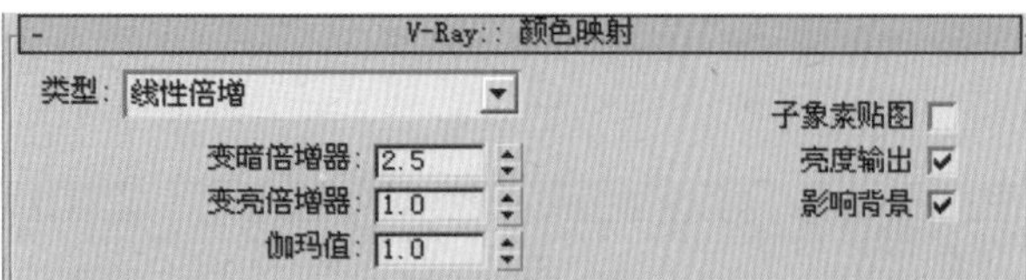

图5－54　设置线性倍增的参数

05.现在将“线性倍增”的“变亮倍增器”的值也设置为2.5，然后进行渲染，观察画面，发现“线性倍增”模式可以使画面暗的部分变亮，也可以使亮的部分更亮，它要比“指数”模式更加尖锐一些。效果如图5－55所示。但是该值不能设得太高，否则会让画面产生曝光。

06.还有一种使画面变亮的方法是将“全局光环境”的倍增器值调高，或者将HDRI贴图文件的亮度提高，也可以影响整个画面的亮度，但是这种方法一般制作室外场景时比较常用，现在来制作一个室外的场景，然后直接进行渲染输出。效果如图5－56所示。

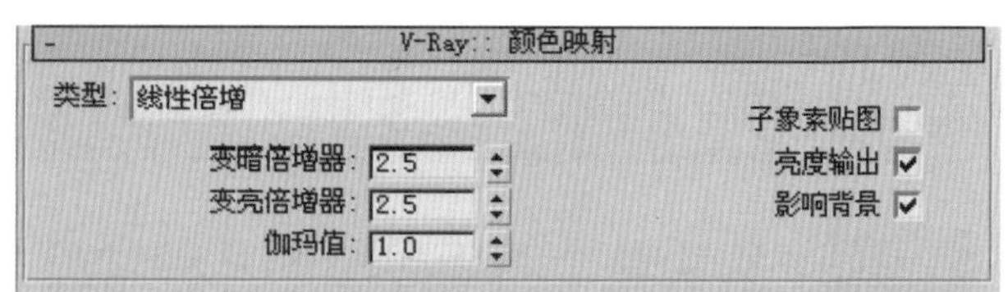

图5－55　设置线性倍增参数后的效果

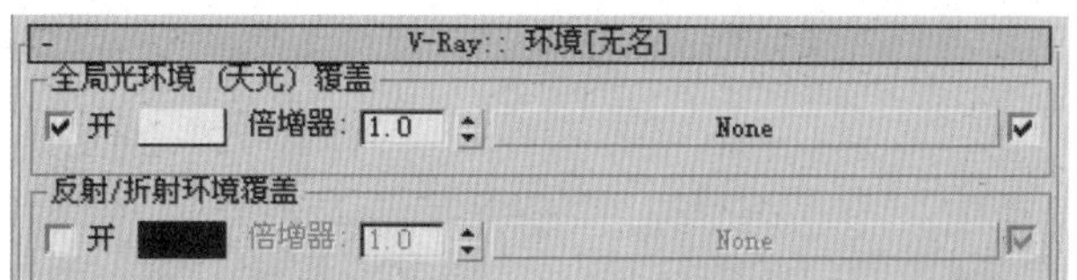

图5－56　启用全局光后的渲染效果

07.观察上图渲染的画面，感觉整体偏暗，现在来将“全局光环境”的“倍增器”值设置为“3”，然后进行渲染，再来观察渲染出来的画面，感觉整体上比已经上面的亮了很多，如图5－57所示。

图 5-57 设置全局光的倍增值

08. 现在将“全局光环境”的倍增值设置为 1，然后给“全局光环境”添加一个 HDRI 贴图文件，将其以实例的方式拖动到一个空白的材质球上，并进行编辑，设置“倍增器”的值为 5，再进行渲染。效果如图 5-58 所示。

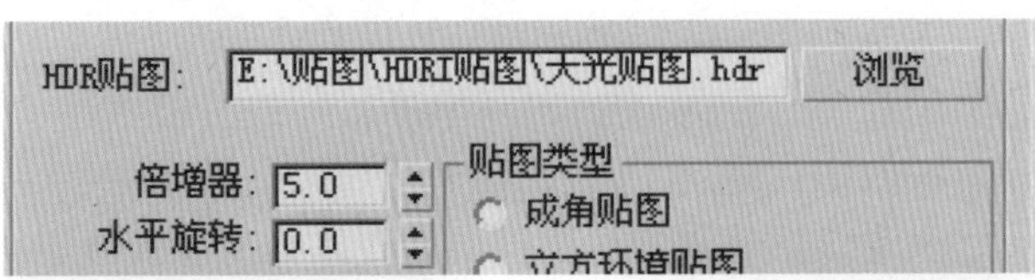

图 5-58 设置 HDRI 贴图的倍增值

09. 通常都是将这两种方法结合起来使用，这样的效果才能更好，现在利用“颜色映射”中的“指数”模式来提高画面的亮度。关闭“全局光环境”选项，然后将“指数”的“变暗倍增器”的值设置为 3，“变亮倍增器”的值设置为 3，再进行渲染。效果如图 5-59 所示。

图 5-59 设置指数的参数

10. 现在启用“全局光环境”选项，将 HDRI 贴图的“倍增器”值设置为 2，再进行渲染输出。效果如图 5-60 所示。观察画面，发现现在画面在亮度的基础上要比上面几个画面更加丰富柔和一些，色彩的饱和度更高一些。解决画面整体偏暗的方法已经讲解完了，读者朋友们可以自己试着练习并熟悉它的参数的运用，不同的参数所产生的效果不同，不同的场景也需要由不同的参数来改变，多多练习才能把握最佳的效果。

图 5-60 设置全局光的倍增值

5.2.2 设置反射环境的几种方法

反射环境的设置有三种方法，在 3ds max 中默认有两种方法可以设置，按下键盘上的 8 键，弹出“环境和效果”面板，在环境面板中可以对反射的环境进行设置。VRay 反射环境的设置在“环境”卷展栏中，默认为不开启状态，如果开启了该状态则 VRay 反射环境将替换 MAX 默认的环境效果，VRay 反射环境也可以给其添加 HDRI 贴图文件。

01. 首先打开光盘中的“反射环境”场景文件，然后直接进行渲染，默认的效果如图 5-61 所示。

图 5-61 默认渲染效果

02. 现在打开“环境”卷展栏，勾选“开”选项，启用“反射／折射环境覆盖”选项，然后将其颜色设置成蓝色，再进行渲染，效果如图 5-62 所示。

图 5-62 蓝色反射环境

03. 观察上图，因为受蓝色环境的影响，所以画面中反射的部分都呈蓝色，现在换成桔红色的颜色看一下效果，如图 5-63 所示。

图 5-63 桔黄色反射环境光

04. 现在将“反射／折射环境覆盖”的“倍增器”的数值设置为 10，然后进行渲染，观察画面，发现该值将影响画面部分的整体亮度和受影响的程度，如图 5-64 所示。

图 5-64 设置倍增值为 10 的效果

05. 还有一种方法就是利用 HDRI 贴图模拟环境折射的效果。打开“环境”卷展栏，勾选“反射／折射环境覆盖”选项组中的“开”选项，单击 None 按钮，弹出“材质／贴图浏览器”面板，选择 VRayHDRI 贴图，如图 5—65 所示。

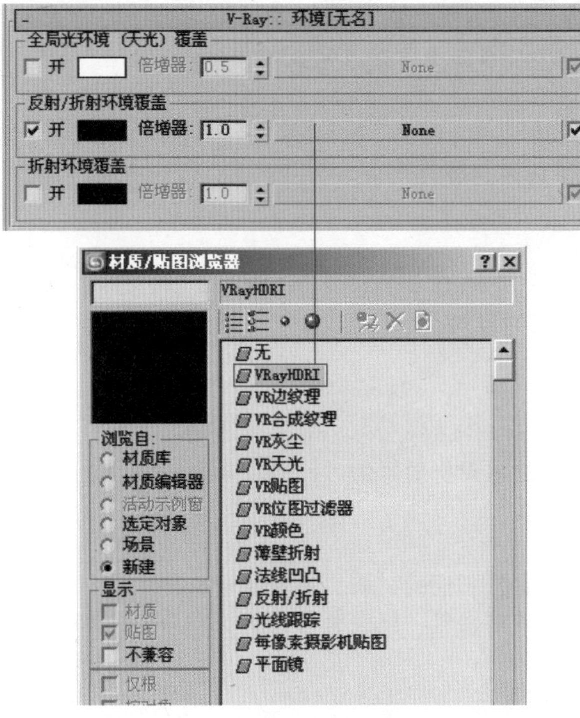

图 5—65　添加 HDRI 贴图文件

06. 按下键盘上的 M 键，打开“材质编辑器”窗口，然后将“反射／折射环境覆盖”中的贴图拖曳到一个空白的材质球上，在弹出的“实例（复制）贴图”对话框中选择“实例”方式。单击“浏览”按钮，找到光盘中的”HDRI 贴图”文件，如图 5—66 所示。

07. 设置“参数”卷展栏中的“倍增器”的数值为 1.2，在“贴图类型”选项组中选择“球状环境贴图”类型，这样 HDRI 贴图文件将正确地反射到物体的表面上，如图 5—67 所示。

图 5—66　指定 HDRI 贴图文件

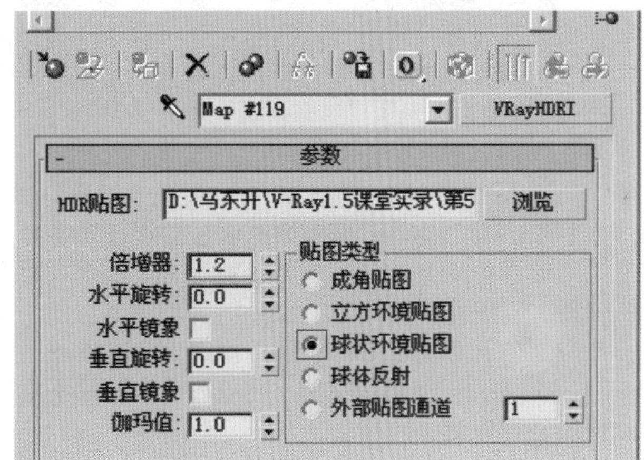

图 5—67　设置 HDRI 贴图文件参数

08. 再进行渲染输出，观察物体表面，发现已经反射了 HDRI 贴图文件的环境，效果更加真实，这种方法在制作过程中经常用到。效果如图 5—68 所示。

图 5—68　HDRI 贴图反射效果

5.3 课后练习

一、单项选择题

(1) 为了能让模型的纹理在渲染的时候显得更加真实，一般将贴图的模糊度设置为（　　）。

A. 1　　B. 10

C. 3　　D. 0.01

(2) 下面数据中，哪一组数据属于金属不锈钢材质的“高光光泽度”和“光泽度”的值？（　　）

A. 0.75　0.83　　B. 0.95　0.98

C. 0.45　0.45　　D. 0.35　0.35

(3) 在下列选项中，设置材质表面凹凸效果的方法中不包括的是（　　）。

A. 置换　　B. 凹凸贴图

C. 毛发　　D. 衰减

二、简述题

(1) 列举出解决场景过暗的几种常见方法，并区分它们的异同点。

(2) 列举出设置反射环境的几种方法。

三、问答题

(1) 既能在渲染时节省时间，又不失材质表面细节的方法有哪些？

(2) 通常情况下，在设置材质时对那些表面起伏比较大的水果材质添加“凹凸”效果，那么这是不是就说明表面相对光滑的水果材质就没有“凹凸”效果呢？为什么？

四、实例制作

(1) 在配套光盘中提供了一个简单的水果场景。依次设置好它们的材质。参考效果如图5-69所示。

(2) 创建一个场景模型：摆放在一个斑驳不堪的灶台上的水果盘，里面有各式的水果。并试着对它们的材质进行设置。

图5-69　参考效果

第 06 课

玻璃特效

本课主要讲解VRayMtl专属材质和标准灯光、VRayHDRI贴图文件、散焦的设置以及渲染器的设置。

6.1 实例应用

光盘
06\Max 文件\玻璃特效.Max

「光滑玻璃」

实例目标

这一节中主要是讲解 VRay 的玻璃材质和散焦效果以及 HDRI 照明。在制作玻璃材质时，其反射在玻璃表面上的环境是很重要的，本节就是将通过环境来模拟真实的玻璃反射效果，反射的环境主要是靠 HDRI 贴图来模拟，所以 HDRI 的设置在本节也非常重要。

技术分析

本节中将要详细讲到玻璃的散焦效果，通过对参数以及渲染器的设置得到散焦的效果，灯光的位置和玻璃的材质将对最后焦散的效果有很大的影响，所以在本节中也会对灯光的位置和玻璃材质的设置作非常详细的讲解，让读者朋友们可以了解到焦散的魅力。本节中将用到 VRayMtl 专属材质和标准灯光，还有 VRayHDRI 贴图文件，焦散的设置和渲染器的设置，对于玻璃材质的设置步骤比较详细，最后通过灯光和渲染器的配合得到散焦的效果。

制作步骤

01.打开光盘中的“玻璃特效”场景文件。场景中是一组简单的装饰模型。除了玻璃以外，其他的材质已经设置好了，如图 6－1 所示。

图 6－1　打开场景文件

02.按下键盘上的 M 键，打开“材质编辑器”对话框，选择一个空白的材质球，然后将其命名为“玻璃”，并单击 Standard 按钮，在弹出的“材质／贴图浏览器”对话框中选择 VRayMtl 材质，如图 6－2 所示。

图 6－2　打开材质编辑器并设置

03. 进入 VRayMtl 参数控制面板中，单击“漫射”右边的颜色框，弹出“颜色选择器”对话框，设置其 RGB 颜色值分别为（R:0,G:50,B:20），如图 6－3 所示。

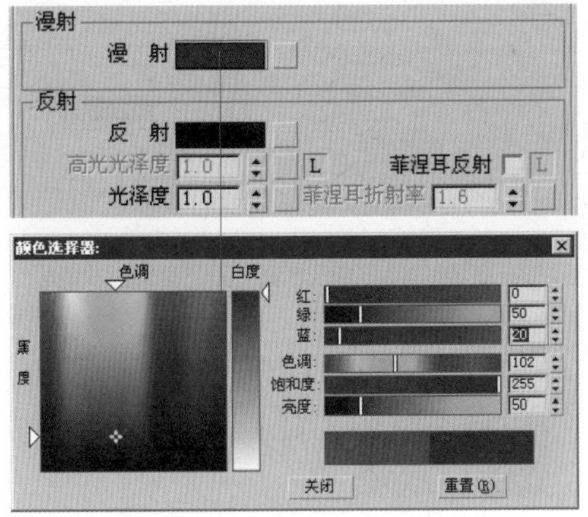

图 6－3　设置漫射的参数

04. 打开“贴图”卷展栏，单击“反射”右边的 None 按钮，弹出“材质 / 贴图浏览器”对话框，选择“3D 贴图”类型，然后在右边的列表中选择“衰减”贴图，如图 6－4 所示。

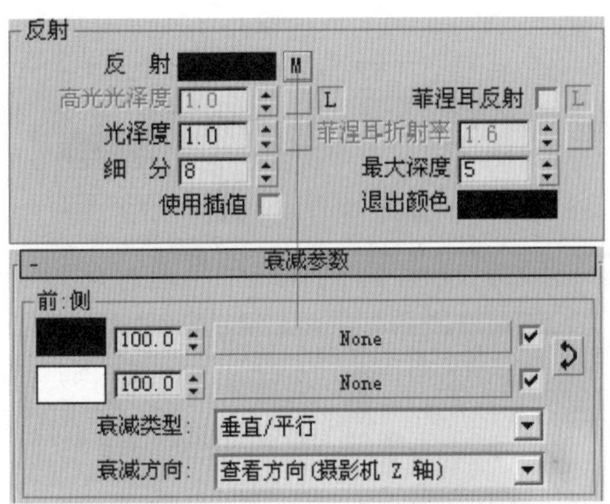

图 6－4　在反射中添加衰减贴图

05. 进入衰减参数控制面板，单击“前：侧”的颜色框，弹出“颜色选择器：颜色 1”对话框，设置其 RGB 颜色值分别为（R:0,G:10,B:0），如图 6－5 所示。

06. 单击“前：侧”的颜色框，弹出“颜色选择器：颜色 2”对话框，设置其 RGB 颜色值分别为（R:72,G:150,B:72），如图 6－6 所示。

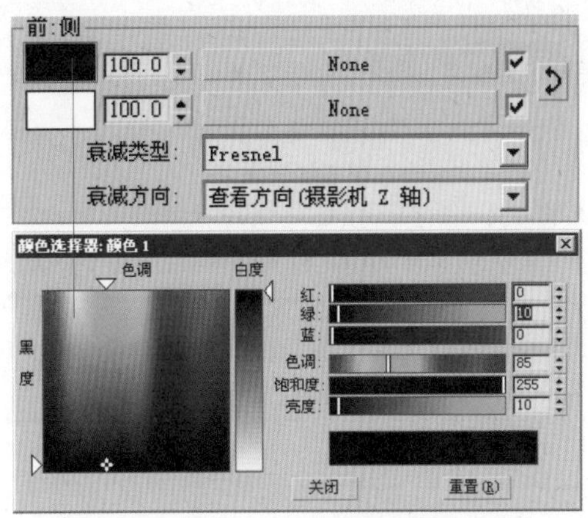

图 6－5　设置前侧的颜色值

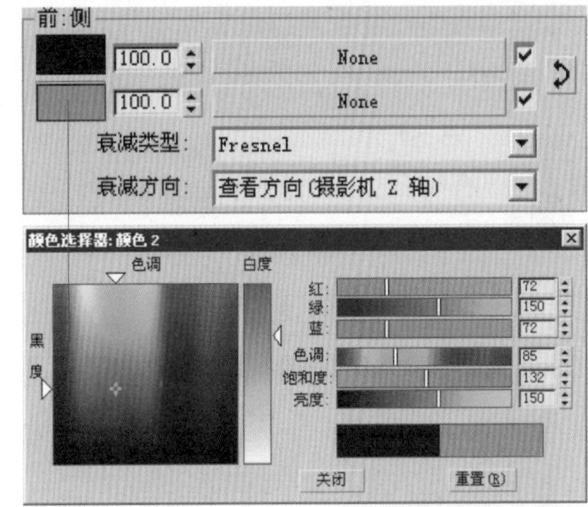

图 6－6　设置前侧的颜色值

07. 单击 按钮，返回到上一层，将“反射”贴图通道中的贴图拖曳到“折射”贴图通道中，在弹出的“复制（实例）贴图”对话框中选择“复制”方式，如图 6－7 所示。

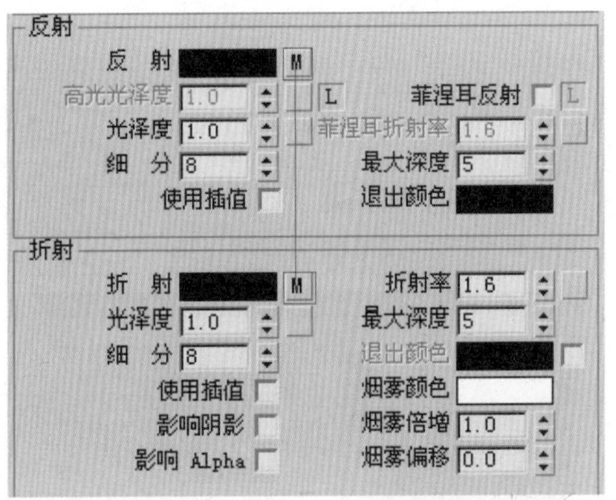

图 6－7　复制衰减贴图到折射贴图通道中

技巧/提示

Fresnel 的衰减贴图。在真实的物理世界中，物体的反射强度和光线的入射角度有关系，入射角越大，反射就越弱，反之越强。而人眼与物体构成的角度决定了入射角度的大小:人眼与物体构成的角度大的时候入射角就会变小，反之就变大。例如我们距离一个物体远的时候发现物体的反射会很强，当我们走近物体的时候会发现物体的反射变弱了。

08.进入“折射”的贴图通道控制面板，打开“衰减参数”卷展栏，单击“前:侧”的颜色框，弹出“颜色选择器:颜色 1”对话框，设置其 RGB 颜色值分别为（R:185，G:215，B:185），如图 6-8 所示。

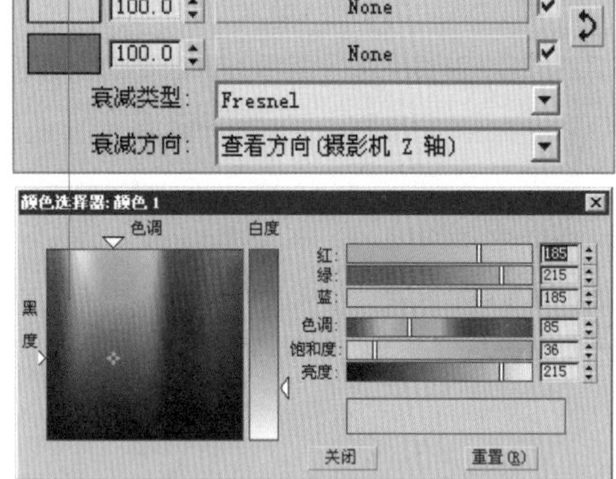

图 6-8 设置衰减的前侧颜色

09.单击“前:侧”的颜色框，弹出“颜色选择器:颜色 2”对话框，设置其 RGB 颜色值分别为（R:80，G:126，B:80），如图 6-9 所示。

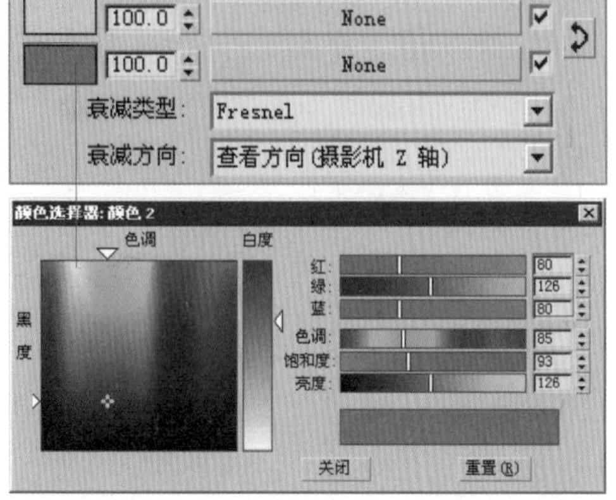

图 6-9 设置衰减的前侧颜色

10.单击按钮，回到上一层，单击“折射”右边的颜色框，弹出“颜色选择器”对话框，设置其 RGB 颜色值分别为（R:230，G:230，B:230），如图 6-10 所示。

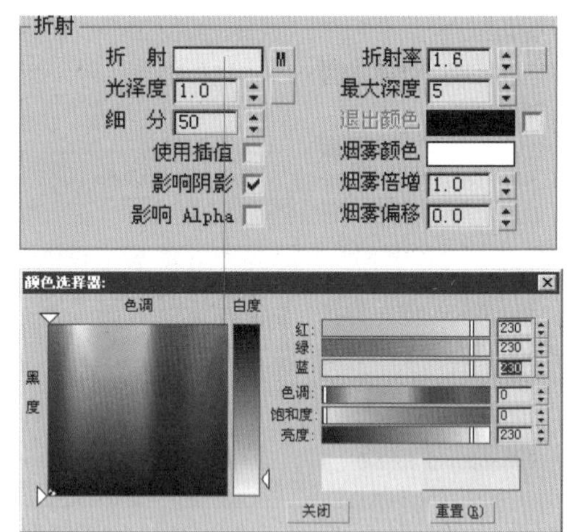

图 6-10 设置折射的强度

11.单击“折射”选项组中“烟雾颜色”右边的颜色框，弹出“颜色选择器”对话框，设置其 RGB 颜色值分别为（R:240，G:240，B:240）。如图 6-11 所示。

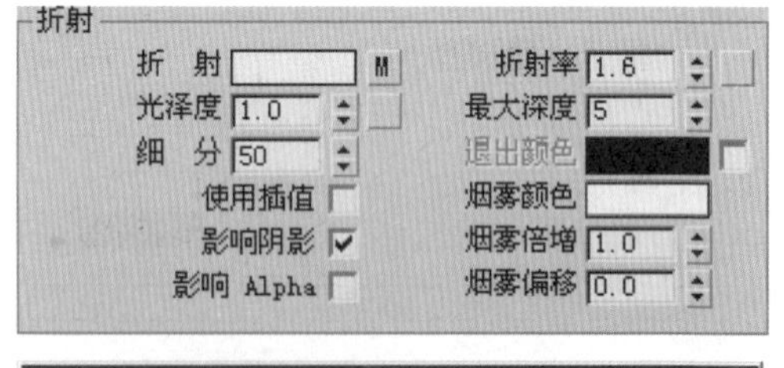

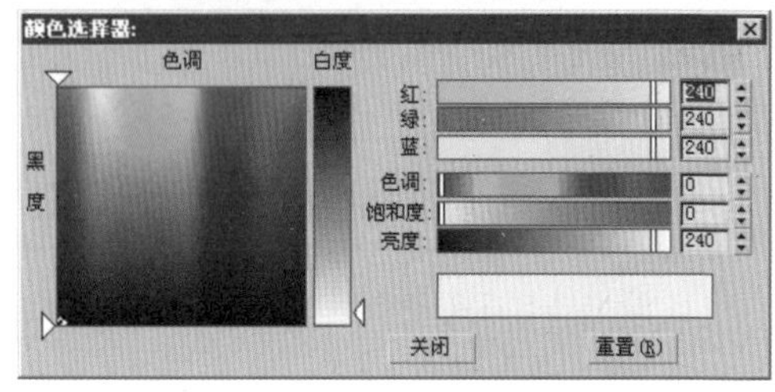

图 6-11 设置烟雾颜色的参数

12.设置“烟雾倍增”的值为 0.03，并勾选“影响阴影”选项，玻璃的材质已经设置完毕了，在视图中选中玻璃模型，并将其指定，如图 6-12 所示。

13.现在进行渲染，观察一下玻璃的效果。进入摄像机视图中，按下键盘上的 Shift+Q 键，进行渲染，效果如图 6-13 所示。

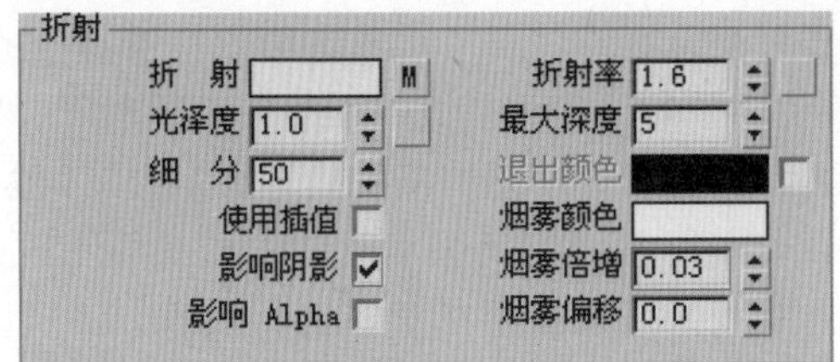

图 6-12　参数设置完毕并指定给模型

图 6-13　玻璃测试完毕的效果

14. 观察上面的画面，发现玻璃杯的反射不够真实，渲染的效果很不理想，原因是没有灯光和环境。在前视图中创建一盏“VR 阳光”，效果如图 6-14 所示。

图 6-14　创建“VR 阳光”

15. 在选中“VR 阳光”的情况下进入“修改”命令面板，设置“浊度”为 2，“强度倍增器”为 0.01，“大小倍增器”为 3，“阴影细分”为 25，如图 6-15 所示。

图 6-15　设置“VR 阳光”参数

16. 按下键盘上的 M 键，打开“材质编辑器”对话框，选择一个空白的材质球，然后单击按钮，在弹出的“材质／贴图浏览器”对话框中选择 VRayHDRI 贴图类型，如图 6-16 所示。

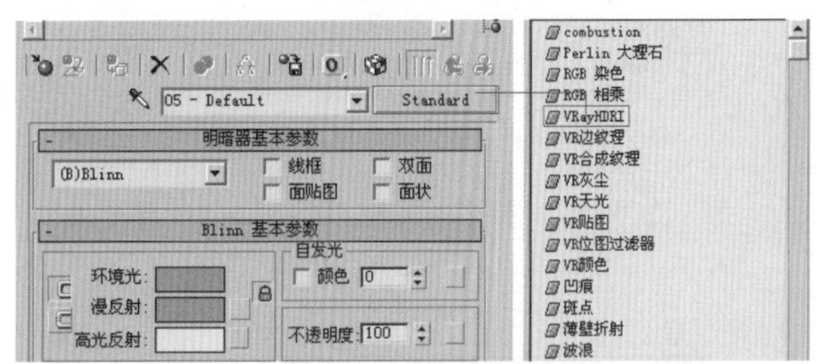

图 6-16　选择 VRayHDRI

17. 进入 VRayHDRI 参数控制面板，单击“浏览”按钮，弹出“选择 HDR 图像”对话框，然后找到光盘中的“hdri22”文件，并将其指定，如图 6-17 所示。

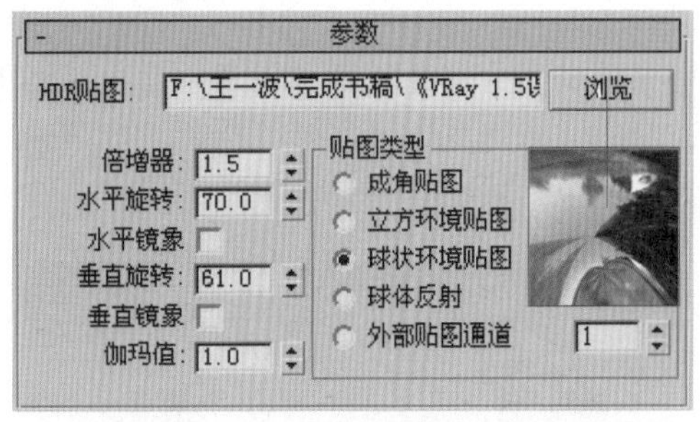

图 6-17　指定 HDRI 贴图文件

18. 设置“倍增器”的值为 1.5，设置“水平旋转”的值为 70，“垂直旋转”的值为 61。将“贴图类型”修改为“球形环境贴图”，如图 6-18 所示。

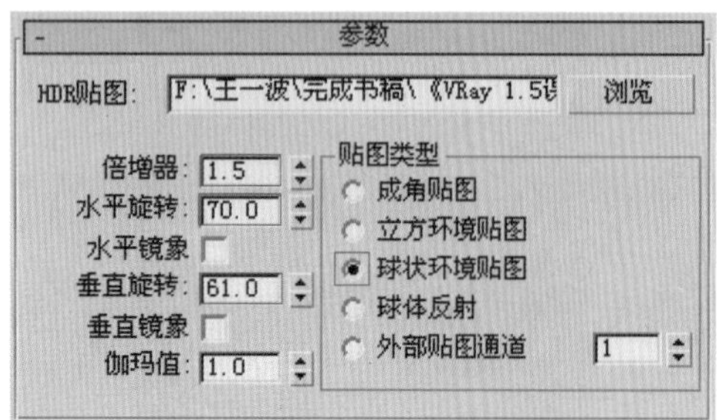

图 6-18　设置 HDRI 参数

19.按下键盘上的 F10 键，打开“渲染场景”对话框，进入“渲染器”参数控制面板，打开“环境”卷展栏，启用“全局光环境（天光）覆盖”选项和“反射/折射环境覆盖”选项，如图 6-19 所示。

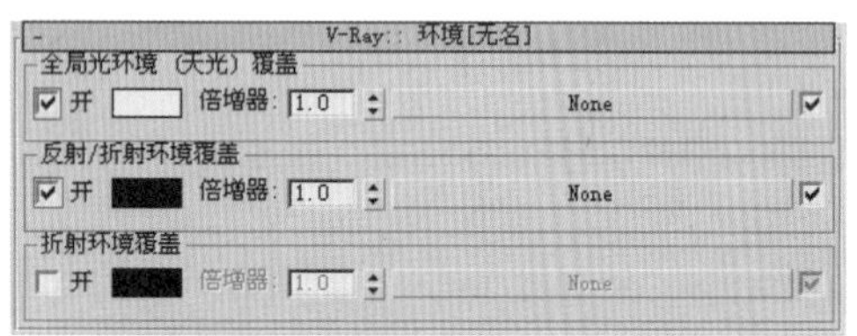

图 6-19　开启环境光

20.为全局光环境添加一张 HDRI 贴图，如图 6-20 所示。

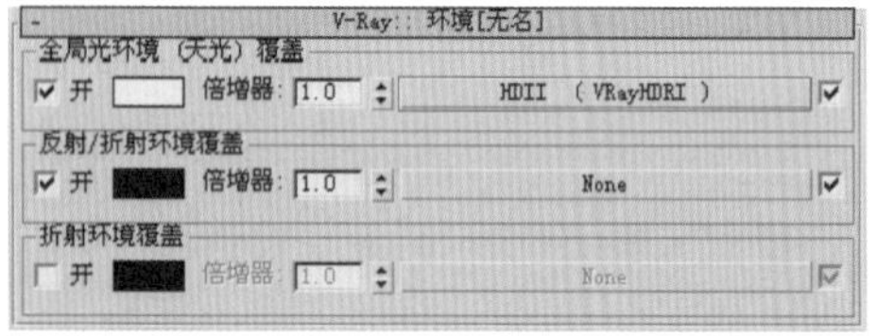

图 6-20　给反射/折射添加 HDRI 贴图

21.用鼠标将”全局光环境（天光）覆盖“贴图通道中的贴图拖曳到”反射/折射环境覆盖“贴图通道中，如图 6-21 所示。

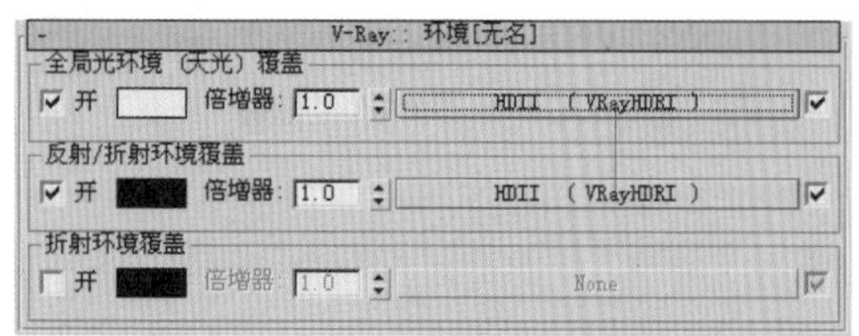

图 6-21　指定 HDRI 贴图到环镜

22.参数都设置完毕后，进行渲染，按下键盘上的 Shift+Q 键，得到的效果如图 6-22 所示。观察画面，发现杯子上的反射效果比上次渲染的效果丰富得多，但是画面整体的质量很不理想，下面就来对渲染器的参数进行设置。

图 6-22　测试效果

技巧/提示

将 HDRI 贴图关联复制给全局光环境（天光）贴图通道，目的是为了使“全局光环境”对玻璃模型的反射和折射产生影响，使玻璃模型的反射和折射更加丰富。

23.打开“材质编辑器”对话框，选择一个空白的材质球，将其命名为“墙面”。然后单击 Standard 按钮，弹出“材质/贴图浏览器”对话框，选择 VRayMtl 材质类型，如图 6-23 所示。

图 6-23　转换为 VRayMtl 材质类型

24. 进入 VRayMtl 参数控制面板，为漫射贴图通道贴一张墙面的位图文件，如图 6—24 所示。

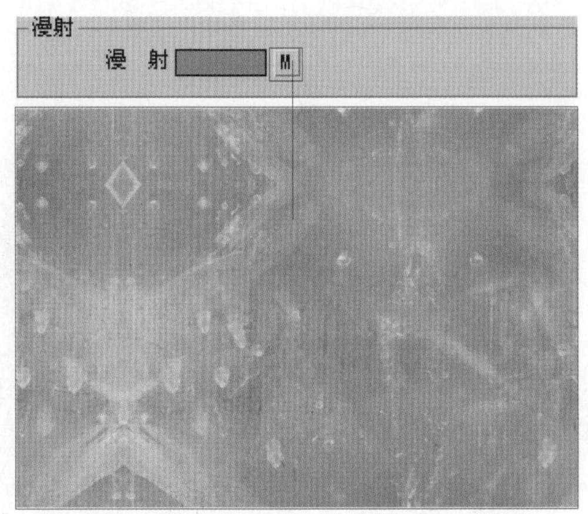

图 6—24　设置漫射通道的贴图

25. 进入“反射”卷展栏，为反射通道贴一张衰减贴图，设置衰减的方式为 Fresnel，“折射率”为 1.4，如图 6—25 所示。

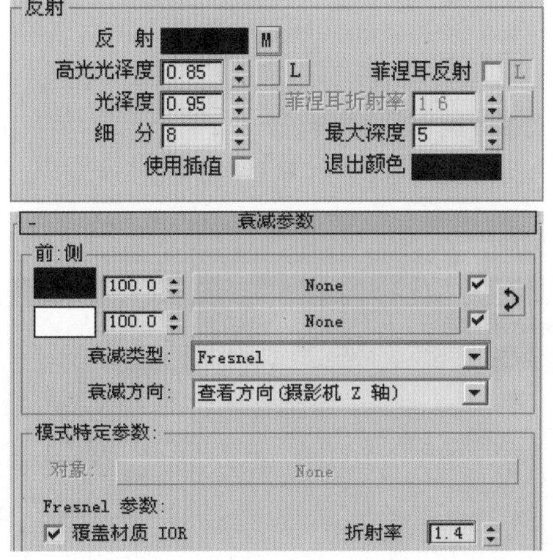

图 6—25　设置反射通道的贴图

26. 按下键盘上的 F10 键，打开“渲染场景”对话框，进入“渲染器”控制面板，打开“帧缓冲区”卷展栏，勾选“启用内置帧缓冲区”选项。打开“全局开关”卷展栏，取消“默认灯光”选项，如图 6—26 所示。

27. 打开“图像采样（反锯齿）”卷展栏，设置“图像采样器”的类型为“自适应准蒙特卡洛”类型，设置“抗锯齿过滤器”为 Catmull—Rom 模式，如图 6—27 所示。

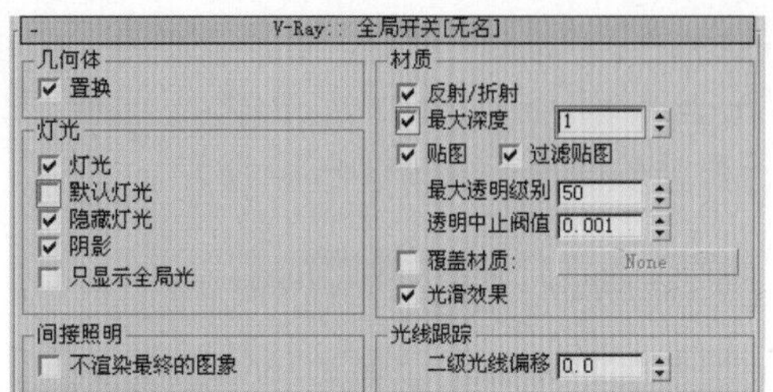

图 6—26　设置渲染器参数

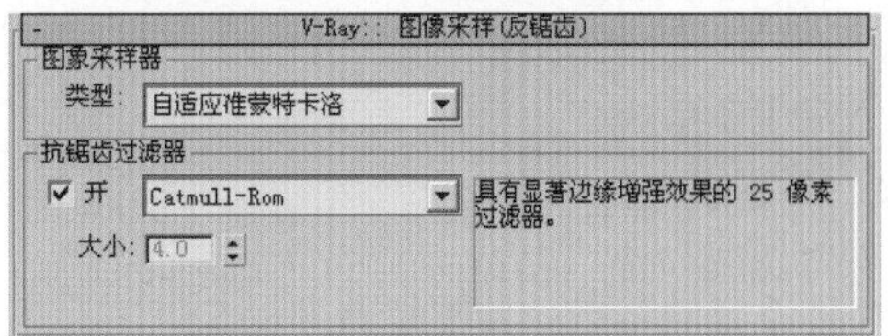

图 6—27　设置图像采样器参数

28. 打开“间接照明”卷展栏，启用“开”选项，然后打开“发光贴图”卷展栏，设置“当前预置”的模式为“低”，再打开“灯光缓冲”卷展栏，勾选“计算参数”选项组中“显示计算状态”和“保存直接光”两项，如图 6—28 所示。

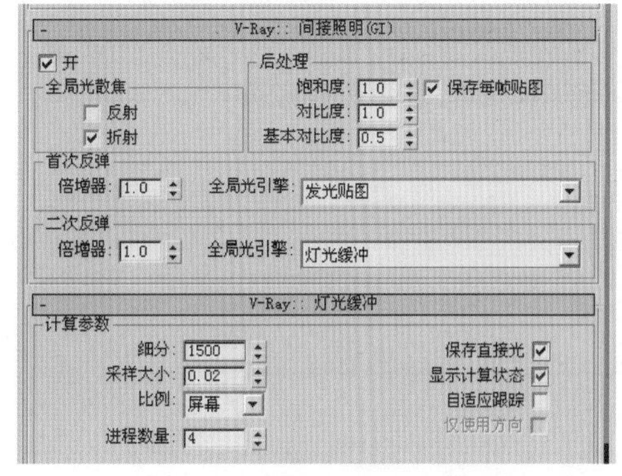

图 6—28　设置间接照明参数

29. 打开“rQMC 采样器”卷展栏，设置“适应数量”的值为 0.75，设置“最小采样值”的值为 20，“噪波阈值”为 0.001，如图 6—29 所示。

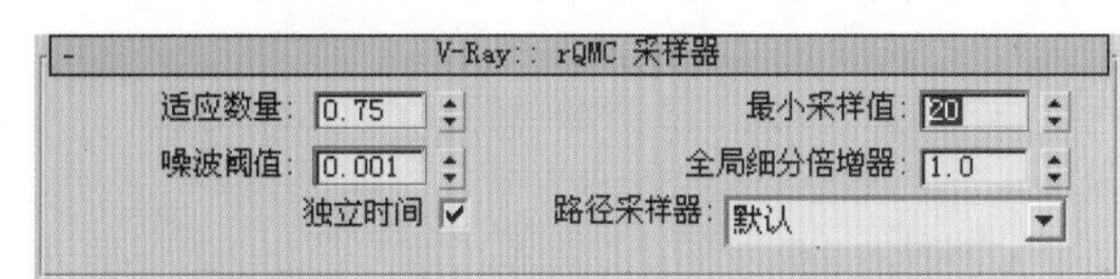

图 6—29　设置准蒙特卡洛全局光参数

30. 回到“全局开关”卷展栏，勾选“间接照明”选项组中的“不渲染最终的图像”选项，然后打开“发光贴图”卷展栏，单击“渲染后”选项组中的“浏览”按钮，在“文件名”处输入“光子贴图”名称（对“灯光缓冲”卷展栏也进行同样的设置），如图6-30所示。

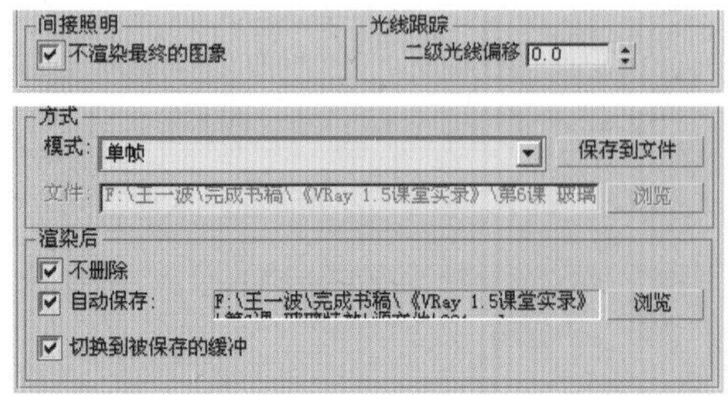

图6-30　保存光子贴图

31.参数设置完毕后，按下键盘上的Shift+Q键，进行光子计算输出，光子输出完毕后，再打开“发光贴图”卷展栏，打开“方式”选项组中的“单帧”下拉菜单，然后选择“从文件”，单击“浏览”按钮，找到刚才保存好的“光子贴图”文件，并将其指定，如图6-31所示。

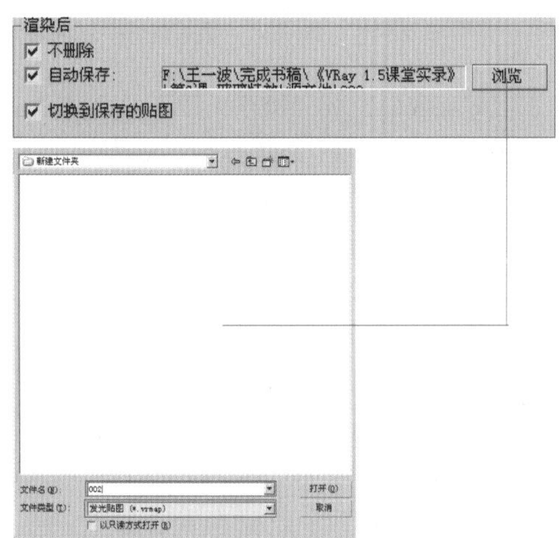

图6-31　导出光子贴图

32.继续设置“当前预置”的模式为“高”，打开“全局开关”卷展栏，取消“间接照明”选项组中的“不渲染最终的图像”选项，如图6-32所示。

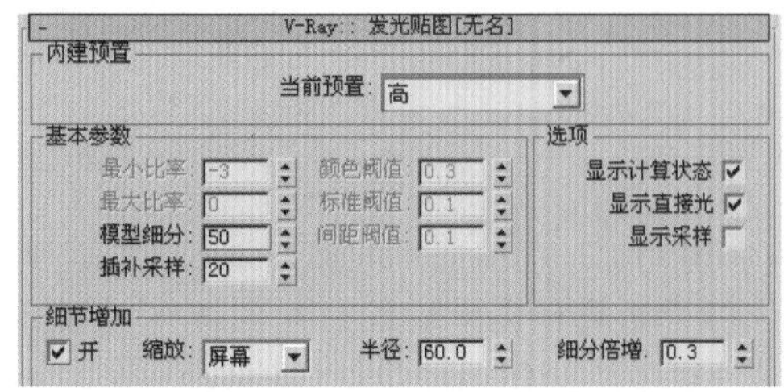

图6-32　设置渲染器参数

33.所有的参数都设置完毕后，进行最后的渲染，耐心地等待一段时间后可以得到满意的效果，如图6-33所示。

图6-33　最后效果

34.现在来给场景添加焦散的效果。首先打开“间接照明”卷展栏，关闭“开”选项，这样场景中就不会产生间接照明的效果，然后选中“VR阳光”，右击弹出“四元菜单”，选择“V-Ray properties”选项，在弹出的“灯光属性”对话框中，设置“焦散细分”的值为3000，“焦散倍增”的值为80，如图6-34所示。

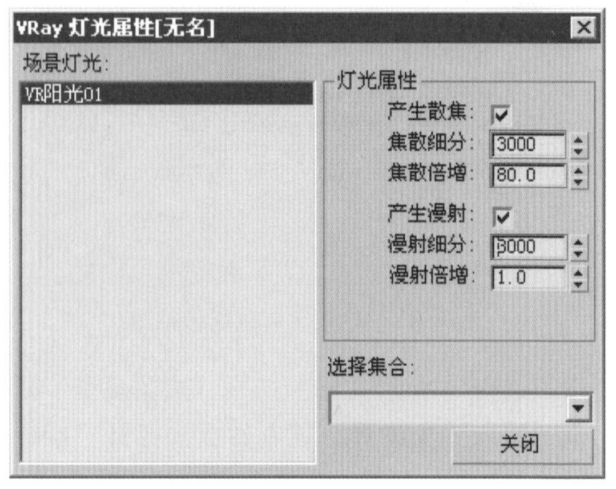

图6-34　设置“灯光属性”参数

35.按下键盘上的F10键，打开“渲染场景”控制面板，进入“渲染器”参数控制面板，打开“VR散焦”卷展栏，勾选“开”选项，并设置“倍增器”的值为3000，“最大光子”的值为50，如图6-35所示。

图 6—35　设置 VR 焦散参数

36.勾选“渲染后”选项组中的“自动保存”选项，然后单击“浏览”按钮，在弹出的“自动保存散焦光子贴图”对话框中的“文件名”处输入“散焦贴图”，然后单击“保存”按钮，如图 6—36 所示。

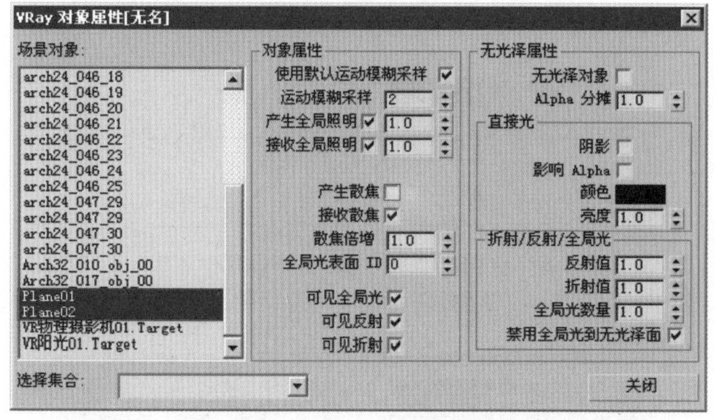

图 6—36　保存散焦贴图

37.打开“系统”卷展栏，单击“对象设置”按钮，在弹出的“VRay 对象属性”对话框中选择 Plane1 和 Plane2 两项，然后取消“产生散焦”选项，如图 6—37 所示。

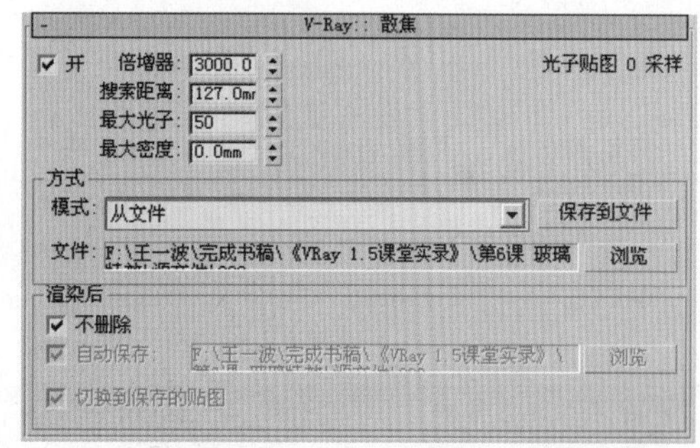

图 6—37　设置 VRay 对象属性参数

38.参数设置完毕后，现在进行散焦光子的计算，按下键盘上的 Shift + Q 键，光子贴图渲染结束后，打开“VR 散焦”卷展栏，设置“方式”选项组中的”模式“为”从文件“，然后打开刚才计算好的散焦贴图，并指定，如图 6—38 所示。

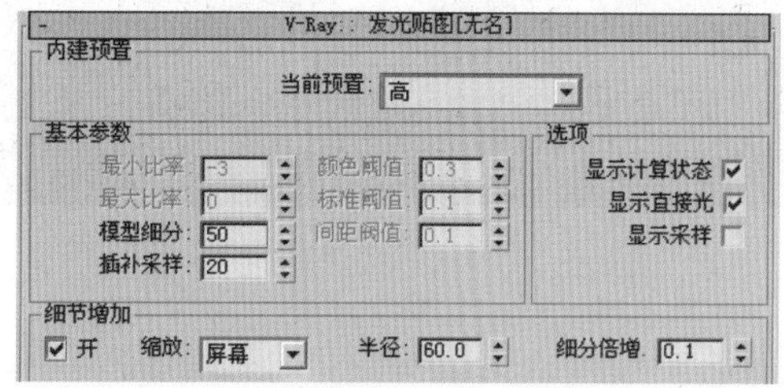

图 6—38　导出 VR 散焦光子图

39.打开“间接照明”卷展栏，勾选“开”选项，然后打开“发光贴图”卷展栏，设置“当前预置”为“高”，打开“散焦”卷展栏，将“方式”选项组中的“模式”设置为“从文件”，然后找到刚才保存好的光子贴图文件，并指定，如图 6—39 所示。

图 6—39　设置间接照明参数

40.所有的参数都设置完毕后，现在进行最后的渲染输出，耐心等待一段时间后，得到最终的散焦效果如图 6—40 所示。

图 6—40　最终散焦效果

6.2 拓展训练：用玻璃材质生成不同的散焦效果

本例中将练习用 VRay 渲染酒杯和红酒，其中主要学习玻璃和液体等材质的制作，本节中也用到了 VRay 散焦的效果，可以让读者朋友们加强对 VRay 散焦的认识和学习。

01. 首选打开光盘中的“拓展训练”场景文件，发现场景中有一瓶红酒和三个杯子，还有一架摄像机，如图 6−41 所示。

图 6−41　打开场景文件

02. 按下键盘上的 M 键，打开“材质编辑器”对话框，发现材质都已经指定好了，下面只要对材质进行编辑即可，首先找到以“红酒”命名的材质球，如图 6−42 所示。

图 6−42　选择红酒材质

03. 在选中“红酒”材质球的情况下，单击按钮，在弹出的“选择对象”对话框中单击“选择”按钮，这样就可以知道该材质所指定的模型，如图 6−43 所示。

图 6−43　选中红酒材质所对应的模型

04. 单击 Standard 按钮，弹出“材质／贴图浏览器”对话框然后选择 VRayMtl 材质类型，设置“漫射”RGB 颜色的值为 81、0、0，设置“反射”RGB 颜色的值为（255、255、255），如图 6−44 所示。

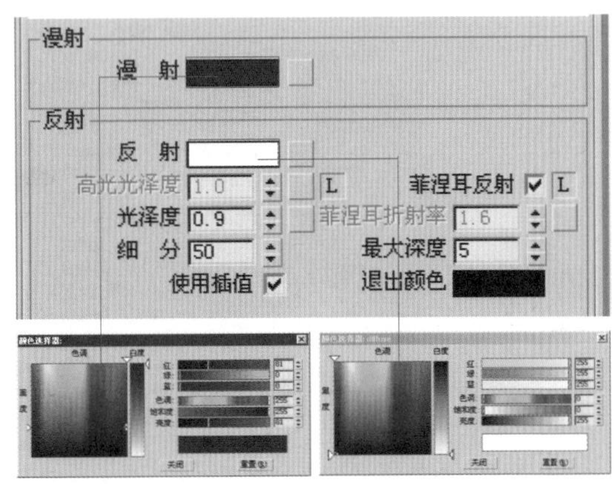

图 6−44　设置漫射和折射的颜色

05. 设置“光泽度”的值为 0.9，设置“细分”的值为 50，勾选“菲涅耳反射”选项（红酒材质光泽较小），如图 6－45 所示。

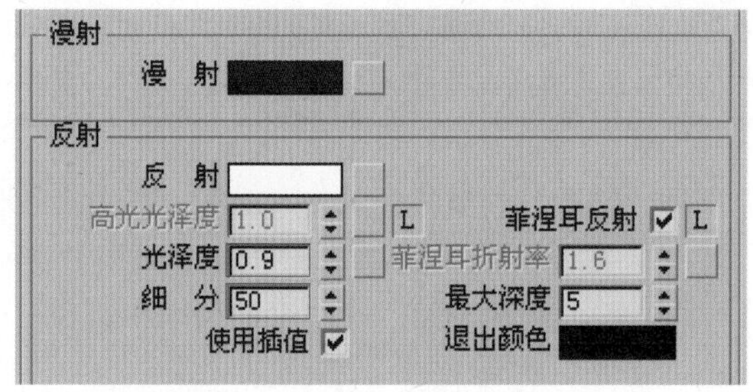

图 6－45　设置红酒材质参数

06. 设置“折射”RGB 颜色的值都为 141，设置“折射率”的值为 1.3，“光泽度”的值为 1.0，“细分”的值为 50，“烟雾颜色”RGB 的值为（128、0、0），并设置“烟雾倍增”的值为 0.005，勾选“影响阴影”选项，如图 6－46 所示。

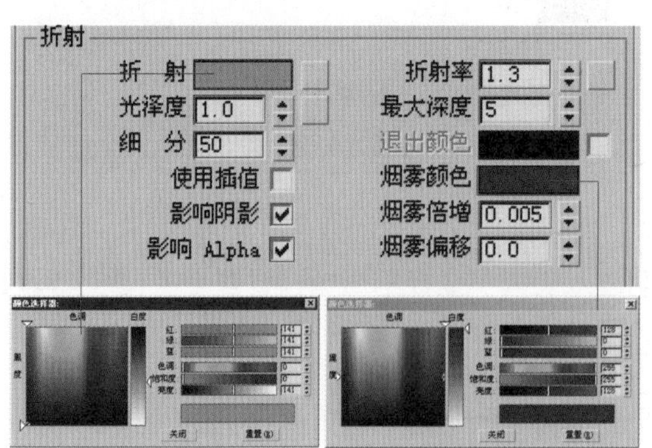

图 6－46　设置“折射”选项组参数

07. 在“材质编辑器”中找到以“酒杯”命名的材质球，然后将其转换为 VRayMtl 材质类型，并设置“漫射”RGB 颜色的值都为 242，设置“反射”RGB 颜色的值都为 255，设置“折射”RGB 颜色的值都为 242，如图 6－47 所示。

08. 为反射通道贴一张衰减贴图。设置“反射”选项组中“光泽度”的值为 0.98，“细分”的值为 3，设置“折射”选项组中的“细分”的值为 50，“折射率”的值为 1.58，“烟雾颜色”RGB 的值都为 230，并设置“烟雾倍增”的值为 0.0，如图 6－48 所示。

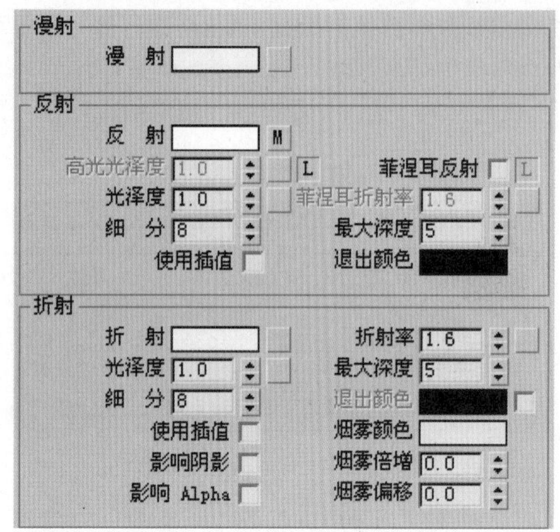

图 6－47　设置酒杯材质参数

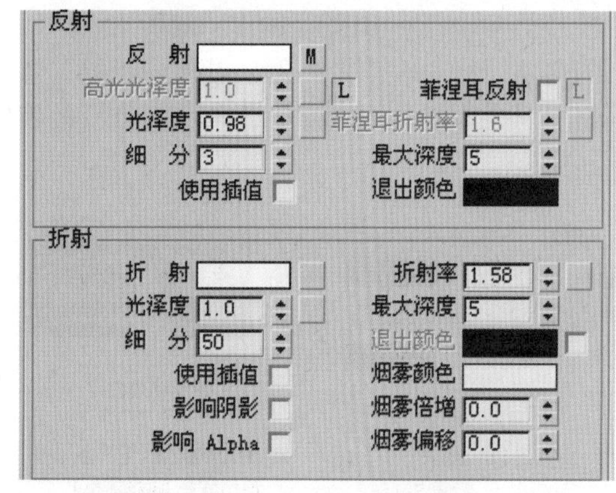

图 6－48　设置酒杯材质参数

09. 打开“贴图”卷展栏，单击“反射”右边的 None 按钮，弹出“材质／贴图浏览器”对话框，选择“3D 贴图”类型，然后选择“衰减”贴图，如图 6－49 所示。

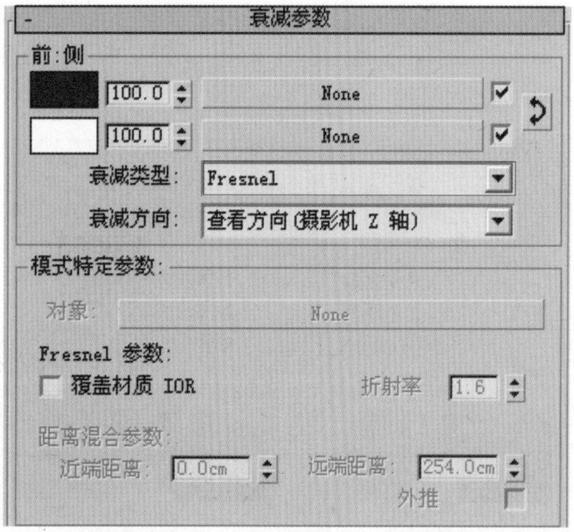

图 6－49　在反射中添加衰减贴图

10.进入衰减参数控制面板，设置“前：侧”RGB 颜色的值为（25、25、25），“衰减类型”为Fresnel，“衰减方向”为“查看方向（摄影机Z轴）”，如图6—50所示。

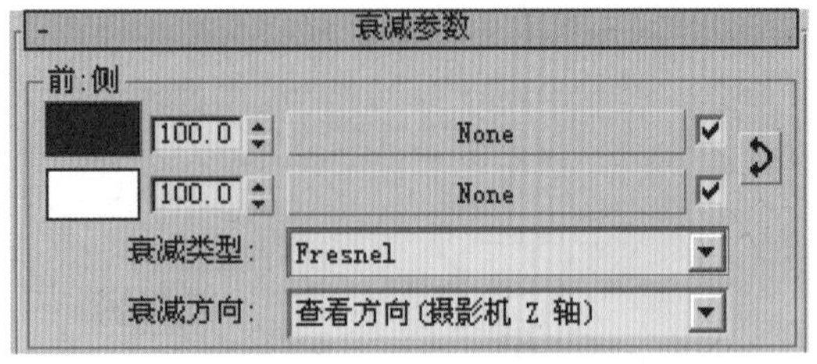

图6—50 设置衰减参数

11.在“材质编辑器”中找到以“瓶身”命名的材质球，然后找到该材质所指定的模型，将材质转换为VRayMtl类型，设置“漫射”RGB颜色的值为（1、0、13），然后设置“反射”选项组中“光泽度”的值为0.85，“细分”的值为6，如图6—51所示。

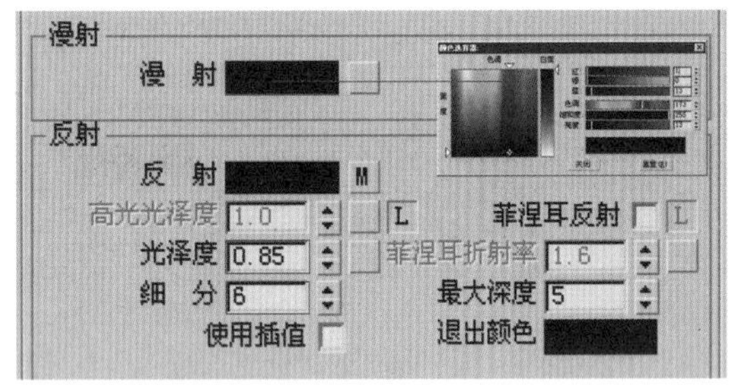

图6—51 设置瓶身材质参数

12.单击“折射”右边的颜色框，弹出“颜色选择器”对话框，设置其RGB颜色的值为（129、129、129），设置“烟雾颜色”RGB的值为（119、119、119），并设置“烟雾倍增”的值为0.0，“细分”的值为50。勾选“影响阴影”和“影响Alpha”两项，如图6—52所示。

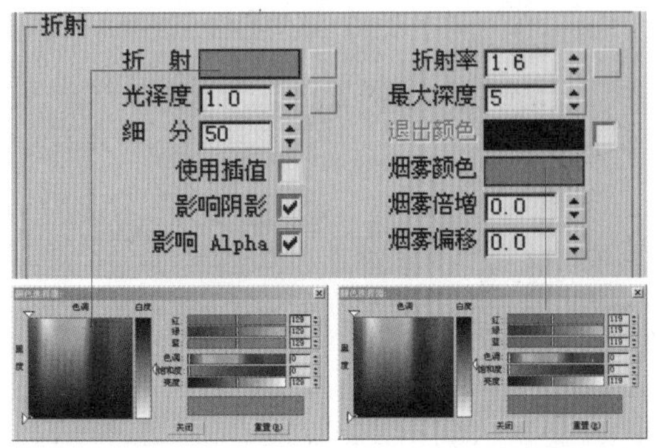

图6—52 设置“折射”选项组参数

技巧／提示

烟雾颜色是光线经过反射以后的最终颜色，此处设置比较深，在制作有色玻璃或者液体时最好用雾色，因为它有吸收光线的作用，玻璃或者液体的颜色会在不同厚度的地方产生深浅变化，效果将体现得更加真实。

13.打开“贴图”卷展栏，单击“反射”右边的None按钮，在弹出的“材质／贴图浏览器”中选择“3D贴图“类型，然后在右边的列表中选择”衰减“贴图，如图6—53所示。

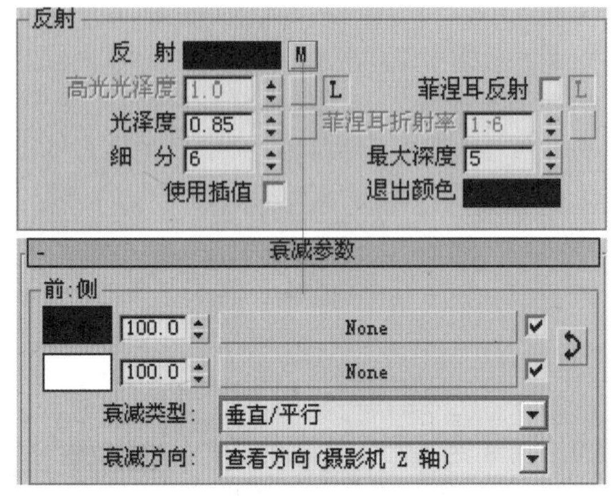

图6—53 在反射中添加衰减贴图

14.进入衰减参数控制面板，设置“前：侧”RGB 颜色的值为（12、12、12），设置“衰减类型”为“垂直／平行”，设置“衰减方向”为“查看方向（摄影机Z轴）”，如图6—54所示。

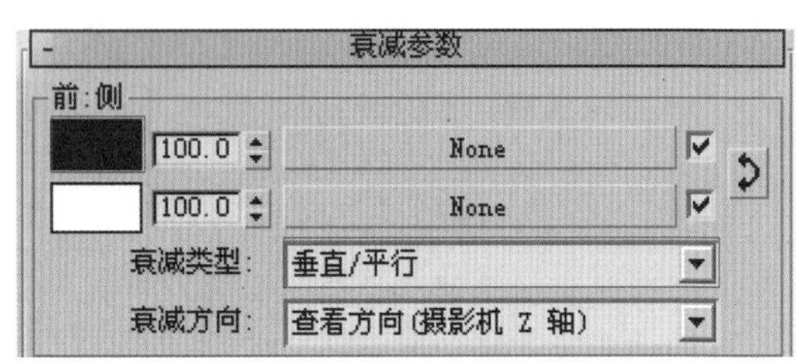

图6—54 设置衰减材质参数

15.现在来设置“瓶嘴”的材质在。“材质编辑器”中找到以“瓶嘴”命名的材质球，然后单击按钮，在弹出的“颜色选择器”对话框中单击“选择”按钮，再单击Standard按钮，弹出“材质／贴图浏览器”对话框，选择VRayMtl材质类型，并单击“确定”按钮，如图6—55所示。

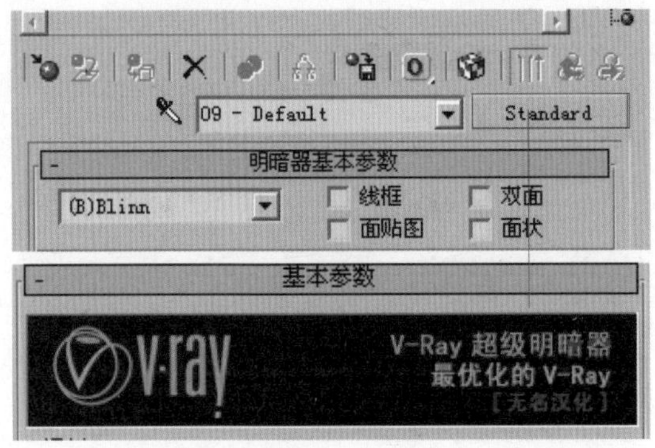

图 6—55　转换为 VRayMtl 材质

16.进入 VRayMtl 材质控制面板，设置“漫射”RGB 颜色的值为（74、75、78），“反射”的颜色为白色，设置“光泽度”的值为 0.8，“细分”的值为 50，勾选“菲涅耳反射”选项，勾选”使用插值”选项，如图 6—56 所示。

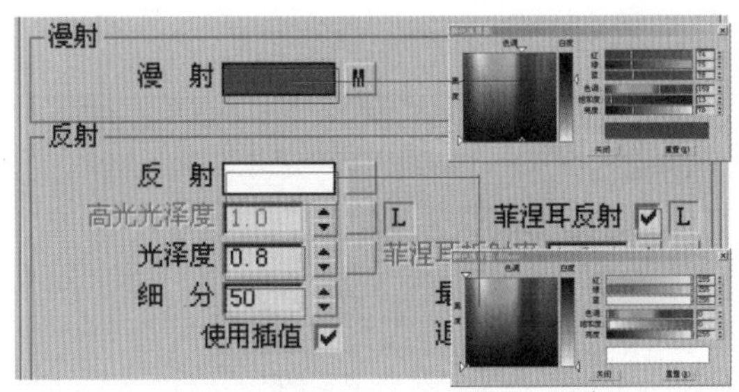

图 6—56　设置“反射”选项组参数

技巧／提示

在材质设置的过程中，经常会遇到“材质编辑器”里的“材质球”不够用的现象。解决的方法是将一个材质球拖动复制到另一个材质球上，重新命名进行新材质的编辑。但是这样会导致原来的材质在材质编辑器中不可见，用工具单击模型就会使对应模型 的材质球显示出来。

17.设置“折射”选项组中“细分”的值为 50，设置“折射率”的值为 2.0，打开“贴图”卷展栏，单击“漫射”右边的 None 按钮，在弹出的“材质／贴图浏览器”对话框中选择“衰减”贴图，如图 6—57 所示。

18.进入”衰减“材质参数控制面板，设置前面 RGB 颜色的值为（101、0、0）. 侧面 RGB 颜色的值为（159、0、0），设置“衰减类型”为“垂直／平行”类型，如图 6—58 所示。

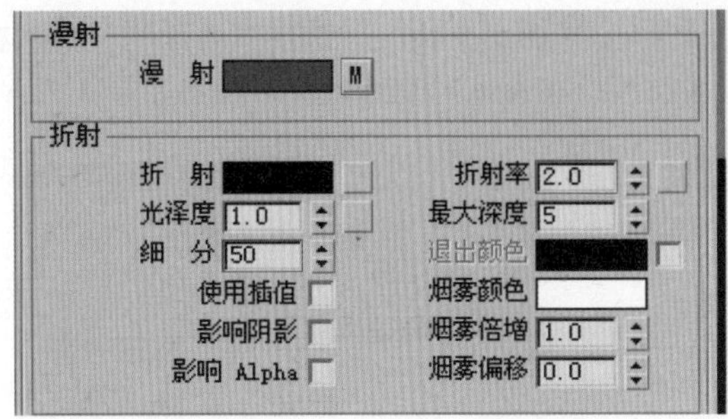

图 6—57　设置“折射”选项组参数

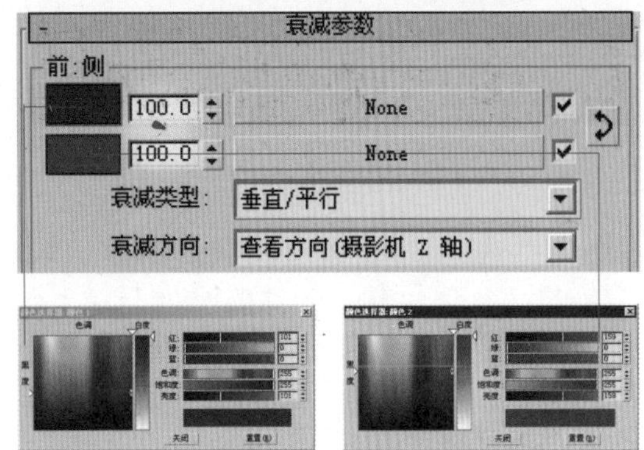

图 6—58　设置衰减材质参数

19.单击“凹凸”右边的 None 按钮，在弹出的“材质／贴图浏览器”对话框中选择“噪波”贴图，然后进入“噪波”参数控制面板，设置“噪波类型”为“规则”，设置“大小”的值为 5.0，然后返回到上一层，设置“凹凸”的值为 2.0，如图 6—59 所示。

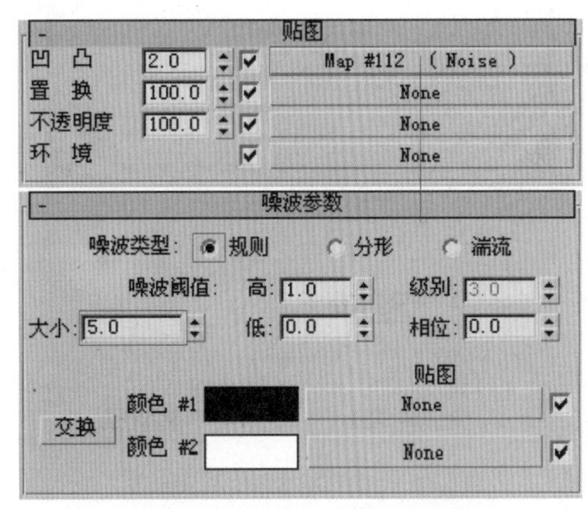

图 6—59　给凹凸中添加噪波贴图

20.现在来设置酒瓶商标的材质，在“材质浏览器”中找到以“商标”命名的材质球，单击按钮，在弹出的“选择对象”对话框中直接单击“选择”按钮，然后单击 Standard 按钮，在弹出的

“材质/贴图浏览器”对话框中选择VRayMtl材质类型，如图6-60所示。

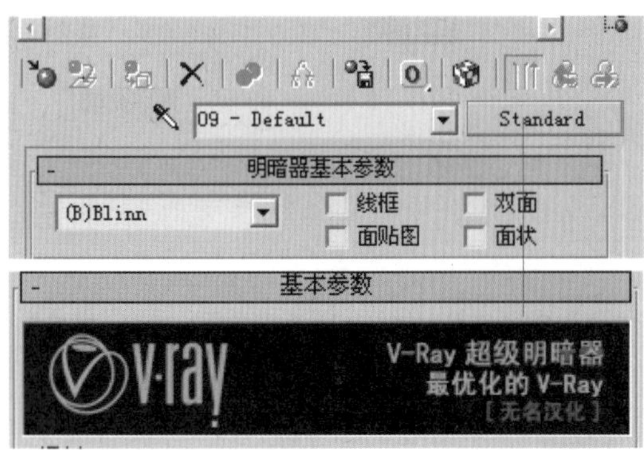

图6-60 转换为VRayMtl材质

21.进入VRayMtl材质参数控制面板，打开“贴图”卷展栏，单击“漫射”右边的None按钮，在弹出的“材质/贴图浏览器”对话框中选择“位图”贴图，然后找到光盘中的“商标”贴图文件，并将其指定，如图6-61所示。

图6-61 在漫射中添加位图贴图

22.单击“反射”右边的None按钮，弹出“材质/贴图浏览器”对话框，选择衰减贴图类型，然后返回到上一层，设置“反射”选项组中“光泽度”的值为0.6，如图6-62所示。

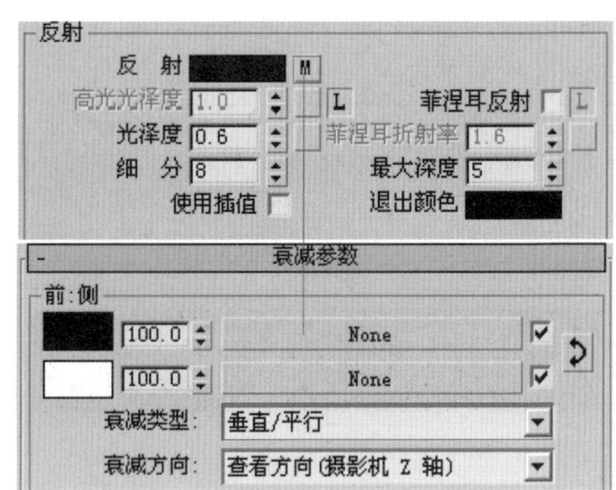

图6-62 设置反射选项组参数

23.选择一个空白的材质球，然后单击按钮，在弹出的“材质/贴图浏览器”对话框中选择VRayHDRI材质类型，单击“浏览”按钮，找到光盘中的“客厅HDRI”贴图文件，并指定，如图6-63所示。

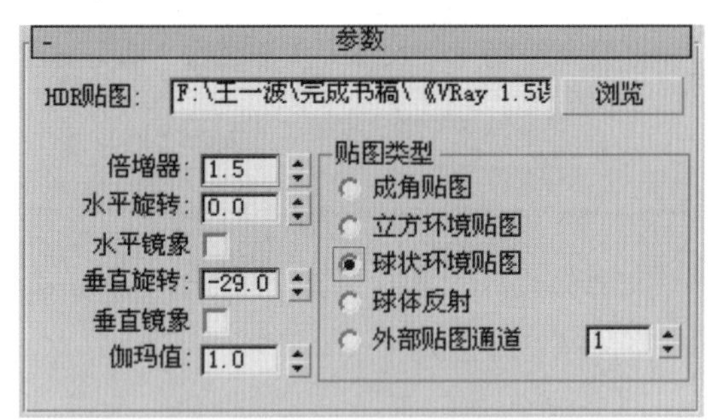

图6-63 添加HDRI贴图文件

24.按下键盘上的8键，弹出“环境和效果”控制面板，然后将VRayHDRI材质拖曳到环境贴图通道中，在弹出的“实例（副本）贴图”对话框中选择“实例”方式，如图6-64所示。

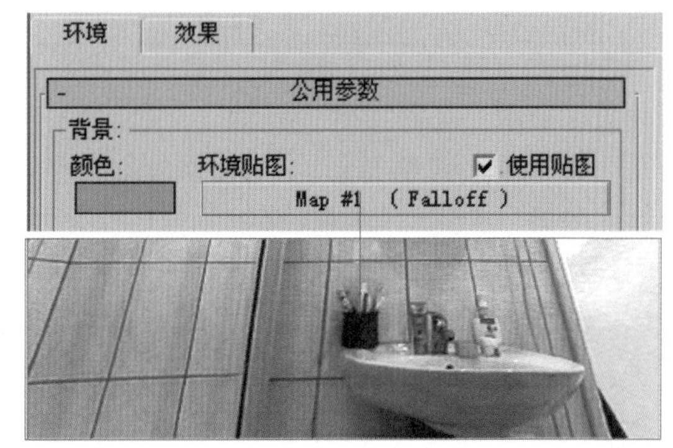

图6-64 将HDRI贴图托拽到环境面板

25. 进入“渲染器”控制面板，打开“环境”卷展栏，然后将刚才的 HDRI 材质拖曳到全局光和反射／折射贴图通道中，在弹出的”实例（副本）贴图“对话框中选择”实例“方式，如图 6—65 所示。

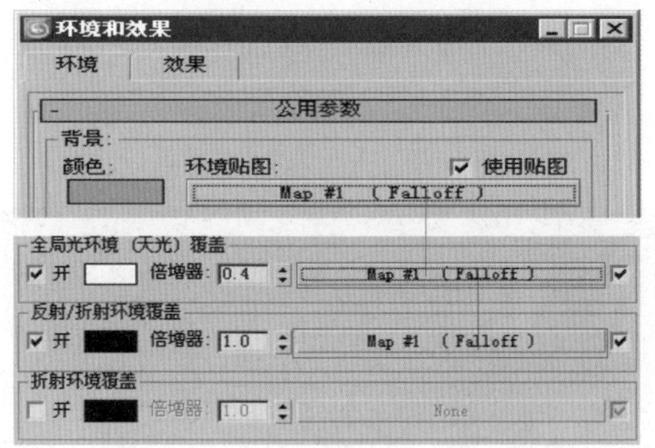

图 6—65　将 HDRI 贴图拖曳到全局光环境贴图中

26. 现在给场景创建灯光，进入灯光创建面板，单击“VR 灯光”，然后在前视图中创建一盏“VR 灯光”，并移动到合适的位置，在选中“VR 灯光”的情况下进入“修改”命令面板，设置“类型”为“平面”，“倍增器”的值为 5，如图 6—66 所示。

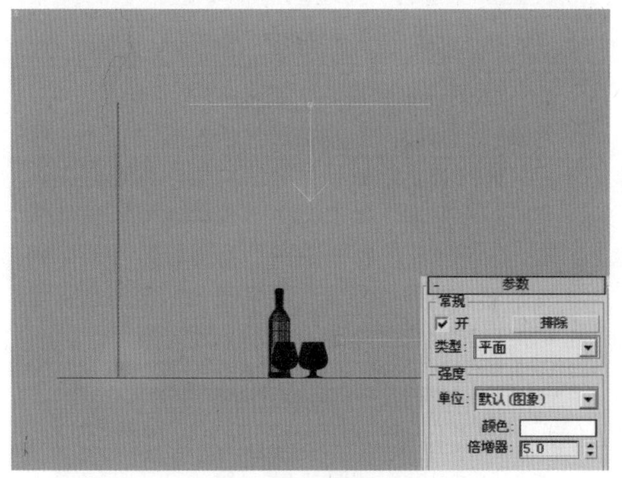

图 6—66　创建灯光

27. 选中“目标聚光灯”然后右击，弹出“四元菜单”选择 V-Ray properties 选项，在弹出的“灯光属性”对话框中，设置“焦散细分”的值为 3000，“焦散倍增”的值为 2.0，“漫射细分”的值为 1500，如图 6—67 所示。

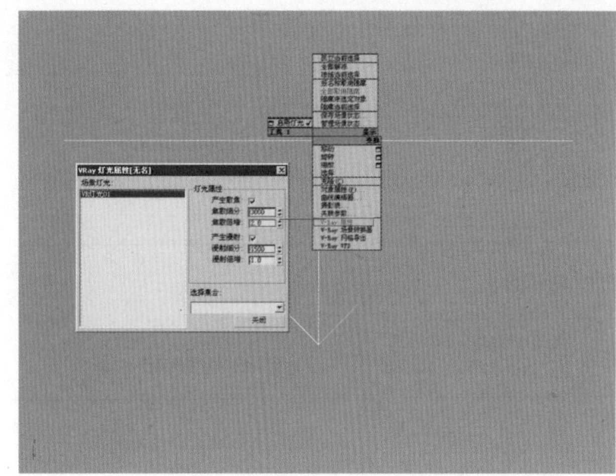

图 6—67　设置灯光属性参数

28. 框选中杯子模型，同样右击选择 V-Ray properties 选项，在弹出的“对象属性”对话框中勾选“产生散焦”和“接收散焦”两项，如图 6—68 所示。

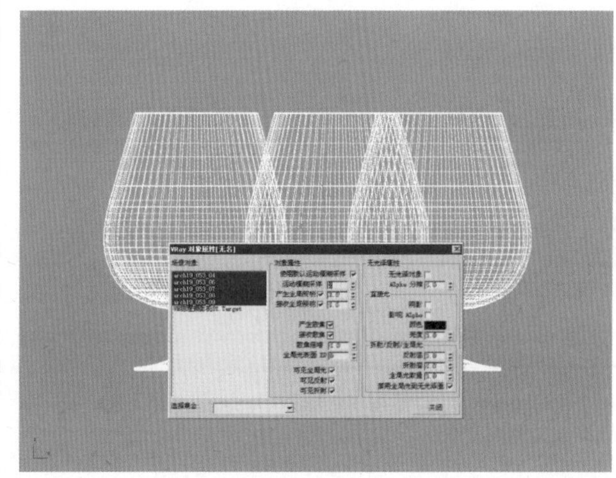

图 6—68　设置杯子属性参数

29. 按下键盘上的 F10 键，进入“渲染器”参数控制面板，打开“全局开关”卷展栏，取消“默认灯光”选项，勾选“不渲染最终的图像”选项。打开“图像采样器（反锯齿）”卷展栏，设置“图像采样器”的类型为“自适应细分”，“抗锯齿过滤器”为 Catmull—Rom 模式，如图 6—69 所示。

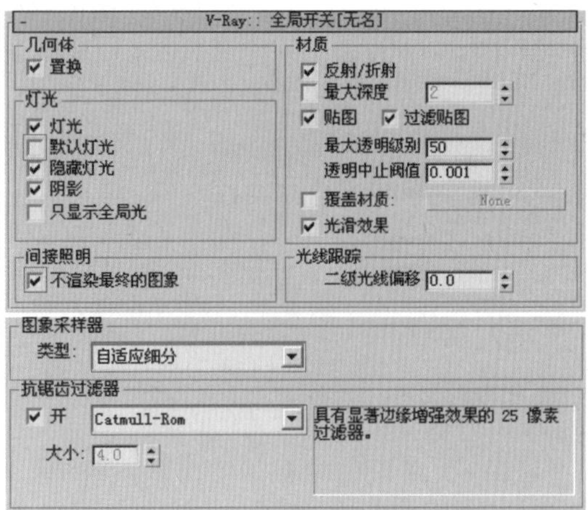

图 6-69 设置图像采样器参数

30.打开“间接照明”卷展栏，勾选“开”选项，设置“二次反弹”的“倍增器”值为0.5。打开“发光贴图”卷展栏，设置“当前预置”的模式为“低”，勾选“渲染后”选项组中的“自动保存”选项，然后单击“浏览”按钮，输入文件名“光子贴图”，单击“确定”按钮，如图6-70所示。

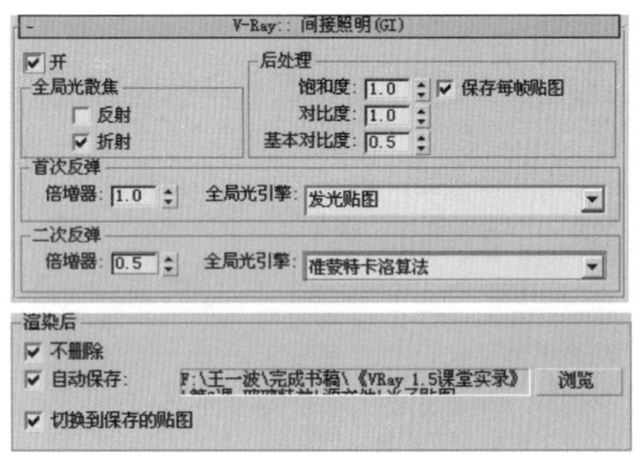

图 6-70 设置间接照明参数

31.打开“散焦”卷展栏，勾选“开”选项，设置“倍增器”的值为2.0，设置“最大光子”的值为20，然后在弹出对话框的“文件名”处输入“散焦光子”，并单击“确定”按钮，这样散焦光子贴图就保存完毕了，如图6-71所示。

32.按下键盘上的Shift+Q键，计算渲染光子贴图，因为上面勾选了“不渲染最终的图像”选项，所以渲染的时候只计算渲染光子贴图，速度是很快的，如图6-72所示。

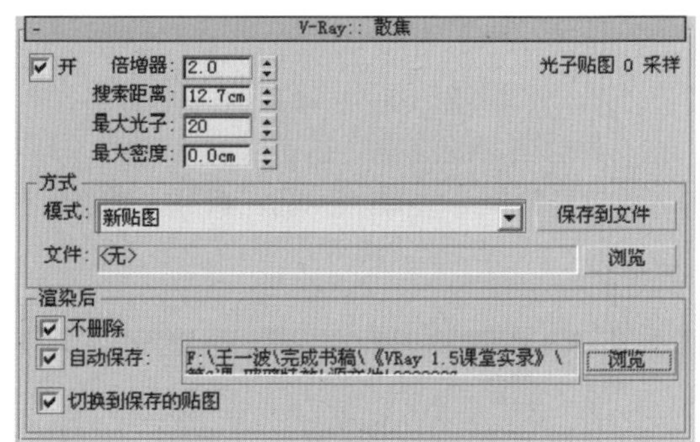

图 6-71 保存散焦光子贴图

图 6-72 计算散焦光子

33.光子贴图计算完毕后，现在打开“全局开关”卷展栏，取消“不渲染最终的图像”选项，然后打开“自适应细分图像采样器”卷展栏，设置“最小比率”的值为0，“最大比率”的值为3。继续打开“发光贴图”卷展栏，将刚才的光子贴图打开并指定。散焦光子贴图也是用同样的办法打开并指定，如图6-73所示。

图 6-73 最后的参数设置

34. 然后按下键盘上的 Shift+Q 键，进行最后的渲染输出。耐心等待一段时间后，得到的散焦效果如图 6-74 所示。

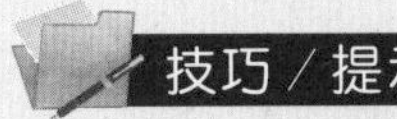

技巧／提示

通常在进行散焦渲染的时候，都是先将散焦光子贴图保存，然后进行低质量的计算，这样可以提高光子的计算速度。在制作的过程中可以先计算画面的光子，然后计算散焦的光子，也可以两种光子同时进行计算，这两种方法所得到的最后效果是一样的。

图 6-74　最终散焦效果

6.3 课后练习

一、单项选择题

（1）物体的反射强度和光线的入射角度的关系是（　　　　）。

A．入射角越大，反射就越弱

B．入射角越小，反射就越弱

C．入射角越大，反射就越强

D．没有关系

（2）将 HDRI 贴图关联复制给“全局光环境（天光）”贴图通道，目的是为了使“全局光环境”对玻璃模型产生（　　　　）。

A．反射影响

B．折射影响

C．照明影响

D．三者都有

二、简述题

（1）简要叙述制作 VRay 焦散效果的方法和步骤。

（2）对比 VRay 玻璃材质的设置和 MAX 默认玻璃材质的设置，简要叙述它们之间的差别。

三、问答题

在材质制作的过程中为什么经常在反射通道中贴一张衰减方式为 Fresnel 的衰减贴图？

四、实例制作

（1）在配套光盘中提供了一个简单的模型。将模型设置为玻璃材质，并对其进行散焦的设置。参考效果如图 6-75 所示。

（2）自己动手制作一个玻璃器皿，并将玻璃器皿设置磨砂玻璃的材质。

图 6-75　玻璃材质最终效果

第 07 课

金属特效

本课讲解如何利用VRay材质类型来模拟金属真实的反射效果，并利用VRay本身的焦散功能制作出金属的焦散效果，将用到VRay"散焦"卷展栏中的参数来对其进行设置和调整，最终得到满意的金属焦散效果。

7.1 实例应用

7.1.1 金属焦散

本节重点介绍VRay金属材质的焦散效果。金属的焦散效果和玻璃的焦散效果很相似，但是又有不同的地方，通过本例的学习学会区分金属焦散和玻璃焦散的不同效果，理解透明物体和不透明物体焦散的区别。本节中将利用VRay的VRayMtl材质类型来模拟金属真实的反射效果，并且利用VRay本身的焦散功能制作出金属的焦散效果，将用到VRay“焦散”卷展栏中的参数来对其进行设置和调整，最终得到满意的金属焦散效果，焦散的效果和灯光是不可分开的。

01. 首先打开光盘中的“金属焦散”场景文件，发现场景中有一组“烛台”的模型，还有一架摄像机，场景非常简单。效果如图7－1所示。

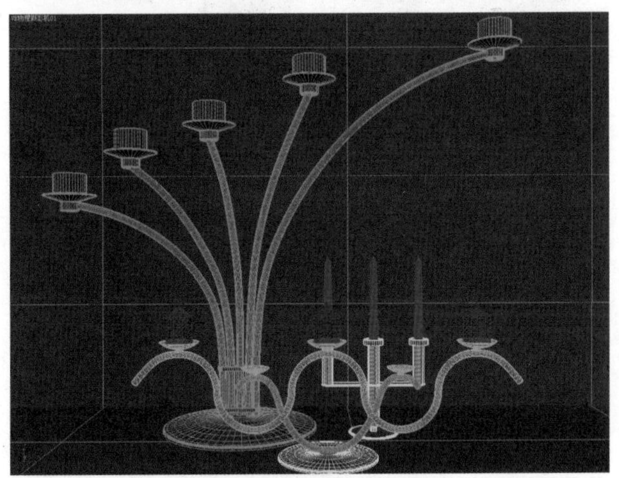

图 7－1　打开场景文件

02. 进入前视图，选中视图中的“烛台”模型，然后按下键盘上的F10键，弹出“渲染场景”面板，点击“渲染器”选项，进入“VRay渲染器”控制面板，打开“系统”卷展栏，单击“其他选项”选项组中的“对象设置”按钮，如图7－2所示。

03. 单击“对象属性”按钮，选择场景中除去“蜡烛”、“墙面”和“地面”部分的模型，弹出”VRay对象属性“对话框，勾选“产生散焦”和“接收散焦”两项，让其产生焦散，如图7－3所示。

04. 同样选中地面物体进入它的对象属性面板，取消“产生散焦”选项，这样“蜡烛”、“墙面”和“地面”只接收焦散效果，而不会产生焦散的效果，如图7－4所示。

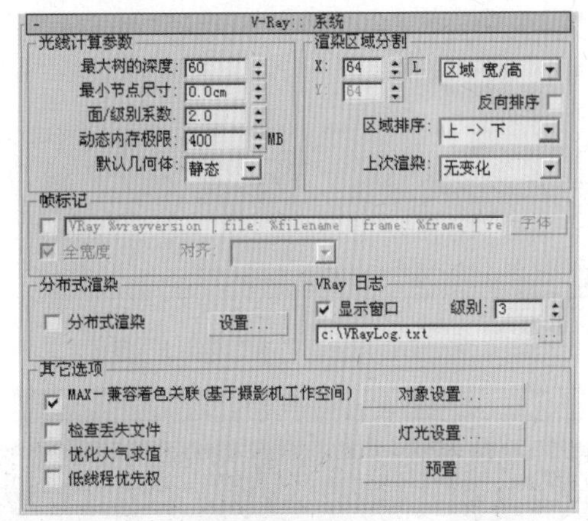

图 7－2　打开“系统”卷展栏

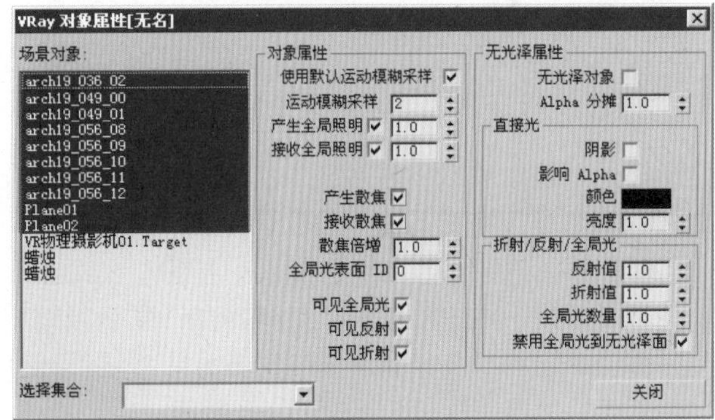

图 7－3　设置对象属性参数

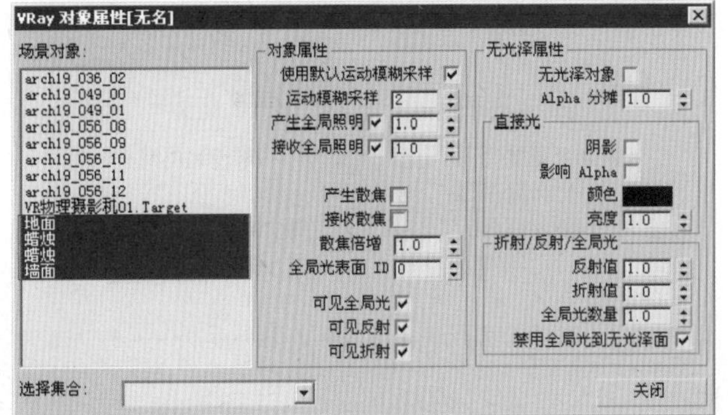

图 7－4　设置其他对象属性参数

技巧／提示

一般在制作焦散效果的时候，场景中必须有三种物体存在，一是产生焦散的物体对象，二是接收焦散的物体对象，三是产生焦散的灯光。这三种物体缺一不可，否则对象物体将不会产生焦散的效果。

05.按下键盘上的M键，弹出“材质编辑器”对话框，选择一个空白的材质球，并将其指定给小号模型，同时单击Standard按钮，在弹出的“材质／贴图浏览器”中选择VRayMtl材质类型，如图7-5所示。

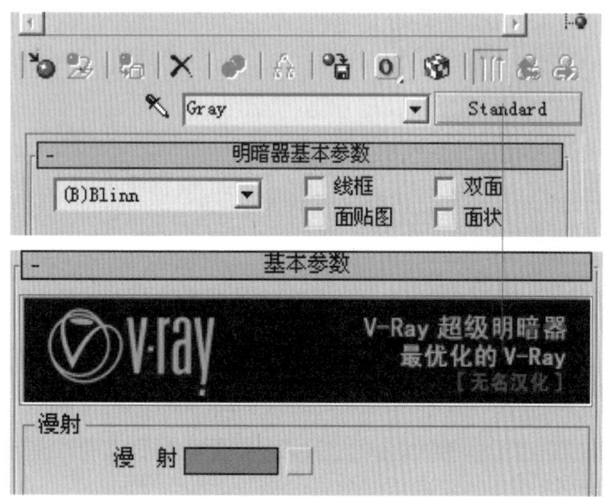

图 7-5　转换成VRay类型材质

06.打开“基本参数”卷展栏，单击“漫射”右边的颜色框，在弹出的“颜色选择器”中设置其RGB颜色的数值为（100、100、100）。然后单击“反射”右边的按钮，给其添加一张衰减贴图，并设置“高光光泽度”的值为0.85，“光泽度”的值为0.95，如图7-6所示。

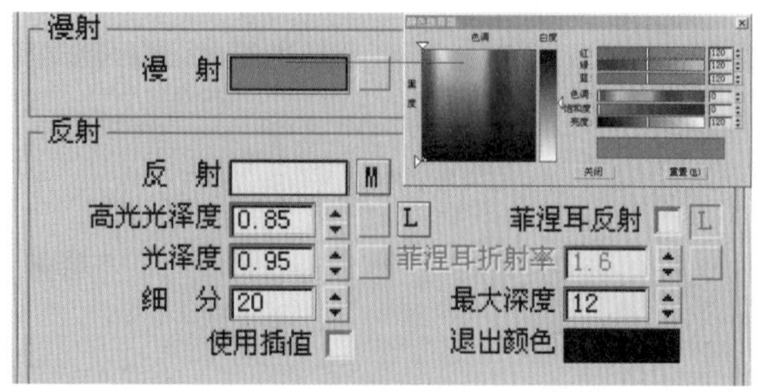

图 7-6　设置漫射和反射的参数

07.进入衰减贴图控制面板，设置前面颜色的RGB值为（210、210、210），侧面颜色RGB的值为（240、240、240），设置衰减类型为Fresnel类型，其他的参数为默认，如图7-7所示。

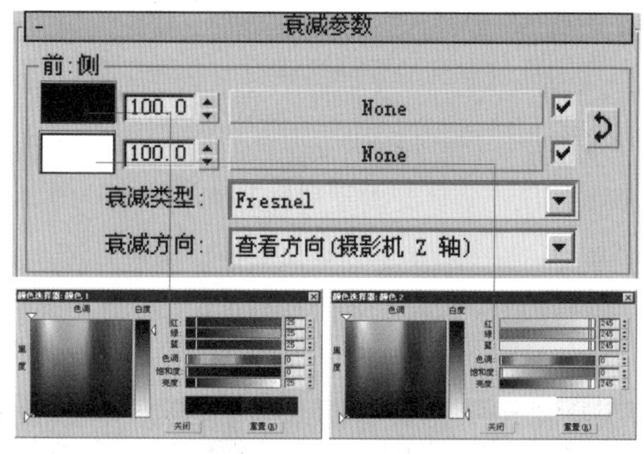

图 7-7　设置衰减贴图参数

08.进入视图选中“地面”和“墙面”模型，然后按下键盘上的M键，弹出“材质编辑器”对话框，选择一个空白的材质球，并将其指定给地面，再单击Standard按钮，弹出“材质／贴图浏览器”窗口，选择VRayMtl材质类型，如图7-8所示。

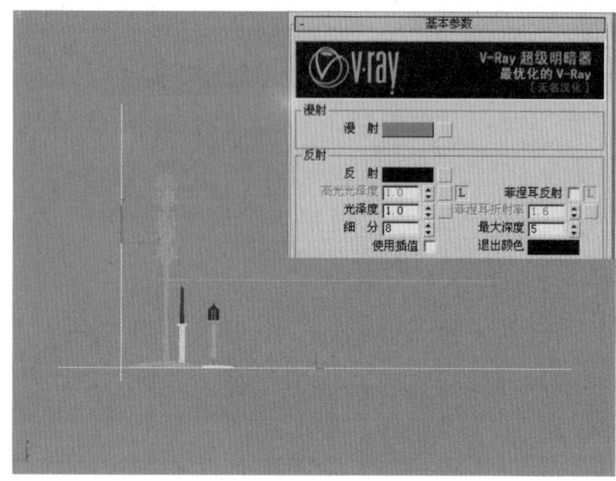

图 7-8　转换为VRayMtl贴图类型

09.打开“基本参数”卷展栏，为“漫射”设置一个浅灰色，设置“反射”的颜色为（R:145，G:145，B:145），让模型产生较小的反射，如图7-9所示。

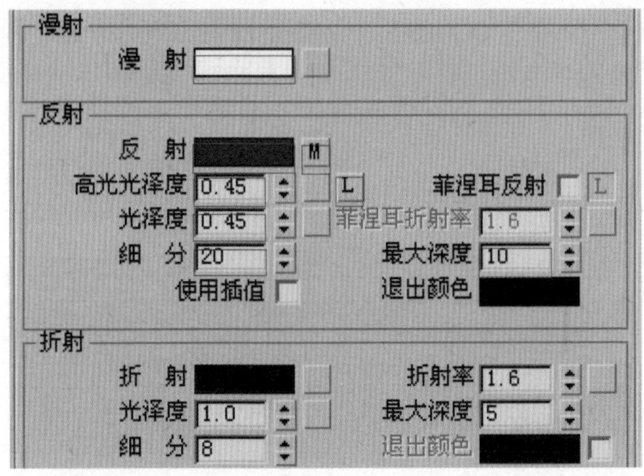

图 7–9　设置“漫射”和“反射”颜色

技巧 / 提示

制作金属等“反射”强烈的模型效果时，一定要注意增加模型的转折面。具体说就是对模型面与面的相交处要进行圆角操作。一般情况下细长的圆柱体的金属质感是最好表现的。

10. 在凹凸通道中，双击“位图”贴图，弹出“选择位图贴图文件”对话框，找到光盘中配套的“凹凸”贴图文件，并将其指定，如图 7–10 所示。场景中的材质已经都制作指定完毕了，下面来给场景添加照明系统。

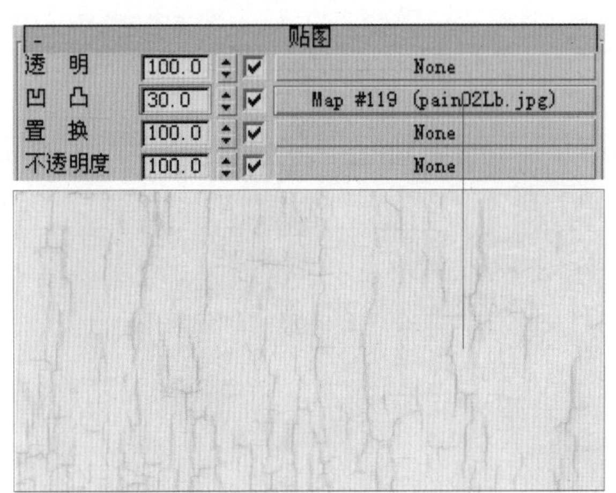

图 7–10　指定贴图文件

11. 进入灯光创建面板，单击“VR 阳光”按钮，在左视图中沿摄像机旁边创建一盏目标平行灯光，然后进入前视图和顶视图将它的灯光位置移动到摄像机的旁边，如图 7–11 所示。

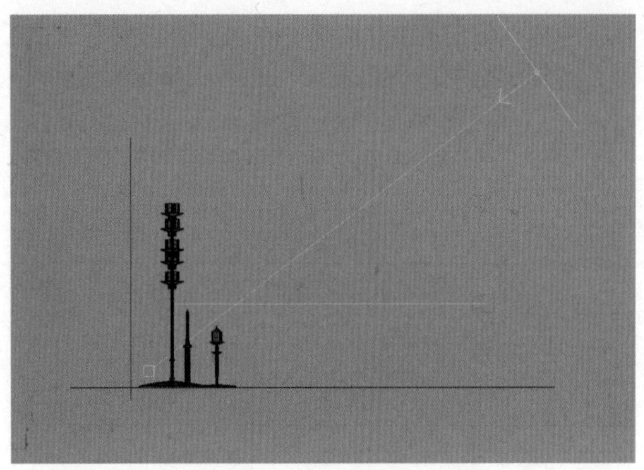

图 7–11　创建目标平行灯

12. 在确认选中“VR 阳光”的情况下进入“修改”面板，打开“VR 阳光参数”卷展栏，设置“浊度”值为 2.0，“强度倍增器”值为 0.05，“大小倍增器”值为 3.0，“阴影细分”值为 25，如图 7–12 所示。

VR阳光参数
激活
不可见
浊度 2.0
臭氧 0.35
强度倍增器 0.05
大小倍增器 3.0
阴影细分 25
阴影偏移 0.508
光子发射半径 127.0
排除...

图 7–12　设置“VR 阳光”参数

13. 打开“材质编辑器”，选择一个新的材质球，将它命名为“灯光”材质。将材质的类型转换成“VR“材质，为漫射贴图通道贴一张“VR 天光”材质，如图 7–13 所示。

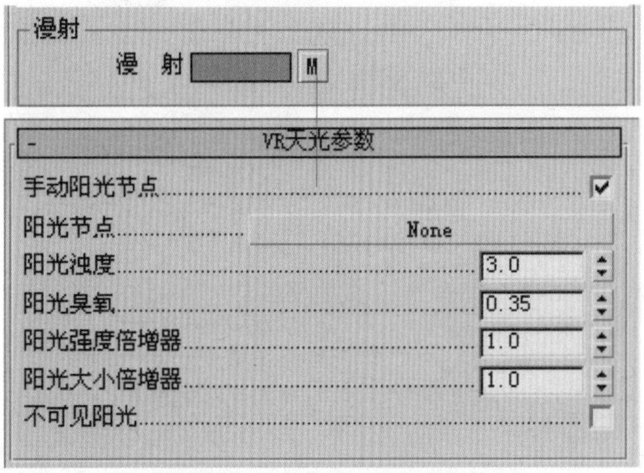

漫射
漫　射 M
VR天光参数
手动阳光节点
阳光节点 None
阳光浊度 3.0
阳光臭氧 0.35
阳光强度倍增器 1.0
阳光大小倍增器 1.0
不可见阳光

图 7–13　设置“VR 天光”材质

14. 单击“阳光节点”后面的 None 按钮，然后选择视图中的“VR 阳光”，设置“阳光浊度”为2，“阳光强度倍增器”的值为0.05，“阳光大小倍增器”的值为1.0，如图7－14所示。

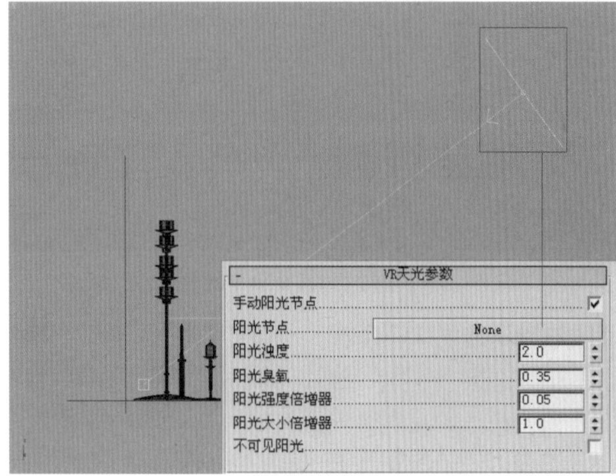

图7－14 设置目标聚光灯的范围

15. 下面来设置一下场景中“蜡烛”的材质。为“漫射”设置一个红色，设置“反射”颜色的RGB值都为25，“折射”颜色的RGB值都为75，“烟雾倍增”颜色的RGB值为（R：241，G：217，B：198），“烟雾倍增”为60，设置“半透明”的类型为“硬模型”，“灯光倍增”为50.0，如图7－15所示。

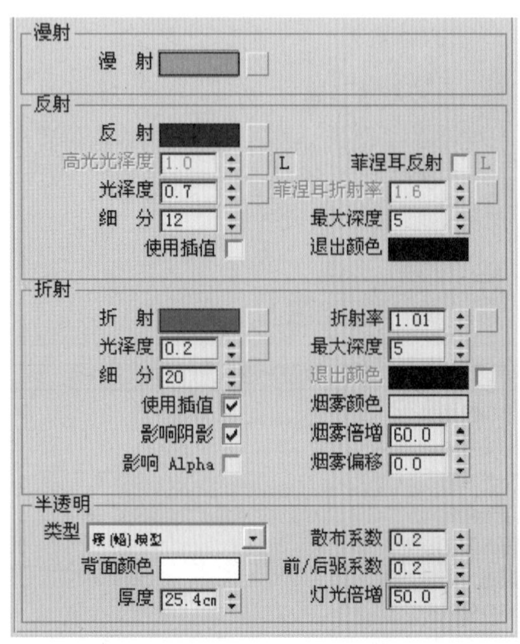

图7－15 设置VRay阴影参数

16. 下面来设置环境反射。按下键盘上的F10键，弹出“渲染场景”对话框，单击“渲染器”选项，进入“VRay渲染器”控制面板，然后打开“环境”卷展栏，勾选“开”选项，单击None按钮，弹出“材质/贴图浏览器”对话框选择VRayHDRI贴图，如图7－16所示。

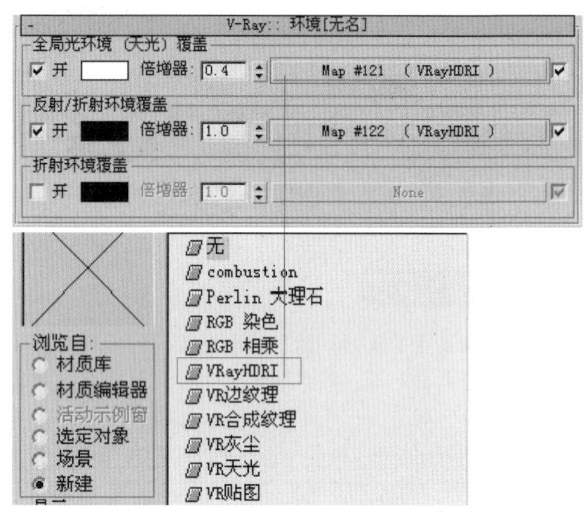

图7－16 添加VRayHDRI贴图

17. 打开“材质编辑器”，然后将环境的VRayHDRI贴图文件以实例的方式拖曳到一个空白的材质球上，打开“参数”卷展栏，单击“HDR贴图”右边的“浏览”按钮，弹出“选择HDR图像”对话框，然后找到光盘中的“环境贴图”HDR图像文件，并将其指定，如图7－17所示。

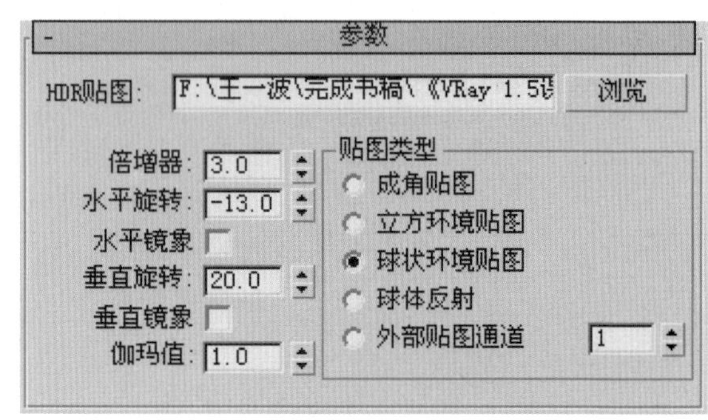

图7－17 添加HDR图像文件

18. 现在设置HDR图像的参数。设置“倍增器”的值为3.0，然后设置“贴图类型”选项组中的类型为“球状环境贴图”，选择球状环境贴图类型将会正确显示环境的图像，如图7－18所示。

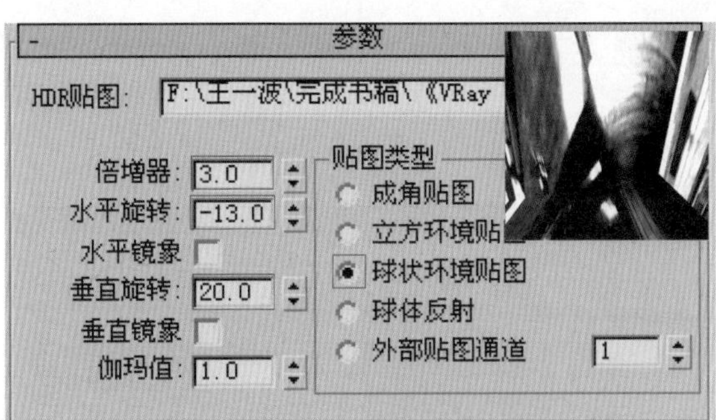

图 7-18　设置 HDR 图像参数

19. 按下键盘上的 8 键，弹出“环境和效果”对话框，然后将“材质编辑器”中的 VRayHDRI 图像文件拖曳到“环境贴图”中，在弹出的“实例（副本）贴图”对话框中选择“实例”方式，如图 7-19 所示。

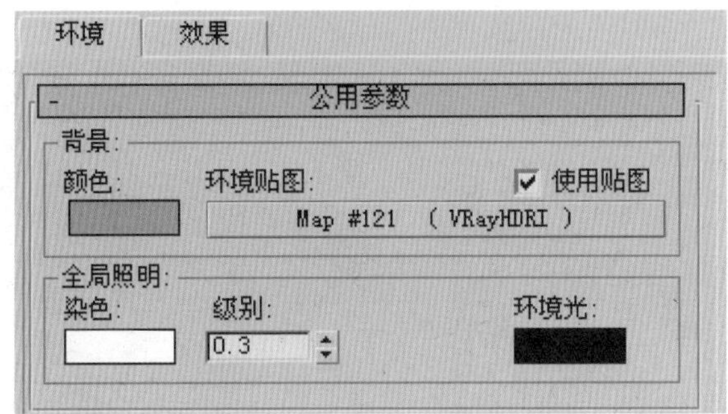

图 7-19　给背景添加 HDRI 图像文件

20. 材质和灯光还有环境都已经设置完毕了，现在渲染看一下大概的效果，效果如图 7-20 所示。观察上图发现画面中没有任何的焦散效果。

图 7-20　大概效果

技巧／提示

倍增值和旋转角度是经过反复测试，最后决定下来的，所以每个场景的数值都不一样，读者朋友们可以根据自己场景的情况，来测试最合适的参数。

21. 现在来设置 VRay 焦散的参数，打开“VRay 渲染器”控制面板，打开“散焦”卷展栏，勾选“开”选项，将 VRay 焦散功能开启，其它的参数都为默认，然后进行渲染，效果如图 7-21 所示。

图 7-21　散焦效果

22. 观察上面的画面，发现散焦的效果不明显，这是因为场景中“墙面”和“地面”的材质过亮。将它的材质的“漫射”颜色调暗，增加它的反射，同时调高焦散的倍增值。再次进行渲染，得到的效果如图 7-22 所示。

图 7-22　最终散焦效果

23.打开“图像采样（反锯齿）”卷展栏，设置“图像采样器”的类型为“固定”，“抗锯齿过滤器”的模式为“区域”，如图7－23所示。

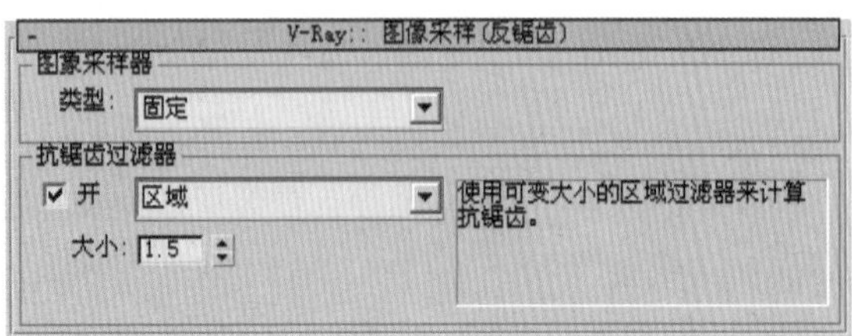

图7—23 设置图像采样器的参数

24.打开“全局开关”卷展栏，取消“默认灯光”选项，这样可以节省很多系统资源，有效地加快渲染速度，如图7－24所示。

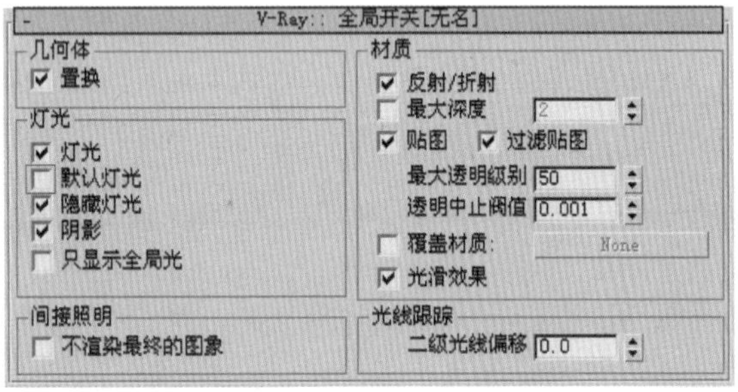

图7—24 关闭默认灯光选项

25.打开“间接照明”卷展栏，勾选“开”选项，将间接照明功能启用，并设置“首次反弹”的“全局光引擎”为“发光贴图”，“二次反弹”的“全局光引擎”为“准蒙特卡洛算法”，设置其“倍增器”的值为0.6，如图7－25所示。

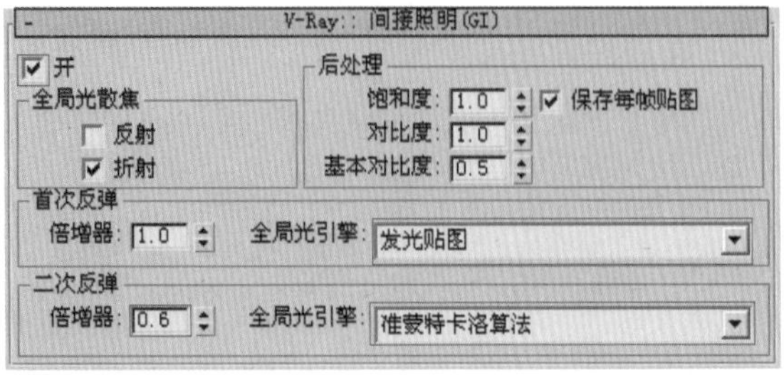

图7—25 设置间接照明参数

26.打开“发光贴图”卷展栏，设置“当前预置”的模式为“低”，并调整“模型细分”的值为50，勾选“显示计算状态”和“显示直接光”两个选项，然后勾选“渲染后”选项组中的“自动保存”选项，并单击“浏览”按钮，弹出“自动保存发光贴图”对话框，在“文件名”一栏中输入“发光贴图”字样，然后单击“保存”按钮，如图7－26所示。

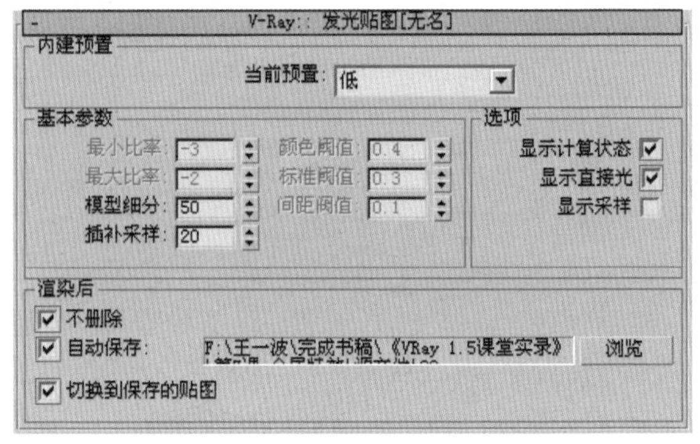

图7—26 设置发光贴图参数

27.对光子图进行渲染，效果如图7－27所示。

图7—27 光子图渲染效果

28.观察上面的画面，发现焦散的效果还是很弱。下面打开“焦散”卷展栏，设置“倍增器”的值为4，“搜索距离”的值为15，这样可以有效加强焦散的强度，同时也提高了焦散的质量，如图7－28所示。

29.设置保存焦散的光子贴图。设置“方式”选项组中的“模式”为“新贴图”，然后勾选“渲染后”选项组中的“自动保存”选项，单击“浏览”按钮，弹出“自动保存焦散光子贴图”对话框，在“文件名”处输入“焦散光子”字样，点击“确定”按钮，如图7－29所示。

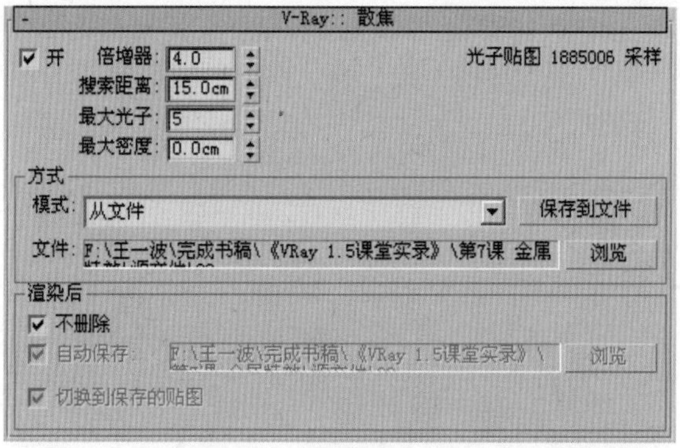

图 7-28 设置焦散的参数

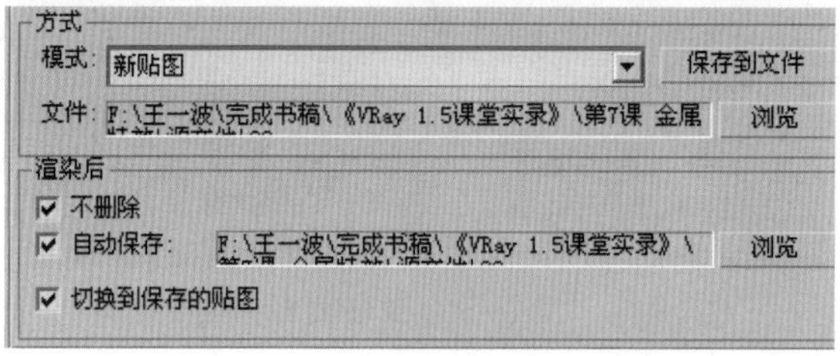

图 7-29 保存焦散光子贴图

30.单击“渲染”按钮，进行渲染输出。因为现在计算的是光子贴图，不需要最后的效果，对画面的质量要求也非常低，所以打开“全局开关”卷展栏，勾选“间接照明”选项组中的“不渲染最终的图像”选项，这样 VRay 将只对画面进行光子计算，速度会提高很多，如图 7-30 所示。

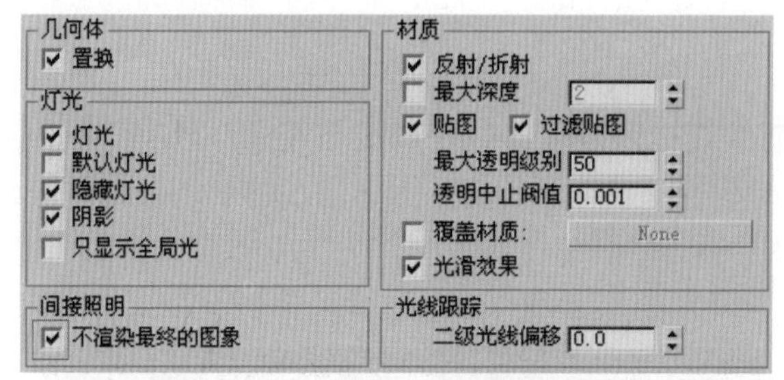

图 7-30 勾选“不渲染最终的图像”选项

31.打开“发光贴图”卷展栏，设置“当前预置”的模式为“高”，然后设置“模型细分”的值为 70。这样光子贴图将以高质量进行计算，如图 7-31 所示。

32.现在来进行最后的渲染输出。打开“图像采样（反锯齿）”卷展栏，设置“图像采样器”的类型为“自适应细分”，“抗锯齿过滤器”的类型为 Catmull-Rom 类型，如图 7-32 所示。

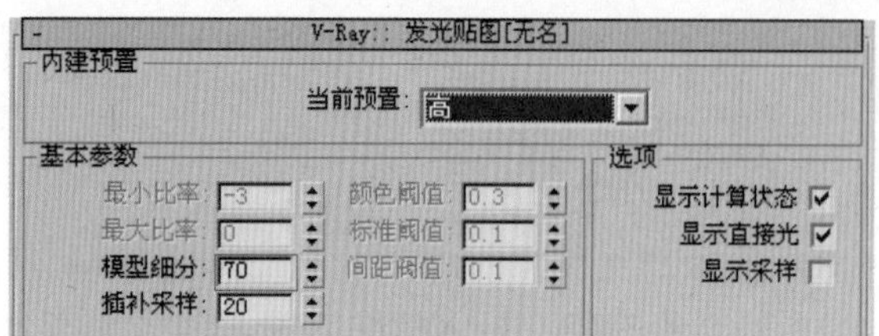

图 7-31 设置发光贴图质量

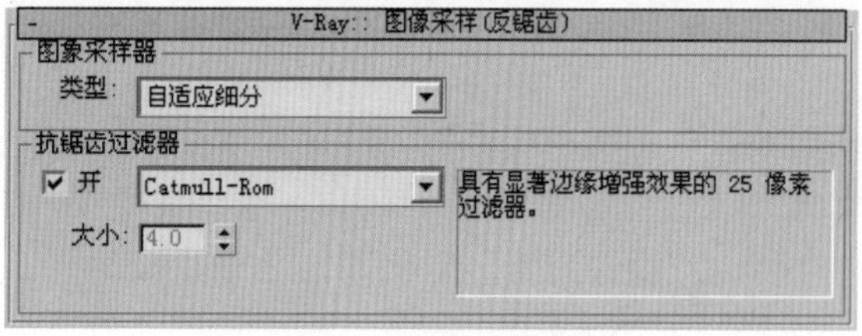

图 7-32 设置图像采样参数

33.打开“全局开关”卷展栏，取消“间接照明”选项组中的“不渲染最终的图像”选项，这样图像将进行最终的渲染效果操作，如图 7-33 所示。

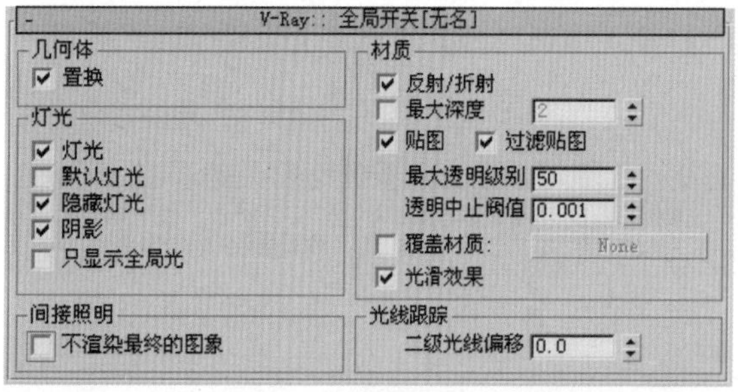

图 7-33 取消“不渲染最终的图像”选项

34.打开“发光贴图”卷展栏，设置“方式”选项组中的“模式”为“从文件”，然后点击“浏览”按钮，弹出“选择发光贴图文件”对话框，找到刚才保存的“发光贴图”文件，并将其指定，如图 7-34 所示。

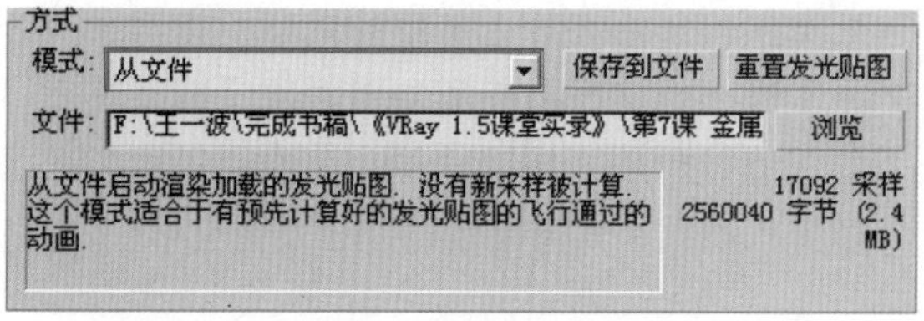

图 7-34 指定发光光子贴图

35.打开“散焦”卷展栏，设置“方式”选项组中的“模式”为“从文件”，然后单击“浏览”按钮，弹出“选择光子贴图文件”对话框，找到刚才保存的“焦散光子”贴图文件，并将其指定，如图 7-35 所示。

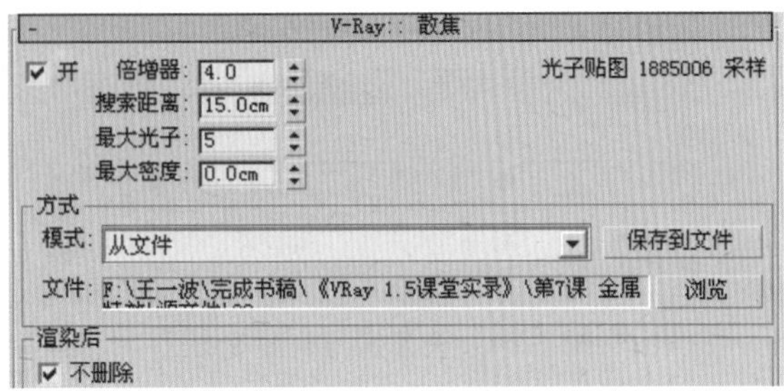

图 7-35　指定焦散光子贴图

36.打开“V-Ray :: rQMC 采样器”卷展栏，设置它的“适应数量”值为0.75，“最小采样值”值为20，“噪波阈值”为0.001，如图7-36所示。

图 7-36　设置rQMC采样器最小采样值

37.打开“自适应准蒙特卡洛图像采样器“卷展栏，设置它的“最大细分”值为5，如图7-37所示。

图 7-37　设置“自适应准蒙特卡洛图像采样器”最大细分值

38.在所有的参数都设置完毕后，开始最后的渲染，耐心等待一段时间，得到的效果如图7-38所示。

图 7-38　最终效果

技巧 / 提示

本节中主要讲解了反射焦散的制作方法。VRay的焦散效果是非常好的，而且与其它渲染器相比，VRay的控制参数非常少，渲染速度也快许多，这是VRay的优势所在。相信通过本节的学习你会对VRay的焦散效果有更深刻的理解。

7.1.2 磨砂金属

磨砂金属的物理特点和光滑金属的不同在于物体表面纹理，磨砂金属表面有凹凸纹理。本例的学习目的主要就是学会如何运用VRayMtl材质来模拟磨砂金属的表面效果。制作物体表面凹凸效果的方法有很多种，包括：凹凸贴图、置换特效、毛发特效。在本例中主要运用噪波贴图的方法来模拟出磨砂金属的效果，在制作的过程中要注意凹凸的方式和大小，以及灯光环境的布置。

01.上面所讲的是光滑金属材质类型，现在来介绍一下磨砂金属类材质的制作方法。打开光盘中的“磨砂材质”场景文件，场景是一组工艺品模型，如图7-39所示。

图 7-39　打开场景文件

02. 按下键盘上的 M 键，打开“材质编辑器”窗口，选择一个空白的材质球，并将其指定给“工艺品”模型，如图 7–40 所示。

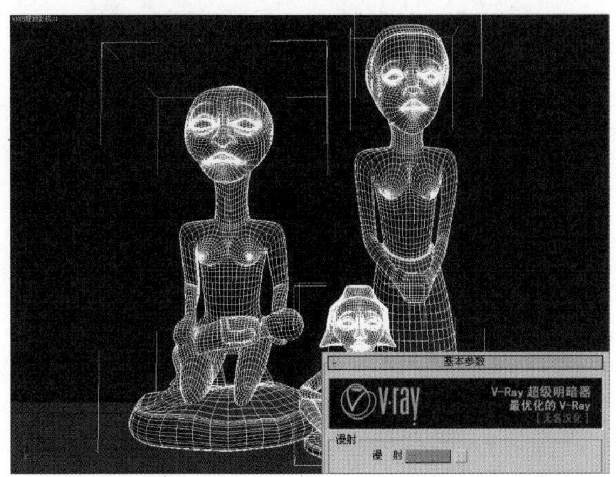

图 7–40　转换为 VRayMtl 材质类型

03. 设置“漫射”颜色的 RGB 值为（R：100，G：100，B：100），“反射”颜色的 RGB 值为（R：250，G：250，B：250），如图 7–41 所示。

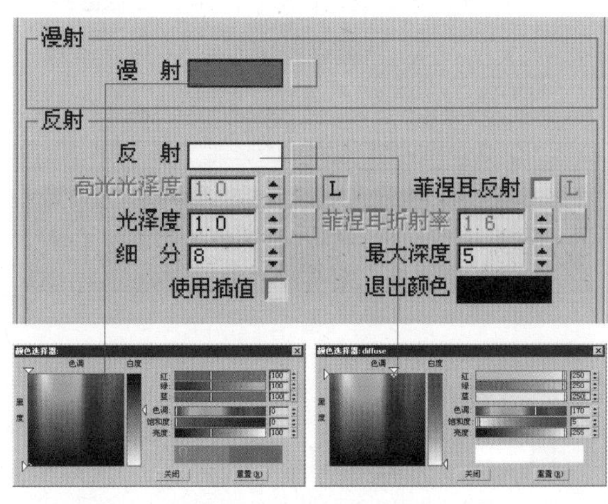

图 7–41　设置环境光的颜色

04. 单击”折射“右边的颜色框，弹出”折射“颜色面板，设置它 RGB 的颜色分别为（R：20，G：20，B：20），设置“烟雾倍增”RGB 的颜色分别为（R：241，G：243，B：254），如图 7–42 所示。

05. 设置“高光光泽度”的值为 0.85，“光泽度”的值为 0.95，“细分”的值为 20，“最大深度”的值为 12。设置“折射”的“光泽度”为 0.9，“细分”为 20，如图 7–43 所示。

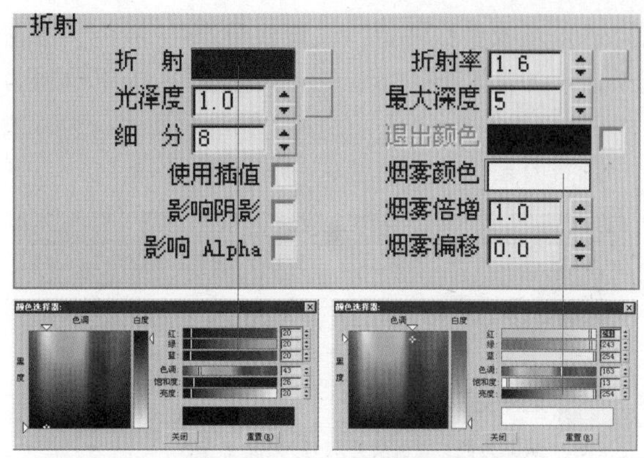

图 7–42　设置折射的颜色

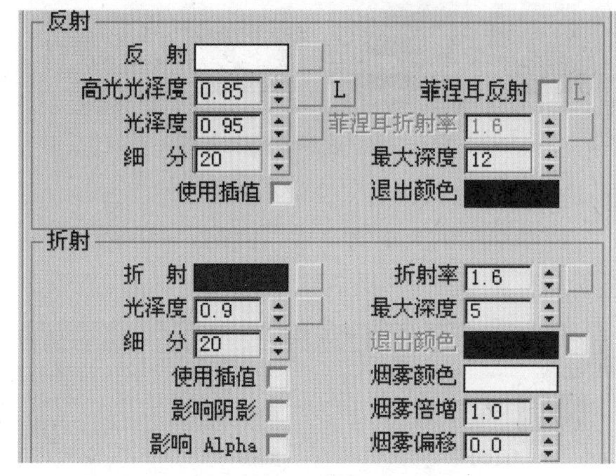

图 7–43　设置各项数值的大小

06. 打开“贴图”卷展栏，单击“反射”右边的 None 按钮，弹出“材质 / 贴图浏览器”对话框，单击”3D 贴图“类型，然后在右边的列表中选择“衰减”贴图，如图 7–44 所示。

贴图			
漫 射	100.0	☑	None
反 射	100.0	☑	Map #2 （Falloff）
高光光泽	100.0	☑	None
反射光泽	100.0	☑	None
菲涅耳折射	100.0	☑	None
折 射	100.0	☑	
光泽度	100.0	☑	
折射率	100.0	☑	
透 明	100.0	☑	
凹 凸	30.0	☑	
置 换	100.0	☑	None
不透明度	100.0	☑	None
环 境		☑	None

衰减参数
前:侧
100.0 None
100.0 None
衰减类型: 垂直/平行
衰减方向: 查看方向(摄影机 Z 轴)

图 7–44　在反射中添加衰减贴图

07. 进入衰减参数面板，设置前面颜色的RGB值为(R：40，G：40，B：40)，侧面颜色的RGB值为(R：250，G：250，B：250)。让材质的反射衰减稍微柔和一些，如图7-45所示。

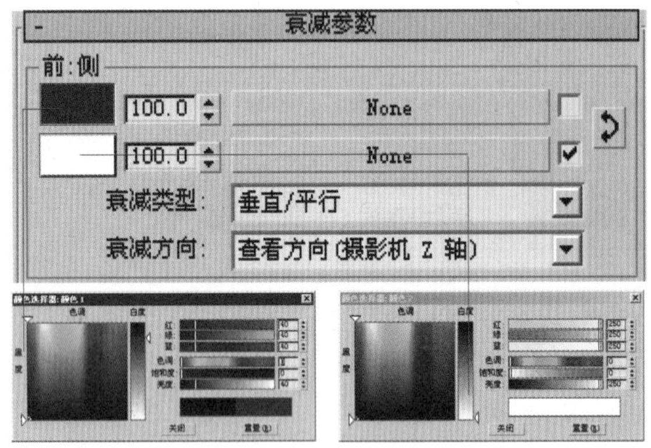

图7-45 设置衰减的颜色

08. 进入衰减参数面板，设置“衰减类型”为Fresnel，“折射率”的大小为2.0，如图7-46所示。

图7-46 设置衰减类型

09. 设置“噪波”参数。进入凹凸贴图通道，为其贴一张噪波贴图，设置噪波的类型为“分形”，大小为0.1，如图7-47所示。

为凹凸贴图通道，贴一张噪波贴图是为了模拟材质表面的凹凸感觉，一般表面纹理没有特定要求的情况下，可以利用噪波贴图的方法来模拟。这样就免去了不必要的贴图，较为方便。

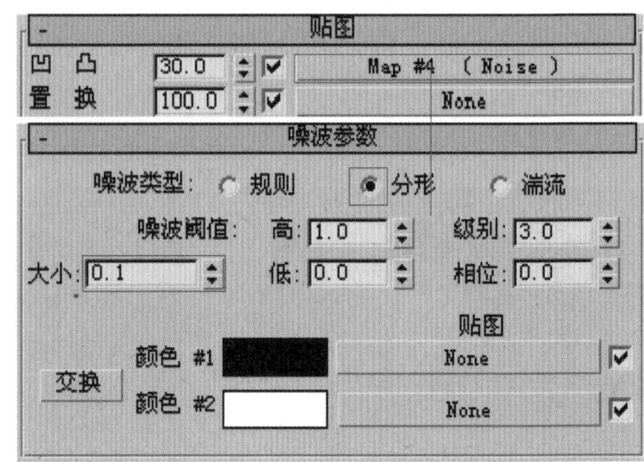

图7-47 设置噪波贴图

10. 给地面添加材质，按下键盘上的M键，弹出“材质编辑器”窗口，选择一个空白的材质球，再单击Standard按钮，在弹出的“材质/贴图浏览器”对话框中选择VRayMtl材质类型，然后在视图中选中地面部分，将材质指定给地面，如图7-48所示。

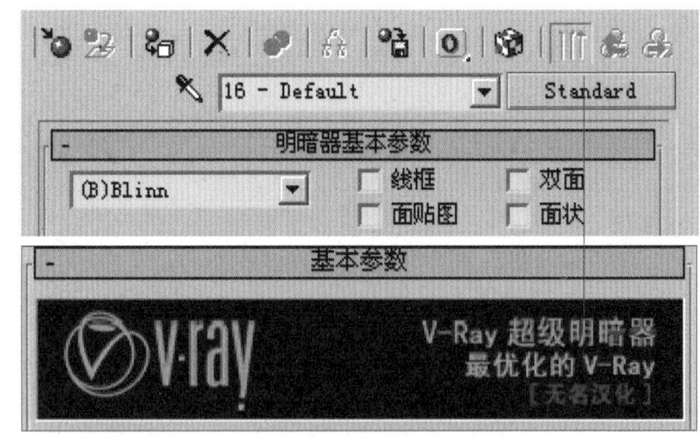

图7-48 指定地面材质

11. 打开“基本参数”卷展栏，点击“漫射”右边的按钮，弹出“材质/贴图浏览器”对话框，然后选择“位图”贴图，在弹出的“选择位图图像文件”窗口中找到光盘中的“地面”贴图文件，并将其指定，如图7-49所示。

12. 激活“反射”选项组中的“高光光泽度”选项，并设置它的值为“0.45”，设置“光泽度”的值为0.45，“细分”的值为20，单击“反射”右边的颜色框，设置它RGB的颜色值为(45、45、45)。为“反射”贴一张衰减贴图，如图7-50所示。

图 7-49　给漫射中添加位图

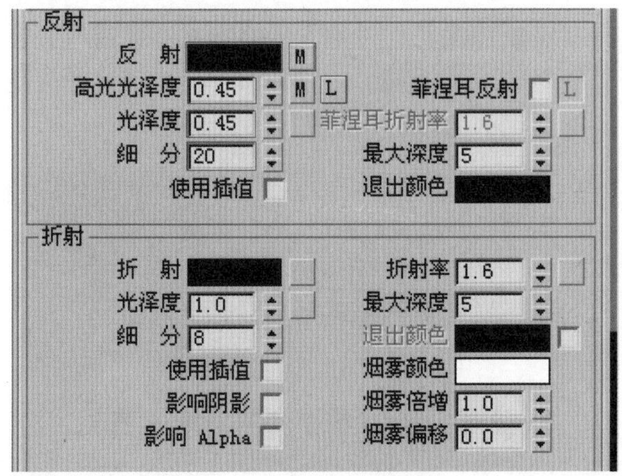

图 7-50　设置反射的参数

13.进入灯光创建面板，打开“标准”下拉菜单，选择“VRay 灯光”，然后单击“VRay 灯光”按钮，在顶视图中创建一盏 VRay 灯光。进入“修改”命令面板，勾选“开”选项，打开 VRay 灯光，设置“倍增器”的值为 7.0，设置“半长”的值为 150，“半宽”的值为 100，勾选“不可见”选项，如图 7-51 所示。

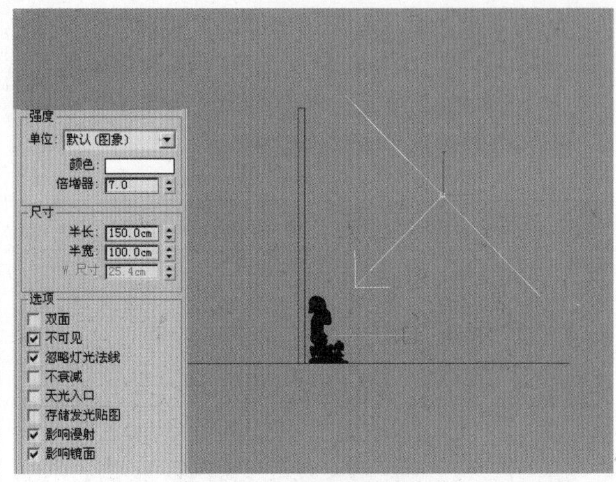

图 7-51　创建并设置灯光

14.所有参数都设置完毕，现在设置渲染参数，渲染参数的设置和上面所讲的相同，在这里就不再做介绍了。渲染最后的效果如图 7-52 所示。

图 7-52　最后效果

7.2　拓展训练：金属材质生成不同的焦散效果

金属焦散的效果和玻璃焦散的效果有所不同。金属焦散由于模型的不透明，光线不会穿过模型，所以在模型的背面就不会产生焦散的照明效果；另外，由于金属表面的粗糙程度大，光线照射在物体的表面，物体对光线的反射就没有光滑物体那么均匀，产生的焦散效果的光滑度就要小一些。

01.打开光盘中的“拓展训练”场景文件，发现场景中有一组静物和一个地面，还有一架摄像机，场景比较简单，再打开“材质编辑器”发现材质都已经指定好了，如图7—53所示。

图7—53 打开场景文件

02.进入前视图，选中除地面外所有的模型，然后右击弹出“四元菜单”，选择V—Ray properties选项，弹出“VRay对象属性”面板，勾选“产生散焦”和“接收散焦”两项，如图7—54所示。

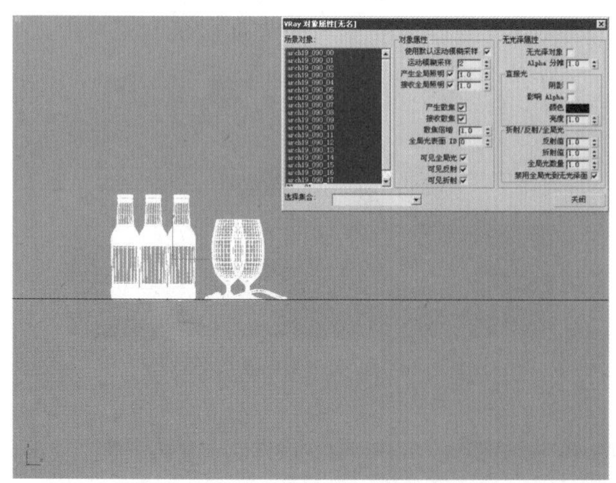

图7—54 设置对象属性面板

03.在前视图中框选地面，然后右击，打开“VRay对象属性”面板，取消“产生散焦”选项。这样地面就不会产生散焦的效果，而只接收散焦效果，如图7—55所示。

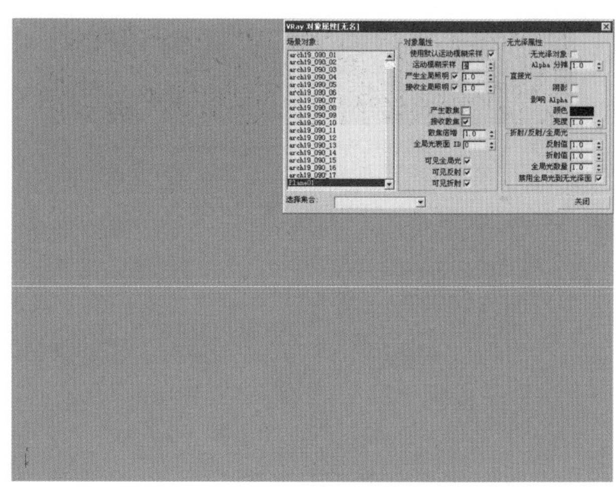

图7—55 设置地面的对象属性

04.设置“地面”材质。为漫射通道贴一张地面的真实纹理贴图，设置它的UV向“平铺”的值都为5.0，“模糊”的值为0.01，让其产生更加真实的纹理，如图7—56所示。

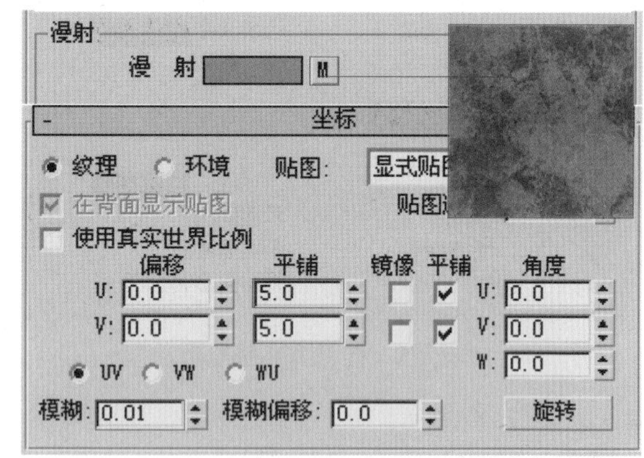

图7—56 地面纹理贴图

05.为“反射”设置一个灰色，设置它的“高光光泽度”的值为0.65，“光泽度”的值为0.75，“细分”的值为16。并为反射通道贴一张衰减贴图，如图7—57所示。

06.进入凹凸贴图通道，为凹凸贴图通道贴一张跟“漫射”贴图通道一样的纹理贴图，设置相同的UV平铺和模糊度，“凹凸”的大小保持默认即可，如图7—58所示。

07.设置金属材质。在场景中有两中不同的金属材质，不过它们的物理属性基本上是一样的，只是颜色有所不同而已。先将其中一种金属材质设置好，然后进行复制，修改就可以了。设置“漫射”颜色，如图7—59所示。

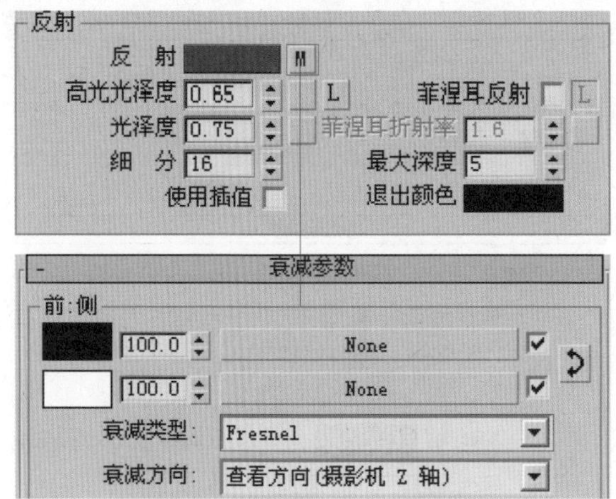

图 7-57　设置地面材质反射参数

贴图			
漫　射	100.0	✓	Map #121 (b-b-042.jpg)
反　射	100.0	✓	Map #123 (Falloff)
高光光泽	100.0	✓	None
反射光泽	100.0	✓	None
菲涅耳折射	100.0	✓	None
折　射	100.0	✓	None
光泽度	100.0	✓	None
折射率	100.0	✓	None
透　明	100.0	✓	None
凹　凸	30.0	✓	Map #121 (b-b-042.jpg)
置　换	100.0	✓	None
不透明度	100.0	✓	None
环　境		✓	None

图 7-58　设置地面材质“凹凸”贴图

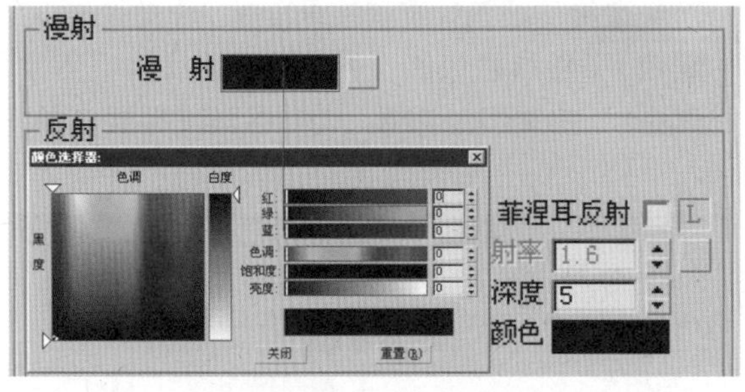

图 7-59　设置金属材质的漫射颜色

08. 设置“反射”颜色的RGB值为（R：208，G：208，B：208），“高光光泽度”的值为0.75，“光泽度”的值为0.83，“细分”的值为30，如图7-60所示。

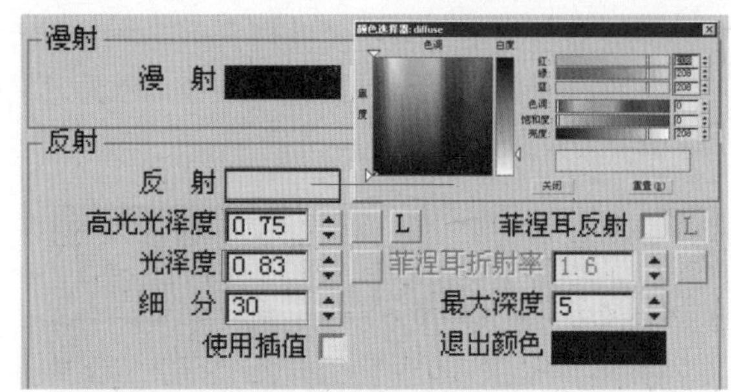

图 7-60　设置金属材质的反射参数

09. 进入凹凸贴图通道，为凹凸贴图通道贴一张噪波贴图，设置噪波的类型为“分形”，“大小”为0.6，如图7-61所示。

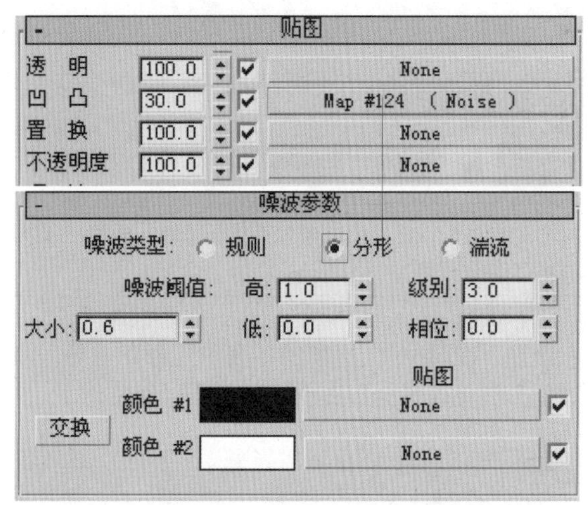

图 7-61　设置“凹凸”贴图

10. 按下键盘上的H键，选中场景中的“瓶子”、“酒杯”和“瓶盖”模型。将设置好的金属材质指定给它们，如图7-62所示。

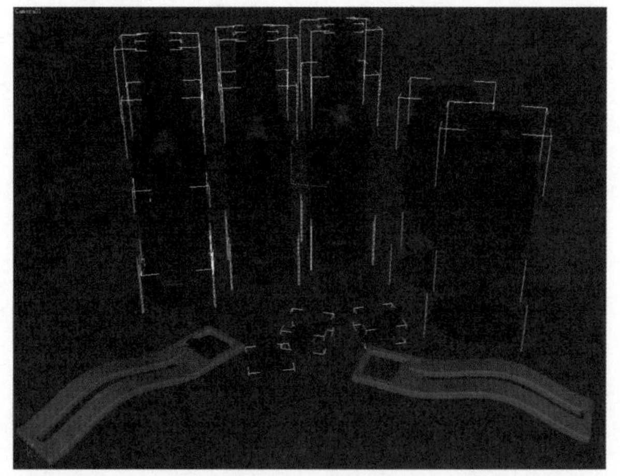

图 7-62　指定材质

11. 将刚才设置好的金属材质拖到一个新的材质球上，复制一个新的金属材质，命名为“金属01”，如图 7-63 所示。

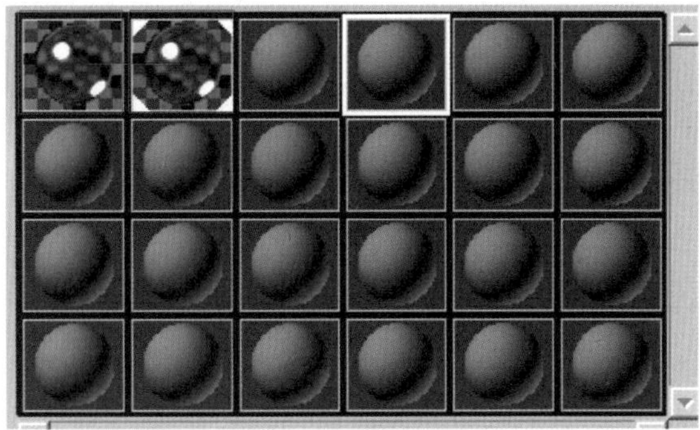

图 7-63　复制材质

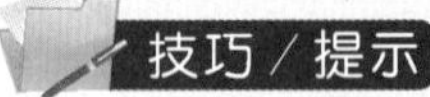

一般情况下，在设置两个物理属性基本相同的材质的时候，可以先设置好其中一个材质的参数，然后将该材质进行复制，并进行局部的调整和修改。这样一来就提高了工作效率。

12. 修改“金属01”材质的“漫射”颜色。将“漫射”颜色设置为纯白色，如图 7-64 所示。

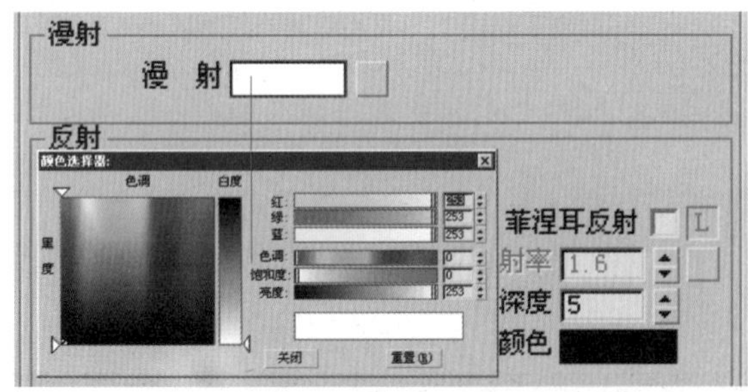

图 7-64　修改“漫射”颜色

13. 进入凹凸贴图通道，为凹凸贴图通道贴一张噪波贴图，修改噪波贴图，设置噪波的类型为“分形”，“大小”为 0.8，如图 7-65 所示。

14. 为环境贴一张 HDR 贴图文件，HDR 贴图文件的设置方法在前面的教学中已经介绍过了，这里就不作详细叙述了。在设置 HDR 贴图的时候要根据场景中的基本色调来选择对应的 HDR 贴图文件，如图 7-66 所示。

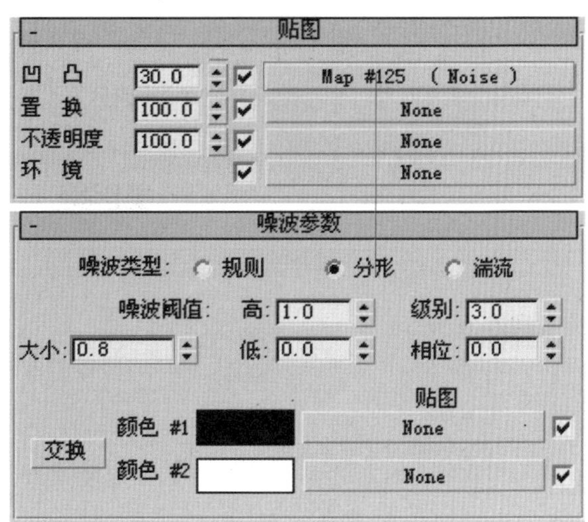

图 7-65　修改噪波贴图

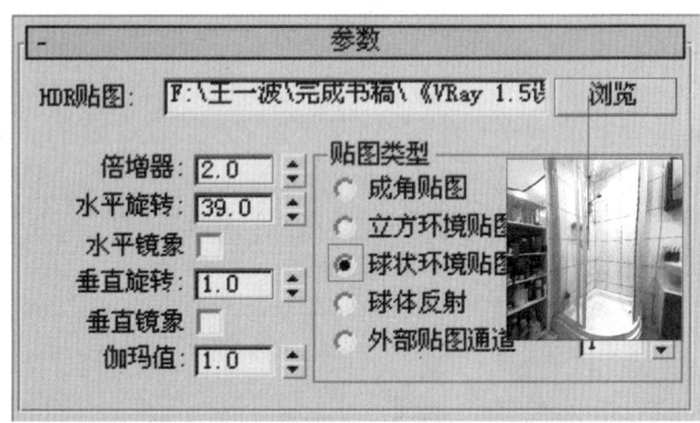

图 7-66　设置磨砂金属的参数

15. 材质都已经制作完了，现在来设置渲染器的参数。打开“全局开关”卷展栏，取消“默认灯光”选项，勾选“间接照明”选项组中的“不渲染最终的图像”选项。再设置“图像采样（反锯齿）”卷展栏中的“图像采样器”为“固定”类型，“抗锯齿过滤器”为“区域”模式，如图 7-67 所示。

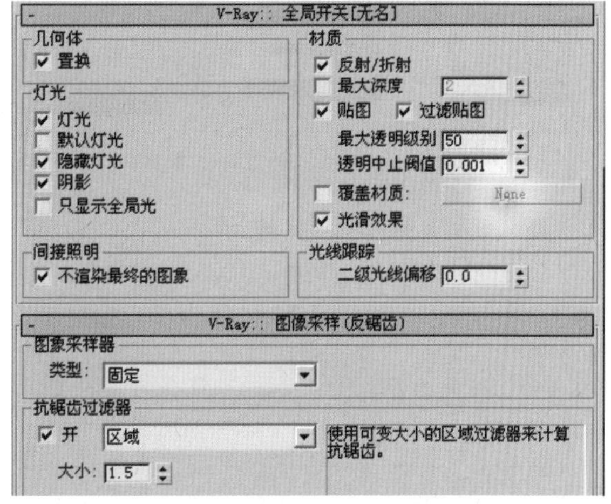

图 7-67　设置全局开关的参数

16. 打开“间接照明”卷展栏，设置“二次反弹”的“倍增器”的值为 0.5，保存光子贴图文件。打开“散焦”卷展栏，开启该选项，将“倍增器”的值设置为 60，“搜索距离”设置为 20.0cm，然后保存散焦光子贴图，如图 7–68 所示。

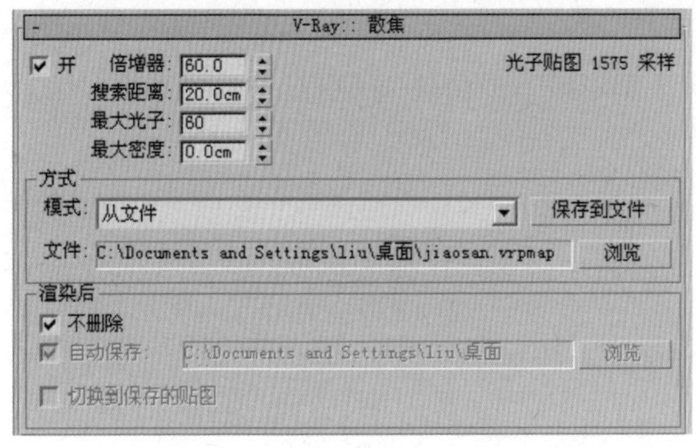

图 7–68　保存光子贴图

17. 打开“环境”卷展栏，开启“全局光环境”，设置“倍增器”的值为 0.4，设置“rQMC 采样器”卷展栏中的“最小采样值”为 15，然后进行渲染，现在只渲染光子贴图，如图 7–69 所示。

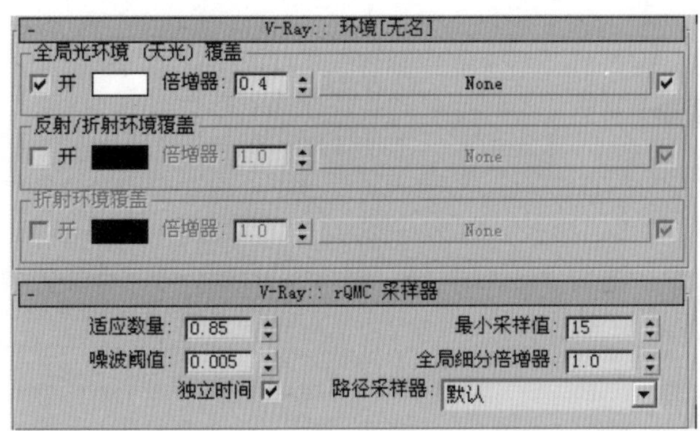

图 7–69　设置环境和采样器参数

18. 渲染完以后将光子贴图“从文件”打开，具体的设置方法和上面的相同，这里就不再做介绍了，然后取消“全局开关”卷展栏中的“不渲染最终的图像”选项，再设置“图像采样器”的类型为“自适应细分”，“抗锯齿过滤器”的模式为 Catmull–Rom，如图 7–70 所示。

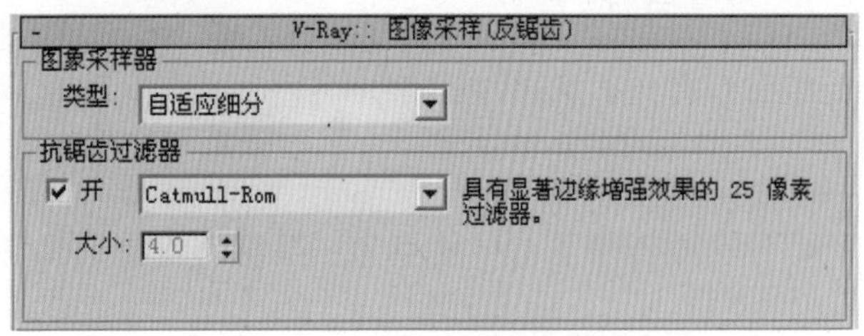

图 7–70　设置图像采样参数

19. 所有参数都设置完毕后，进行最后的渲染输出，耐心等待一段时间，得到的效果如图 7–71 所示。金属的焦散效果随金属材质的反射程度变化，反射越强的金属，散焦的效果就越强。

图 7–71　最终效果

7.3　课后练习

一、单项选择题

(1)　下列选项中可以模拟磨砂金属材质的是（　　　）。

A．噪波　　　　B．渐变

C．“HDR”贴图　　　　D．虫漆材质

(2) 在 VRay 中是利用什么来控制金属反射的强度的？（　　　）

A．反射颜色　　　　B．漫射颜色

C．环境贴图　　　　D．高光光泽度

（3）在制作金属的过程中通常要为环境添加一个“HDR”的环境贴图，其目的是（　　　　）。

A．增加金属的表面高光　　B．增加金属的反射层次

C．增加金属的凹凸效果　　D．为金属添加折射效果

二、简述题

（1）简要叙述利用 VRay 材质模拟磨砂金属材质的制作过程。

（2）列举不锈钢金属材质和磨砂金属材质在物理属性上的区别和设置过程的异同点。

三、问答题

（1）在制作金属材质的时候会发现，相同材质的情况下圆形模型的金属质感要比方形的逼真，这是什么原因？有什么解决方法？

（2）相同的焦散设置，金属的效果和玻璃的效果有什么不同？

四、实例制作

（1）在配套光盘中提供了一组简单的金属模型，将它的材质设置成不锈钢金属材质。参考效果如图 7-72 所示。

（2）自己动手制作一个室内场景，并为场景添加夜晚的天光效果。

图 7-72　参考效果图

第 08 课

次表面材质特效

本课主要讲解 VRay 次表面材质的设置。通过对玉器和半透明材质的制作过程帮助读者熟悉并掌握次表面材质的几种设置方法。使读者在日后的设计过程中对次表面能运用得得心应手。

8.1 实例应用

8.1.1 玉器材质

本例将向大家详细深入地讲解玉器材质的制作方法。VRay 的玉器效果是很出色的，而且与其他渲染器相比 VRay 的控制参数非常少，这正是 VRay 的优势所在。通过这一节的学习来达到对玉器材质的各个重要参数的掌握，从而实现玉器、蜡烛等半透明物体的熟练制作。玉器材质其实就是利用 VRay 中的 VRayMtl 材质类型对其进行漫射、反射与折射的颜色控制来实现的，同时，配合场景中的灯光（有时还需要设置反光板），反复进行参数调节从而达到最终的效果。有时灯光的位置也是极其重要的，在后面会对灯光打法、材质方法与渲染器的设置来做针对性的讲解。

01. 在配套光盘中找到“玉器”的原始文件，并在 3ds max 中运行打开，场景中的材质与灯光均已设置完毕，渲染默认视图为“摄影机视图”，材质为 VRayMtl 材质，灯光类型为 VR 平面灯光。在 VRay 中，玉器材质主要是通过“折射”中的“光泽度”与“烟雾颜色”来控制材质的透光情况，此外，“灯光倍增”与“烟雾倍增”用来控制玉器材质内部的亮度。如图 8-1 所示，为场景的源文件。下面来讲解具体的制作方法。

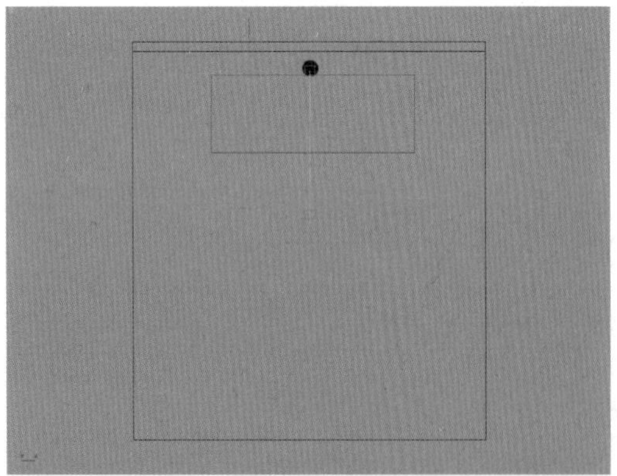

图 8-1　玉器场景源文件

02. 单击“材质编辑器”按钮，弹出“材质编辑器”对话框，选择一个未被使用的材质球，同时单击“将材质指定给选定对象”按钮，将此材质球的默认材质指定到“玉器”模型上，如图 8-2 所示。

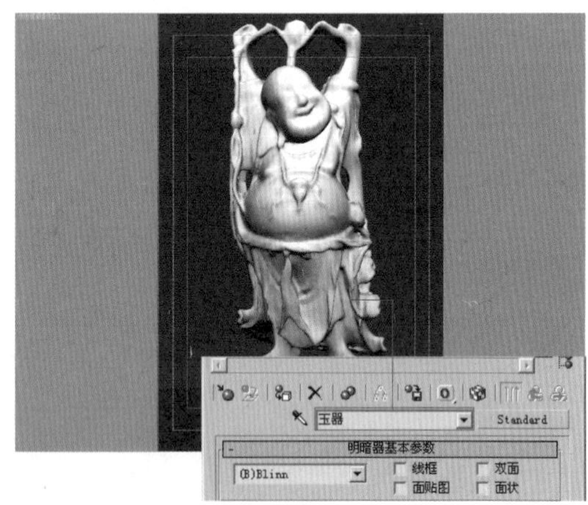

图 8-2　将材质指定到模型上

03. 单击“材质贴图浏览器”按钮 Standard ，弹出“材质贴图浏览器”对话框，选择 VRayMtl 材质类型后单击“确定”按钮，如图 8-3 所示。

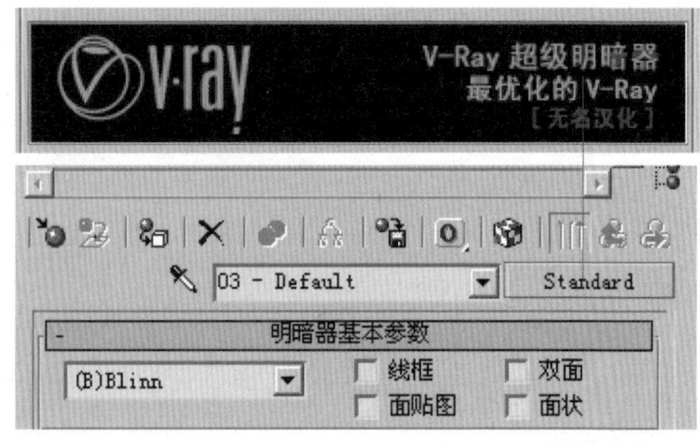

图 8-3　创建 VRayMtl 材质类型

04. 将创建的 VRayMtl 材质中的“漫射”RGB 颜色分别设置为（6、49、7）的深绿色，同时单击“漫射贴图通道”按钮▫，为漫射通道贴一张纹理位图文件，如图 8-4 所示。

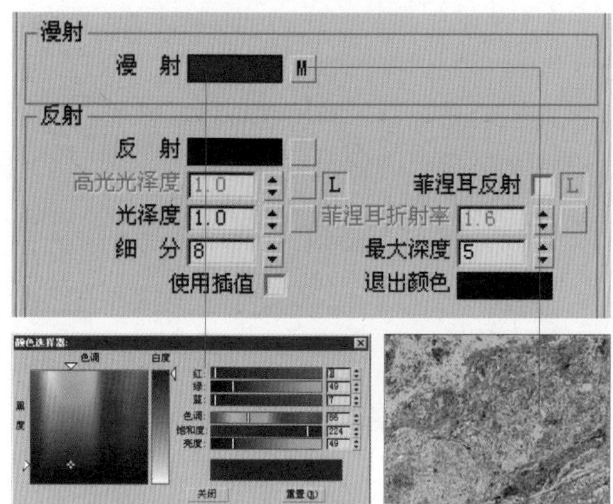

图 8-4　编辑材质中的“漫射”

05. 进入“贴图”卷展栏，设置 UV 向的贴图平铺都为 2.0，W 方向上的角度为 90.0，“模糊”度为 0.01，如图 8-5 所示。

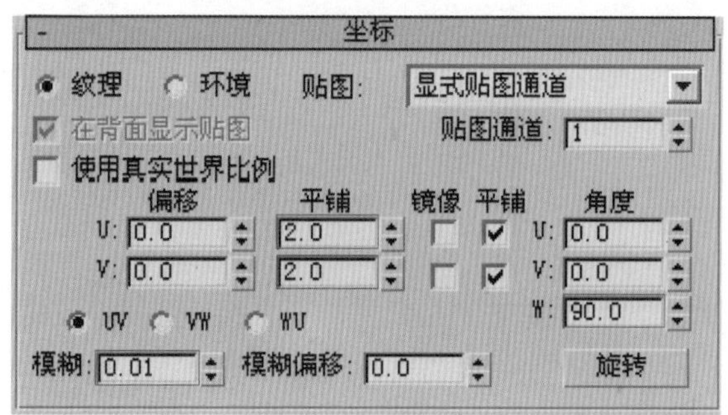

图 8-5　增加贴图

06. 在“反射”选择组中，将“反射”颜色 RGB 值分别设置为（225、225、225）的灰白色，同时将“折射”选择组中的“折射”颜色为 RGB 值分别设置为（174、174、174）的灰白色，如图 8-6 所示。

07. 返回到“反射”选项组，单击 L 按钮L，为反射通道贴一张衰减贴图，将“高光光泽度”设置为 0.85，“光泽度”设置为 0.95，“细分”值更改为 50，如图 8-7 所示。

08. VRayMtl 材质“基本参数”卷展栏中“反射”选项组的各个参数均已设置完毕，可以对其进行测试渲染，如图 8-8 所示。

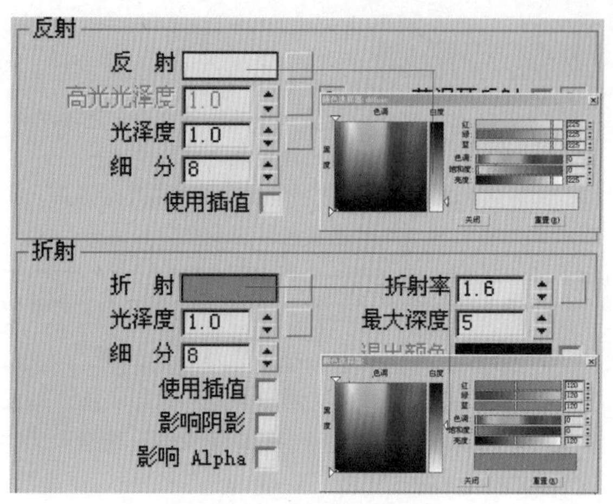

图 8-6　设置反射与折射颜色

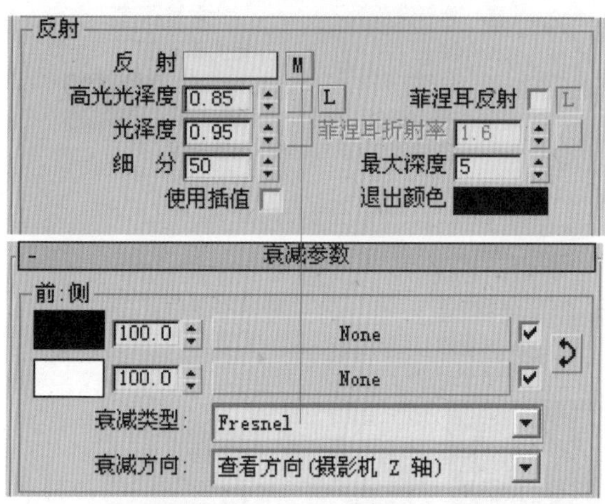

图 8-7　进一步设置反射参数

图 8-8　进行测试渲染

> **技巧／提示**
>
> 玉器与玻璃材质的不同点是：玉器的高光光泽度比玻璃要强，因为它的表面粗糙度较之玻璃要大一些；其次，玉器的折射要比玻璃弱一些，因为玉本身是石头，石头内部的颗粒物会阻挡光线穿过，和玻璃相比玉器给人的感觉更加晶莹，即坚硬，又如水般柔软。

09. 在“折射”选项组中，将“光泽度”设置为1.0，“细分”设置为50，“烟雾颜色”RGB值分别设置为（32、67、4），“烟雾倍增”值设置为0.01，如图8-9所示。

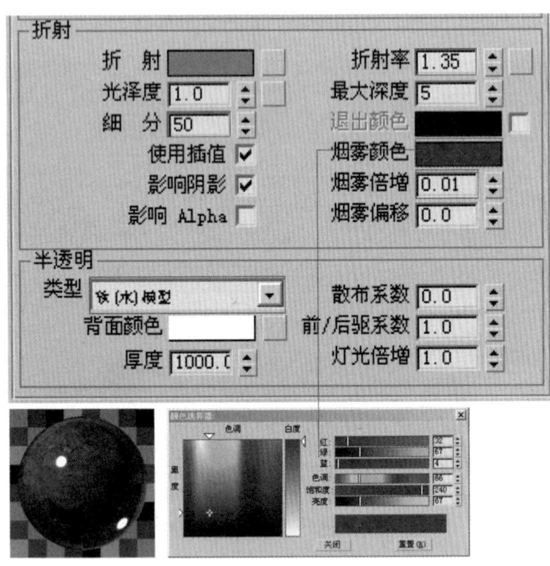

图8-9　进一步设置折射参数

10. 单击“灯光”按钮，进入灯光创建面板，打开灯光类型下拉菜单，从中选择“VRay”类型，单击“VR阳光”按钮，在左视图中创建一盏VR阳光，如图8-10所示。

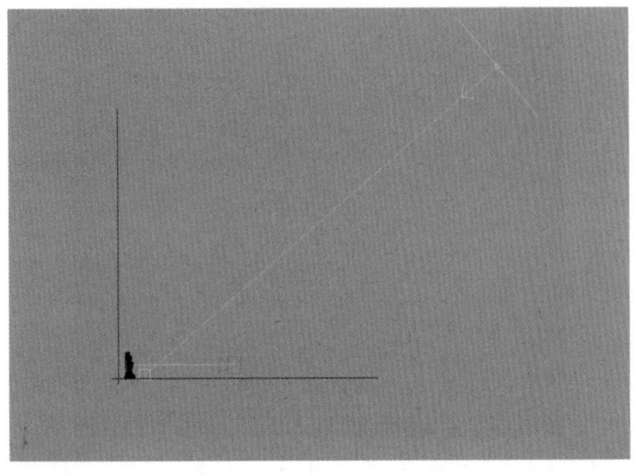

图8-10　创建VR灯光

11. 选中创建的灯光，配合各个视图进行位置调整，同时单击“修改”按钮进入修改面板，设置“浊度”为3.0，“强度倍增器”值为0.05，“大小倍增器”值为3.0，如图8-11所示。

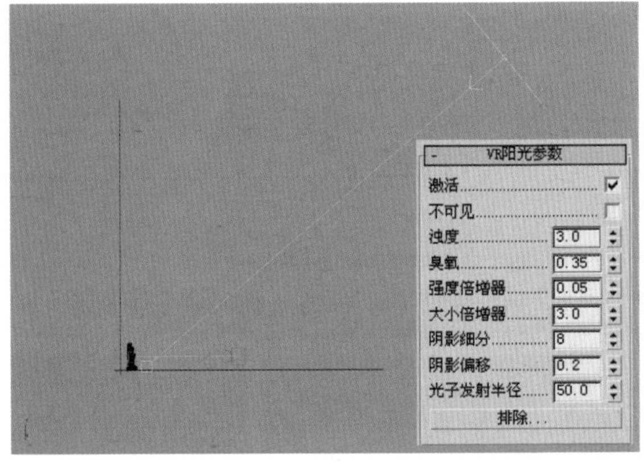

图8-11　设置灯光参数

12. 选中场景中的物理摄像机，对其进行修改。先要确定类型为“照相机”，设置“快门速度”为4.0，“胶片速度”为400.0，“细分”为25。将“白平衡”保持默认的纯白色即可，如图8-12所示。

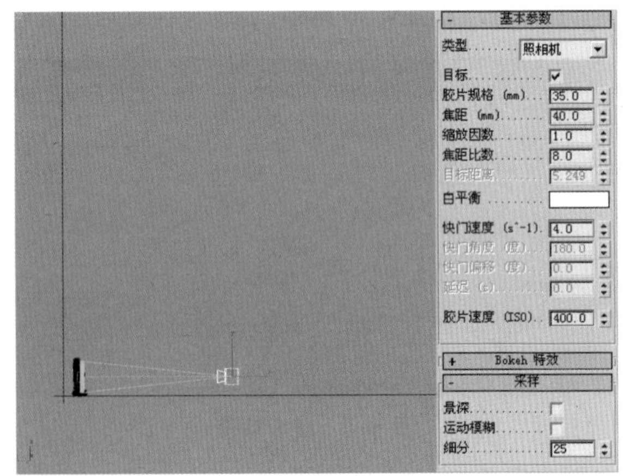

图8-12　修改物理摄像机参数

13. 为场景添加环境贴图，并将贴图内容关联复制给渲染面板中的“环境（无名）”卷展栏和环境和效果面板中的“环境贴图”按钮，如图8-13所示。

14. 创建“反光板”模型。在顶视图中创建一个平面，将它旋转45°，调整到适当高度（不能挡住摄像机）。单击鼠标右键，在弹出的“四元菜单”中选择“对象属性”，在“对象属性”设置面板中，取消“接收阴影”和“投射阴影”选项，如图8-14所示。

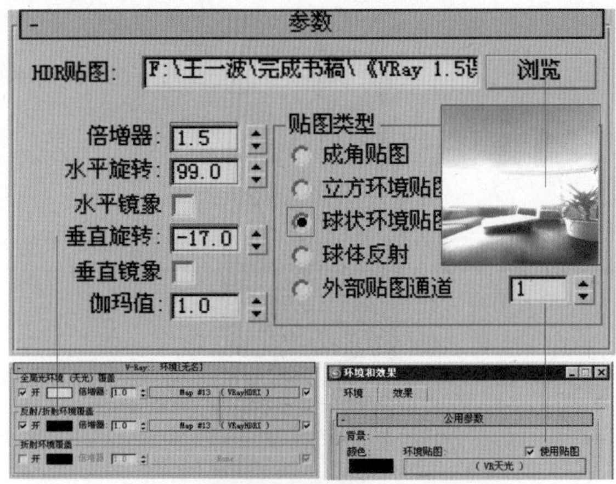

图 8－13　创建环境贴图

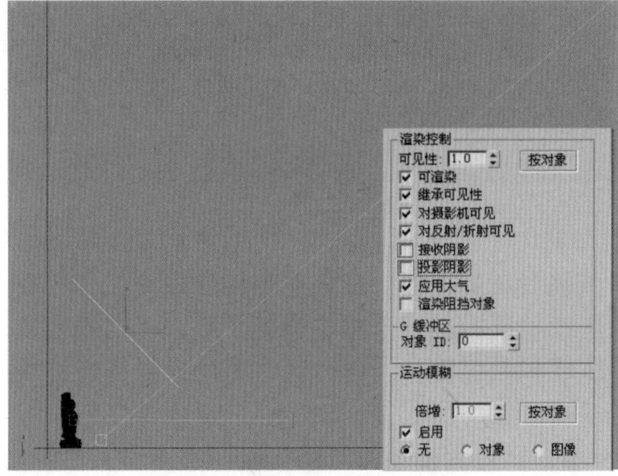

图 8－14　创建反光板模型

15. 为“反光板”模型添加材质。选择一个新的材质球。在“基本参数”卷展栏下勾选“自发光”，将“自发光”的颜色设置为一个纯白色。勾选“双面”选项，如图 8－15 所示。

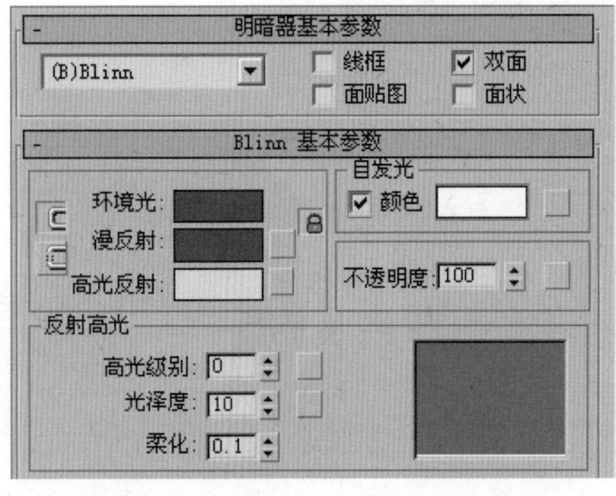

图 8－15　创建“反光板”模型材质

16. 单击“渲染场景对话框”按钮，弹出渲染场景对话框，选择“渲染器”选项卡，在“全局开关”卷展栏中将“默认灯光”关闭，在“间接照明”卷展栏中将开关打开，将“二次反弹”的“全局光引擎”更改为“灯光缓冲”的方式，如图 8－16 所示。

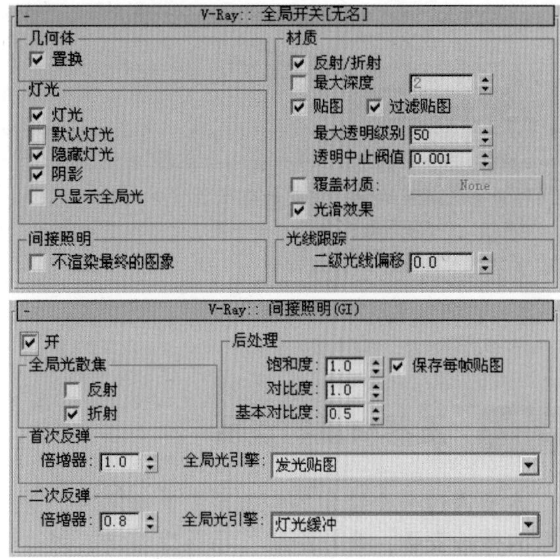

图 8－16　设置渲染器

17. 设置“抗锯齿”参数，进入“V－Ray ::图像采样”卷展栏，将“图像采样器”更改为“自适应准蒙特卡洛”，将“抗锯齿过滤器”的方式修改为 Mitchell－Netravali。进入“V－Ray :: rQMC 采样器”卷展栏，具体设置如图 8－17 所示。

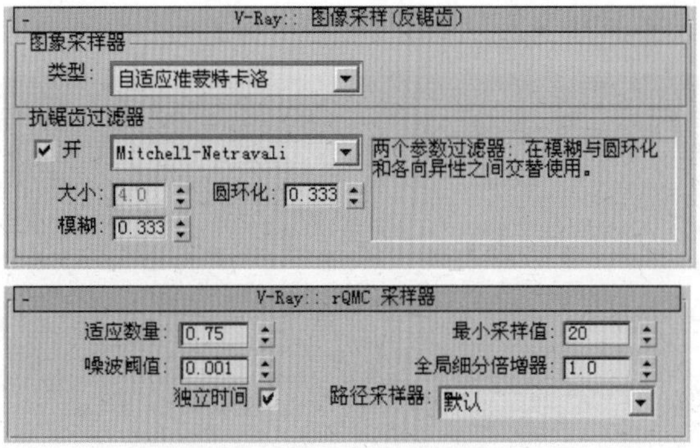

图 8－17　设置抗锯齿参数

18. 材质、灯光，到这里已经全部创建完毕，单击“快速渲染”按钮，可以对场景进行最终渲染，如图 8－18 所示，为“玉器”的最终渲染效果。在本节主要学习了玉器材质的创建与设置、VR 灯光的创建与参数的调节、场景中反光板的设置与材质的制作，最后是渲染器的设置与调整。

技巧／提示

在创建反光板时，必须配合各个视图进行位置调整，同时需要进行多次测试渲染来确定其位置是否正确，在对反光板位置进行测试渲染时，可以将渲染器中影响渲染速度的参数调低，这样可以大大提高工作效率。

图 8–18　玉器的最终渲染效果

8.1.2 玉器材质的运用

本节通过一个综合的实例帮助读者朋友们进一步巩固玉器材质的设置。掌握在不同的环境光中，材质参数的微妙变化。在本例中，场景模型里的树叶颜色是场景模型反射的一个重要照射光源。不同树叶的颜色将会对玉器的颜色产生影响，因为玉器模型除了自身的纹理和颜色外，大部分颜色都是反射周围环境产生的。

01. 在配套光盘中找到“酒器”的原始文件，并在 3ds max 中运行打开，场景中的材质与灯光均已设置完毕，渲染默认视图为“摄影机视图”，材质为“VRay 材质”，灯光类型为“VR 灯光”灯光系统由一盏 VR 阳光组成，“酒器”场景源文件如图 8–19 所示。

02. 单击“材质编辑器”按钮，弹出“材质编辑器”对话框，选择一个未被使用的材质球，同时单击“将材质指定给选定对象”按钮，将此材质球的默认材质指定到“酒器”模型上，如图 8–20 所示。

图 8–19　酒器场景源文件

图 8–20　将材质指定到酒器模型上

03. 单击“材质贴图浏览器”按钮 Standard ，弹出“材质贴图浏览器”对话框，选择 VRayMtl 材质类型后单击“确定”按钮，如图 8-21 所示。

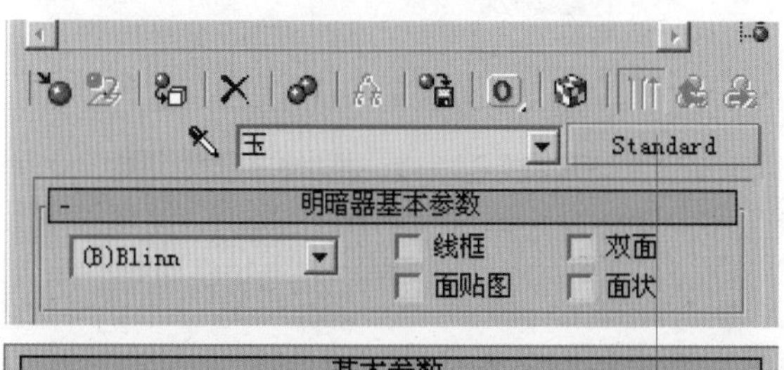

图 8-21　选择 VRayMtl 材质类型

04. 将创建的 VRayMtl 材质中的“漫射”RGB 颜色分别设置为（66、10、71）的紫红色，同时单击漫射贴图通道按钮，在弹出的“材质贴图浏览器”对话框中选择“位图”，为漫射通道贴一张纹理位图文件，如图 8-22 所示。

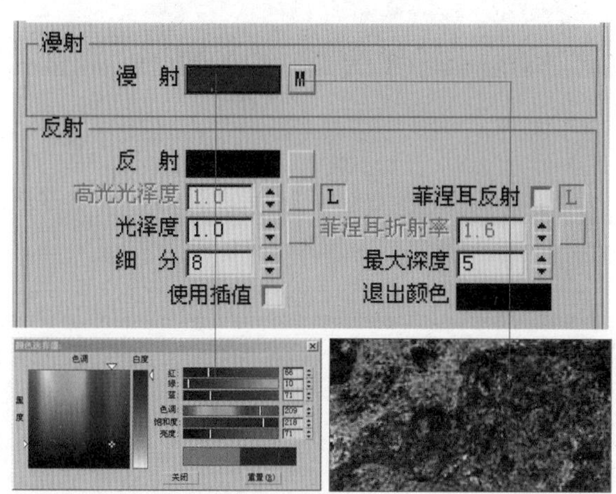

图 8-22　设置材质“漫射”参数

05. 进入“贴图”卷展栏，设置 UV 向的贴图平铺都为 5.0，W 方向上的角度为 90.0，“模糊”度为 0.01，如图 8-23 所示。

06. 在“反射”选项组中，将“反射”RGB 颜色分别设置为（179、179、179）的灰白色，同时将“折射”选项组中的“折射”RGB 颜色分别设置为（145、145、145）的灰白色，如图 8-24 所示。

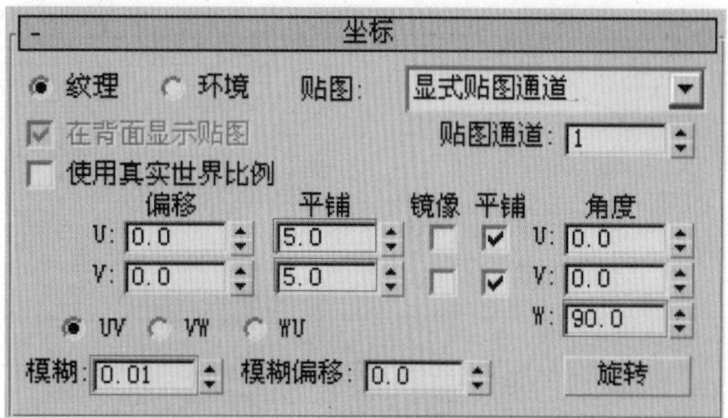

图 8-23　为模型增加贴图

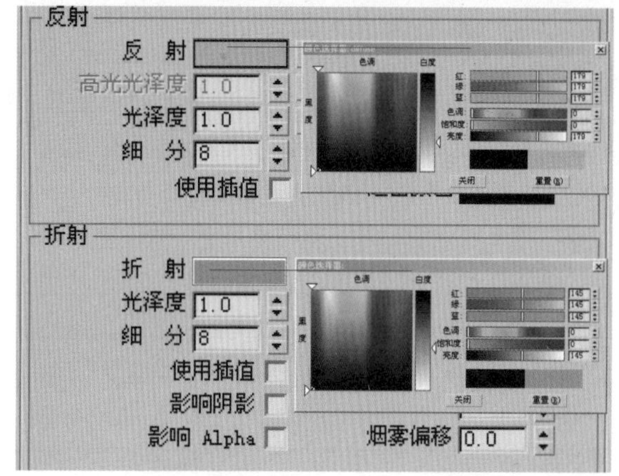

图 8-24　编辑反射与折射颜色

07. 返回到“反射”选项组，单击 L 按钮，将“高光光泽度”的值设置为 0.85，“光泽度”的值设置为 0.95，“细分”值更改为 50，为反射通贴一张衰减贴图，如图 8-25 所示。

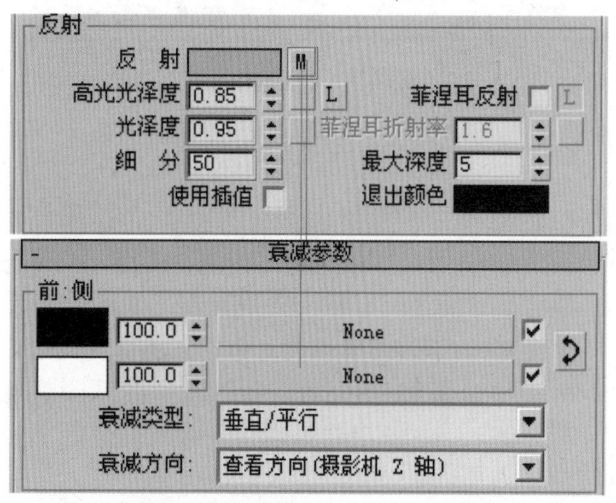

图 8-25　进一步编辑反射参数

08. 设置衰减贴图的颜色。将“衰减类型”更改为 Fresnel，“折射率”为 2.0，如图 8-26 所示。

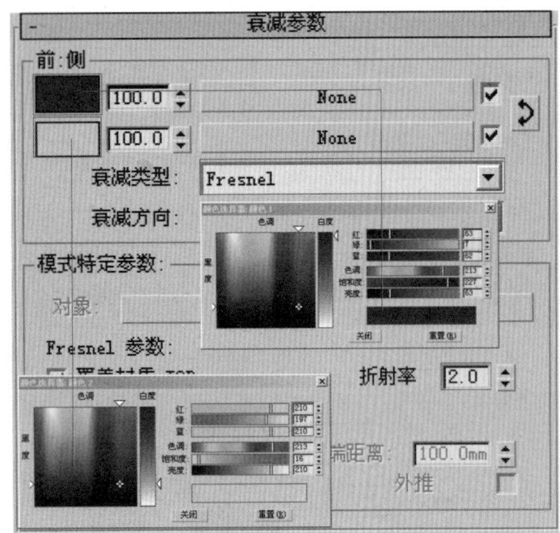

图 8-26　设置衰减贴图参数

09.在“折射”选项组中，将“光泽度”值设置为0.9，“细分”值设置为50，“烟雾颜色”RGB的值分别设置为（78、18、18），“烟雾倍增”值设置为0.01，同时更改“半透明”的类型为”（水）模型“，如图8-27所示。

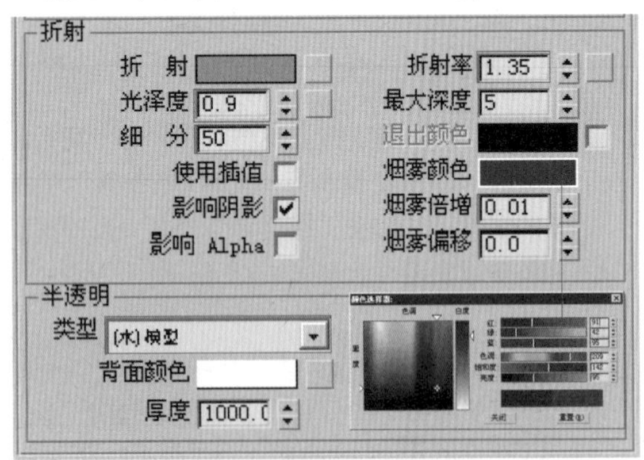

图 8-27　进一步编辑折射参数

10.指定场景中剩余两个酒杯的材质。打开“材质编辑器”对话框，将“漫射”颜色RGB的值分别设置为（114、114、114），“高光光泽度”值设置为0.75，“光泽度”值设置为0.83，“细分”值设置为20，为反射贴图通道贴一张衰减贴图，为凹凸贴图通道贴一张凹凸位图，如图8-28所示。

11.场景中的其他材质在原始文件中已经指定好了（包括墙面材质、装饰画材质、树枝材质和花朵采制），读者朋友可以打开配套光盘的场景文件，查看材质的设置方法。各项材质的渲染效果如图8-29所示。

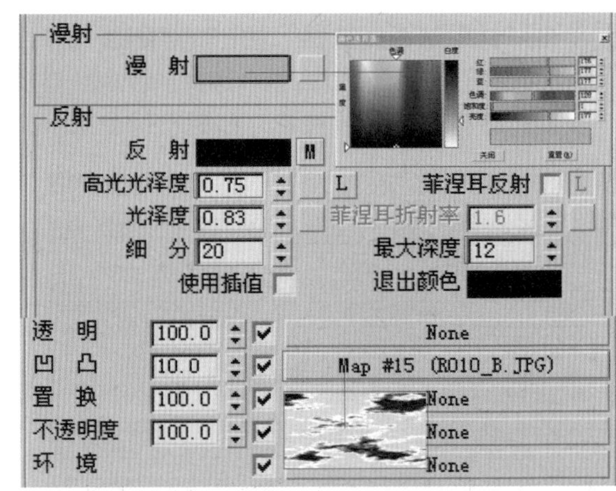

图 8-28　设置金属材质

图 8-29　其他材质

12.单击“灯光”按钮，进入灯光创建面板，打开灯光类型下拉菜单，从中选择VRay类型，单击“VR阳光”按钮 VR灯光，在前视图中创建一盏VR阳光，如图8-30所示。

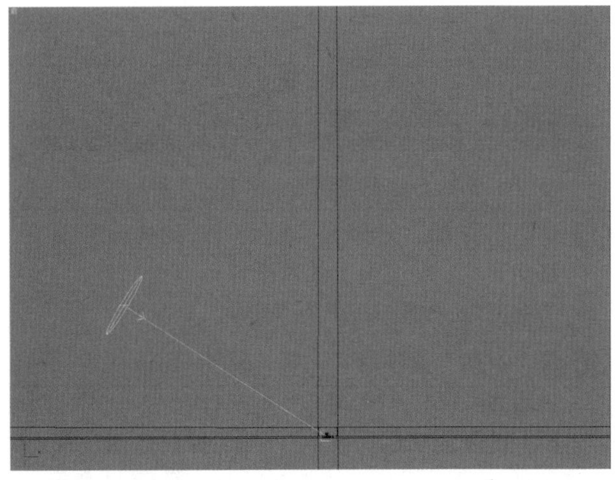

图 8-30　为场景创建VR阳光

13.选中创建的灯光，配合各个视图进行位置调整，同时单击“修改”按钮进入修改面板，设置“浊度”的值为2.0，“强度倍增器”的值为0.5，“大小倍增器”的值为3.0，如图8－31 所示。

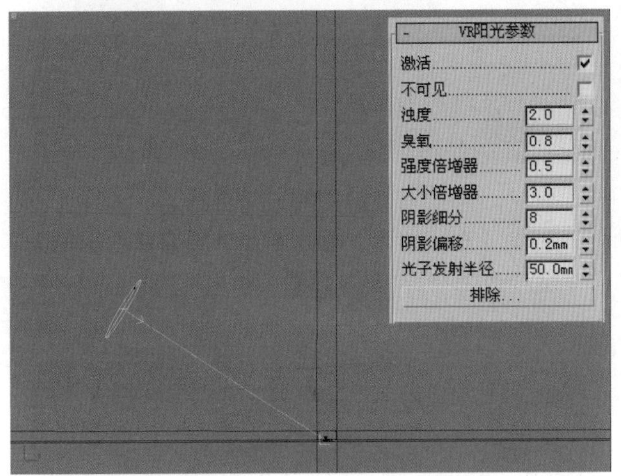

图 8－31　编辑 VR 阳光参数

14.渲染的设置请参照前面学过的知识并配合配套光盘的场景文件进行调整，目的是让大家对学过的知识进行巩固（在软件的学习过程中不能完全跟着课本走，只有不断地测试和琢磨才能总结出规律）。图 8－32 是场景的光子图文件。

15.材质、灯光，到这里已经全部创建完毕，单击“快速渲染”按钮，可以对场景进行最终渲染，如图 8－33 所示，为场景的最终渲染效果。

图 8－32　光子图文件

图 8－33　最终渲染效果

8.2　拓展训练：不同环境里的玉器效果

不同的环境下半透明物体的反射和折射效果是不同的。不同强度的光照会使半透明物体的透明度产生变化，周围物体的不同物理属性也会使半透明物体的颜色产生变化。本例将利用一组静物场景来展现这一变化的效果。

01.单击“材质编辑器”按钮，弹出“材质编辑器”对话框，选择一个未被使用的材质球，同时单击“将材质指定给选定对象”按钮，将此材质球的默认材质指定到“玉石器皿”模型上，如图 8-34 所示。

图 8-34　将材质指定到器皿模型上

02.单击“材质贴图浏览器”按钮 Standard ，弹出“材质贴图浏览器”对话框，选择 VRayMtl 材质类型后单击“确定”按钮，将“漫射”的 RGB 颜色分别设置为（0、73、67）的蓝色，如图 8-35 所示。

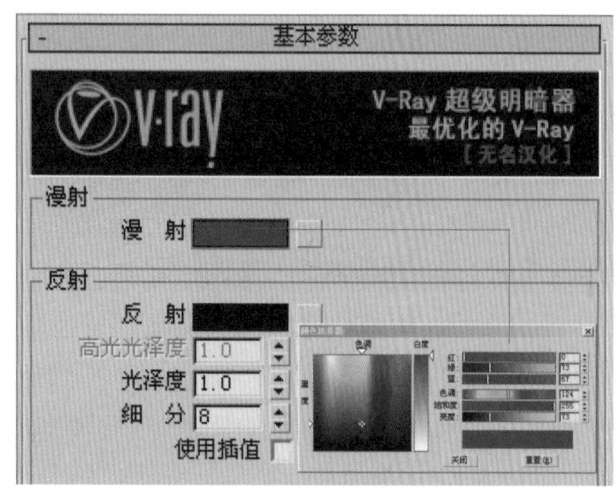

图 8-35　编辑 VRayMtl 材质类型

03.将创建的 VRayMtl 材质中的“反射”的 RGB 颜色分别设置为（170、170、170）的浅灰色，同时单击漫射贴图通道按钮，在弹出的“材质贴图浏览器”对话框中选择“衰减”贴图，如图 8-36 所示。

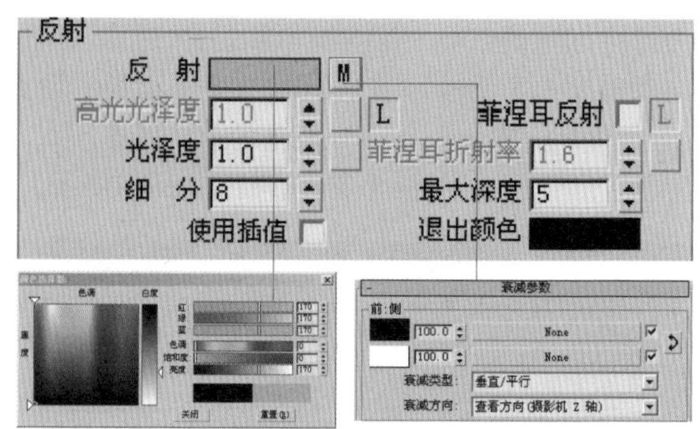

图 8-36　设置反射参数

04.进入“衰减参数”卷展栏中，将衰减贴图的方式修改为 Fresnel，设置“折射率”为 2.0，如图 8-37 所示。

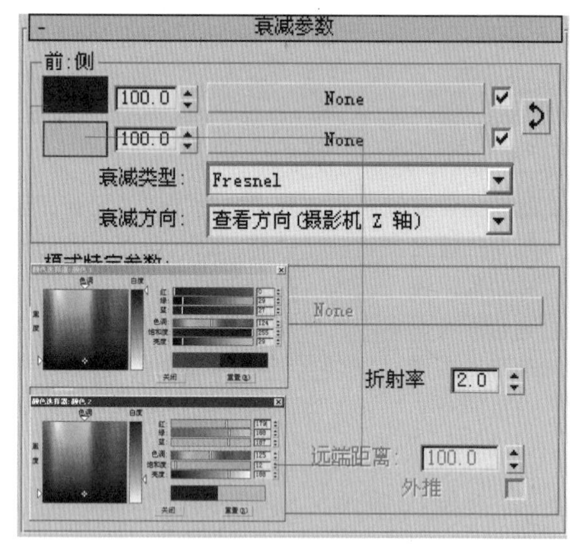

图 8-37　衰减贴图参数

05.返回到”反射”选项组，单击 L 按钮，将“高光光泽度”值设置为 0.85，“光泽度”值设置为 0.95，“细分”值更改为 50，如图 8-38 所示。

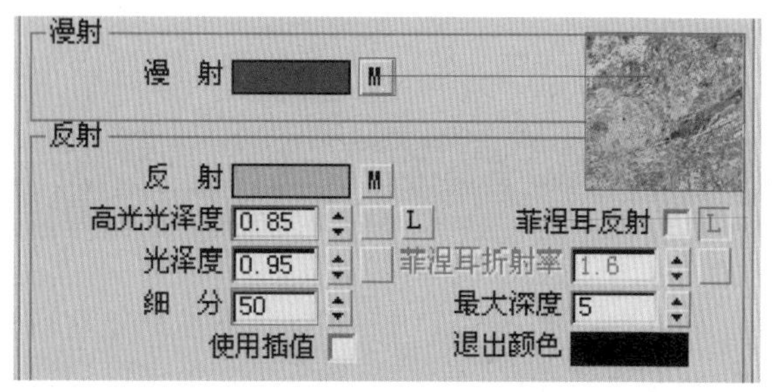

图 8-38　设置反射的参数

06.为“折射”设置一个 RGB 值为（200、200、200）的浅灰色，“烟雾颜色”RGB 值分别设置为（60、103、100），如图 8-39 所示。

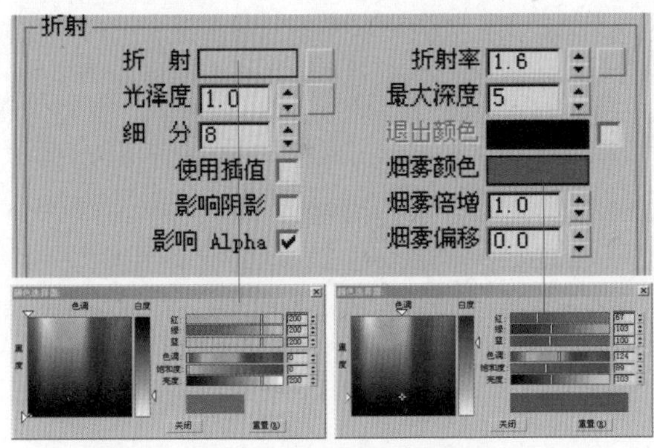

图 8−39　编辑折射颜色

07. 设置“折射”的“光泽度”为 0.9，“细分”值为 50，勾选“影响阴影”选项，设置“烟雾倍增”的值为 0.01。将“半透明”的类型修改为“(水) 模型”，如图 8−40 所示。

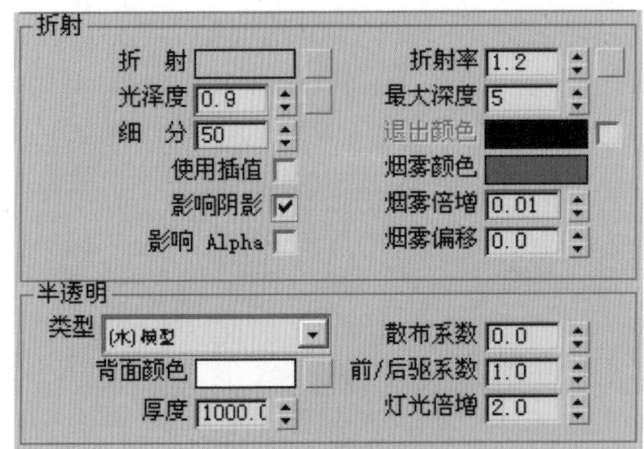

图 8−40　设置折射参数

08. 创建“墙面”材质。设置一个纯白色的“漫射”颜色，设置较大的“高光”，将“反射”的颜色调整为深灰色。在凹凸通道里贴一张真实的墙面凹凸纹理贴图，如图 8−41 所示。

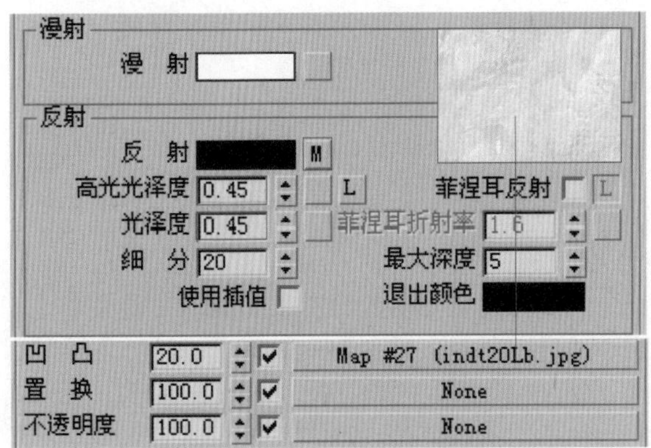

图 8−41　设置”墙面“材质

09. 设置“茶几”材质。茶几材质是上过漆的黑胡桃木，读者朋友可以根据配套光盘提供的场景文件进行设置，如图 8−42 所示。

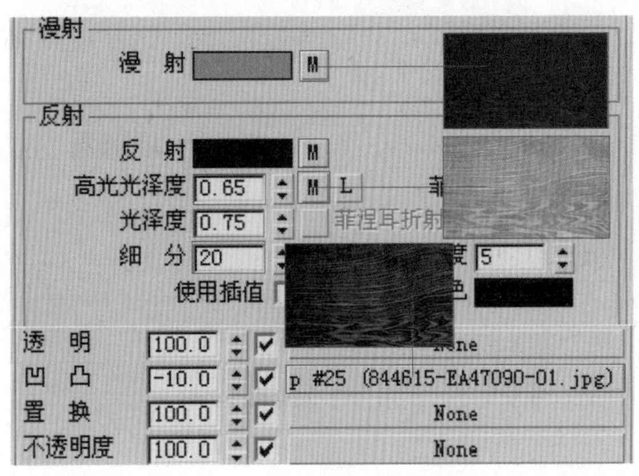

图 8−42　设置茶几材质

10. 桌腿的材质是白色的不锈钢材质。在前面的学习过程中已经介绍过了，它的设置方法如图 8−43 所示。

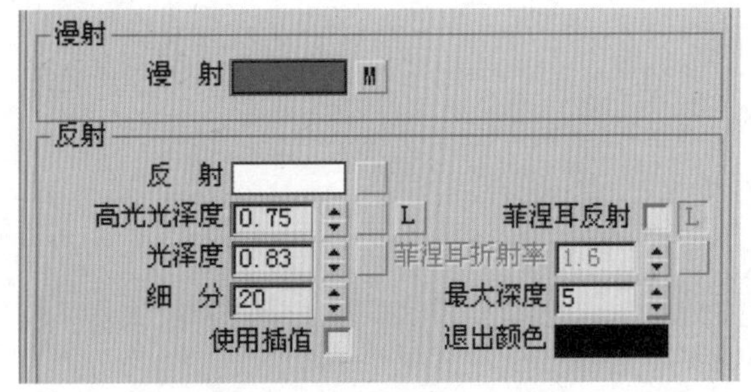

图 8−43　设置“不锈钢”材质

技巧／提示

在现代东方建筑中，无彩色是主流，在大面积的白色墙面中，配合黑色的硬木家具，有着书法的笔墨味道和国画的疏密气韵，这一风格被称为新东方风格，它既是对中国传统元素的继承，又是对传统元素的改革，推翻了复杂的修饰，取而代之的是现代派的简约，给人以空灵的感觉，尤其在它的留白处。

11. 创建“陶瓷”材质，选择一个材质球，将其设置为 VRayMtl 材质类型，将“漫射”的 RGB 值分别设置为（221、221、221），将“反射”的“高光光泽度”值设置为 0.88，“光泽度”值设置为 0.95。为“反射”贴一张衰减贴图，如图 8−44 所示。

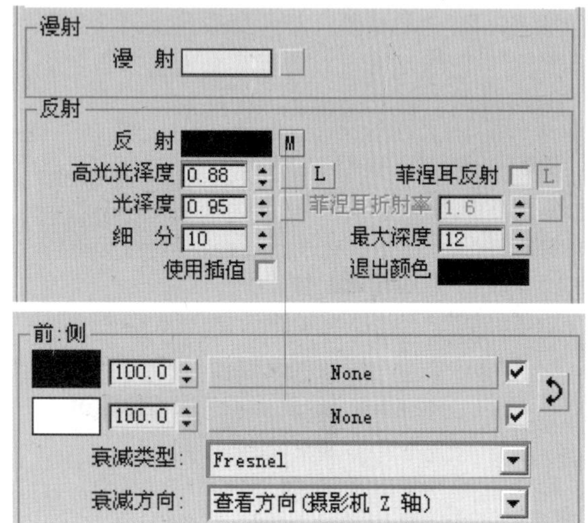

图 8-44 创建“陶瓷”材质

12.还有窗框材质，由于窗框在场景中不可见就不需要再进行设置，将“墙面”材质指定给它就可以了，如图 8-45 所示。

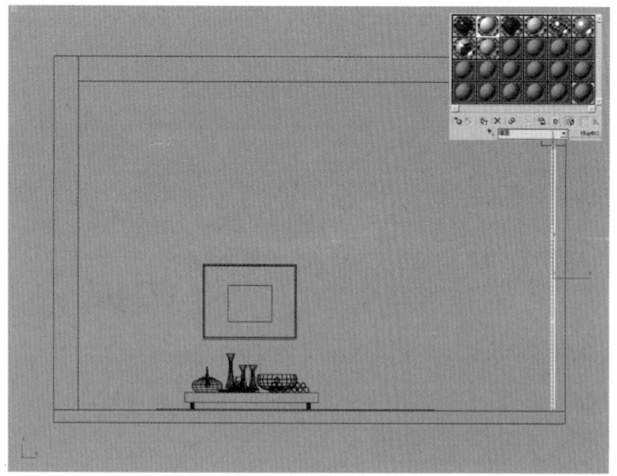

图 8-45 指定“窗框”材质

13.单击“灯光”按钮，进入灯光创建面板，打开灯光类型下拉菜单，从中选择 VRay 类型，单击“VR 阳光”按钮 VR阳光 ，在顶视图中创建一盏 VR 阳光，同时配合各视图进行位置调整，如图 8-46 所示。

14.选中创建的灯光，单击“修改”按钮后进入修改面板，将灯光的“VR 阳光参数”卷展栏中的“浊度”值设置为 2.0，“强度倍增器”值设置为 0.005，如图 8-47 所示。

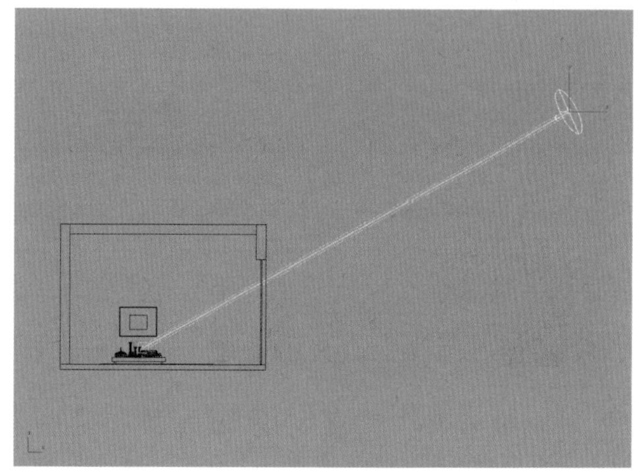

图 8-46 创建 VR 阳光

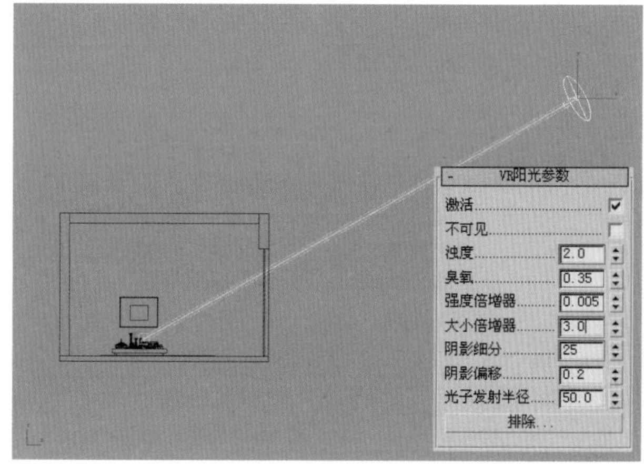

图 8-47 编辑 VR 阳光

15.单击“灯光”按钮，进入灯光创建面板，打开灯光类型下拉菜单，从中选择 VRay 类型，单击“VR 灯光”按钮 VR灯光 ，在左视图中创建一盏 VR 灯光，如图 8-48 所示。

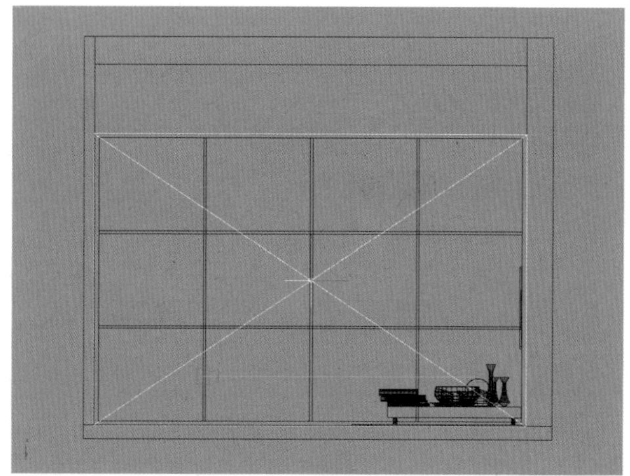

图 8-48 创建 VR 灯光

16. 单击“修改”按钮，进入修改面板，在“参数”卷展栏中将灯光类型更改为球体类型，灯光颜色设置为淡蓝色，倍增值设置为0.04，同时将“不可见”开关打开，如图8－49 所示。

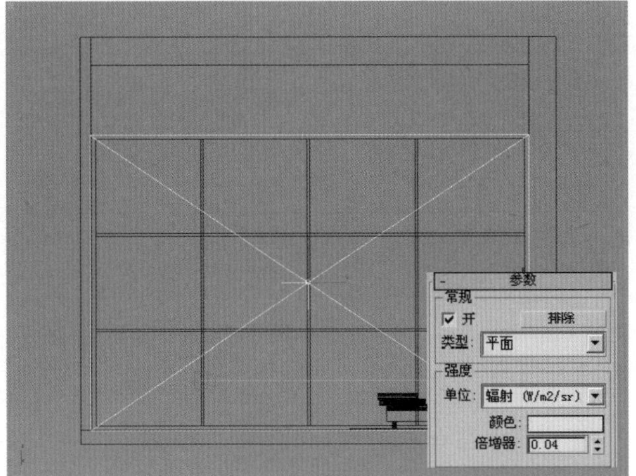

图 8－49　设置 VR 灯光

17. 按照前面介绍过的方法为环境贴一张 HDR 贴图，并将它复制给渲染面板中的“环境（无名）”，如图8－50 所示。

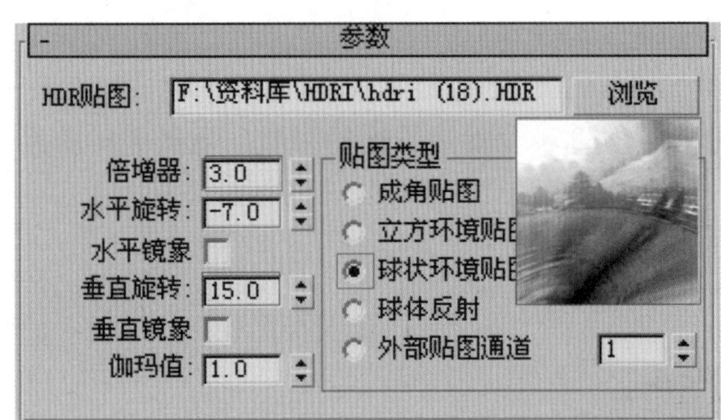

图 8－50　设置环境贴图

18. 为 VR 阳光贴一张“VR 天光”贴图，如图8－51 所示。

19. 场景中的材质和灯光已经指定完毕，现在可以对场景进行渲染了。渲染的知识请参照配套光盘所提供的场景文件，这里就不作详细解释了。图8－52 是场景的光子图。

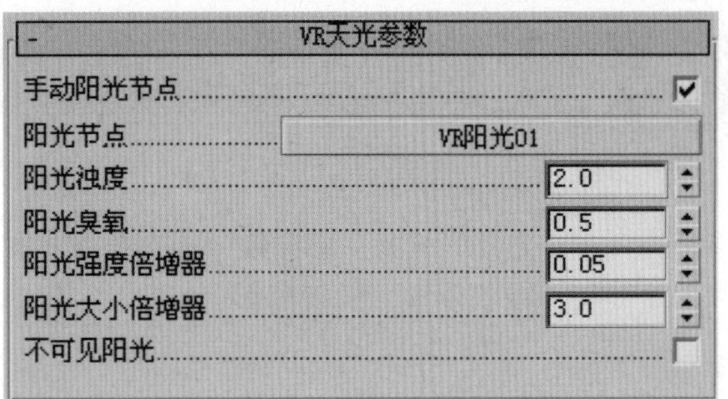

图 8－51　设置 VR 阳光贴图

图 8－52　光子图

20. 对场景进行最终渲染。由于场景中的模型比较多，渲染需要较长的时间。观察一下最后的效果，还是不错的。最终效果如图8－53 所示。

图 8－53　最终效果

8.3 课后练习

一、单项选择题

（1）在设置反光板时，需要取消的对象属性是（　　　　）。

A．接收阴影、投射阴影

B．对摄影机可见

C．应用大气

D．继承可见性

（2）下列与玉器材质控制透光效果无关的是（　　　　）。

A．折射下的光泽度

B．折射下的烟雾颜色

C．折射下的烟雾倍增

D．灯光倍增

（3）下列选项中对玉器和玻璃材质区别叙述正确的是（　　　　）。

A．玉的硬度大

B．玉的折射强

C．玉的光滑度大

D．玉的纹理平滑

二、简述题

（1）简要叙述利用VRay材质模拟玉器材质的制作过程。

（2）简要叙述利用VRay材质模拟半透明材质的制作过程。

三、问答题

在玉器材质的制作过程中如何把握好材质的通透效果？

四、实例制作

（1）在配套光盘中提供了一组简单的陶瓷模型，将它的材质重新设置成玉器的材质。场景中材质原来的效果如图8-54所示。

（2）自己动手制作一个玉器材质和半透明材质混合的场景。

图8-54　场景中材质原来的效果

第 09 课

卡通特效

本课中主要讲解VRay卡通的效果，将深入学习VRay卡通材质以及各种材质的制作，并将使用VRay毛发来制作植物。

9.1 实例应用

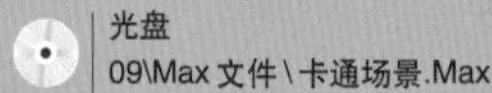

光盘
09\Max 文件\卡通场景.Max

「卡通场景」

实例目标

本节中将制作一个比较复杂的实例，也将深入介绍VRay卡通材质，以及各种材质的制作，并将使用VRay毛发来制作植物，所以本节所用到的命令和工具比较多，其中VRay毛发系统是1.45版本后加入的新功能，是一种比较简单的毛发插件程序，在随后的版本中VRay插件官方将VRay毛发系统的功能增强了一些，不过很多功能还是有很大的局限性。

技术分析

本例中将使用VRay卡通材质和VRay毛发系统两大功能来制作一个卡通场景，其中包含VRay毛发制作草丛的方法，以及VRay卡通参数的排除与包含设置等，其中还涉及VRay卡通材质的参数设置和一些材质ID的设置，相信读者朋友们学习完本节后，对VRay卡通效果已经非常熟悉了。

制作步骤

01. 首先打开光盘中的“卡通特效”场景文件，发现场景中有一只小鹿和一片草地，还有一架摄像机，如图9-1所示。

图9-1　打开场景文件

02. 在顶视图中选中“草地”模型部分，进入创建面板，选择“几何体”创建面板，打开“标准基本体”下拉菜单，选择VRay，然后单击“VRay毛发”按钮，效果如图9-2所示。

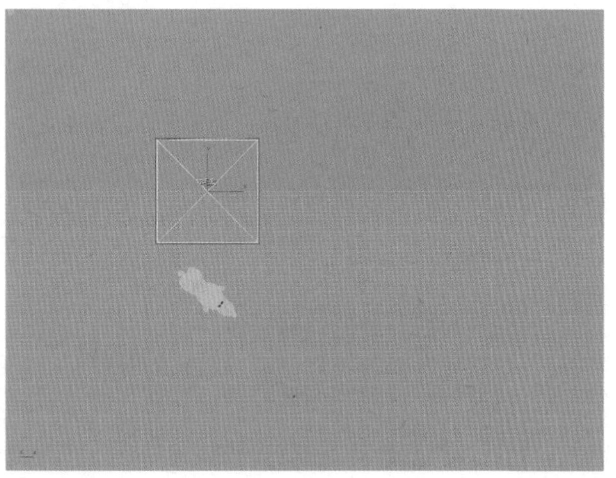

图9-2　创建VRay毛发

03.选择毛发物体，进入修改面板，打开“参数”卷展栏，设置“长度”的值为20.0，“厚度”的值为0.5，“重力”的值为0.71，“弯曲”的值为2.0，如图9-3所示。

图 9-3　设置毛发的尺寸

04.勾选“几何体细节”选项组中的“平面法线”选项，设置“结”的值为5，设置“变化”选项组中“方向参量”的值为0.2，设置“分配”选项组中“每个面”的值为500，如图9-4所示。

图 9-4　设置毛发的变化值

05.用将命令栏向上拖动，然后打开“贴图”卷展栏，单击“长度贴图”下面的按钮，弹出“材质/贴图浏览器”对话框，选择“3D贴图”类型，然后在右边的列表中选择“噪波”贴图，如图9-5所示。

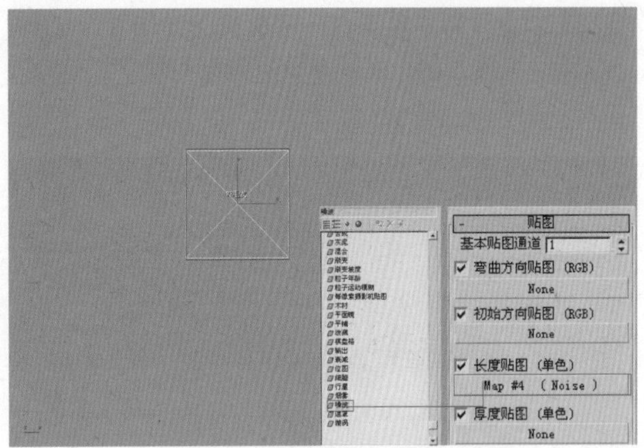

图 9-5　给长度添加噪波贴图

06.按下键盘上的M键，弹出“材质编辑器”然后将“长度贴图”下面的贴图文件拖曳到一个空白的材质球上，在弹出的“实例（副本）贴图”对话框中选择“实例”方式，如图9-6所示。

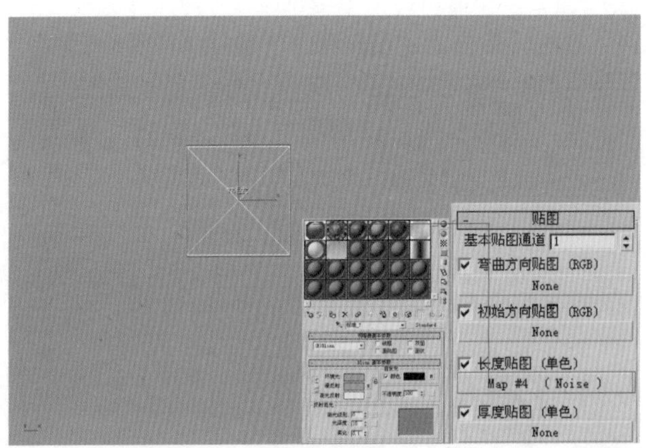

图 9-6　将噪波贴图拖曳到材质球上

07.设置噪波贴图的参数。打开“噪波参数”卷展栏，设置噪波“大小”的值为200.0，噪波阈值“高”的值为0.675。如图9-7所示。

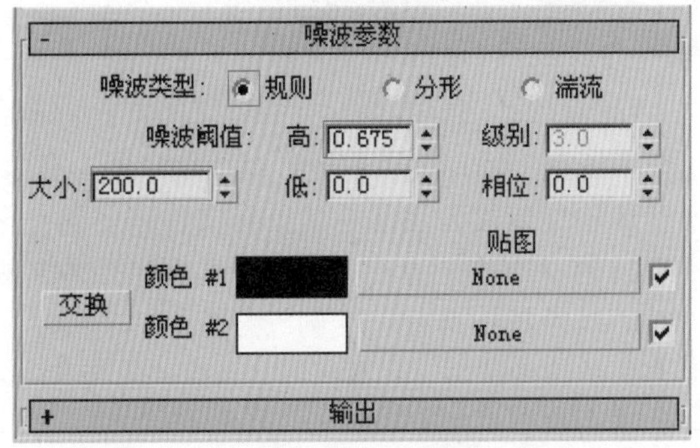

图 9-7　设置噪波参数

08.现在进行简单渲染看一下效果，如图 9－8 所示。观察画面，发现草的数量已经够了，密度也刚好。

图 9–8　预览效果

09.进入“VRay 毛发”修改面板，打开“贴图”卷展栏，单击“密度贴图”下的 None 按钮，弹出“材质／贴图浏览器”窗口，选择“2D 贴图”类型，然后在右边的列表中选择“渐变”贴图，如图 9–9 所示。

图 9–9　给密度添加渐变贴图

10.按下键盘上的 M 键，打开“材质编辑器”窗口，然后将“密度贴图”中的贴图文件拖曳到一个空白的材质球上，在弹出的“实例（副本）贴图”对话框中选择“实例”方式，并勾选 U、V 方向的镜像选项，设置“W”角度的值为 90.0，如图 9–10 所示。

图 9–10　设置渐变的参数

11.打开“材质编辑器”窗口，选择一个空白的材质球，然后将其指定为“VRay 毛发”物体，再单击“漫反射”右边的按钮，弹出“材质／贴图浏览器”对话框，选择“渐变”贴图，如图 9–11 所示。

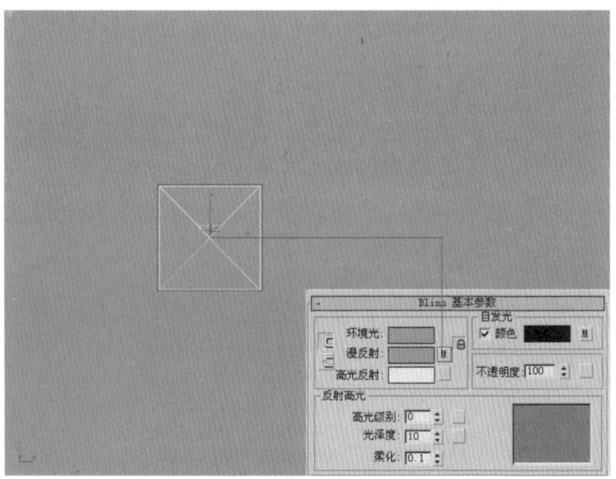

图 9–11　给漫反射添加渐变贴图

12.进入渐变贴图参数面板，打开“坐标”卷展栏选择“环境”，设置贴图“颜色 1”RGB 的值为（128、160、102），设置“颜色 2”RGB 的值为（0、56、5），设置“颜色 3”RGB 的值为（0、49、5），如图 9–12 所示。

13.返回上一层，打开“贴图”卷展栏，将漫反射贴图通道中的贴图拖曳到自发光通道中，在弹出的“实例（副本）贴图”对话框中选择“实例”方式，然后勾选“自发光”选项组中的“颜色”项，如图 9–13 所示。

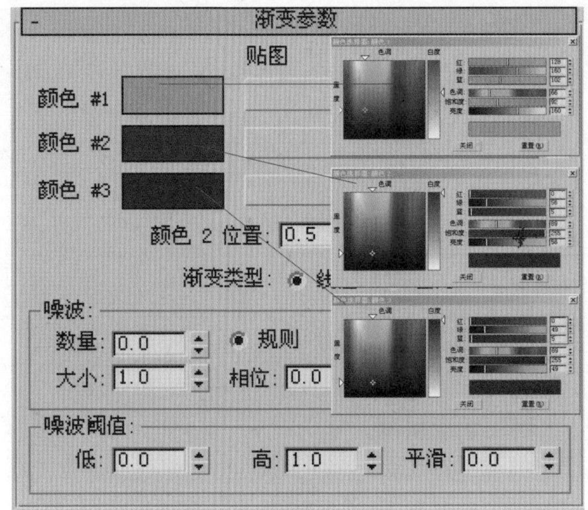

图 9-12　设置渐变参数

图 9-13　给“自发光”添加渐变贴图

14. 选中地面材质，将一个空白的材质球指定给地面，然后单击“漫反射”右边的按钮，给“漫反射”添加一个渐变贴图，设置“高光级别”的值为 30，“光泽度”的值为 15，如图 9-14 所示。

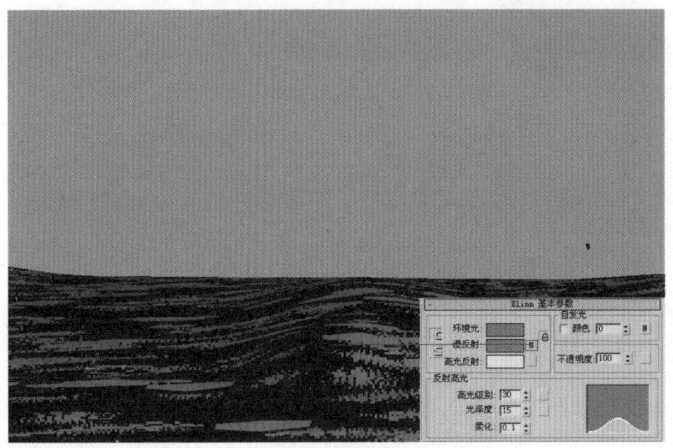

图 9-14　设置地面漫反射贴图

15. 打开“贴图”卷展栏，单击“自发光”右边的 None 按钮，弹出“材质／贴图浏览器”窗口，然后选择“Perlin 大理石”贴图，返回上一层，将“自发光”中的贴图文件拖曳到“凹凸”贴图文件中，在弹出的“实例（副本）贴图”对话框中选择“实例”方式，如图 9-15 所示。

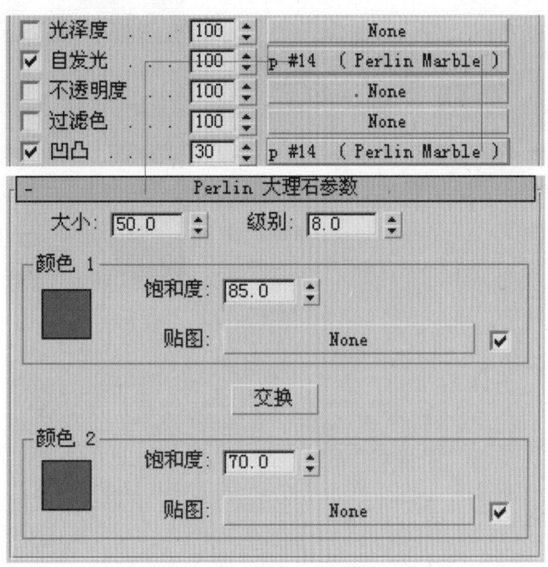

图 9-15　在自发光中添加贴图

16. 同样将”凹凸“中的贴图文件拖曳到”置换“的贴图通道中，在弹出的“实例（副本）贴图”对话框中选择“实例”方式，并设置“置换”的“数量”为 3，如图 9-16 所示。

贴图

	数量	贴图类型
☐ 环境光颜色	100	None
☑ 漫反射颜色	100	Map #13 (Gradient)
☐ 高光颜色	100	None
☐ 高光级别	100	None
☐ 光泽度	100	None
☑ 自发光	100	p #14 (Perlin Marble)
☐ 不透明度	100	None
☐ 过滤色	100	None
☑ 凹凸	30	p #14 (Perlin Marble)
☐ 反射	100	None
☐ 折射	100	None
☑ 置换	3	p #14 (Perlin Marble)

图 9-16　设置置换效果

17.单击“漫射”右边的按钮，进入渐变参数面板，打开“渐变参数”卷展栏，设置“颜色 1”RGB 的值为（13、97、31），设置“颜色 2”RGB 的值为（94、164、60），设置“颜色 3”RGB 的值为（119、214、42），如图 9—17 所示。

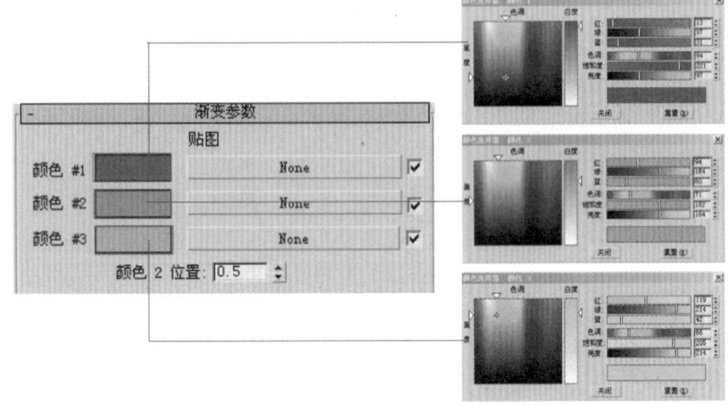

图 9—17　设置渐变的参数

18.进入前视图，选中“鹿角”部分的模型，然后打开“材质编辑器”选择一个空白的材质球，设置“漫反射”RGB 颜色的值为(231、110、31)，设置“高光级别”的值为 45，“光泽度”的值为 30，如图 9—18 所示。

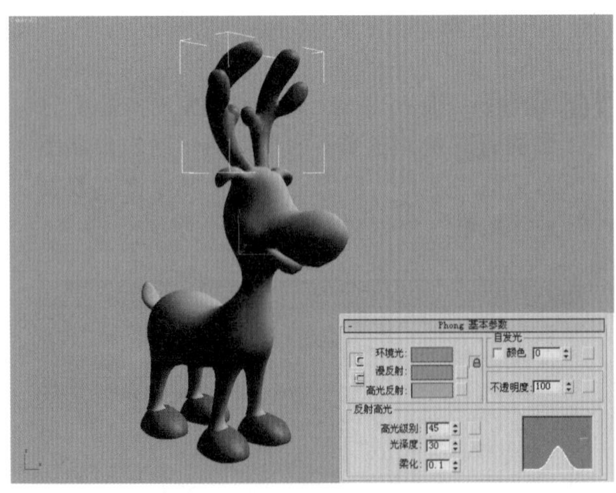

图 9—18　设置鹿角的颜色

19.在视图中选中“鹿身”部分，按下键盘上的 M 键，打开“材质编辑器”窗口，选择一个空白的材质球，并将其指定，设置“漫反射”RGB 颜色的值为（234、190、143），设置“高光反射”RGB 颜色的值为（253、203、143），设置“高光级别”的值为 0，“光泽度”的值为 0，如图 9—19 所示。

图 9—19　设置鹿身部分的材质

20.在前视图中选中“鹿脚”部分，然后选择一个空白的材质球，并将其指定给“鹿脚”模型部分，设置“漫反射”RGB 颜色的值为（149、85、16），设置“高光颜色”的值为（182、138、90），并设置“高光级别”的值为 45，“光泽度”的值为 30，如图 9—20 所示。

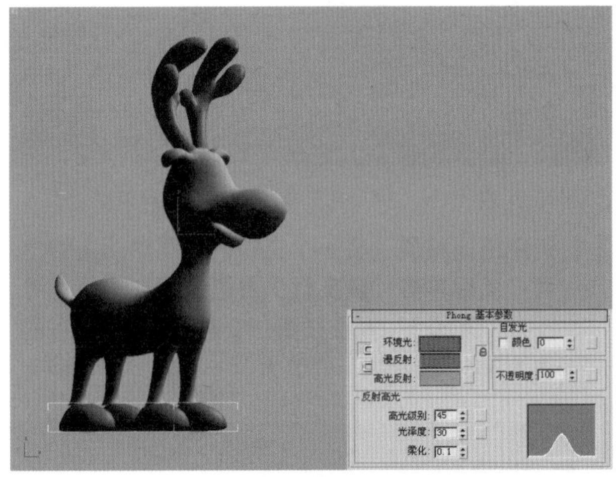

图 9—20　设置鹿脚部分的材质

21.所有的材质都已经制作完毕了。为了让场景更加柔和一些，现在给场景添加一个体积雾的特效，进入辅助对象创建面板，打开“标准”下拉菜单，然后选择“大气装置”选项，单击“球体 Gizmo”按钮，在顶视图中创建一个“球体 Gizmo“对象，并对其进行缩放和复制，如图 9—21 所示。

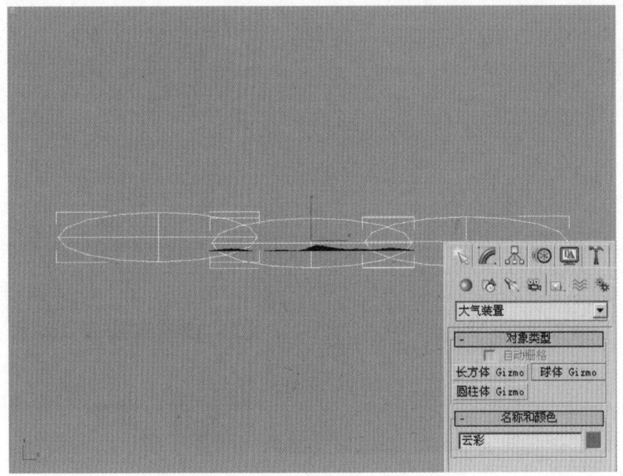

图 9—21　创建球体 Gizmo 物体

22. 按下键盘上的 8 键，弹出“环境和效果”对话框，单击“添加”按钮，在弹出的“添加大气效果”对话框中选择“体积雾”特效，然后单击“拾取 Gizmo”按钮，在顶视图中分别拾取三个大气 Gizmo 装置，如图 9—22 所示。

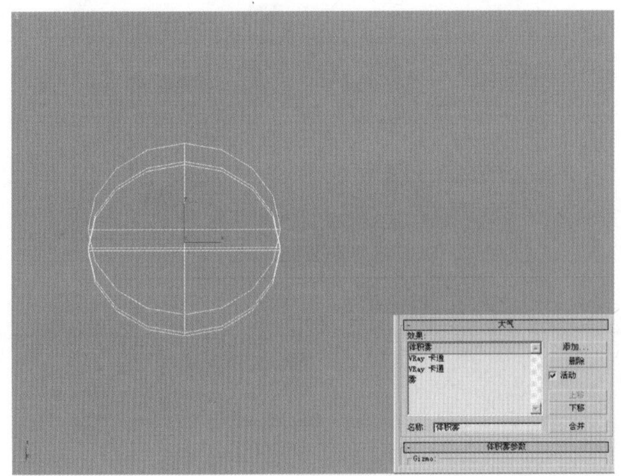

图 9—22　拾取球体 Gizmo 物体

23. 设置“柔化 Gizmo 边缘”的值为 0.15，设置“体积”选项组中“密度”的值为 30，“步长大小”的值为 6.0，“最大步数”的值为 80，设置“噪波”选项组中的“类型”为“分形”类型，如图 9—23 所示。

24. 所有的材质都制作完毕了，现在进行简单的渲染，看一下大概的效果，如图 9—24 所示。

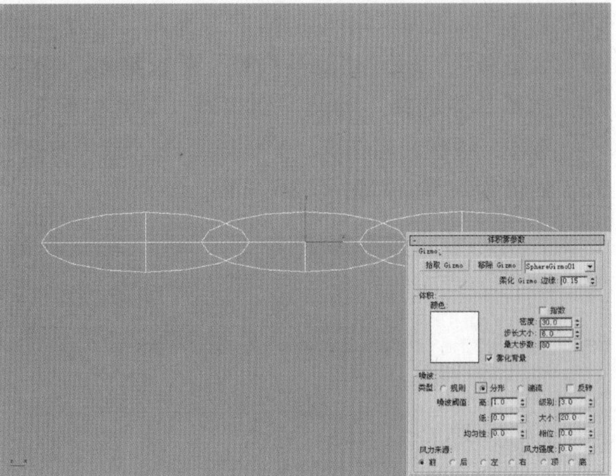

图 9—23　设置体积雾参数

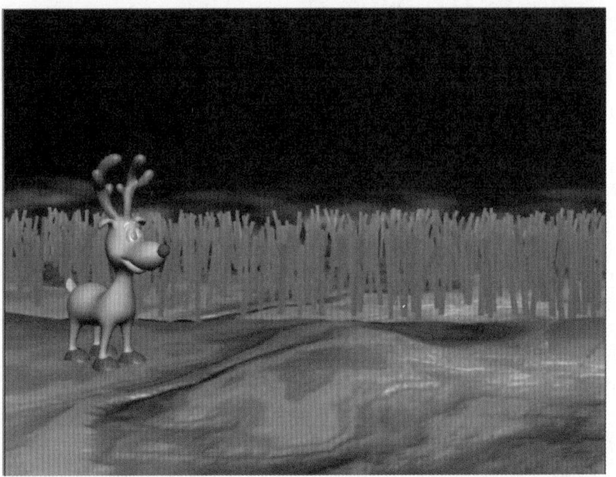

图 9—24　预览效果

25. 现在来创建天空中的云彩。进入创建面板，单击“几何体”，单击“球体”按钮，在顶视图中创建一个球体，然后按下键盘上的 R 键，对其进行缩放，并将其命名为“云彩”，效果如图 9—25 所示。

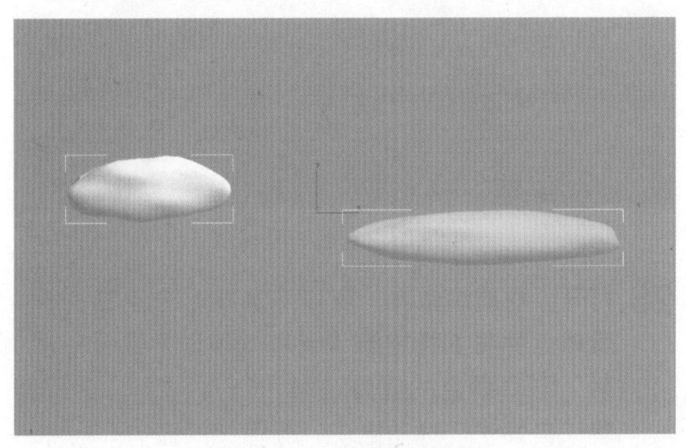

图 9—25　创建云彩模型

26.在选中“云彩”模型的情况下进入“修改”命令面板，打开“修改器列表”下拉菜单，在下拉菜单中选择”噪波“修改器，勾选“分形”选项，设置“粗糙度”的值为1.0，“迭代次数”的值为3.9，如图9-26所示。

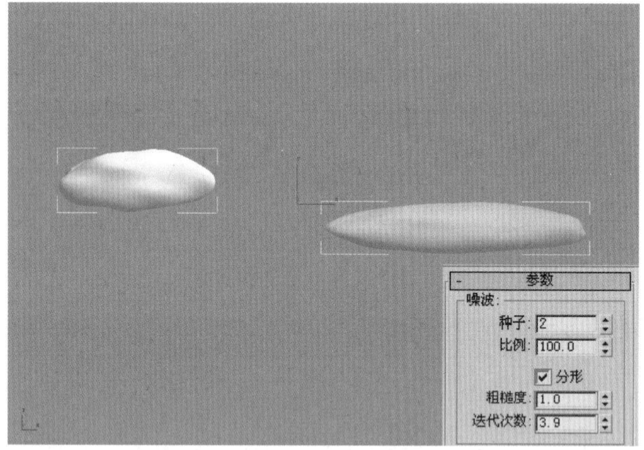

图9-26　给云彩模型添加噪波修改器

27.选中“云彩”模型，进入修改命令面板，设置“强度”选项组中Y方向的强度值为15，设置X方向的强度值为10，然后按下键盘上的Shift键，将其进行移动复制，在弹出的“克隆选项”对话框中选择“复制”模式，再对复制出来的云彩进行缩放操作，如图9-27所示。

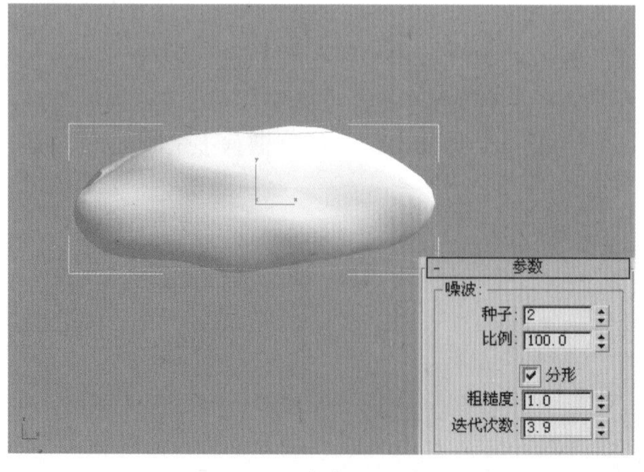

图9-27　复制云彩模型

28.打开“材质编辑器”窗口，选择一个空白的材质球，并将其指定给“云彩”模型，设置“漫射”RGB颜色的值为（217、244、241），设置“自发光”选项组中“颜色”的值为50，如图9-28所示。

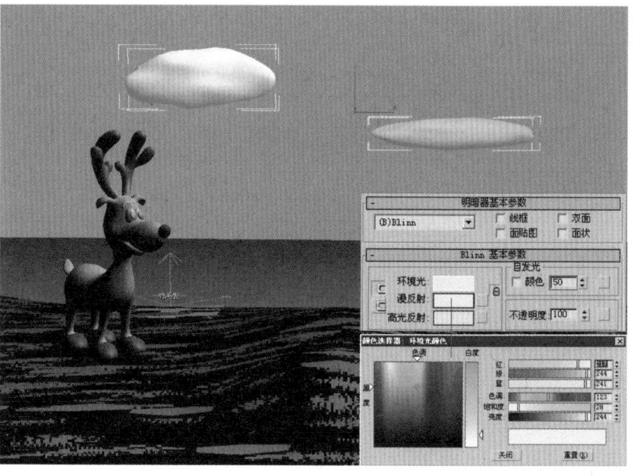

图9-28　给云彩模型指定材质

29.给场景添加背景。按下键盘上的8键，弹出“环境和效果”控制面板，单击“环境贴图”下面的None按钮，弹出“材质／贴图浏览器”，选择“渐变”贴图，如图9-29所示。

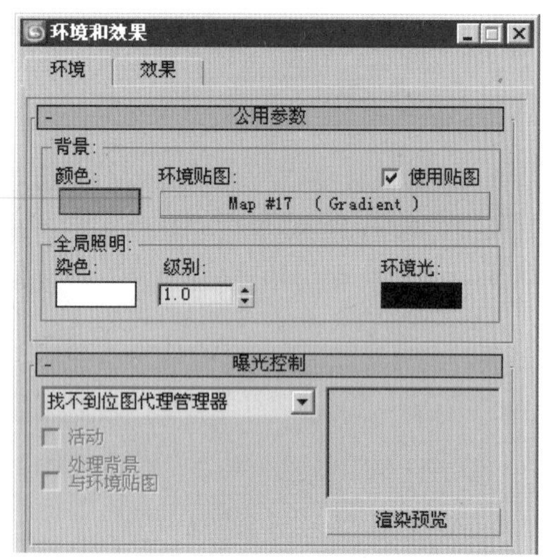

图9-29　给环境添加渐变贴图

30.按下键盘上的M键，打开“材质编辑器”对话框，然后将“环境贴图”中的贴图拖曳到一个空白的材质球上，在弹出的“实例（副本）贴图”对话框中选择“实例”方式，如图9-30所示。

31.进入渐变参数控制面板，在“坐标”卷展栏中选择“环境”，设置贴图方式为“屏幕”，打开“渐变参数”卷展栏，设置“颜色1”RGB的值为（97、154、198），设置“颜色2”RGB的值为（131、181、210）.设置“颜色3”RGB的值为（174、208、211），如图9-31所示。

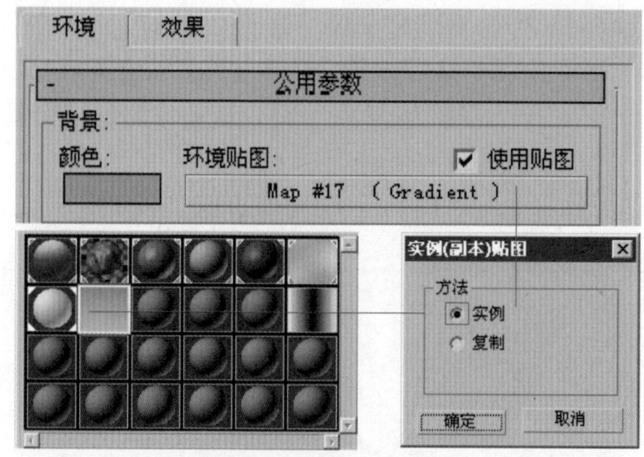

图 9-30　将环境贴图拖曳到材质球上

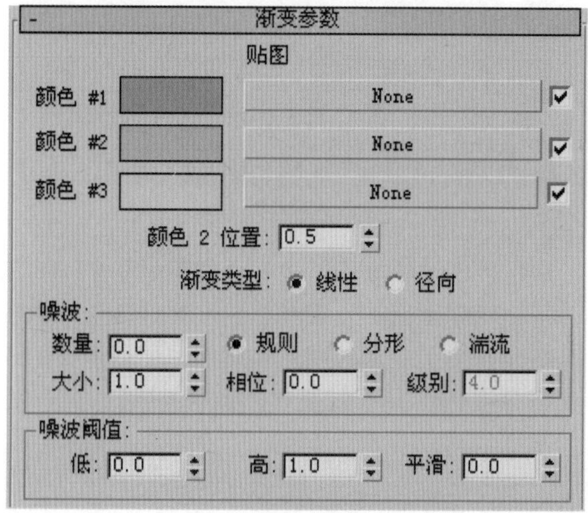

图 9-31　设置渐变的参数

32.所有的材质都设置完毕了，现在进行测试渲染，按下键盘上的F10键，设置渲染输出的宽为700，高为437，并取消“渲染帧窗口”选项，如图9-32所示。

图 9-32　设置渲染尺寸

33.进入VRay渲染器参数控制面板，打开“帧缓冲区”卷展栏，勾选“启用内置帧缓冲区”选项。这样在渲染的时候启用的将是VRay的帧缓冲，如图9-33所示。

V-Ray:: 帧缓冲区
启用内置帧缓冲区
显示最后的 VFB
渲染到内存帧缓冲区
输出分辨率
从 MAX 获取分辨率
纵横比: 1.0
宽度 640
高度 480
640x480　1024x768　1600x1200
800x600　1280x960　2048x1536
V-Ray 原(raw)图像文件
渲染到 V-Ray 原(raw)图像文件
产生预览
浏览...
分离渲染通道
保存单独的 G 缓冲区通道
保存 alpha
保存 RGB 和 Alpha 通道
浏览...

图 9-33　启用内置帧缓冲区

34.打开“图像采样（反锯齿）”卷展栏，设置“图像采样器”的类型为“自适应细分”，“抗锯齿过滤器”的模式为“区域”，并打开“自适应细分图像采样器”，设置“最小比率”的值为-1，“最大比率”的值为1，如图9-34所示。

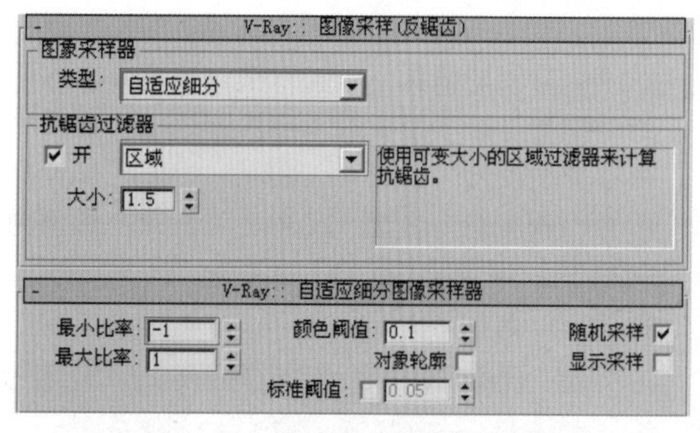

图 9-34　设置自适应细分的参数

35.现在进行渲染，速度非常快，如图9-35所示。观察画面，发现画面看上去非常平淡，这是因为场景中还没有添加灯光。下面来给场景添加灯光。

36.进入灯光创建面板，单击“目标聚光灯”按钮，在前视图中创建一盏目标聚光灯，然后将其拖曳到合适的位置上，如图9-36所示。

图 9—35　测试渲染

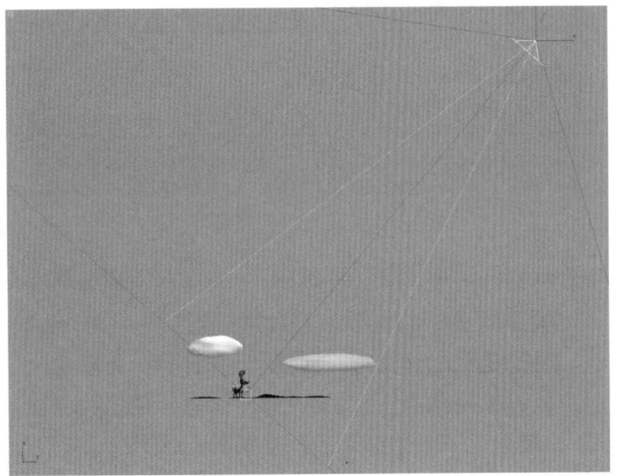

图 9—36　创建灯光

37. 在渲染灯光的情况下，进入修改命令面板，勾选“阴影”选项组中的“启用”选项，然后将阴影类型设置为“VRay 阴影”，打开“聚光灯参数”卷展栏，设置“聚光区／光束”的值为 64.88，“衰减区／区域”的值为 115.465，如图 9—37 所示。

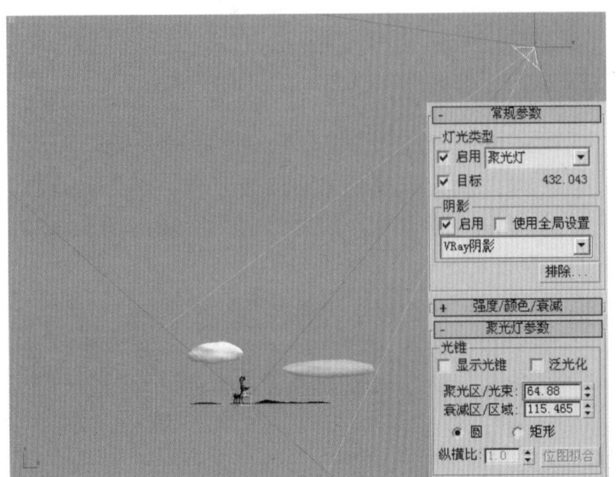

图 9—37　设置灯光参数

38. 打开“VRay 阴影参数”卷展栏，勾选“区域阴影”选项，然后选择“球体”类型，设置U、V、W 三个方向的值都为 100。设置“细分”的值为 8，如图 9—38 所示。

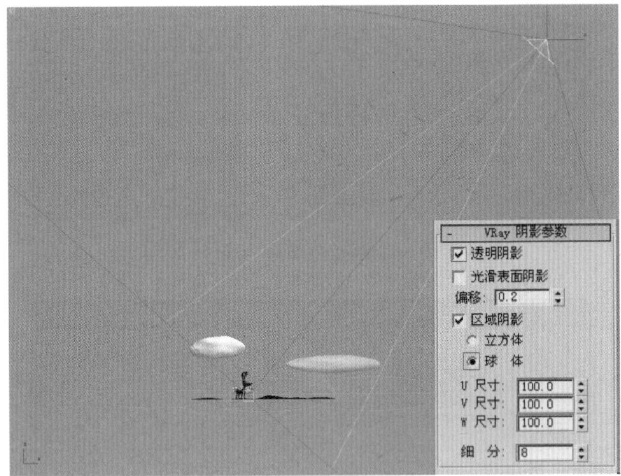

图 9—38　设置灯光阴影参数

39. 现在进行渲染看一下效果。效果如图 9—39 所示。观察画面，发现效果比刚才好多了，由于灯光开启了“区域阴影”功能，所以渲染的速度会慢一点，不过整体的影响不大。

图 9—39　添加灯光后的效果

40. 现在来设置“VRay 卡通”参数，因为 VR 卡通特效是一种大气特效，所以是在环境和效果面板中进行添加。按下键盘上的 8 键，弹出环境和效果面板，打开“大气”卷展栏，单击“添加”按钮，弹出“添加大气效果”面板，选择“VRay 卡通”选项，如图 9—40 所示。

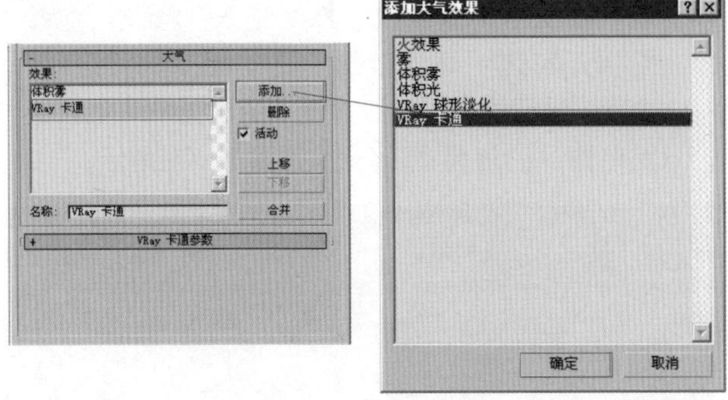

图 9-40　添加 VRay 卡通效果

41. 打开 “VRay 卡通参数” 卷展栏，设置 “像素” 的值为 3.0，单击 “贴图” 选项组中 “不透明度” 右边的 None 按钮，弹出 “材质 / 贴图浏览器” 窗口，然后选择 “渐变” 贴图，如图 9-41 所示。

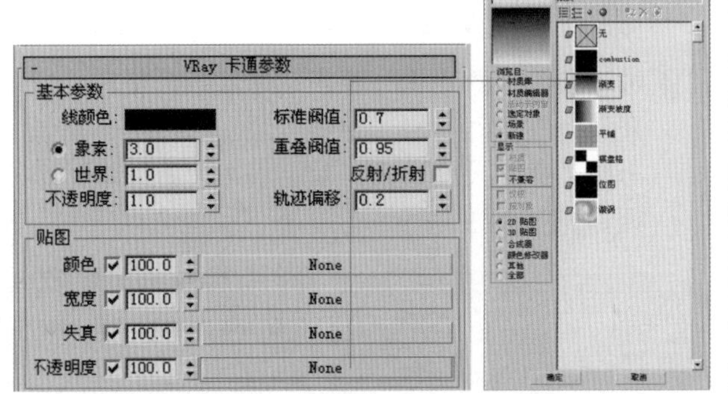

图 9-41　在不透明度中添加渐变贴图

42. 将控制面板向上拖曳，在 “包括 / 排除对象” 选项组中，单击 “添加” 按钮，然后按下键盘上的 H 键，弹出 “选择对象” 对话框，在 “列出类型” 选项组中取消所有选项，只选择 “几何体” 选项，然后按住 Ctrl 键，多选列表中的项目，如图 9-42 所示。

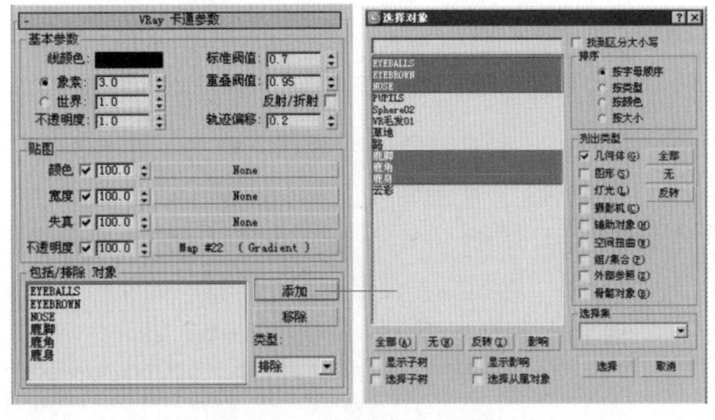

图 9-42　设置包含的模型

43. 将 “包括 / 排除对象” 选项组中的 “类型” 设置为 “排除”，这样其他的模型将不会产生卡通效果。再单击 “添加” 按钮，选择 “VRay 卡通” 项目，设置 “像素” 的值为 1.5，单击 “贴图” 选项组中 “不透明度” 右边的 None 按钮，弹出 “材质 / 贴图浏览器” 对话框，选择 “渐变” 贴图，如图 9-43 所示。

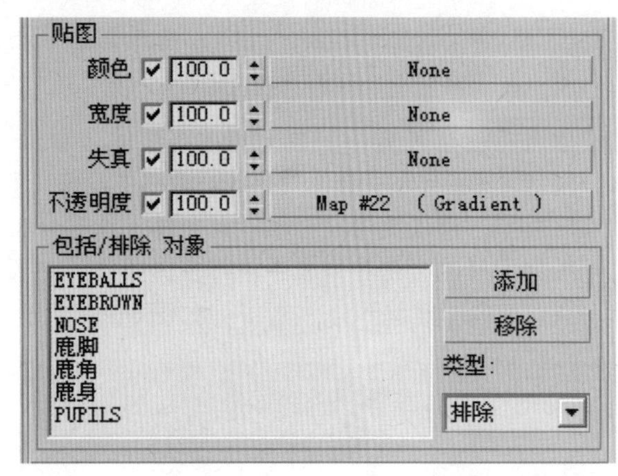

图 9-43　设置 VRay 卡通参数

44. 同样在 “包括 / 排除对象” 选项组中单击 “添加” 按钮，然后按下键盘上的 H 键，弹出 “选择对象” 面板，在 “列出类型” 选项组中取消 “几何体” 以外所有的选项，按住键盘上的 Ctrl 键，在列表中进行多选操作，如图 9-44 所示。

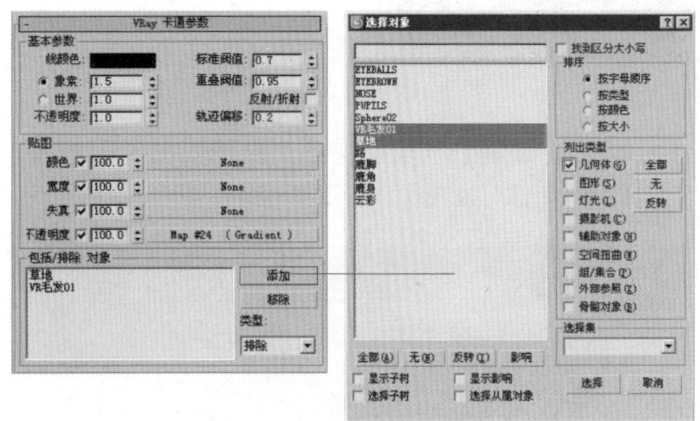

图 9-44　添加排除的对象

45. 单击 “添加” 按钮，在弹出的 “添加大气效果” 面板中选择 “VRay 卡通” 选项，然后设置 “像素” 的值为 3.0，单击 “不透明度” 右边的 None 按钮，在弹出的 “材质 / 贴图浏览器” 中选择 “渐变” 贴图，如图 9-45 所示。

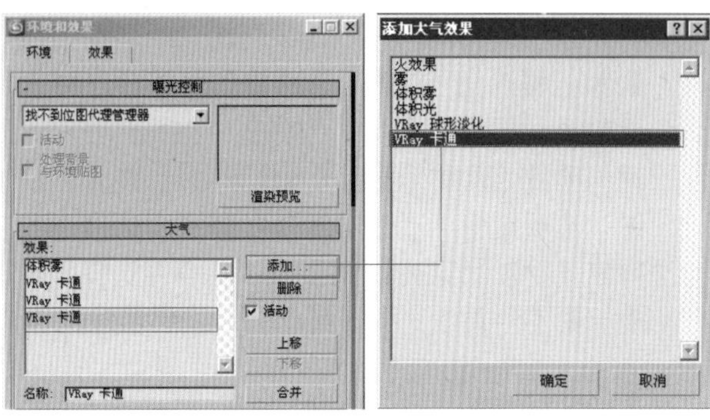

图 9-45 设置 VRay 卡通参数

46.单击“包括/排除对象”选项组中的“添加”按钮，在弹出的“选择对象”对话框中设置“列出类型”选项组中只显示“几何体”选项，然后用同样的方法在列表中进行多选操作，并设置它们的“类型”为“排除”，如图 9-46 所示。

图 9-46 设置排除对象

47.现在进行渲染，观察视图，发现视图中已经有轮廓线了。效果如图 9-47 所示。

图 9-47 添加 VRay 卡通后的效果

48.选中视图中的摄像机，然后进入”修改“命令面板，勾选“环境范围”选项组中的“显示”选项，然后设置“近距范围”的值为 180.0，“远距范围”的值为 230.0，如图 9-48 所示。

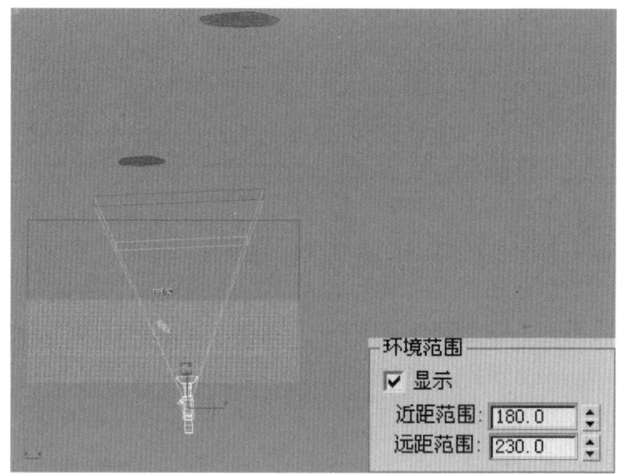

图 9-48 设置摄像机范围

49.按下键盘上的 8 键，弹出环境和效果面板，打开”大气“卷展栏，单击”添加“按钮，在弹出的”添加大气效果“对话框中选择”雾“选项，如图 9-49 所示。

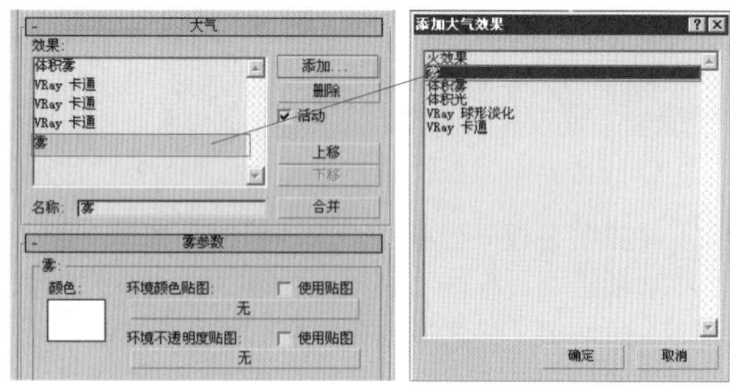

图 9-49 添加雾效果

50.将控制面板向上拖动，然后取消”雾化背景“选项，勾选“标准”选项组中的“指数”选项，设置“近端”的值为 40，“远端”的值为 70，这样画面将会有一个雾效的过渡，如图 9-50 所示。

51.进入 VRay 渲染器参数面板，打开“图像采样(反锯齿)”卷展栏，设置“抗锯齿过滤器”的模式为 Catmull-Rom，打开“自适应细分图像采样器”卷展栏，设置“最小比率”的值为 -1，“最大比率”的值为 2，如图 9-51 所示。

图 9—50　设置雾效参数

V-Ray:: 图像采样(反锯齿)
图象采样器
类型: 自适应细分
抗锯齿过滤器
开 Catmull-Rom
具有显著边缘增强效果的 25 像素过滤器。
大小: 4.0
V-Ray:: 自适应细分图像采样器
最小比率: -1
颜色阈值: 0.1
随机采样
最大比率: 2
对象轮廓
显示采样
标准阈值: 0.05

图 9—51　设置图像采样的参数

52.打开“间接照明”卷展栏，勾选“开”选项，设置“二次反弹”的“倍增器”值为0.5，打开“发光贴图”卷展栏，设置“当前预置”的模式为“高”，“模型细分”的值为50，如图9—52所示。

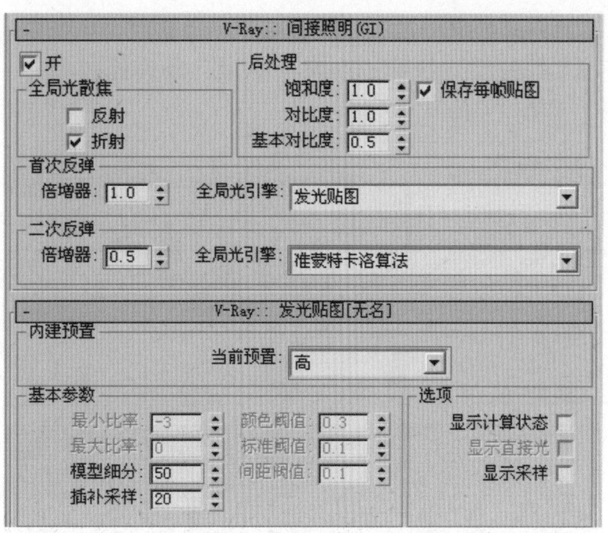

图 9—52　设置间接照明的参数

53.现在进行最后的渲染输出，此时的效果会相当不错，但是需要等待一段时间，最后的效果如图 9—53 所示。

图 9—53　最后效果

9.2　拓展训练：卡通材质和其他材质的混合效果

VRay 卡通效果的功能还不是很完善，如果想做出好的效果只能配合材质来完成，如果遇到特殊的场景，最好还是和MAX 默认的卡通材质配合使用。通过学习本例读者朋友们应该对 VRay 卡通效果非常熟悉了，相信也可以制作出类似的卡通效果。

01.打开光盘中的"拓展训练"场景文件，场景中有一架飞机和一个室外环境，场景比较简单单，如图 9–54 所示。

图 9–54 打开场景文件

02.进入灯光创建面板，单击"聚光灯"按钮，在视图中创建一盏聚光灯，并调整到合适的位置，如图 9–55 所示。

图 9–55 创建聚光灯

03.在选中"聚光灯"的情况下进入"修改"命令面板，打开"常规参数"卷展栏，勾选"阴影"选项组中的"启用"选项，并将阴影的方式更改为"VRay 阴影"，设置"倍增"的值为 1，如图 9–56 所示。

04.按下键盘上的 M 键，弹出"材质编辑器"，选择一个空白的材质球，将其指定给场景中的飞机模型，为"漫射"设置一个蓝色，如图 9–57 所示。

图 9–56 设置聚光灯参数

图 9–57 设置机身材质

05.设置"高光光泽度"的值为 0.75，"光泽度"的值为 0.83，"细分"的值为 20，并为反射通道贴一张衰减贴图，如图 9–58 所示。

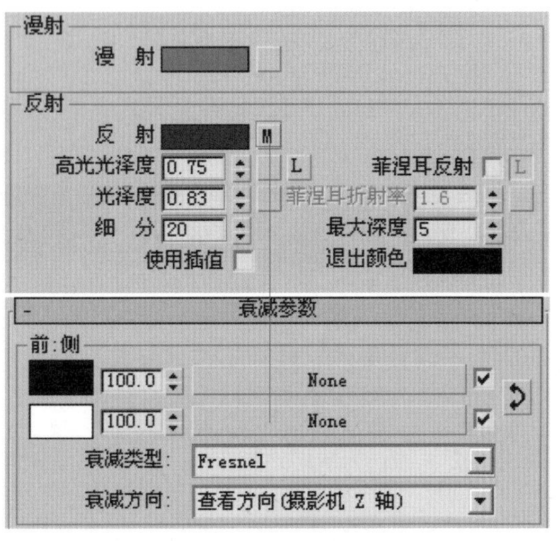

图 9–58 设置反射参数

06. 为飞机轮子指定一种黑色的材质。设置“漫射”的RGB值分别（20、20、20），为凹凸通道贴一张噪波贴图，这样就可以产生一定的凹凸效果，如图9-59所示。

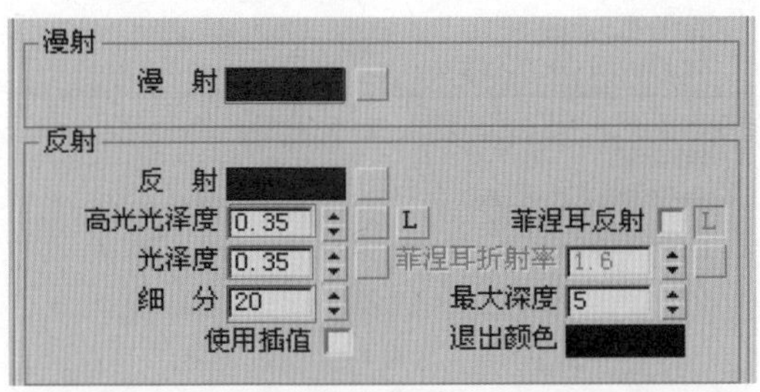

图 9-59　设置轮胎材质

07. 为场景中的地面添加“VR毛发”效果。打开“参数”卷展栏，“长度”的值为20.0，“厚度”的值为0.5，“重力”的值为0.71，“弯曲”的值为2.0，如图9-60所示。

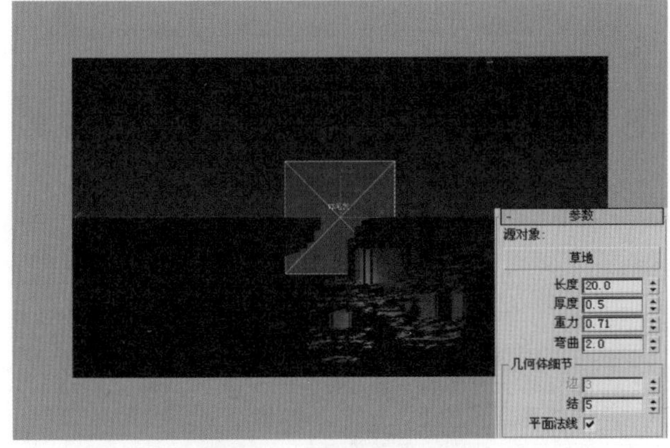

图 9-60　设置VR毛发参数

08. 勾选“几何体细节”选项组中的“平面法线”选项，设置“结”的值为5，设置“变化”选项组中的“方向参量”的值为0.2，设置“分配”选项组中“每个面”的值为500，如图9-61所示。

09. 设置“云彩”的材质。设置“漫射”的RGB值分别（217、244、241），“高光级别”为15，“光泽度”为20，如图9-62所示。

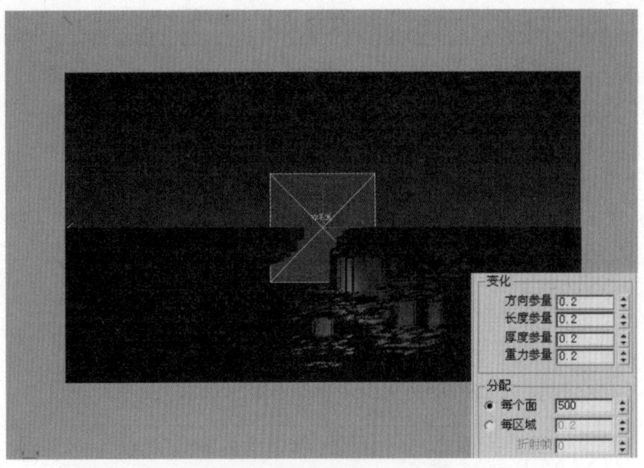

图 9-61　设置地面材质

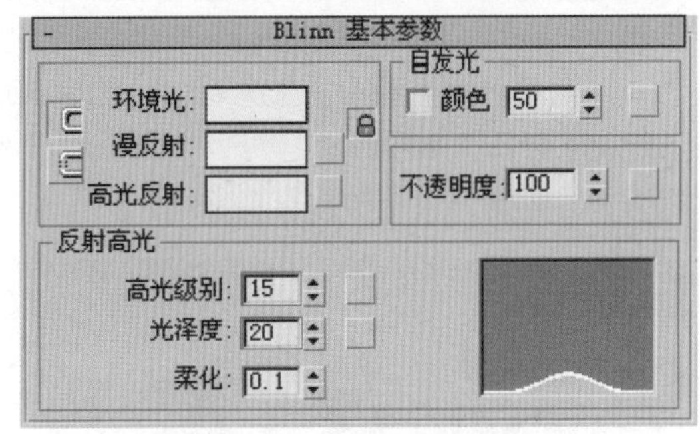

图 9-62　设置“云彩”的材质

10. 现在来给场景添加“VRay卡通”大气特效。按下键盘上的8键，弹出“环境和效果”面板，打开“大气”卷展栏，单击“添加”按钮，弹出“添加大气效果”对话框，选择“VRay卡通”选项，如图9-63所示。

大气
效果:
VRay 卡通
添加...
删除
活动
上移
下移
名称: VRay 卡通
合并
VRay 卡通参数
基本参数

图 9-63　添加VRay卡通大气效果

11. 打开“VRay卡通参数”卷展栏，设置“线颜色”为黑色，“标准阈值”为0.7，“重叠阈值”为0.95，设置“像素”的值为3.0，其他的值为默认，如图9-64所示。

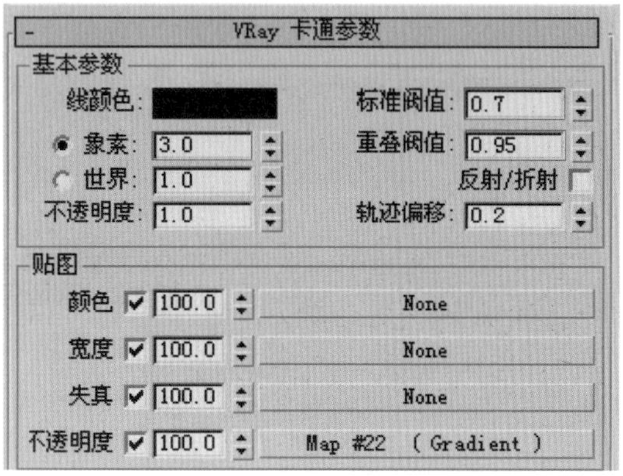

图 9-64 设置 VRay 卡通参数

12.按下键盘上的F10 键，弹出“渲染场景”控制面板，进入“公用”控制面板，设置它“输出大小”的尺寸宽为800，高为686，然后取消“渲染帧窗口”选项。这样可以节省一部分系统资源，如图9-65 所示。

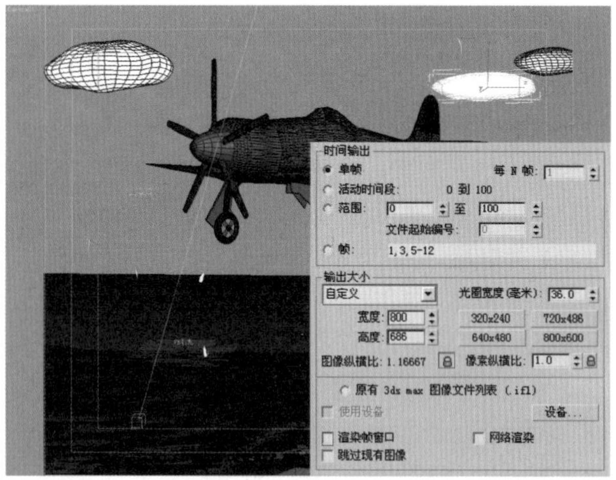

图 9-65 设置输出尺寸

13.进入渲染器参数面板，打开”帧缓冲区“卷展栏，勾选”启用内置帧缓冲区“选项，这样VRay内置的帧缓冲区将代替MAX 默认的帧缓冲区，可以有效地提高速度，如图9-66 所示。

14.打开“全局开关”卷展栏，取消“默认灯光”选项，打开“图像采样（反锯齿）”卷展栏，设置“图像采样器”的类型为“自适应细分”，设置“抗锯齿过滤器”的模式为Catmull-Rom，如图9-67 所示。

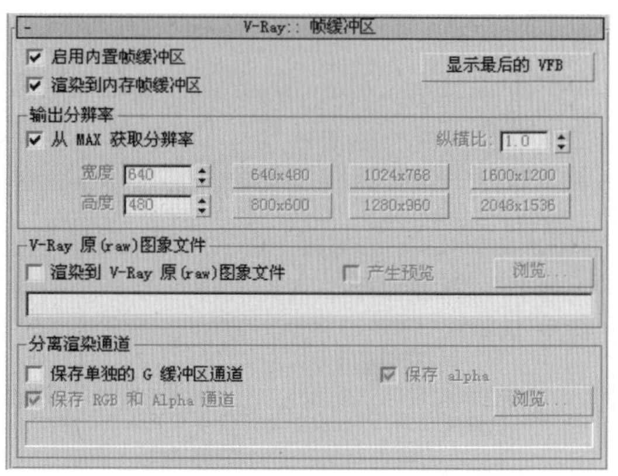

图 9-66 启用内置帧缓冲区

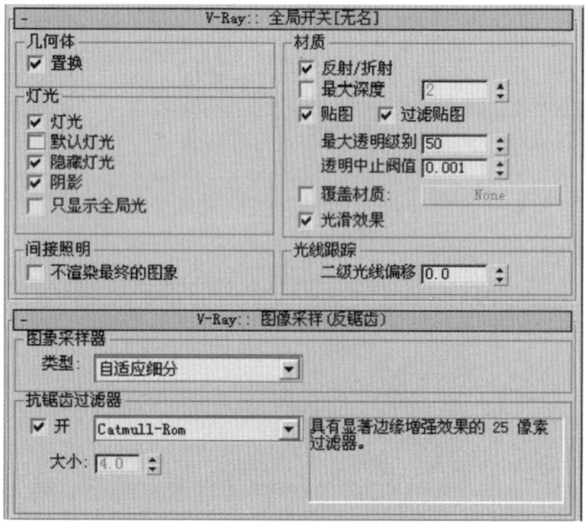

图 9-67 设置图像采样参数

15.打开“自适应细分图像采样器”卷展栏，设置“最小比率”的值为0，“最大比率”的值为3。打开“间接照明”卷展栏，勾选“开”选项，启用间接照明功能，设置“二次反弹”的“全局光引擎”为“无”，如图9-68 所示。

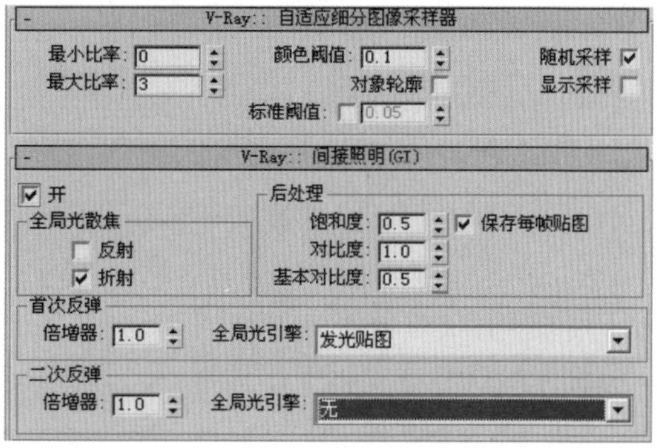

图 9-68 设置间接照明的参数

16.所有参数都设置完毕后，进行渲染输出，现在得到的效果很不错，如图9-69 所示。

图 9–69　最后效果

9.3　课后练习

一、单项选择题

（1）在设置植被、人物和动物的皮毛的时候可以利用 VRay 的哪种特效来模拟？（　　　　）

A．VRay 毛发

B．VRay 置换

C．VRay 大气

D．VRay 体积雾

（2）下面选项中能使场景更加柔和的是（　　　　）。

A． 体积雾

B． 火焰

C． 雾

D． 毛发

二、简述题

（1）简要叙述制作体积雾效果的过程。

（2）归纳出 VRay 毛发特效和 VRay 置换特效的异同点。

三、 实例制作

（1）在配套光盘中提供了一组简单的场景文件，将它的材质重新设置成卡通材质。效果如图 9–70 所示。

（2）自己动手制作一个卡通材质的场景。有兴趣的话可以设置不同的颜色搭配。

图 9–70　最后效果

第 10 课

置换特效

本课主要讲解VRay的置换特效，VRay的置换特效在效果图的制作中用途非常广泛，可以利用VRay的置换特效来模拟毛巾、地毯等表面毛糙的织物效果，也可以在动画制作中制作物体表面变化的动画。

10.1 实例应用

10.1.1 刺球效果

通过对本例的学习，掌握 VRay 置换特效的制作。为今后效果图制作中真实模拟织物效果作铺垫。同时感受一下利用 VRay 置换特效来制作物体表面凹凸效果的优越性。本例利用 VRay 贴图置换来实现物体的置换效果，主要通过贴图的选取与制作，灯光的设置，同时结合渲染器的设置来达到置换的最终效果。

01. 在配套光盘中找到“刺球”原始文件，并在 3ds max 中运行打开，在这个场景中会发现材质与灯光均已设置完毕，渲染默认视图为“摄影机视图”，材质为 VRayMtl 与“VRay 贴图置换”相结合，灯光类型为MAX默认灯光，是由一盏“目标聚光灯”组成，具体操作见后面的制作步骤，在这个场景中灯光阴影类型为“VRay 阴影”，如图 10－1 所示。

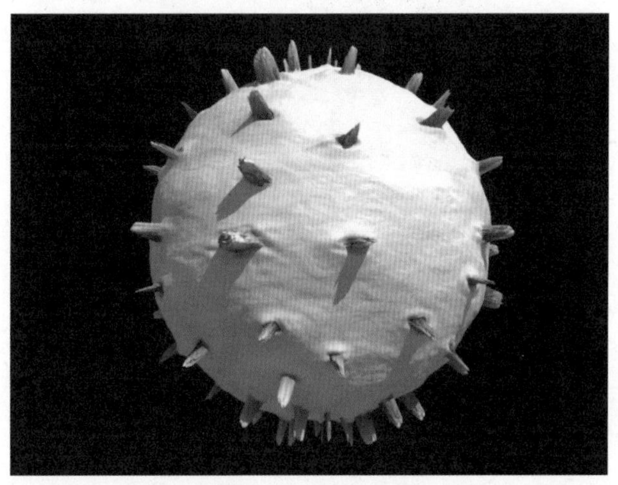

图 10－1　刺球最终效果

02. 在 VRay 中，“VRay 置换模式”是通过贴图来实现的，场景中的材质是利用两张贴图的配合，一张是用来控制模型外形态的，也就是一张彩色位图；另一张为黑白贴图，在增加的 VRay 置换模式命令中设置，如图 10－2 所示，为场景的源文件。下面讲解具体的制作方法。

03. 单击“材质编辑器”按钮，弹出“材质编辑器”对话框，选择一个未被使用的材质球，同时单击“将材质指定给选定对象”按钮，将此材质球的默认材质指定到“刺球”模型上，如图 10－3 所示。

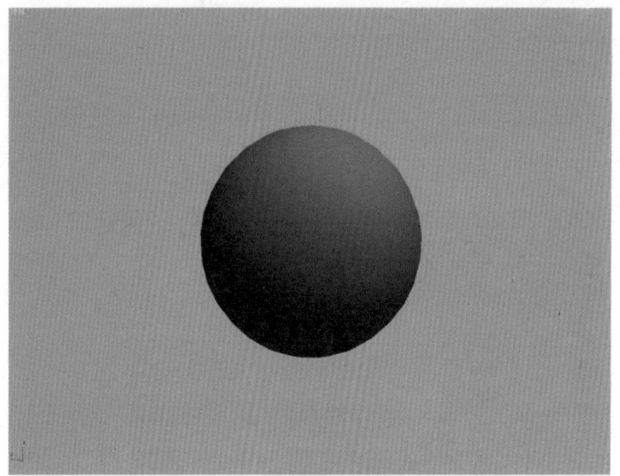

图 10－2　场景源文件

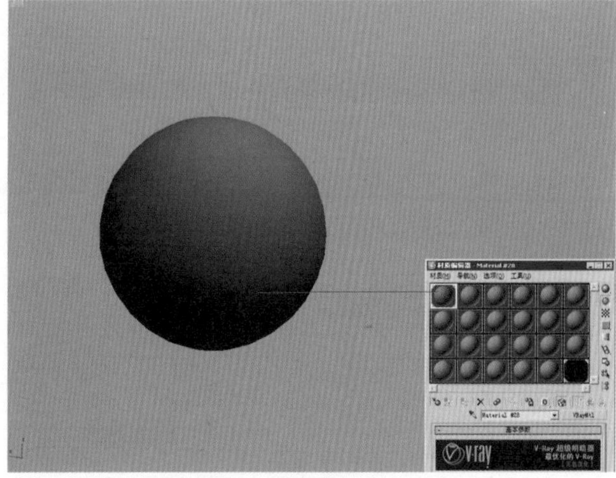

图 10－3　将材质指定到模型上

04. 单击“材质贴图浏览器”按钮 Standard ，弹出“材质贴图浏览器”对话框，选择 VRayMtl 材质类型后点击“确定”按钮，如图 10－4 所示。

05. 在创建的 VRayMtl 材质中，单击漫射贴图通道按钮，在弹出的“材质贴图浏览器”对话框中选择“位图”后确定，如图 10－5 所示。

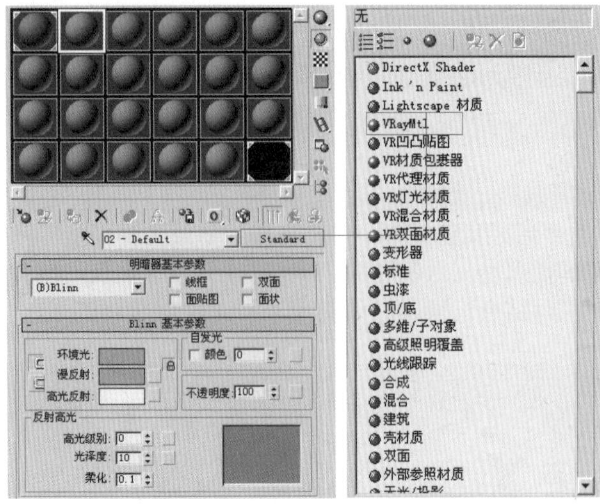

图 10-4 创建 VRayMtl 材质类型

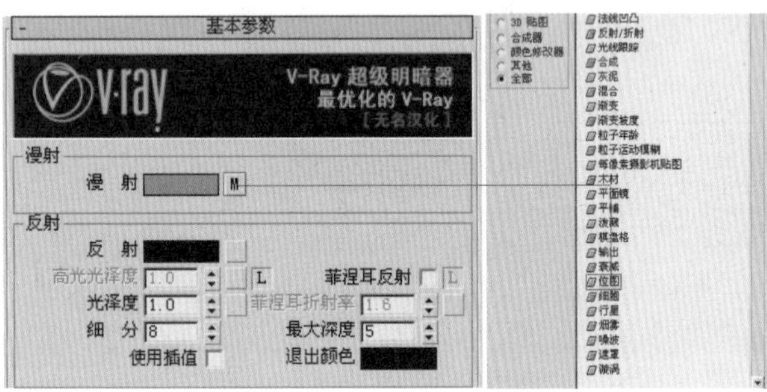

图 10-5 为漫射增加贴图

06. 在随后弹出的"选择位图图像文件"对话框中手动寻找准备好的需要置换的彩色位图贴图路径，单击"打开"按钮后返回，如图10-6所示。

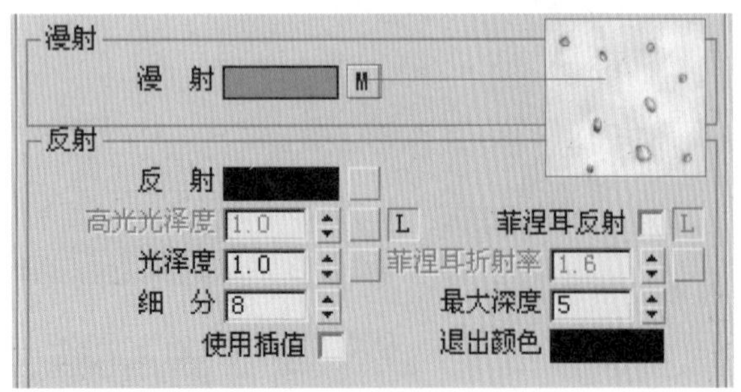

图 10-6 为漫射增加贴图纹理

07. 进入"贴图"卷展栏，单击漫射贴图通道，进入漫射贴图设置对话框，在"坐标"卷展栏中将U、V平铺数均设置为3.0，如图10-7所示。

08. 利用"选择"工具选中球体模型，同时单击"修改"按钮，进入修改面板，打开修改器下拉菜单，为模型增加"VRay置换模式"修改器，如图10-8所示。

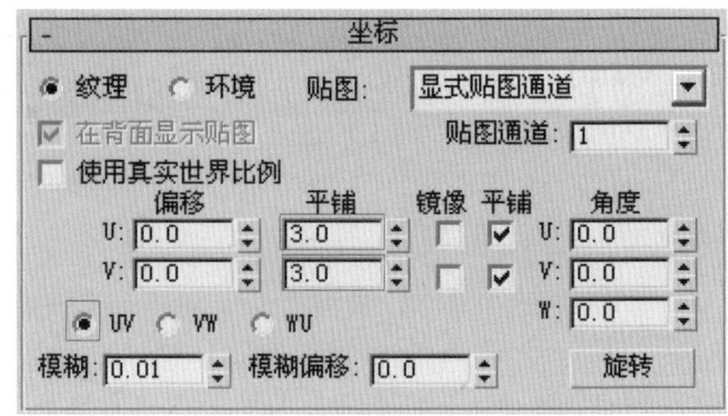

图 10-7 设置贴图 U、V 平铺

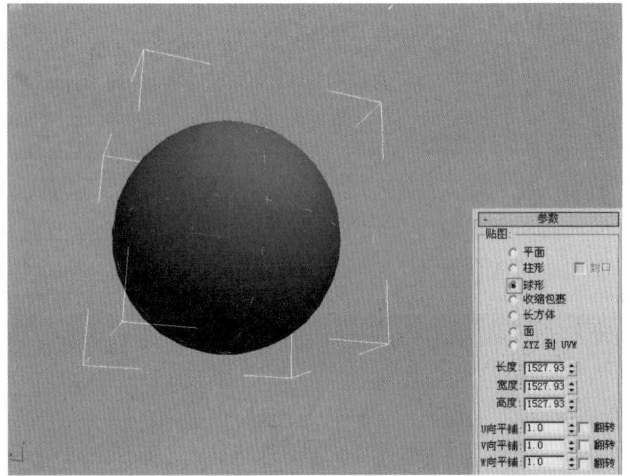

图 10-8 增加 VRay 置换模式修改器

09. 在修改面板中，找到VRay置换模式修改器"参数"卷展栏，将"类型"更改为"2D贴图(景观)"，"数量"设置为150.0，2D贴图"分辨率"设置为1024，如图10-9所示。

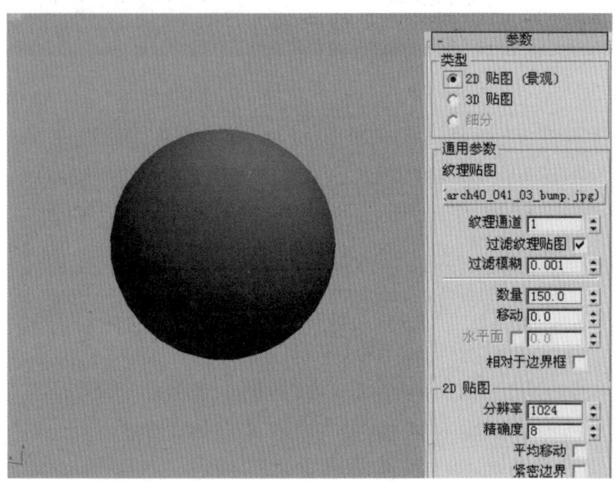

图 10-9 设置 VRay 置换

10.单击纹理贴图通道按钮 None ，弹出“材质贴图浏览器”对话框，选择“位图”后单击“确定”按钮，如图 10-10 所示。

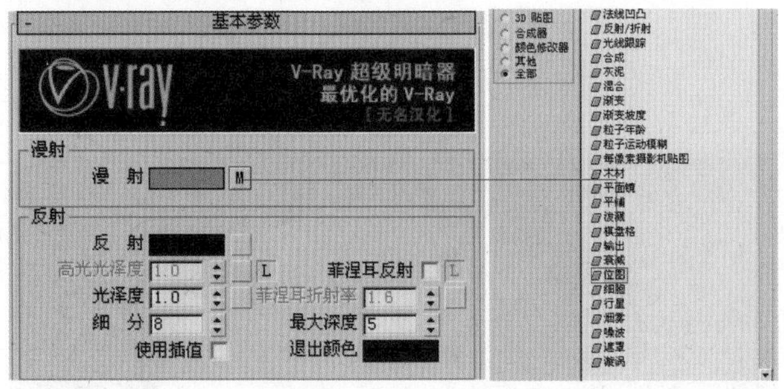

图 10-10　设置纹理贴图

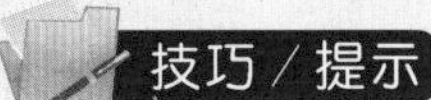

置换贴图与凹凸贴图的区别在于：

(1) 进行置换贴图时，物体的表面实际上已经被修改了，以至于物体的轮廓、阴影、GI 都发生了真实的变化。(2) 粘贴凹凸贴图时，虽然物体表面出现了一些变化，但是物体的轮廓、阴影却保持原样。

11.在弹出的“选择位图图像文件”对话框中，手动找到与彩色相配套的黑白贴图，选中后，单击“打开”按钮，如图 10-11 所示。

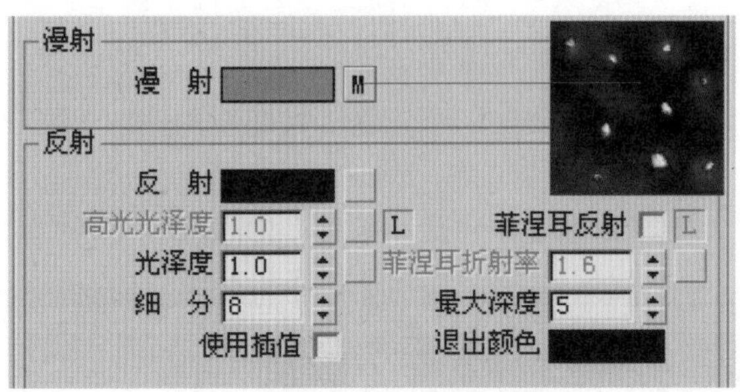

图 10-11　增加纹理贴图

12.将增加的纹理贴图以关联的方式复制给一个新的材质球，如图 10-12 所示。

13.场景中的灯光系统比较简单，使用一盏灯光来完成。单击“灯光”按钮，进入灯光创建面板，在顶视图中创建一盏“目标聚光灯”，如图 10-13 所示。

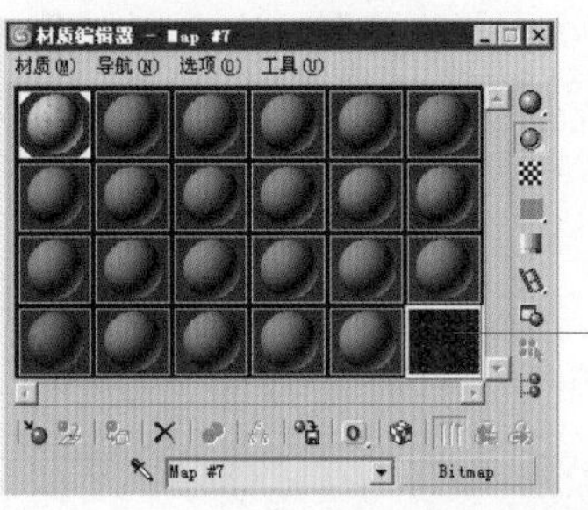

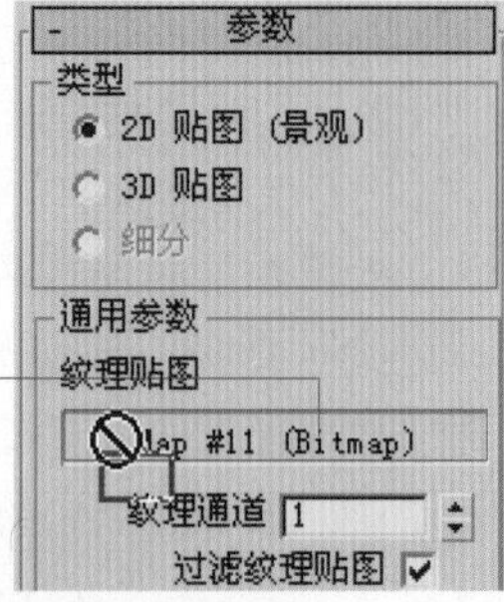

图 10-12　设置纹理贴图的平铺值

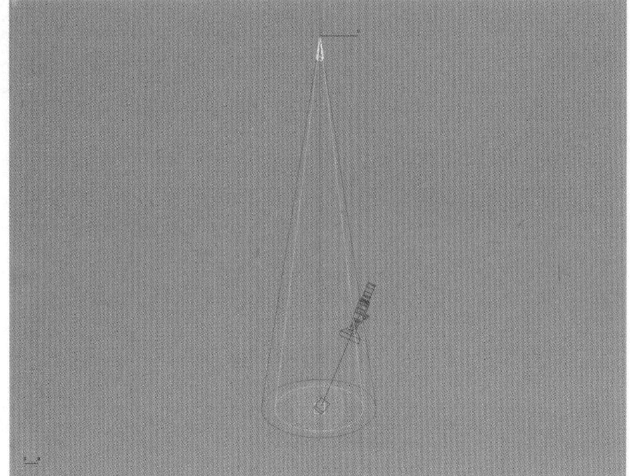

图 10-13　创建目标聚光灯

14.配合各个视图来进行位置调整，将聚光灯设置到最佳位置。单击“修改”按钮，进入修改面板，将灯光“阴影”开关打开，同时将灯光阴影类型更改为“VRay 阴影”，“倍增”值设置为 0.8，灯光颜色设置为浅黄色，如图 10-14 所示。

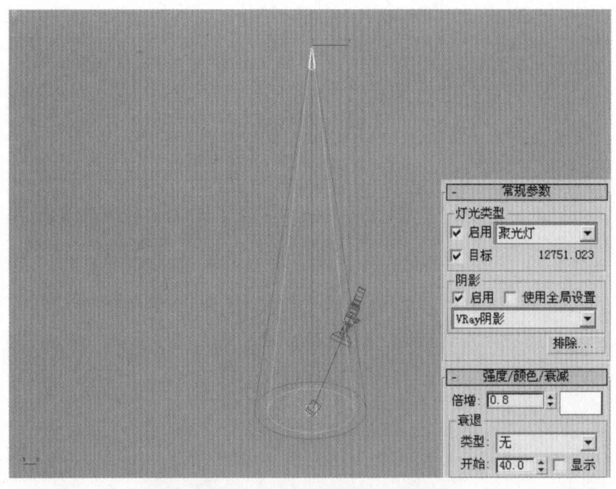

图 10-14　设置灯光参数

15.单击“渲染场景对话框”按钮，弹出“渲染场景”对话框，选择“渲染器”选项卡，在“全局开关”卷展栏中将“默认灯光”关闭，在“间接照明”卷展栏中将开关打开，在“环境”卷展栏中将“全局光环境”开关打开，“倍增器”值设置为0.5，如图10-15所示。

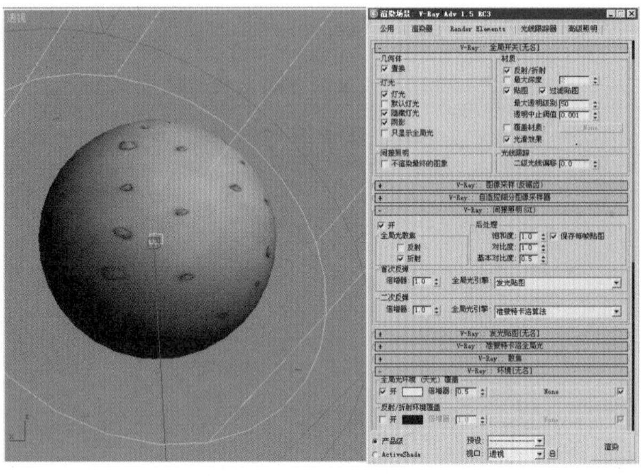

图 10-15　设置渲染器参数

16.材质、灯光，到这里已经全部创建完毕，单击“快速渲染”按钮，对场景进行最终渲染，如图10-16所示，为“刺球”的最终渲染效果。

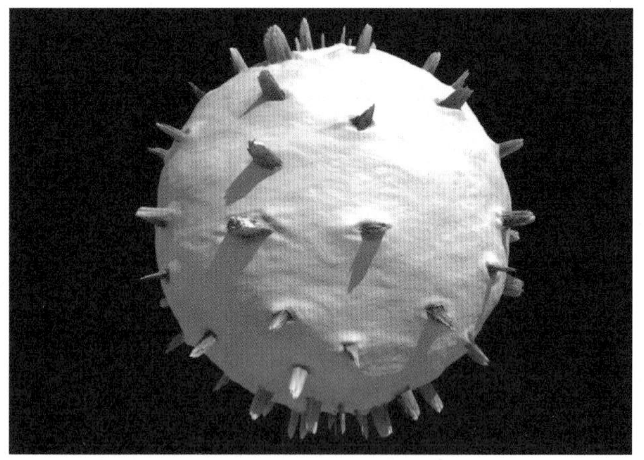

图 10-16　刺球的最终效果

10.1.2 山脉置换效果

本节利用VRay的贴图置换来实现物体的置换效果，主要通过贴图的选取与制作，灯光的设置，同时结合渲染器的设置来达到置换的最终效果。VRay的置换一般出现在一些场景比较大、需要的模型起伏比较明确同时模型面数较多的情况下，这时也恰恰能显示出VRay贴图置换的优势所在。它不被物体分段数所限制，运用彩色与黑白两张贴图来实现，是一些游戏场景模型制作者的最爱。

01.单击“材质编辑器”按钮，弹出“材质编辑器”对话框，选择一个未被使用的材质球，同时单击“将材质指定给选定对象”按钮，将此材质球的默认材质指定到“喜马拉雅山脉”模型上，如图10-17所示。

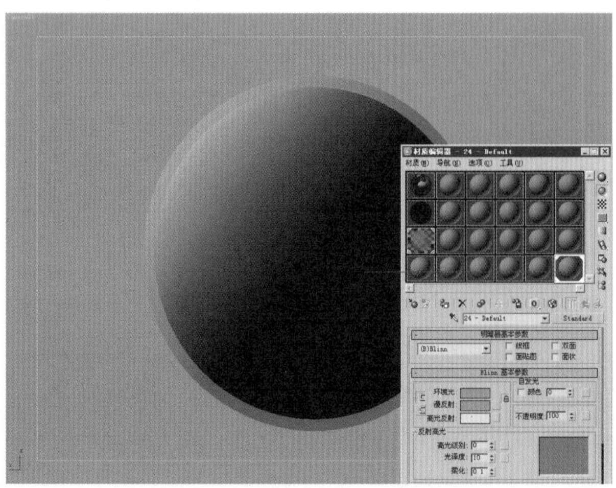

图 10-17　将材质指定到场景模型上

02.单击“材质贴图浏览器”按钮 Standard ，弹出“材质贴图浏览器”对话框，选择VRayMtl材质类型后单击“确定”按钮，如图10-18所示。

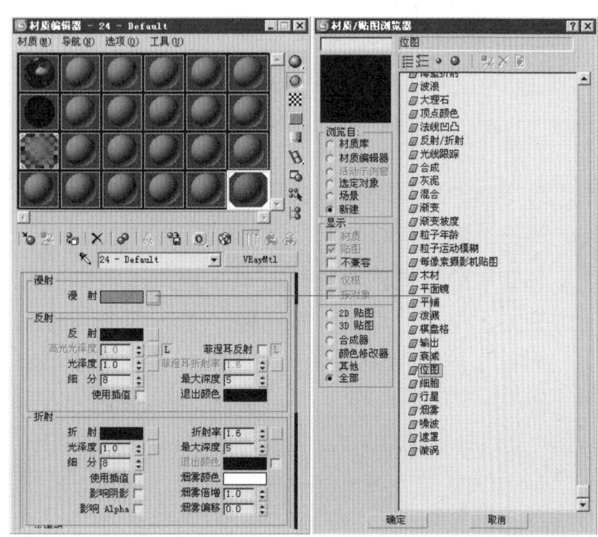

图 10-18　选择VRayMtl材质类型

03. 单击漫射贴图通道按钮，在弹出的“材质贴图浏览器”对话框中选择“位图”后确定，如图10－19所示。

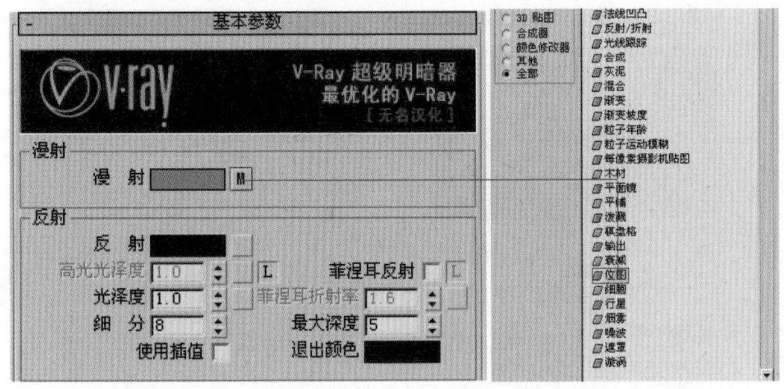

图 10－19　选择位图贴图类型

04. 在随后弹出的“选择位图图像文件”对话框中手动找到准备好的地图彩色贴图路径，单击“打开”按钮后返回，如图10－20所示。

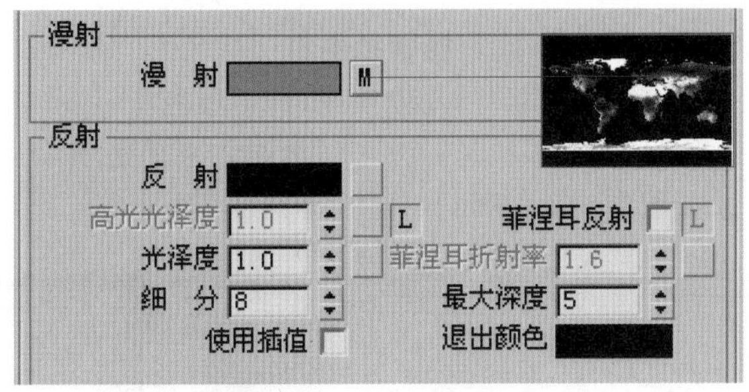

图 10－20　选择贴图

05. 选中地球模型的同时单击“修改”按钮，进入修改面板，打开修改器下拉菜单，为模型增加一个“UVW贴图”命令，将“参数”卷展栏中的“贴图”类型更改为“球形”，如图10－21所示。

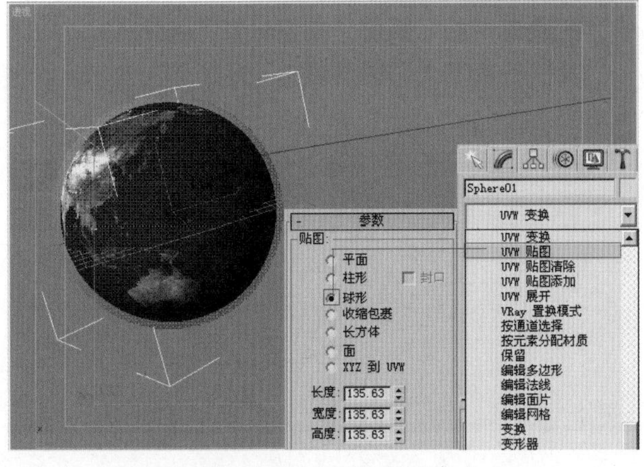

图 10－21　增加UVW贴图命令

技巧／提示

“数量”值可以为正也可以为负。正、负意味着置换效果的方向，所以要根据具体场景中模型的具体要求，灵活设置这个参数，创建出不同的肌理效果。

06. 利用“选择”工具选中球体模型，同时单击“修改”按钮，进入修改面板，打开修改器下拉菜单，为模型增加“VRay置换模式”修改器，如图10－22所示。

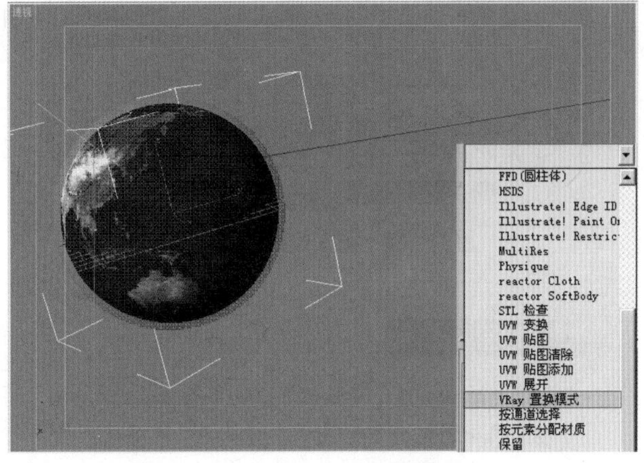

图 10－22　增加VRay置换模式命令

07. 在修改面板中找到VRay置换模式修改器“参数”卷展栏，将“类型”更改为“2D贴图(景观)”，“数量”设置为1.5，2D贴图“分辨率”设置为2048，如图10－23所示。

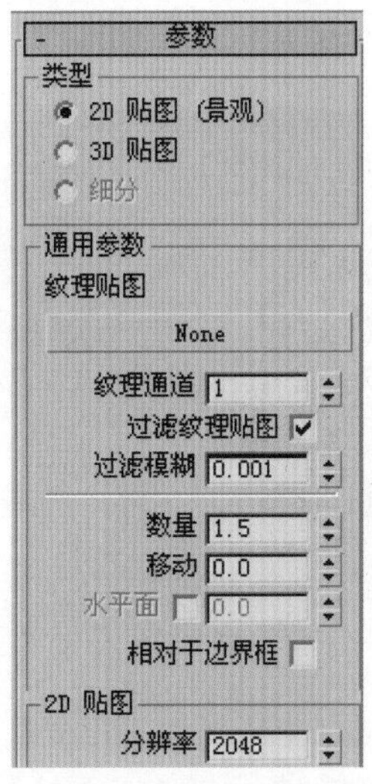

图 10－23　调整VRay置换模式修改器参数

08. 单击纹理贴图通道按钮 None ，弹出“材质贴图浏览器”对话框，从中选择地球的黑白“位图”后单击“确定”按钮，如图10-24所示。

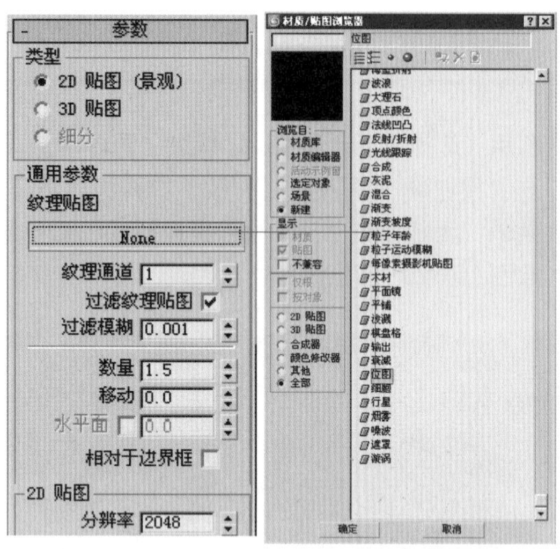

图10-24 设置纹理贴图通道

技巧/提示

提高半球细分这个参数值可以使场景渲染更加细腻，当然渲染的时间也会增加很多，所以建议使用默认的数值，不要把参数设置得太大。

09. 为了模拟地球表面的大气效果，在地球模型外部创建一个模拟大气的圆球模型，仍然选择一个未被使用过的材质球，单击“将材质指定给选定对象”按钮，将此材质球的默认材质指定到外部大气模型上，“不透明度”设置为20，如图10-25所示。

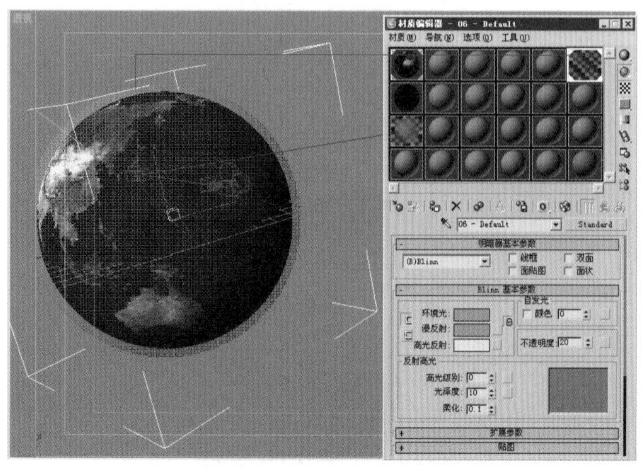

图10-25 创建大气材质

10. 在此材质中进入“贴图”卷展栏，在漫反射颜色贴图通道中增加一个“烟雾”贴图类型，如图10-26所示。

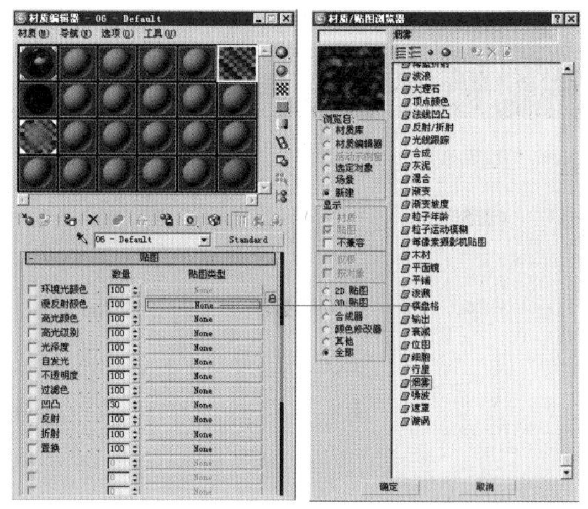

图10-26 增加位图贴图类型

11. 在“烟雾参数”卷展栏中将“颜色1”RGB的值设置为（136、188、212），“颜色2”RGB的值设置为（0、64、101），“大小”值设置为100，如图10-27所示。

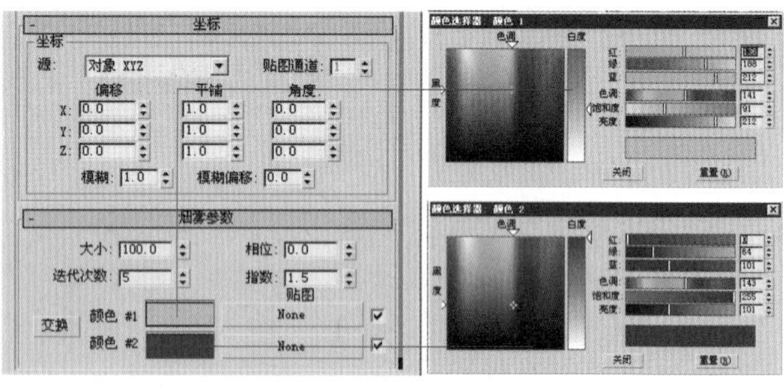

图10-27 设置烟雾颜色

12. 拖动鼠标左键将已经设置完毕的漫反射颜色贴图通道中的“烟雾”贴图，以“实例”的方法复制到自发光贴图通道中，如图10-28所示。

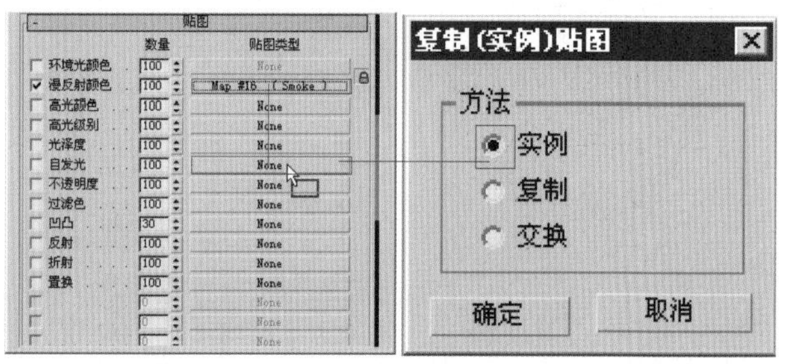

图10-28 复制烟雾贴图

13. 单击不透明度贴图通道，弹出“材质贴图浏览器”对话框，为其增加衰减贴图类型，如图 10-29 所示。

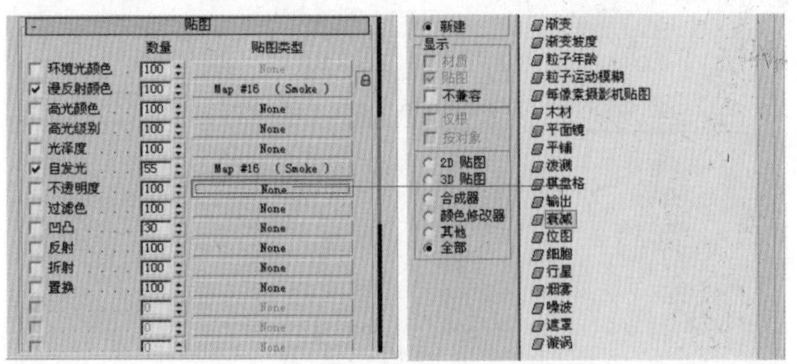

图 10-29　增加衰减贴图类型

14. 进入不透明贴图通道，单击衰减，在“衰减参数”卷展栏，单击“交换颜色贴图”按钮，将衰减颜色交换，如图 10-30 所示。

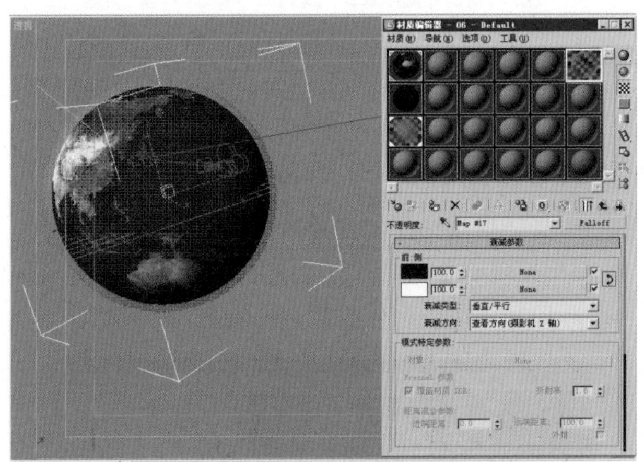

图 10-30　设置衰减颜色

15. 场景中的灯光系统比较简单，使用一盏灯光来完成。单击“灯光”按钮，进入灯光创建面板，在顶视图中创建一盏“目标平行光”，如图 10-31 所示。

16. 配合各个视图来进行位置调整，将聚光灯设置到最佳位置，单击“修改”按钮，进入修改面板，将灯光“阴影”开关打开，同时将灯光阴影类型更改为“VRay 阴影”，“倍增”值设置为 1.57，灯光颜色设置为浅黄色，如图 10-32 所示。

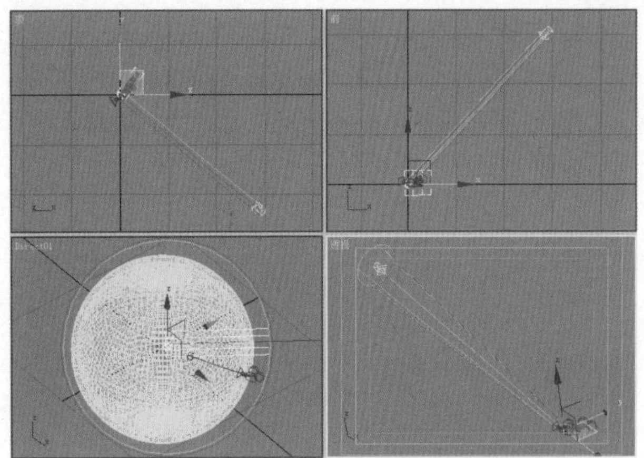

图 10-31　创建目标平行光

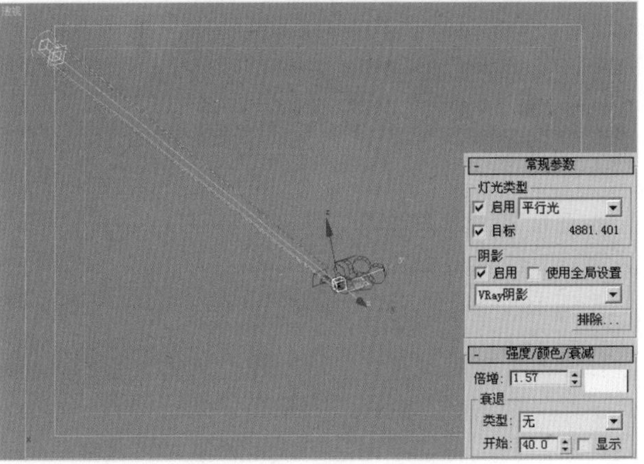

图 10-32　设置灯光参数

17. 单击“渲染场景对话框”按钮，弹出渲染场景对话框，选择“渲染器”选项卡，在“全局开关”卷展栏中将“默认灯光”关闭，在“间接照明”卷展栏中将开关打开，如图 10-33 所示。

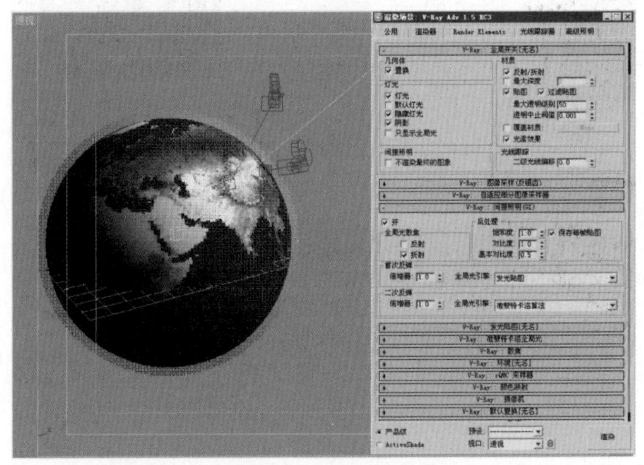

图 10-33　设置渲染器

18.材质、灯光，到这里已经全部创建完毕。单击“快速渲染”按钮，对场景进行最终渲染，如图10-34所示，为“喜马拉雅山脉”的最终渲染效果。

图10-34 喜马拉雅山脉最终渲染效果

10.2 拓展训练：地毯置换效果

在配套光盘中找到“地毯毛料效果”的原始文件，并在3ds max中运行打开，在这个场景中会发现材质与灯光均已设置完毕，渲染默认视图为“摄影机视图”，材质为VRayMtl与“VRay贴图置换”相结合，灯光类型为VR灯光，由一盏“VR阳光”与两盏“VR平面灯光”组成，具体操作见后面的制作步骤。

01.单击“材质编辑器”按钮，弹出“材质编辑器”对话框，选择一个未被使用的材质球，同时单击“将材质指定给选定对象”按钮，将此材质球的默认材质指定到“地毯毛料效果”模型上，如图10-35所示。

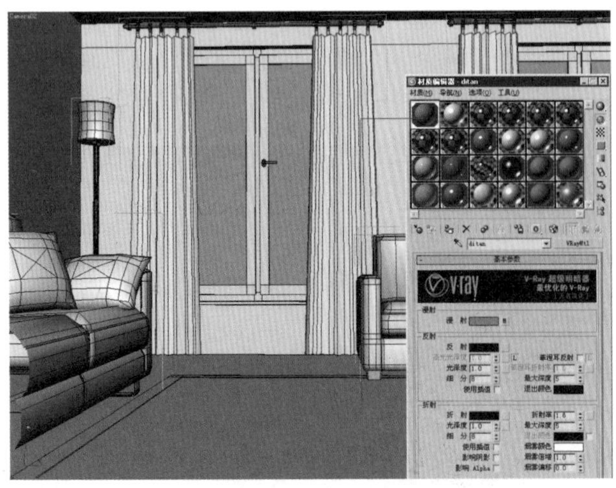

图10-35 为模型制定材质

02.单击“材质贴图浏览器”按钮 Standard ，弹出“材质贴图浏览器”对话框，选择VRayMtl材质类型后单击“确定”按钮，如图10-36所示。

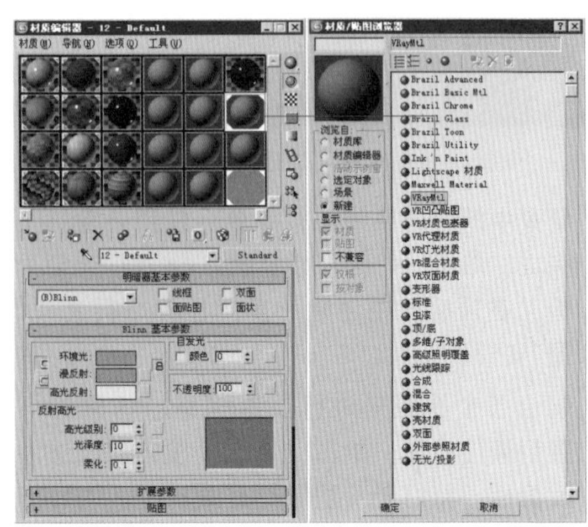

图10-36 创建VRayMtl材质类型

03.在创建的VRayMtl材质中，单击漫射贴图通道按钮，在弹出的“材质贴图浏览器”对话框中选择“位图”后确定，如图10-37所示。

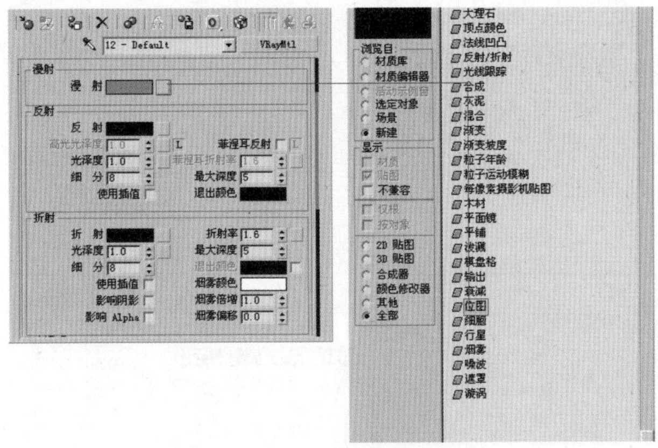

图 10—37 编辑漫射贴图通道

04. 在随后弹出的"选择位图图像文件"对话框中手动找到准备好的需要置换的彩色位图贴图路径，单击"打开"按钮后返回，如图 10—38 所示。

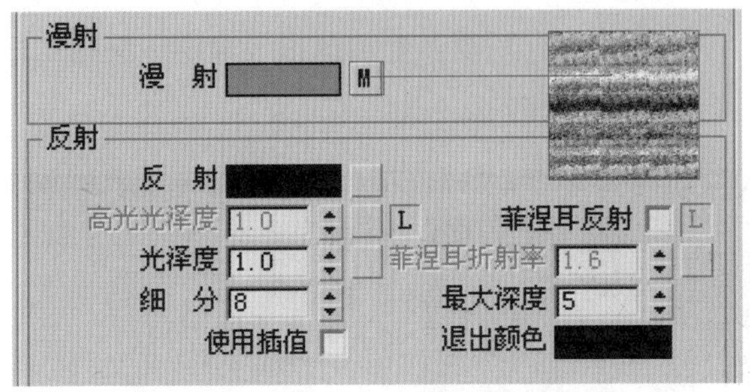

图 10—38 为漫射贴图通道增加贴图

05. 进入"贴图"卷展栏，单击漫射贴图通道，进入漫射贴图设置对话框，在"坐标"卷展栏中将 U、V 平铺数均设置为 5.0，如图 10—39 所示。

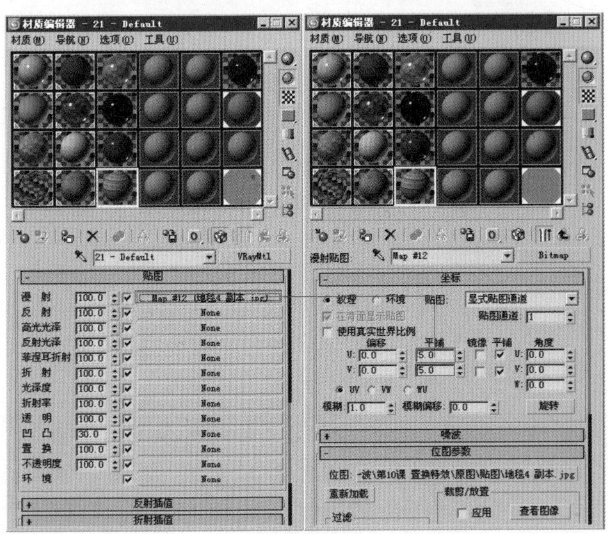

图 10—39 编辑贴图 U、V 平铺

06. 利用"选择"工具选中地毯毛料模型，同时单击"修改"按钮，进入修改面板，打开修改器下拉菜单，为模型增加"VRay 置换模式"修改器，如图 10—40 所示。

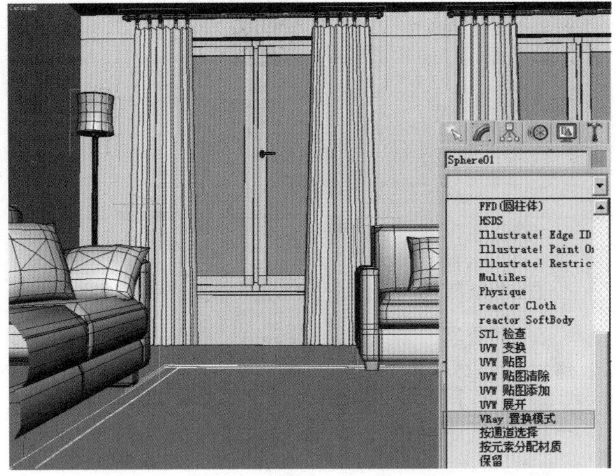

图 10—40 添加 VRay 置换模式修改器

07. 在修改面板中，找到 VRay 置换模式修改器"参数"卷展栏，将"类型"更改为"2D 贴图（景观）"，"数量"设置为 150.0，如图 10—41 所示。

图 10—41 编辑 VRay 置换模式修改器

技巧／提示

在利用置换贴图命令制作置换效果时，要注意彩色图片与黑白图片的贴图 U、V 平铺的统一性，如果不做到统一就会出现置换错位等不合理情况。

08.单击纹理贴图通道按钮 None ，弹出“材质贴图浏览器”对话框，从中选择“位图”后单击“确定”按钮，如图10-42所示。

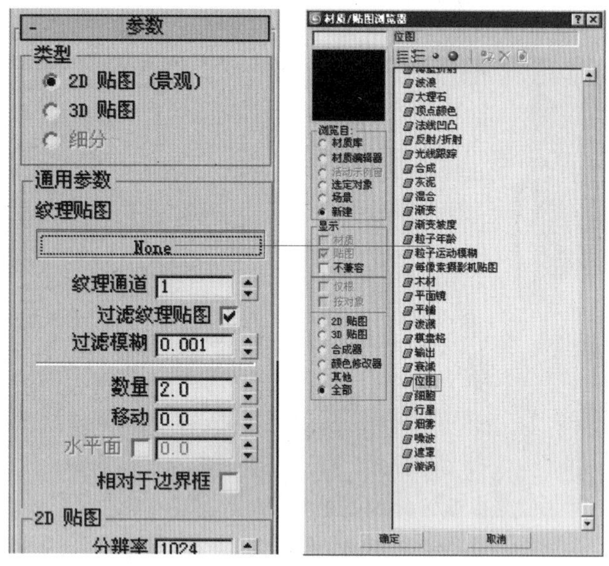

图10-42 为纹理贴图通道增加位图贴图类型

09.在弹出的“选择位图图像文件”对话框中，手动找到与彩色相配套的黑白贴图，选中后，单击“打开”按钮，如图10-43所示。

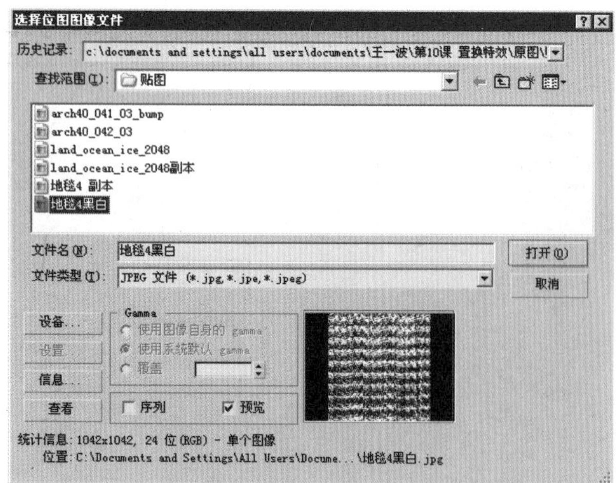

图10-43 增加黑白纹理贴图

10.将增加的“纹理贴图”拖至“材质编辑器”的空白材质球上，在弹出的“实例（副本）贴图”对话框中，选择“实例”类型后，单击“确定”按钮，同时将贴图“坐标”卷展栏的U、V“平铺”值均设置为5.0，如图10-44所示。

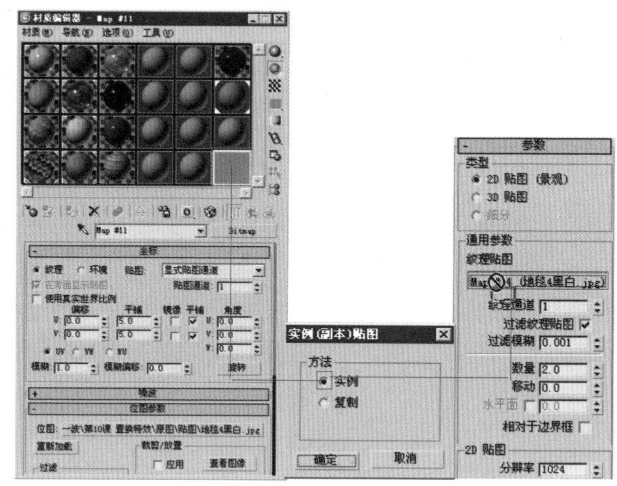

图10-44 编辑纹理贴图的平铺值

11.设置玻璃材质，单击“材质贴图浏览器”按钮 Standard ，弹出“材质贴图浏览器”对话框，选择VRayMtl材质类型后单击“确定”按钮，如图10-45所示。

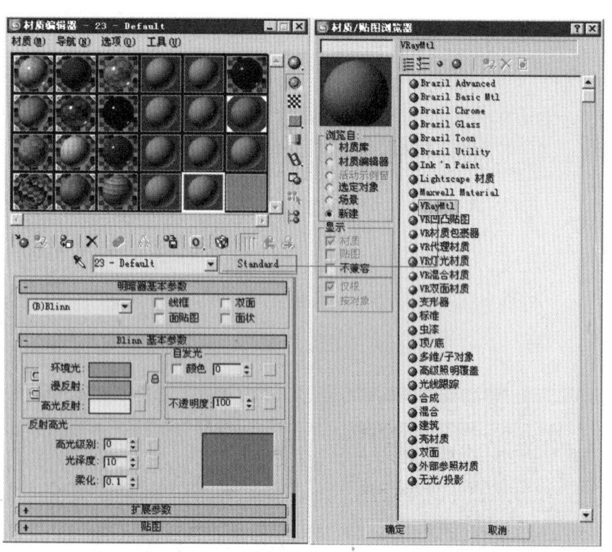

图10-45 增加VRayMtl材质类型

12.将“漫射”颜色RGB的值设置为（54、100、40），“反射”颜色RGB的值设置为（67、67、67），“折射”颜色RGB的值设置为（156、156、156），如图10-46所示。

13.将“反射”选项卡中的“高光光泽度”设置为0.85，“细分”值设置为35，将“折射”选项卡中的“细分”值设置为35，如图10-47所示。

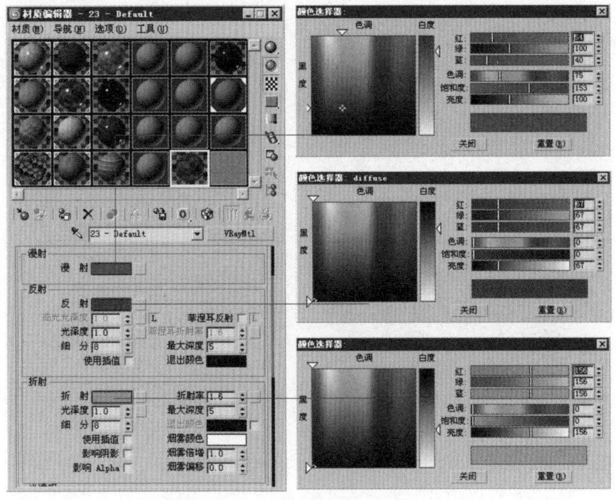

图 10—46　编辑玻璃材质

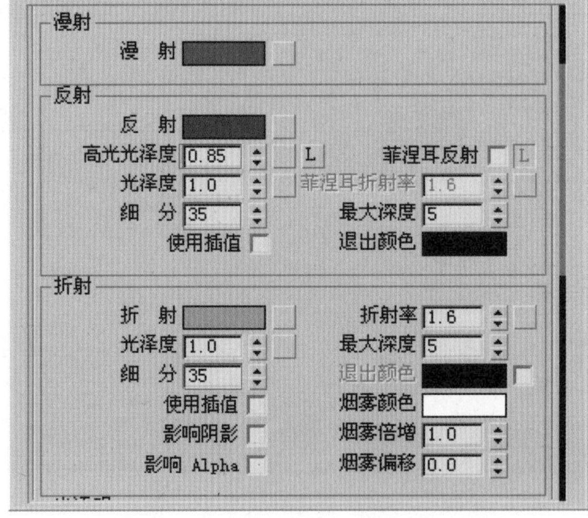

图 10—47　进一步编辑玻璃材质

14. 场景中的房顶模型材质采用金属加贴图形式组成，同样单击“材质贴图浏览器”按钮 Standard ，弹出“材质贴图浏览器”对话框，选择 VRayMtl 材质类型后单击“确定”按钮，如图 10—48 所示。

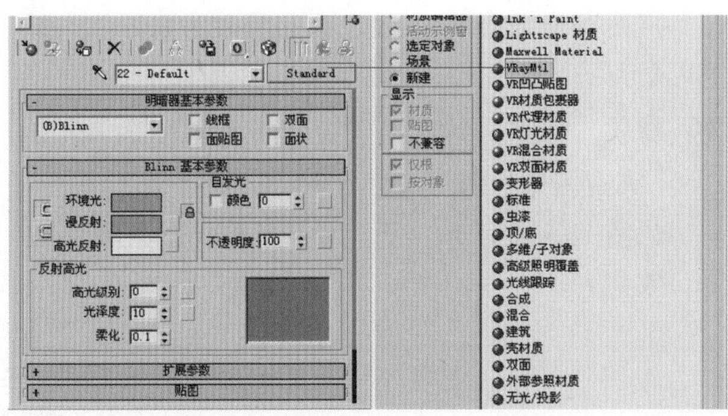

图 10—48　增加 VRayMtl 材质类型

15. 接着将“漫射”颜色 RGB 设置为（128、128、128），“反射”颜色 RGB 设置为（72、72、72），如图 10—49 所示。

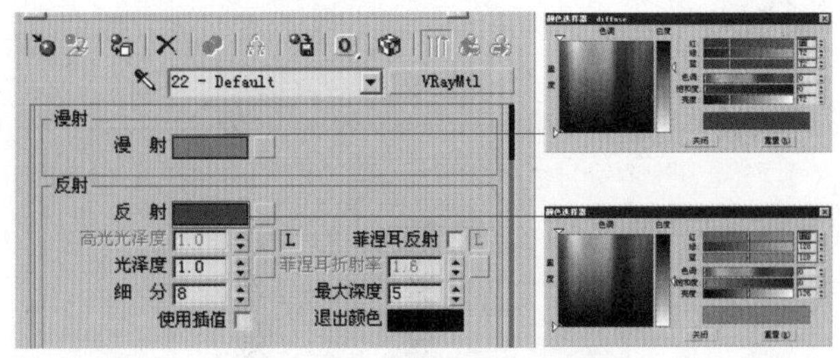

图 10—49　编辑 VRayMtl 材质

16. 在创建的 VRayMtl 材质中，单击漫射贴图通道按钮，在弹出的“材质贴图浏览器”对话框中选择“位图”后确定，如图 10—50 所示。

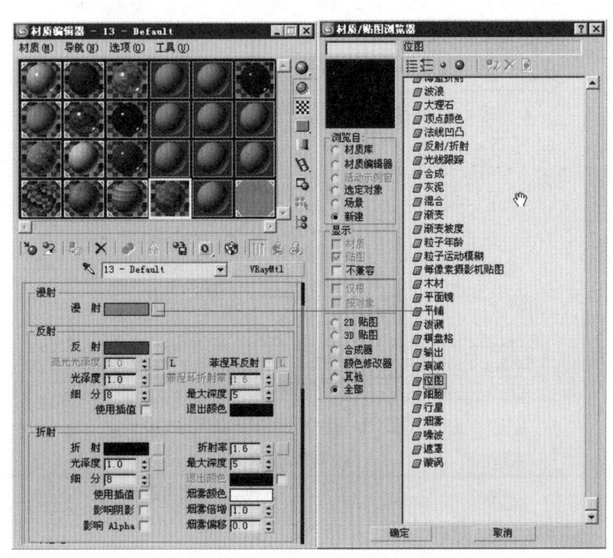

图 10—50　为漫射贴图通道增加位图贴图

17. 在随后弹出的“选择位图图像文件”对话框中手动找到准备好的金属纹理贴图路径，单击“打开”按钮后返回，如图 10—51 所示。

18. 进入“贴图”卷展栏，单击“漫射”贴图通道，进入漫射贴图设置对话框，在“坐标”卷展栏中将 U、V 平铺数均设置为 10.0、12.0，如图 10—52 所示。

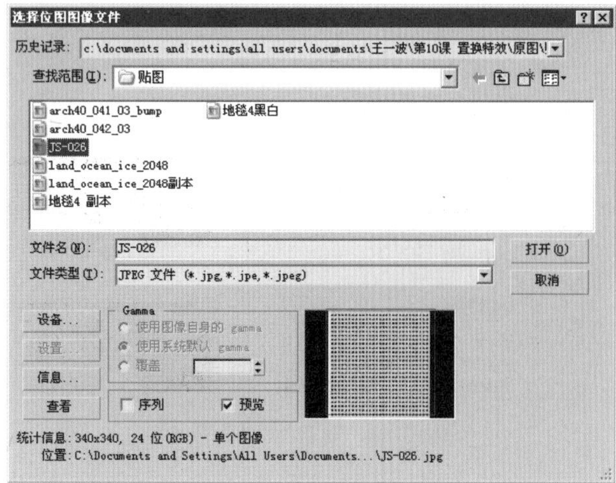

图 10-51　增加金属纹理贴图

图 10-52　设置 U、V 平铺

19.单击“灯光”按钮，进入灯光创建面板，打开灯光类型下拉菜单，选择 VRay，单击“VR 阳光”按钮，在顶视图窗口部位创建一盏 VR 阳光，同时进入修改面板，在“VR 阳光参数”卷展栏中，将“浊度”设置为 3.5，“强度倍增器”值设置为 0.008，如图 10-53 所示。

20.单击“VR 阳光”按钮，在“左视图”中创建一盏 VR 平面灯光，同时配合各个视图调整位置，进入修改面板在灯光“参数”卷展栏中将灯光颜色设置为偏黄色，“倍增器”值设置为 3.0，如图 10-54 所示。

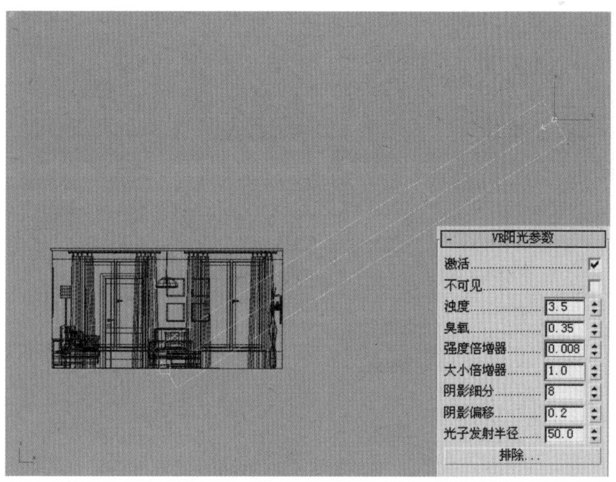

图 10-53　创建并设置 VR 阳光

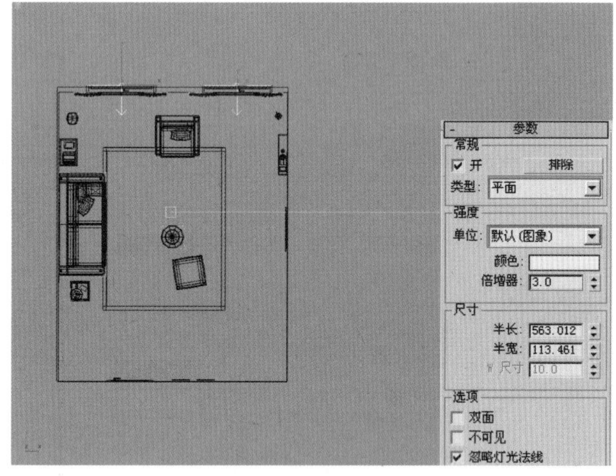

图 10-54　创建并设置 VR 灯光

21.单击“渲染场景对话框”按钮，弹出渲染场景对话框，选择“渲染器”选项卡，在“全局开关”卷展栏中将“默认灯光”关闭，在“间接照明”卷展栏中将开关打开，在“环境”卷展栏中将“全局光环境”开关打开，倍增值设置为 3.0，将“反射 / 折射环境覆盖”开关打开，倍增值默认 1.0，颜色更改为偏黄色，如图 10-55 所示。

22.材质、灯光，到这里已经全部创建完毕，单击“快速渲染”按钮，对场景进行最终渲染，如图 10-56 所示，为“地毯毛料”的最终渲染效果。

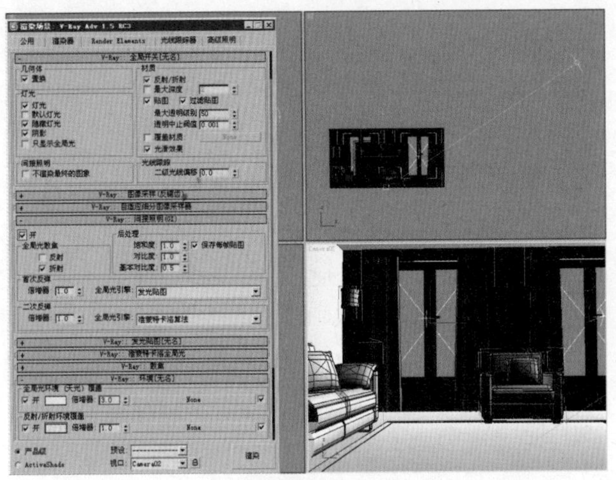

图 10—55　设置渲染器

图 10—56　地毯毛料最终效果

10.3　课后练习

一、单项选择题

（1）下列选项中不能模拟物体表面凹凸贴图的是（　　　　）。

A．置换

B．噪波

C．凹凸贴图

D．渐变

（2）下列选项中能利用“VRay”置换特效来模拟其材质的物体有（　　　　）。

A．草皮

B．毛巾

C．人体毛发

D．光滑玻璃

（3）在 VRay 渲染器中，除了通过对需要置换的物体添加“VRay 置换模式”修改器来设置物体的置换效果以外，还可以利用（　　　　）来设置物体的置换效果。

A．凹凸贴图

B．渲染面板里的置换设置

C．噪波

D．毛发

二、简述题

（1）简要叙述为物体添加“VRay”的置换效果的操作步骤。

（2）区分”VRay”置换特效与“VRay”毛发特效的异同点。

三、问答题

为物体表面添加凹凸纹理的方法有哪些？它们各自的优缺点有哪些？

四、实例制作

（1）在配套光盘中提供了一个简单的毛巾模型。利用“VRay”置换特效为毛巾添加材质。参考效果如图 10—57 所示。

（2）自己动手制作一个室内场景，并为场景添加夜晚的天光效果。

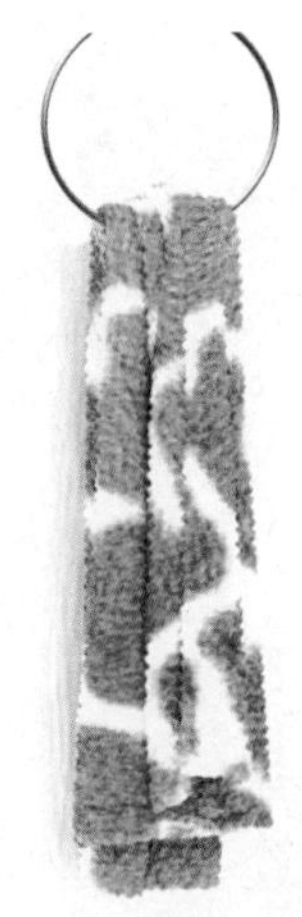

图 10—57　最终效果

第 11 课

阳光卧室灯光

本课主要讲解阳光照入卧室的效果制作，通过把握灯光的强度以及颜色来模拟日光效果，本课中材质是重点，不同的材质所体现的风格也不同，所以材质的设定很重要，最后会详细地讲解VRay渲染室内效果的流程，以及渲染器的参数设置等。

11.1 阳光卧室技术分析

本课主要讲解如何为卧室场景添加材质和光照，表现出卧室的装饰风格，通过阳光照射到室内，得到光照均匀、阳光充足、风格明显的室内卧室效果。本章中主要是针对 VRay 阳光的讲解，通过设置不同的参数得到合适的效果，并且场景中所有材质的设置都是由 VRay 材质包裹器来控制它接收照明的强度，最后要通过设置渲染器的参数来控制画面的质量和色溢效果，本课中虽然没有利用到光子贴图的方法，但是读者朋友们可以试着自己利用光子贴图的方法来加快渲染的速度。

本课中所涉及到的材质类型比较多，有些材质制作起来也比较麻烦，所以在制作材质的过程中将会用到很多参数，读者朋友们可以利用这些材质的参数来制作出其他不同的材质而用到不同的场景中。

本课将用到普通材质和 VR 材质之间的转换和包裹，并涉及到材质产生和接收全局光照的参数，在场景中材质将会结合灯光来制作出非常真实的效果，VR 阳光在本课中非常重要，在结合了渲染器的参数后，可以模拟现实中的阳光效果，最终得到满意的效果图。

11.2 阳光卧室材质设置

01. 首先打开光盘中“阳光卧室”的场景文件，显示场景中有建立好的卧室场景模型，和一架摄像机，如图 11–1 所示。

图 11–1　打开场景文件

02. 按下键盘上的 M 键，弹出“材质编辑器”对话框，观察到每个材质球都已经被指定好了，下面只需要给场景模型制作材质即可，如图 11–2 所示。

03. 打开“材质编辑器”对话框选中第一个材质球，得到该材质的名称为“乳胶漆”，然后单击按钮，弹出“选择对象”对话框，可以发现对话框中显示出该材质指定的模型，单击”选择“按钮，选中被指定的模型，如图 11–3 所示。

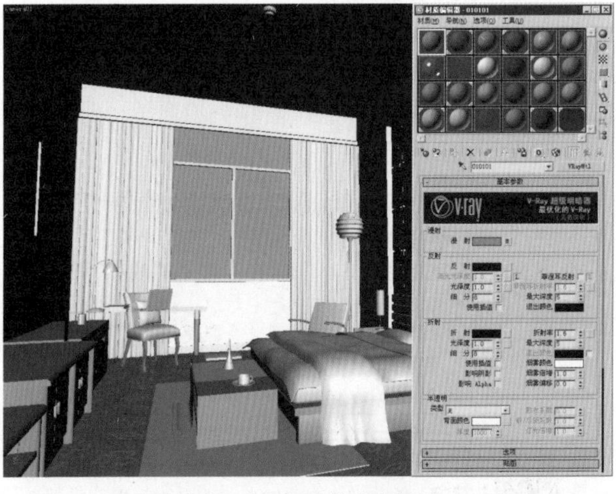

图 11–2　打开材质编辑器

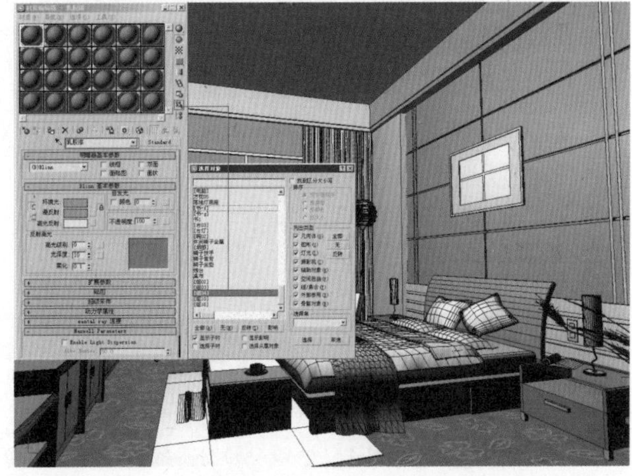

图 11–3　查找乳胶漆材质指定的模型

04. 设置乳胶漆材质“漫反射”颜色的值为252、255、255，然后单击按钮，激活“高光光泽度”选项，设置“高光光泽度”为0.45，“光泽度”为0.45，“细分”为20，如图11–4所示。

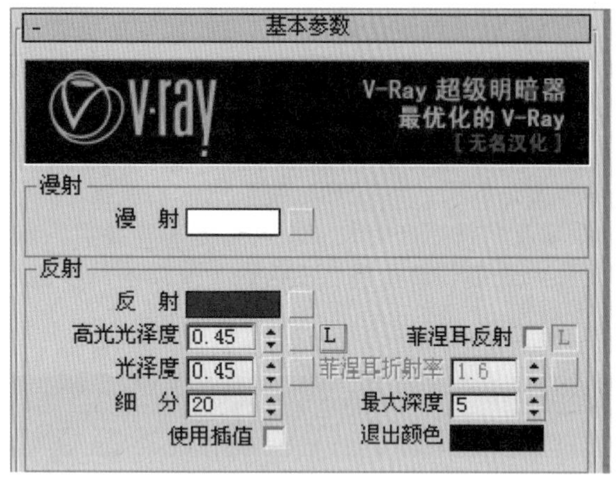

图 11–4 设置乳胶漆材质

05. 为“反射”添加一张“衰减”贴图，设置“衰减”贴图的类型为“Fresnel”，“折射率”为1.1，如图11–5所示。

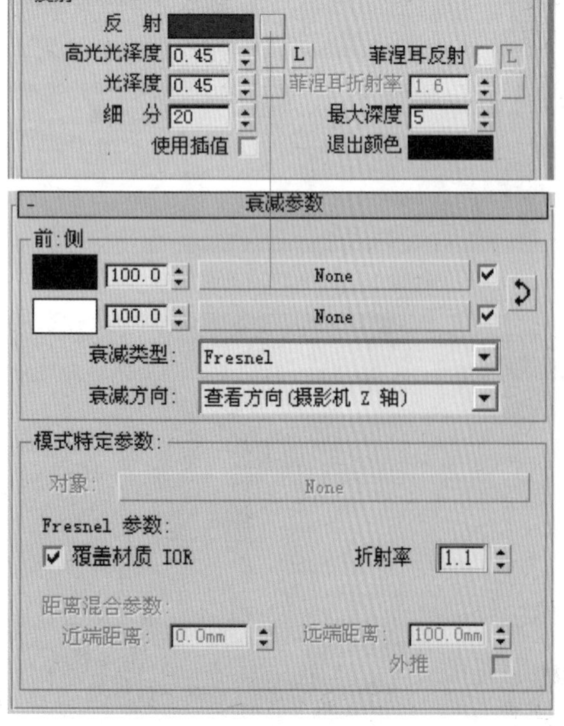

图 11–5 设置“衰减”贴图参数

06. 打开“材质编辑器”对话框，选择以“背景木纹”命名的材质球，然后单击按钮，在弹出的“选择对象”对话框中单击“选择”按钮，发现在场景中已经锁定“背景木纹”材质所指定的模型了，如图11–6所示。

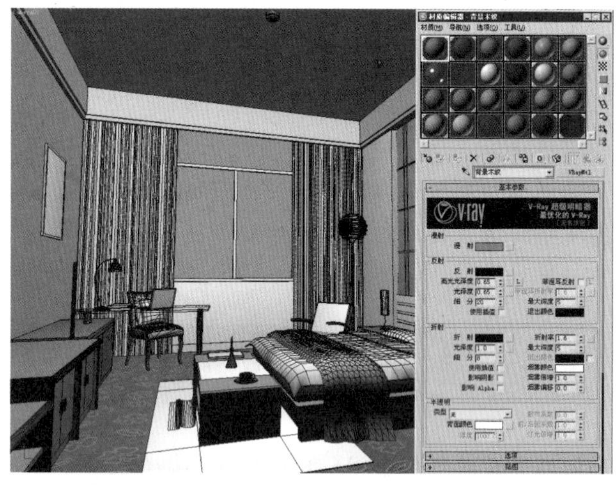

图 11–6 选择背景木纹材质指定的模型

07. 设置“背景木纹”材质“高光光泽度”的值为0.65，“光泽度”的值为0.65，单击“漫反射”右边的按钮，弹出“材质／贴图浏览器”对话框并选择“位图”贴图，然后找到光盘中的“铁刀木”贴图文件，并将其指定，如图11–7所示。

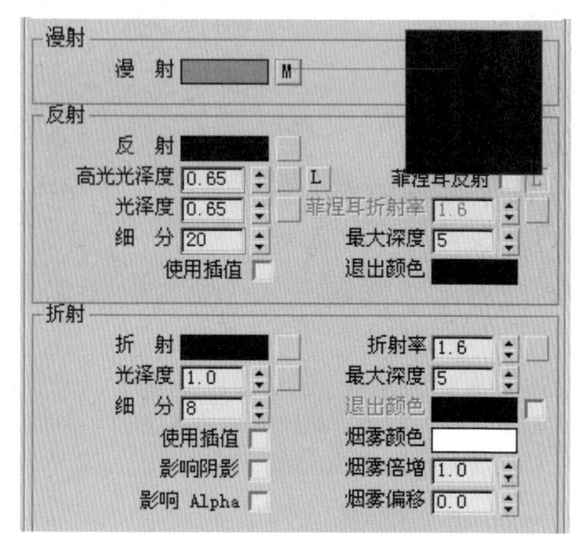

图 11–7 设置背景木纹材质参数

08. 为“反射”添加一张“衰减”贴图，设置“衰减”贴图的类型为“Fresnel”，“折射率”为1.1，如图11–8所示。

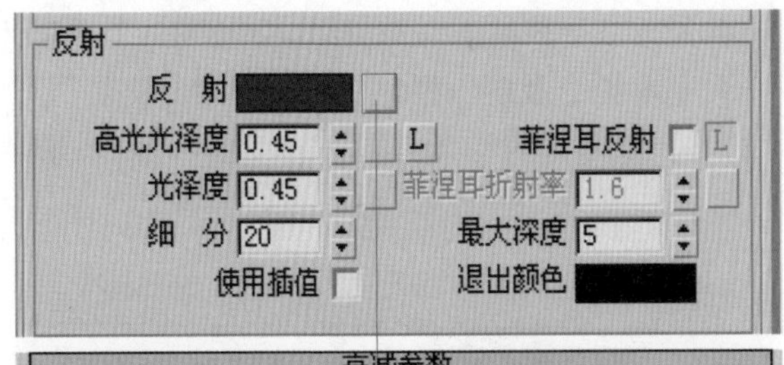

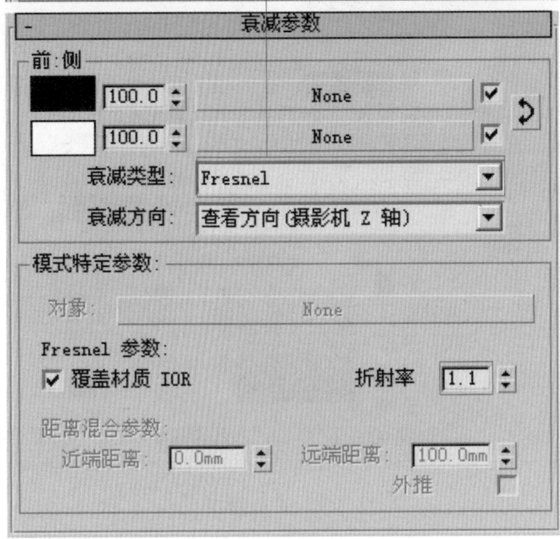

图 11—8　设置“衰减”贴图参数

09.为“高光光泽”通道贴一张“木地板高光”贴图。在“凹凸”通道里贴一张“木地板凹凸”贴图，设置凹凸量为－10，在贴图坐标下面设置它的“模糊”值为0.01，这样就可以让渲染出来的图象更加清晰，如图11－9 所示。

贴图			
漫 射	100.0	☑	Map #47 (铁刀 木2(山纹).jpg)
反 射	100.0	☑	Map #49 (Falloff)
高光光泽	100.0	☑	Map #48 (铁刀 木3.jpg)
反射光泽	100.0	☑	None
菲涅耳折射			None
折 射			None
光泽度			None
折射率			None
透 明	100.0	☑	None
凹 凸	-10.0	☑	Map #51 (铁刀 木3.jpg)
置 换	100.0	☑	None
不透明度	100.0	☑	None
环 境		☑	None

图 11—9　设置凹凸贴图

10.打开“材质编辑器”窗口，选中“背景墙”材质球，并单击按钮，弹出“选择对象”对话框，然后可以找到该材质所指定的模型，如图11—10 所示。

图 11—10　指定贴图文件

11.设置“背景墙”模型的ID 号，选中“背景墙”的凹线部分将其ID 号设置为2，按下Ctrl+I 键反选，将选择的多边形的ID 号设置为1，如图11—11 所示。

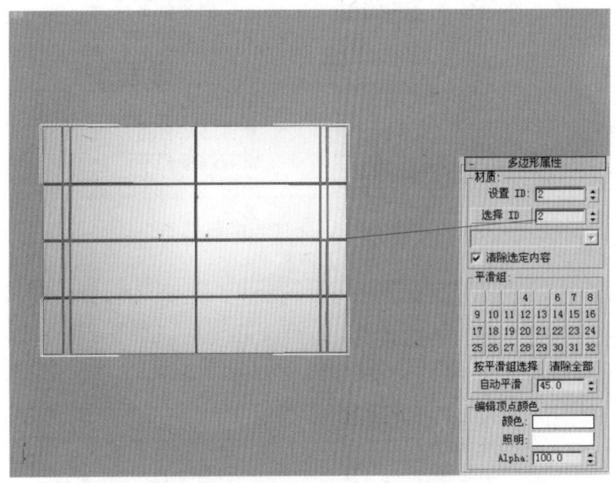

图 11—11　设置“背景墙”模型的ID 号

12.打开“材质编辑器”对话框，“背景墙”材质转换成“多维／子对象”材质，并分别对两个子材质进行材质的编辑，如图11—12 所示。

13.进入第一个子材质，将材质的类型修改为VR 材质。为漫射贴一张“花样瓷砖”的材质。设置“高光光泽度”的值为0.65，设置“光泽度”的值为0.75，如图11—13 所示。

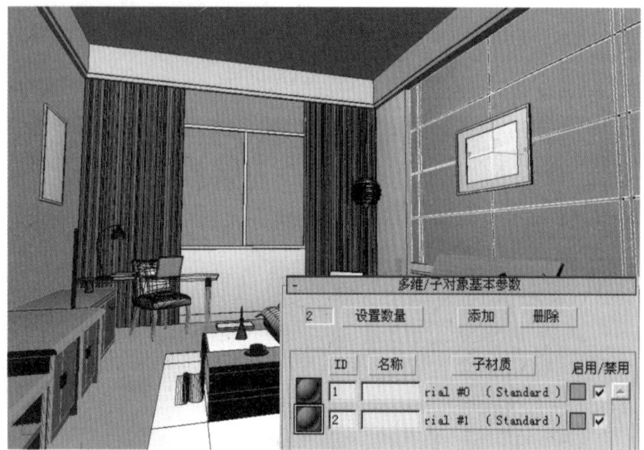

图 11–12 “多维／子对象”材质

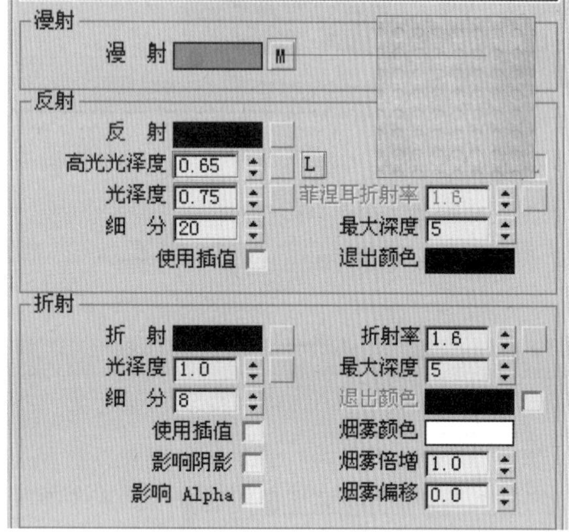

图 11–13 添加纹理贴图

14. 为“反射”添加一张“衰减”贴图，设置“衰减”贴图的类型为“Fresnel”，如图 11–14 所示。

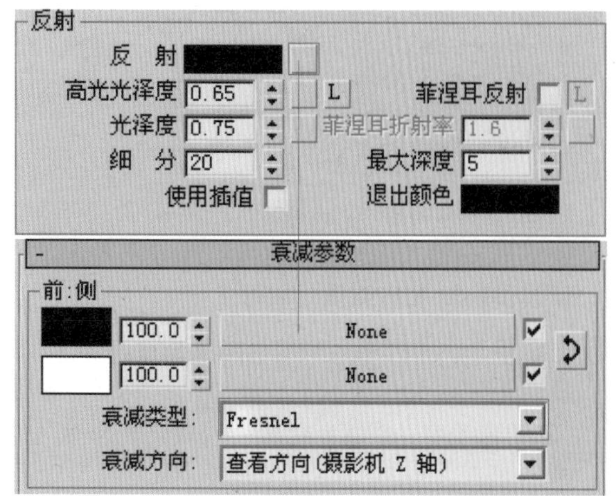

图 11–14 设置“衰减”贴图参数

15. 进入第二个子材质，将材质的类型修改为 VR 材质。设置“漫射”颜色的RGB 值为（74、75、66），设置“高光光泽度”的值为0.45，“光泽度”的值为0.45，如图11–15 所示。

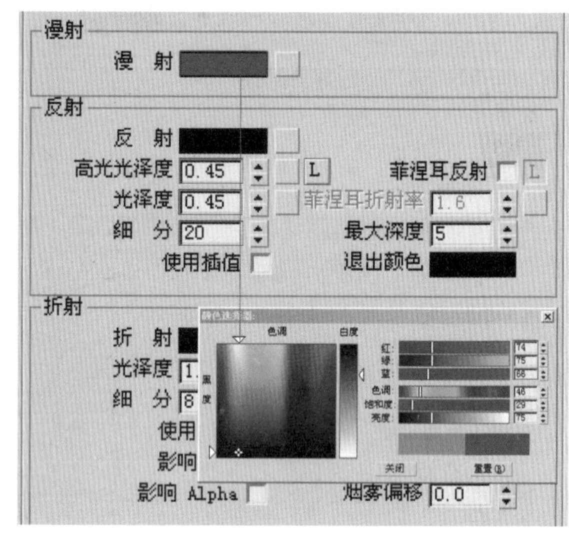

图 11–15 设置漫射颜色

16. 为“反射”添加一张“衰减”贴图，设置“衰减”贴图的类型为“Fresnel”，“折射率”为 1.1。为“凹凸”贴一张“噪波”贴图，如图11–16 所示。

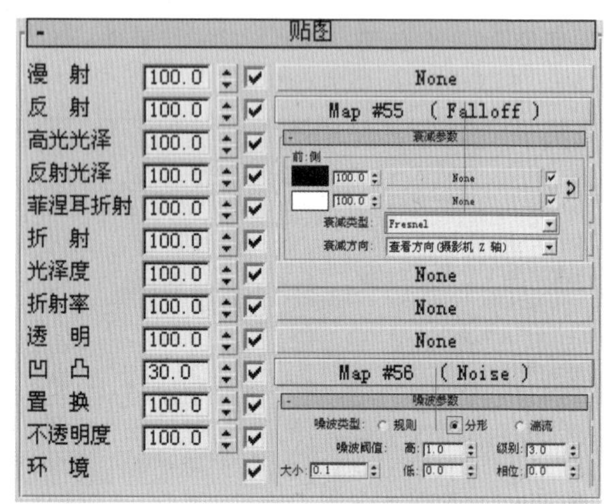

图 11–16 设置“衰减”贴图参数

技巧／提示

Fresnel“衰减”贴图，是为了让物体的反射更加真实。“噪波”贴图，是为了让物体的表面有凹凸的效果。

17. 打开“材质编辑器”对话框，选择以“窗帘布”命名的材质球，然后单击按钮，在弹出的“选择对象”对话框中单击“选择”按钮，观察到在场景中已经锁定“窗帘布”材质所指定的模型了，如图 11–17 所示。

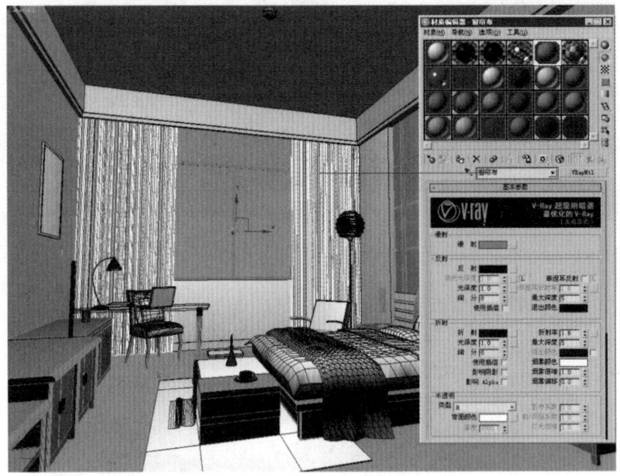

图 11–17　指定“窗帘布”材质给模型

18. 为“漫射”添加一张“衰减”贴图，设置“衰减”贴图的类型为”Fresnel”，“折射率”为 1.1。设置前侧颜色的 RGB 值为（220、220、220），设置后侧颜色为纯白色，如图 11–18 所示。

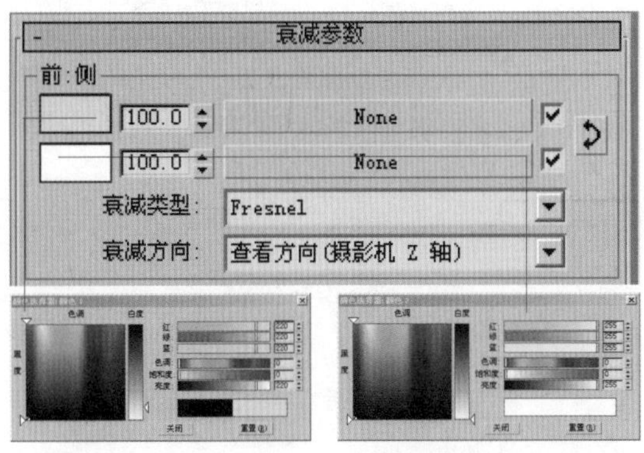

图 11–18　设置“衰减”贴图的颜色

19. 为“不透明度”贴图卷展栏贴一张“混合贴图”，设置“混合贴图”参数。回到上一层级，在“折射”卷展栏下勾选“影响阴影”选项，这样就可以让光线穿透进来，将凹凸值设置为 800，如图 11–19 所示。

20. 选择“地毯”材质，为“漫射”贴一张真实的地毯的“纹理”贴图，设置“模糊度”为 0.01，设置“高光光泽度”的值为 0.35，“光泽度”的值为 0.35，如图 11–20 所示。

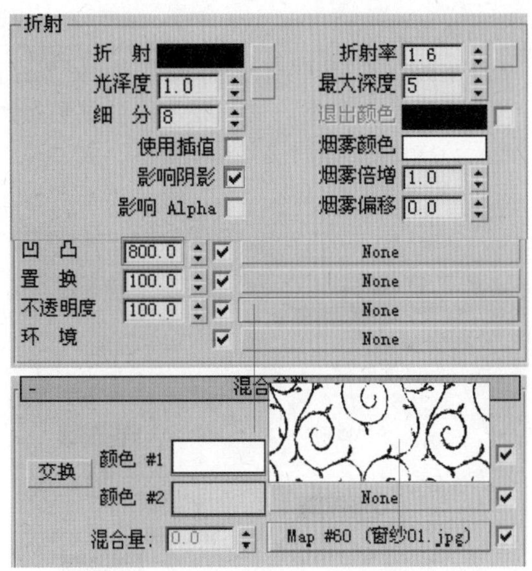

图 11–19　设置混合贴图参数

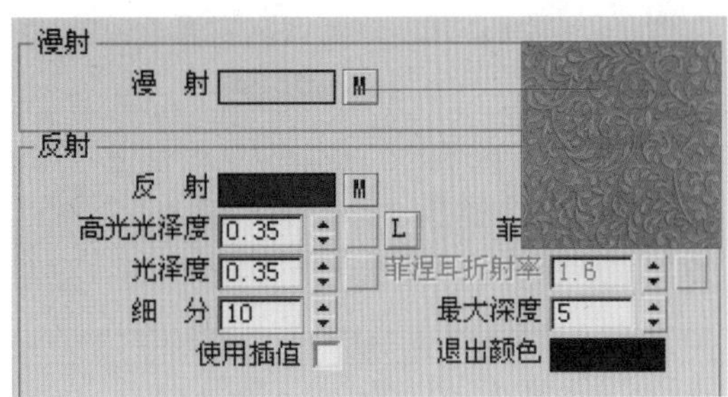

图 11–20　设置地毯材质参数

21. 为凹凸通道设置一张地毯的凹凸贴图，设置凹凸的大小为 –1.0，为”反射“通道贴一张”衰减“贴图，设置“衰减”贴图的类型为”Fresnel”，“折射率”为 1.1，如图 11–21 所示。

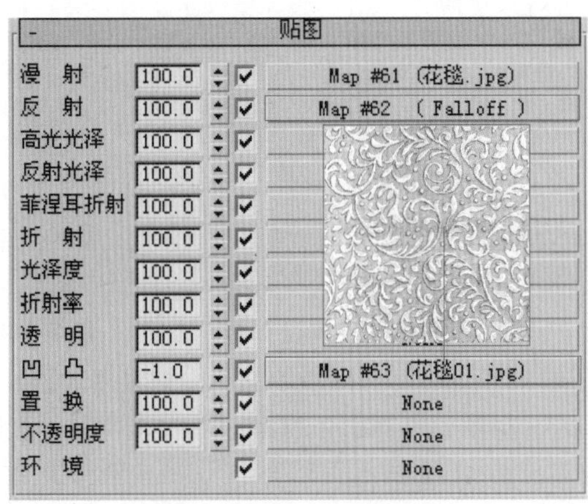

图 11–21　添加凹凸贴图

22.将刚才设置好的“地毯”材质拖到一个新的材质球上面，复制一个新的材质，将“材质”重新命名为“小地毯”，将“漫射”的贴图去掉，设置为纯白色，如图11—22所示。

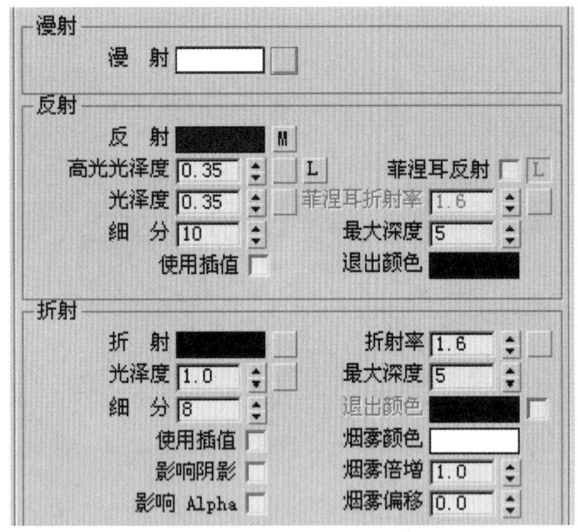

图11—22 设置小地毯材质

23.打开“贴图”卷展栏，删除“凹凸通道” 的贴图，为“环境通道”贴一张“输出”贴图，设置输出的量为3，如图11—23所示。

-	贴图		
漫 射	100.0	✔	None
反 射	100.0	✔	Map #62 （Falloff）
高光光泽	100.0	✔	None
反射光泽	100.0	✔	None
菲涅耳折射	100.0	✔	None
折 射	100.0	✔	None
光泽度	100.0	✔	None
折射率	100.0	✔	None
透 明	100.0	✔	None
凹 凸	20.0	✔	None
置 换	100.0	✔	None
不透明度	100.0	✔	None
环 境		✔	Map #64 （Output）

图11—23 设置小地毯材质

24.进入修改面板中为“小地毯”模型添加“VRay置换”修改，具体数据如图11—24所示。

25.在“材质编辑器”中找到以“床单”命名的材质球，打开“漫射”卷展栏，设置为纯白色，打开“反射”卷展栏，设置“高光光泽度”的值为0.35，“光泽度”的值为0.35，如图11—25所示。

图11—24 为小地毯添加“VRay置换”修改

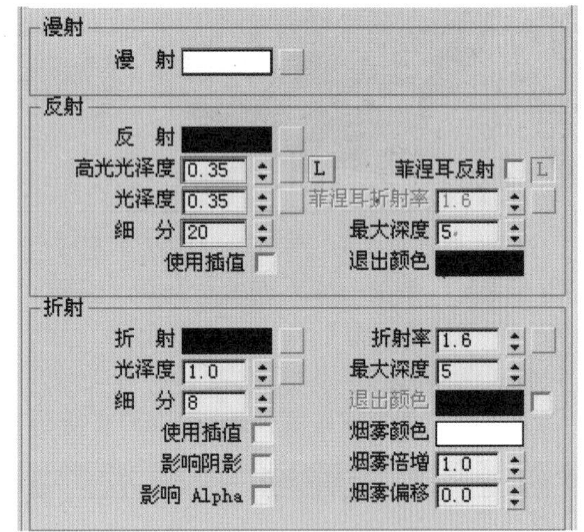

图11—25 设置床单的材质参数

26.为“反射”添加一张“衰减”贴图，设置“衰减”贴图的类型为“Fresnel”，“折射率”为1.1，为“凹凸”贴一张凹凸纹理贴图，设置凹凸的大小为180，如图11—26所示。

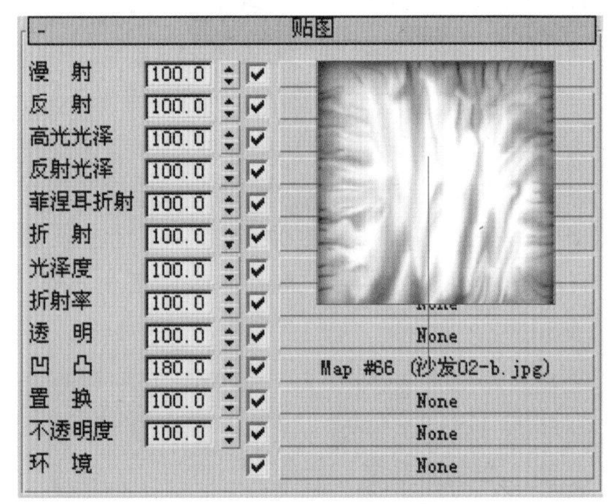

图11—26 添加凹凸贴图

27. 设置"枕头"材质。为"漫射"添加一张"纹理"贴图，打开"反射"卷展栏，设置"高光光泽度"的值为 0.35，"光泽度"的值为 0.35，如图 11—27 所示。

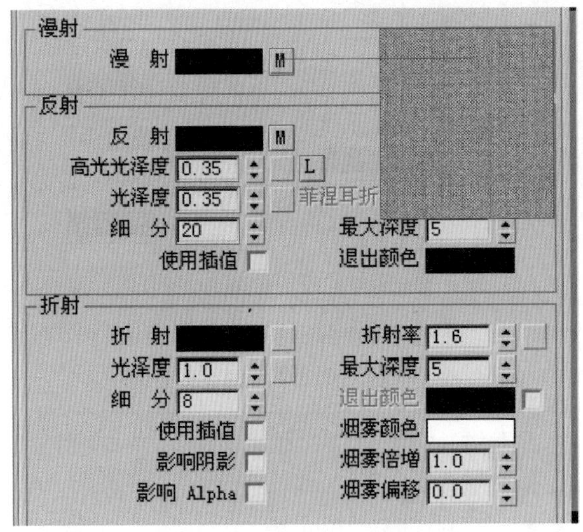

图 11—27　设置枕头材质

28. 为"反射"添加一张"衰减"贴图，设置"衰减"贴图的类型为"Fresnel"，"折射率"为 1.1，为"凹凸"贴一张凹凸纹理贴图，设置凹凸的大小为 180，如图 11—28 所示。

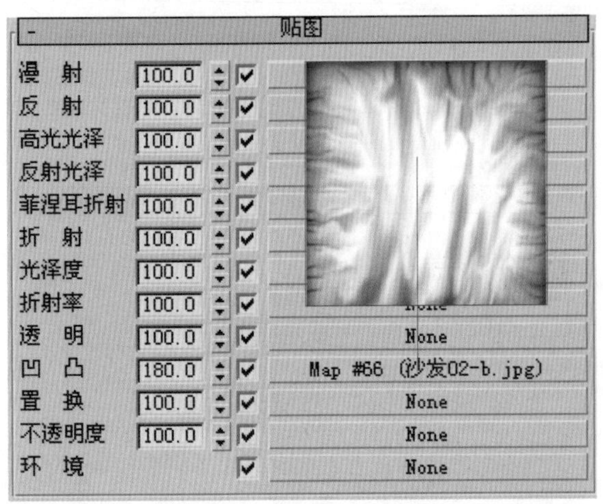

图 11—28　VR 添加凹凸贴图

29. 将刚才设置好的"床单"材质拖到一个新的材质球上面，复制一个新的材质，将"材质"重新命名为"床单 01"，为"漫射"贴一张纹理贴图，如图 11—29 所示。

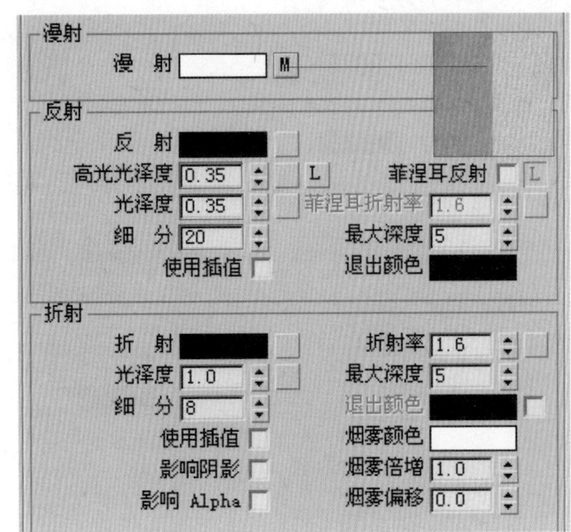

图 11—29　设置床单 01 材质

30. 为"反射"添加一张"衰减"贴图，设置"衰减"贴图的类型为"Fresnel"，"折射率"为 1.1，为"凹凸"贴一张凹凸纹理贴图，设置凹凸的大小为 180，如图 11—30 所示。

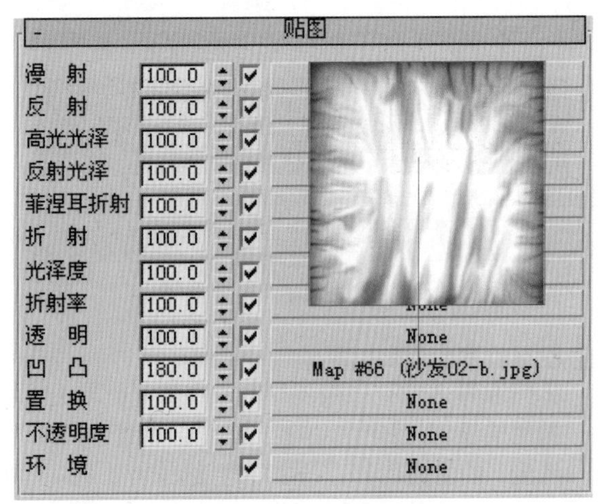

图 11—30　添加凹凸贴图

31. 为"反射"添加一张"衰减"贴图，设置"衰减"贴图的类型为"Fresnel"，"折射率"为 1.5，如图 11—31 所示。

32. 在"材质编辑器"中找到以"不锈钢"命名的材质球，单击按钮，在弹出的"选择对象"对话框中单击"选择"按钮，找到该材质所指定的模型，将不锈钢材质转换成 VR 材质类型，如图 11—32 所示。

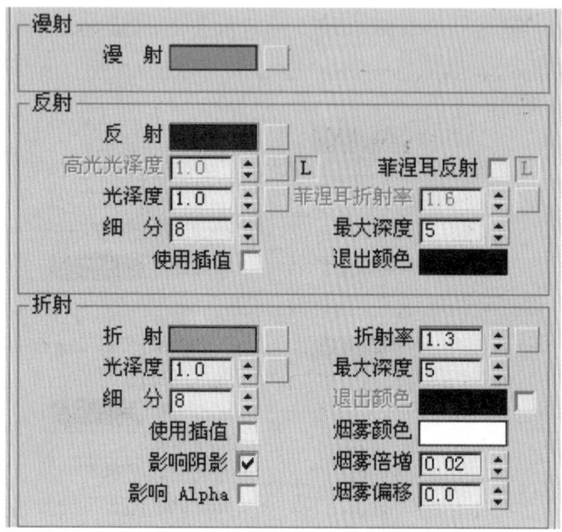

图 11—31 设置衰减贴图

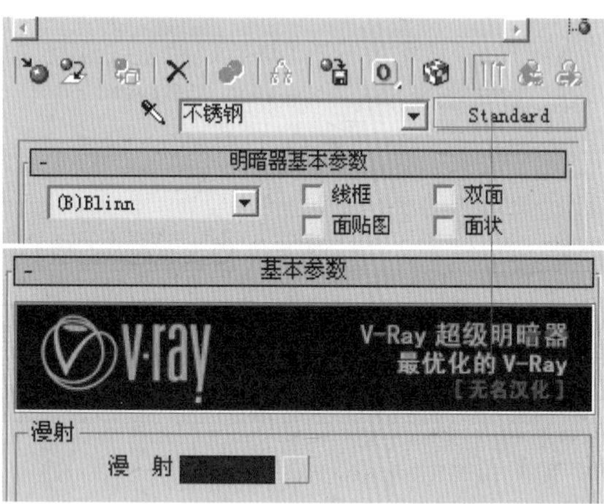

图 11—32 创建不锈钢材质

33.打开“基本参数”卷展栏，设置“漫射”RGB 颜色的值为（114、120、124），设置“反射”RGB 颜色的值为（196、201、203），设置”高光光泽度“的值为0.75，“光泽度”的值为0.83，“细分”的值为20，设置“折射率”的值为1.6，如图 11—33 所示。

34.设置壁挂材质。壁挂的材质分为三部分，分别是画框木、衬底和画三部分。先来设置画框木的材质，画框木的材质和前面的“背景木纹”材质物理属性基本相同。先为画框木贴上纹理贴图，如图 11—34 所示。

35.为“反射”添加一张“衰减”贴图，设置“衰减”贴图的类型为“Fresnel”,“折射率”为 1.1，如图 11—35 所示。

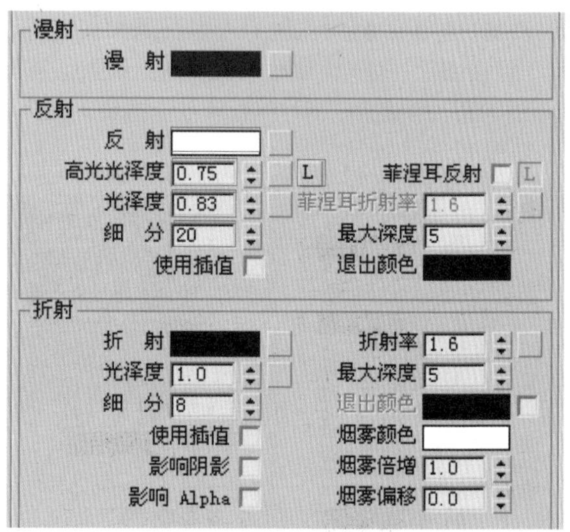

图 11—33 设置不锈钢材质参数

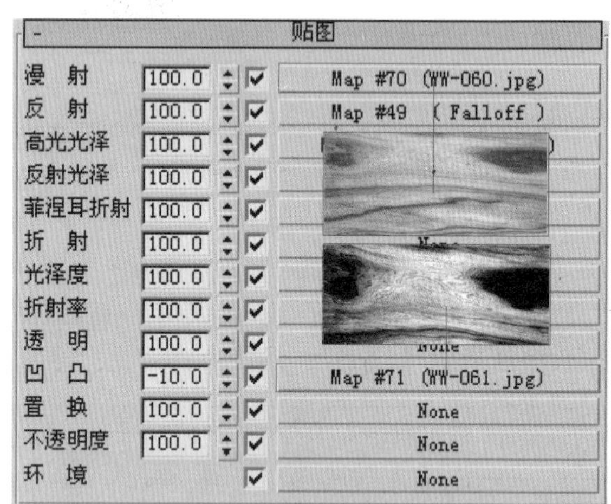

图 11—34 为画框木贴上纹理贴图

图 11—35 设置“衰减”贴图

36. 衬底的材质和画框木的材质是一样的，接着来设置一下装饰画的材质，为装饰画材质的“漫射”通道贴一张真实的纹理贴图，并为凹凸通道贴一张木头纹理的贴图，让它有木头的凹凸纹理，如图 11-36 所示。

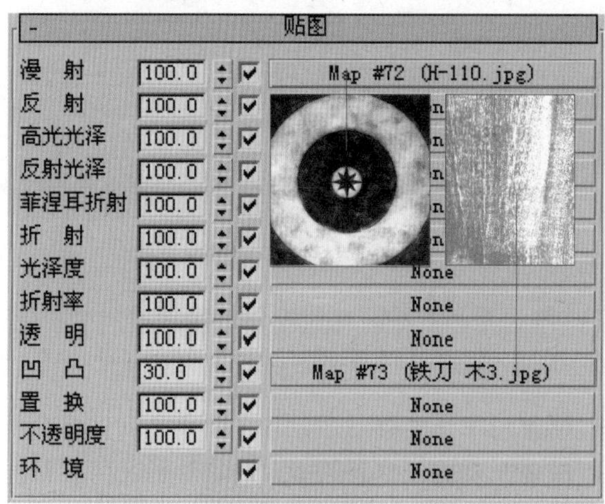

图 11-36　设置装饰画材质贴图

37. 为“反射”添加一张“衰减”贴图，设置“衰减”贴图的类型为“Fresnel”，“折射率”为 1.1，如图 11-37 所示。

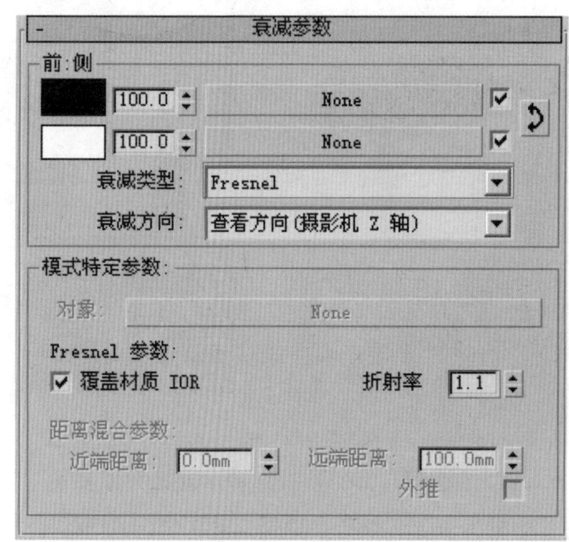

图 11-37　设置“衰减”贴图

38. 设置装饰画材质的基本参数。打开“反射”卷展栏设置“高光光泽度”的值为 0.45，设置“光泽度”的值为 0.45，“细分”值为 20，如图 11-38 所示。

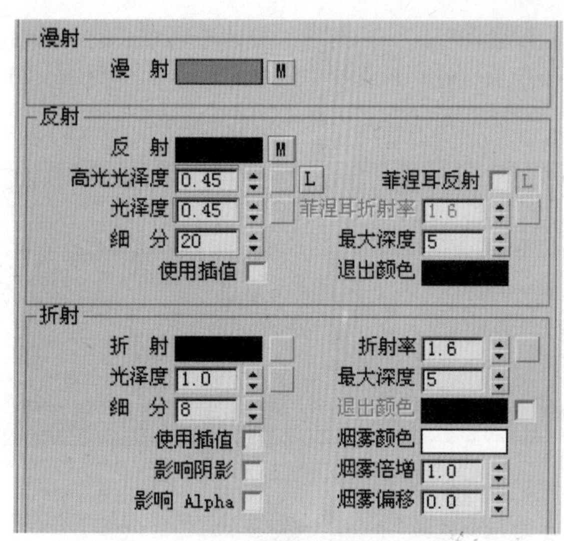

图 11-38　设置装饰画材质的基本参数

39. 为场景中的灯罩模型添加 VR 灯光材质，先选中场景中的灯罩模型，在材质面板中选择一个新的材质球，将材质指定给它，如图 11-39 所示。

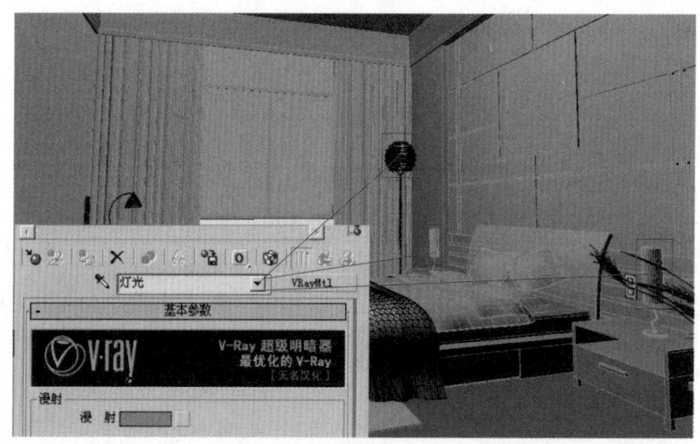

图 11-39　指定 VR 灯光材质

40. 进入材质编辑器中，将材质的类型修改为 VR 材质，单击按钮，在弹出的对话框中选择 VR 灯光材质，在 VR 灯光材质编辑面板中勾选“双面”选项，如图 11-40 所示。

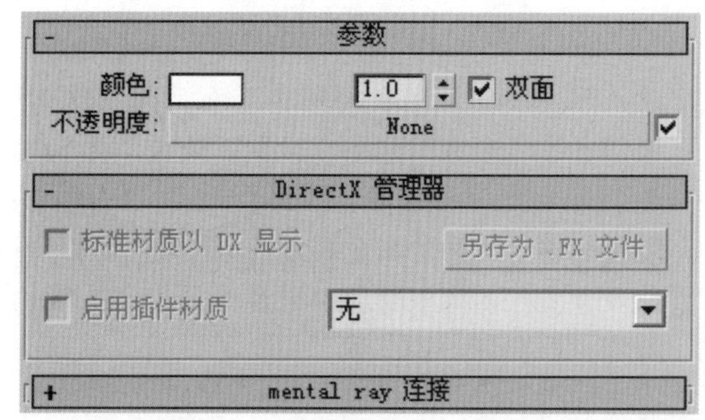

图 11-40　设置 VR 灯光材质

41.设置陶瓷装饰瓶材质。先选中场景中的装饰瓶模型，在材质面板中选择一个新的材质球，将材质指定给它，如图 11－41 所示。

图 11－41　指定陶瓷材质

42.进入材质编辑器中，将材质的类型修改为 VR 材质。将“漫射”的颜色修改为纯白色。打开“反射”卷展栏设置“高光光泽度”的值为 0.95，“光泽度”的值为 0.98，“细分”的值为 50，如图 11－42 所示。

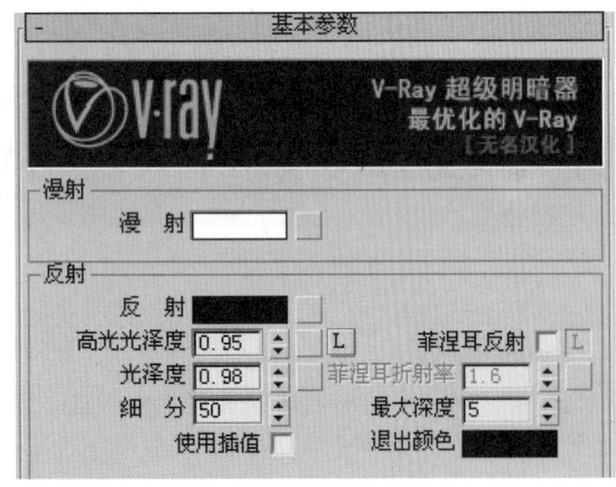

图 11－42　设置陶瓷材质

43.进入到“反射”参数卷展栏下面。为“反射”添加一张“衰减”贴图，设置“衰减”贴图的类型为“Fresnel”，“折射率”为 2.0。本例中的陶瓷材质是上釉的陶瓷材质，在生活中还有一种没有上釉的陶瓷材质，它的光泽度比上釉的陶瓷材质要低一些。读者朋友可以试着设置一下这种陶瓷材质，如图 11－43 所示。

图 11－43　设置“衰减”贴图参数

44.设置椅子坐垫的材质。椅子的坐垫和床单的材质是一样的，只要将床单的材质指定给它就可以了。在室内设计的过程中一定要注意物体之间的联系，这些联系可以是造型上的，也可以是颜色上的，还可以是质感上的。本例中就运用了后两者之间的联系，如图 11－44 所示。

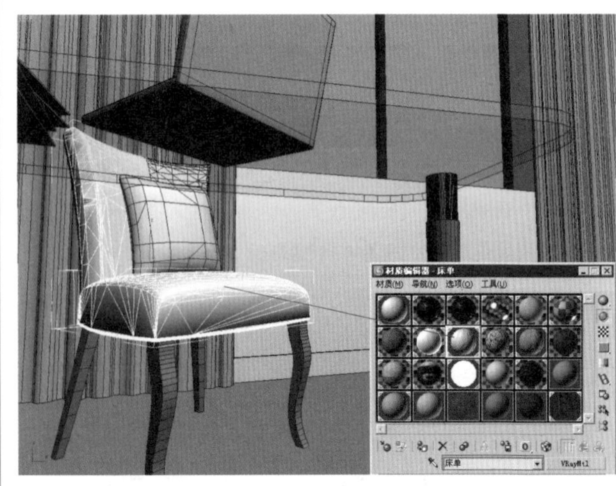

图 11－44　设置椅子坐垫的材质

45.设置“干枝”装饰物材质。先选中场景中的“干枝”模型，在材质面板中选择一个新的材质球，将材质指定给它，如图 11－45 所示。

46.设置“干枝”材质参数。先在“漫射”通道贴一张纹理贴图，设置模糊度为 0.01，再为“凹凸”通道贴一张“凹凸”的纹理贴图，设置模糊度为 0.01，凹凸的大小为 100，如图 11－46 所示。

图 11–45　指定“干枝”材质

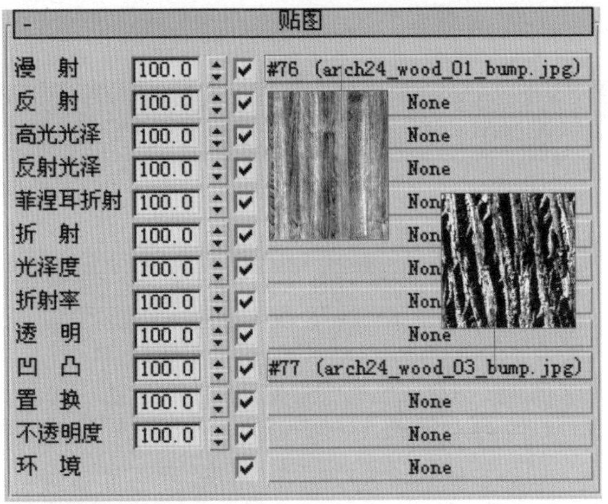

图 11–46　设置“干枝”材质的纹理贴图

47. 打开“反射”卷展栏，设置“高光光泽度”的值为 0.35，“光泽度”的值为 0.35，“细分”值为 20。为“反射”添加一个”衰减“贴图。设置“衰减”贴图的类型为“Fresnel”，“折射率”为 1.1，如图 11–47 所示。

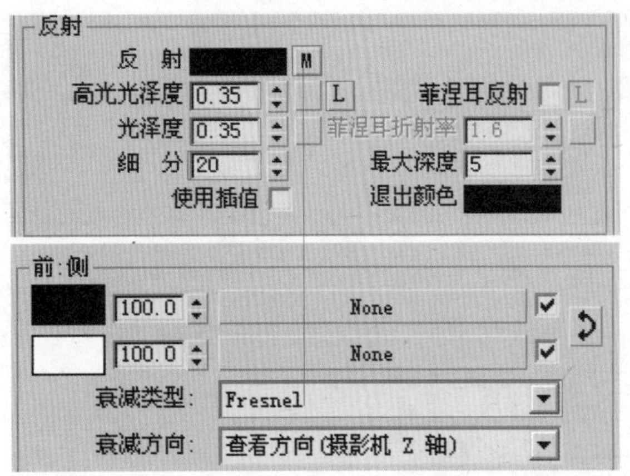

图 11–47　设置“干枝”材质的基本参数

48. 设置“干花”装饰物材质。先选中场景中的“干枝”模型，在材质面板中选择一个新的材质球，将材质指定给它。本例中的干花是类似“芦苇”一样的花，它的物理属性是柔软、表面较光滑、有纹理，具体设置如图 11–48 所示。

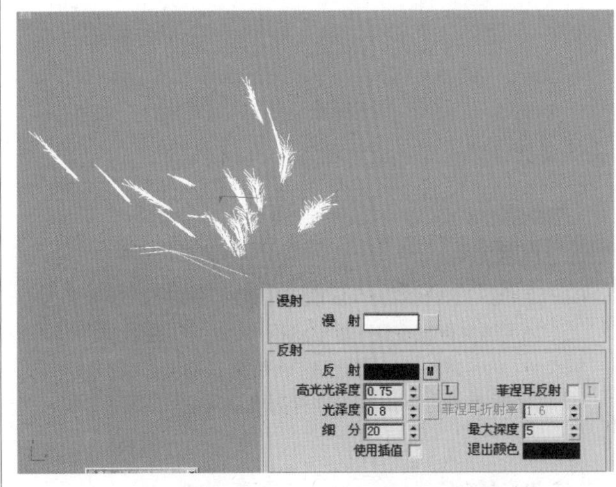

图 11–48　设置干花材质

11.3　阳光卧室灯光布置

01. 现在给场景添加灯光，进入“灯光”创建面板中，打开“标准”下拉菜单，选择“VRay”灯光，然后单击“VR 阳光”按钮，在前视图中创建一盏 VR 阳光灯光，并将其移动到合适的位置，如图 11–49 所示。

02. 在选中“VR 阳光”的情况下进入“修改”命令面板中，打开“VR 阳光参数”卷展栏，设置“浊度”的值为 2.0，“臭氧”的值为 0.5，“强度倍增器”的值为 0.005，“大小倍增器”的值为 3.0，其他值都为默认，如图 11–50 所示。

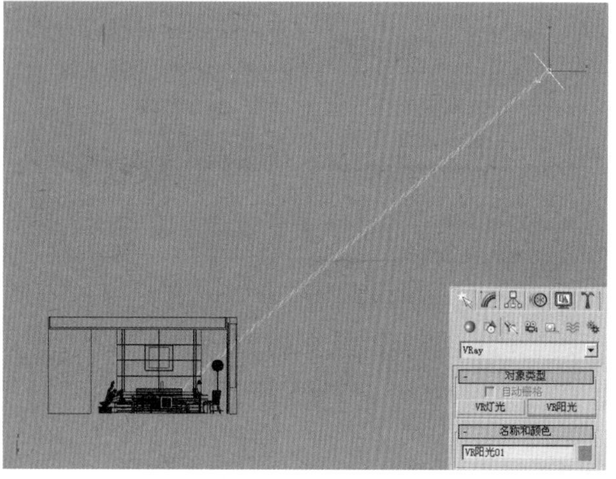

图 11—49 创建 VR 阳光

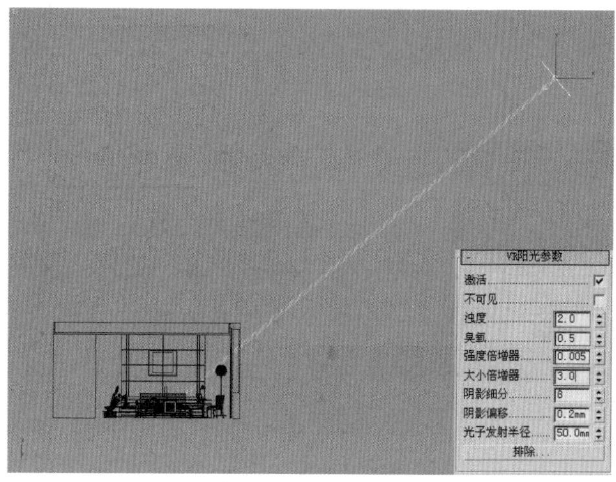

图 11—50 设置 VR 阳光参数

11.4 阳光卧室渲染出图

01.按下键盘上的F10 键，打开“渲染场景”控制面板，进入“公用”控制面板中，取消“渲染帧窗口“选项，这样可以为系统节省一些资源，如图 11—51 所示。

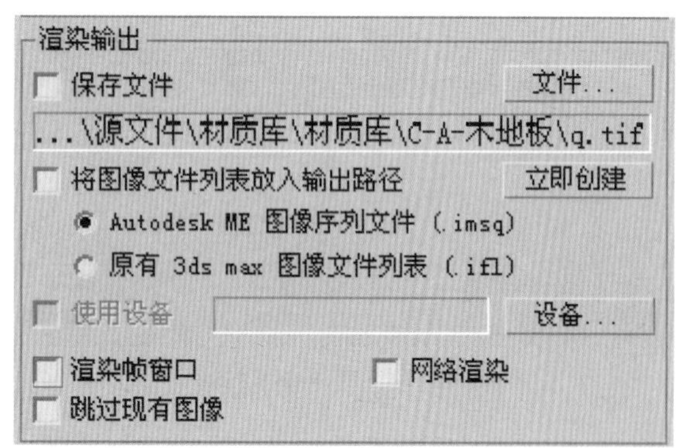

图 11—51 取消“渲染帧窗口”选项

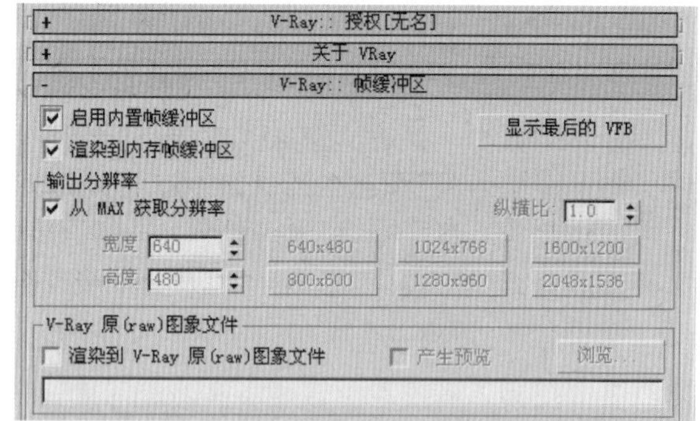

图 11—52 启用内置帧缓冲区

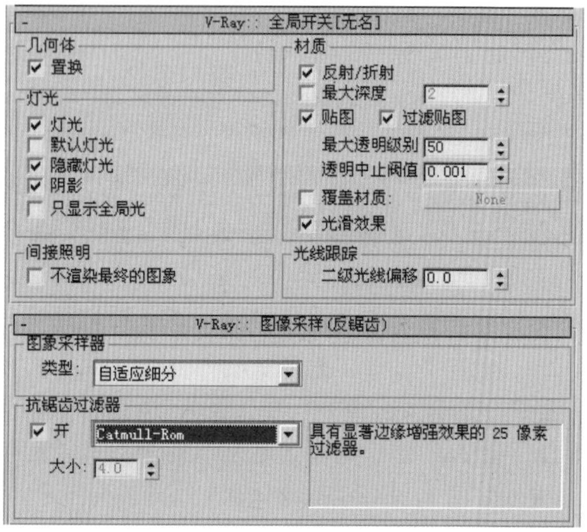

02.进入“渲染器”控制面板中，打开“帧缓冲区”卷展栏，勾选“启用内置帧缓冲区”选项，这样系统将使用 VR 的帧缓冲，可以提高渲染的速度，如图 11—52 所示。

03.继续打开“全局开关”卷展栏，取消“默认灯光”选项，打开“图像采样（反锯齿）”卷展栏，设置“图像采样器”为“自适应细分”类型，设置“抗锯齿过滤器”为“Catmull—Rom”类型，如图 11—53 所示。

图 11—53 设置抗锯齿类型

04.打开“自适应细分图像采样器”卷展栏，设置“最小比率”的值为0，“最大比率”的值为3，打开“间接照明”卷展栏，勾选“开”选项，设置“二次反弹”的“全局光引擎”为“灯光缓冲”模式，设置“倍增器”的值为0.75，如图11—54所示。

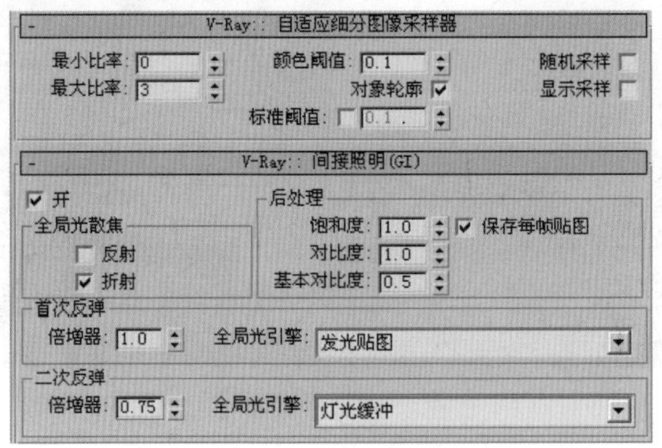

图 11—54　打开间接照明

05.打开“发光贴图”卷展栏，设置“当前预置”的模式为低，设置“模型细分”的值为30，将渲染的图片以光子图的模式保存到指定的文件中，如图11—55所示。

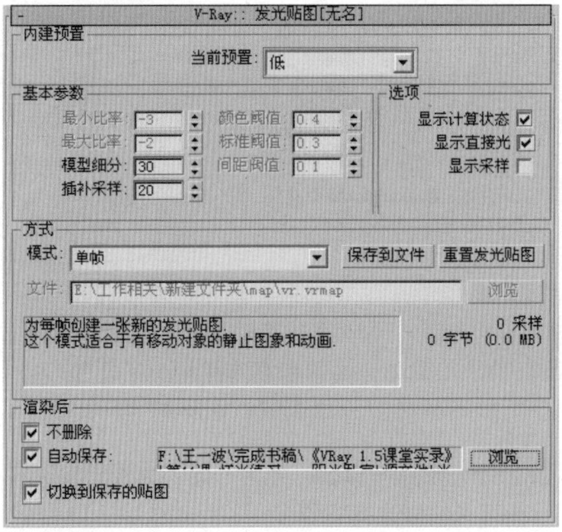

图 11—55　设置发光贴图参数

06.进入到“灯光缓冲”卷展栏中，设置“细分”的值为500，为光子图添加保存路径，如图11—56所示。

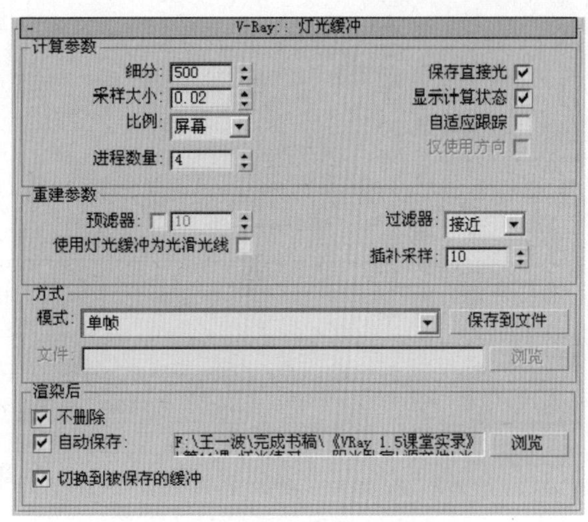

图 11—56　设置灯光缓冲参数

技巧/提示

灯光缓冲：该渲染引擎和光子贴图渲染引擎的计算方式十分相似，但是比光子贴图更加自由一些。灯光缓冲渲染引擎通过追踪从摄像机中发出的一定数量的光线跟踪路径，以实现对场景中光线的反弹追踪。灯光缓冲渲染引擎经常被用到室内外场景的渲染中，它的设置非常简单，而且对于灯的类型也没有限制。它可以对非常细小的物体和角落处理产生正确的计算结果。

07.进入“全局开关”卷展栏当中，勾选“不渲染最终图像”选项，取消“默认灯光”选项，如图11—57所示。

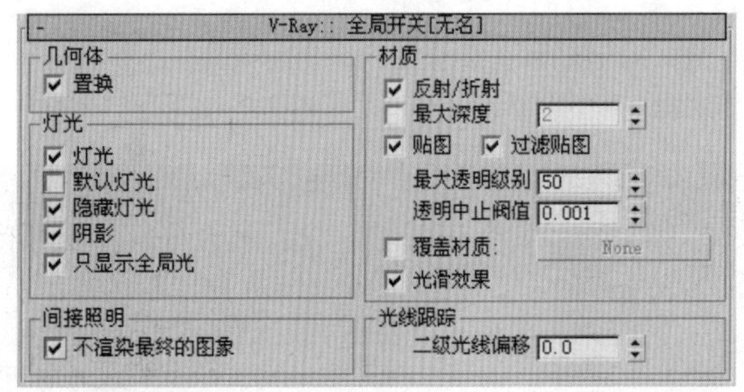

图 11—57　设置全局开关参数

08.在渲染光子图之前，先在视图中创建一盏“VR物理摄影机”并调整它的位置，如图11—58所示。

09.设置摄影机的参数：“类型”为照相机、“焦距”为26、“白平衡”为纯白色、“快门速度”为4、“胶片速度”为400，如图11—59所示。

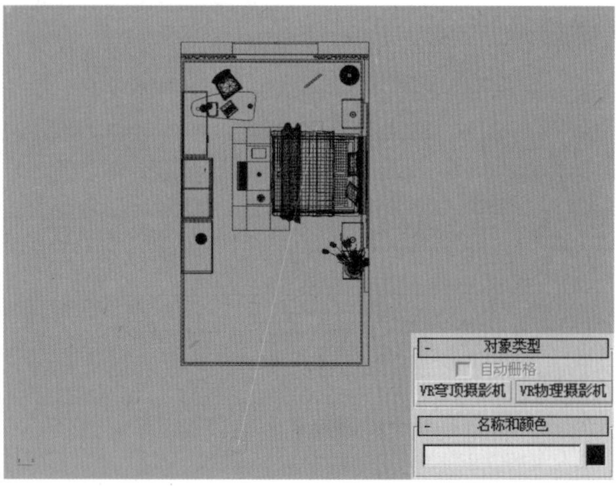

图 11-58　创建"VR 物理摄影机"

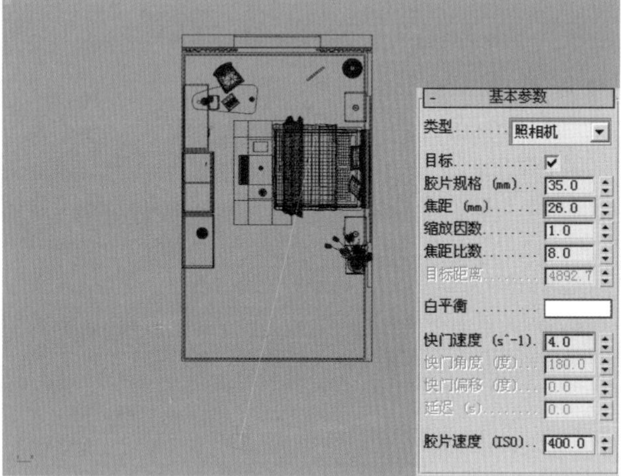

图 11-59　设置"VR 物理摄影机"

10.现在可以对"光子图"进行渲染了，单击工具栏中的快速渲染按钮，对光子图进行渲染，效果如图 11-60 所示。

图 11-60　光子图

11.将光子图导入到渲染面板中，对当前的场景进行测试渲染，效果如图 11-61 所示。

图 11-61　测试渲染

12.为场景创建主光源，在创建面板中选择"VR 灯光"在视图中创建一盏"VR 灯光"并调整它的位置和参数，如图 11-62 所示。

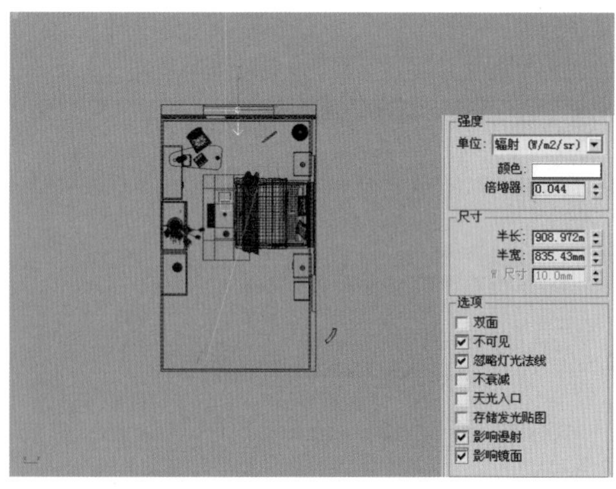

图 11-62　创建"VR 灯光"

13.复制一盏"VR 灯光"作为补光，调整它的位置，将灯光的强度降低至 0.01，如图 11-63 所示。

14.设置环境贴图。将渲染面板中的"全局光环境倍增器"关联复制到一个新的材质球上，为材质添加"HDR"的环境贴图，并将它关联复制到"环境和效果"面板中的环境贴图上面，如图 11-64 所示。

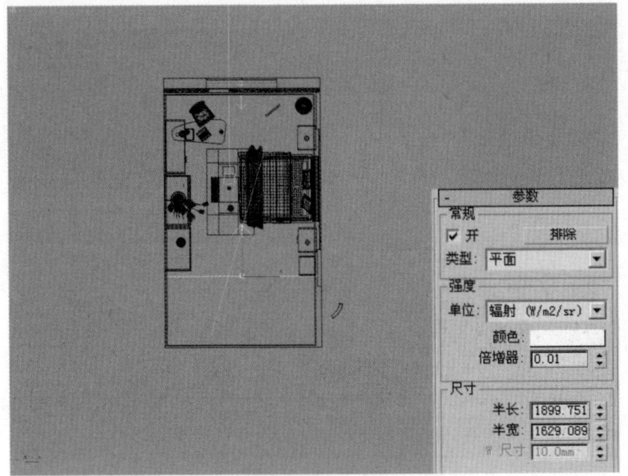

图 11—63　创建补光

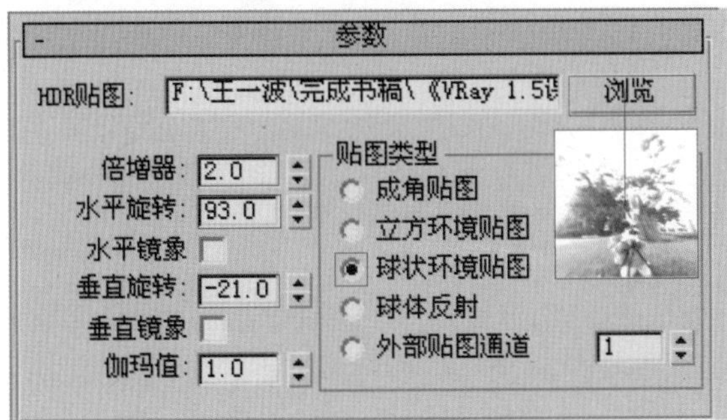

图 11—64　设置环境贴图

技巧 / 提示

补光在灯光环境中的作用是补充场景光照不足的地方。所以它的灯光强度一般要比主光小，至于具体的值要根据需要补光的数量来定的，数量多则强度小，数量少则强度大。

15. 场景中的灯光和材质都已经设置完毕了，现在可以进行最终渲染出图了。在渲染之前将灯光和摄影机的细分值都设置为 25，如图 11—65 所示。

16. 进入渲染面板中的“灯光缓冲”卷展栏下面，将“细分”值修改为 1500，“进程数量”修改为 2，如图 11—66 所示。

17. 进入到发光贴图中，设置“当前预置”为“自定义”，“最小比率“为 -3，”最大比率“为 -2，“模型细分”为 50，如图 11—67 所示。

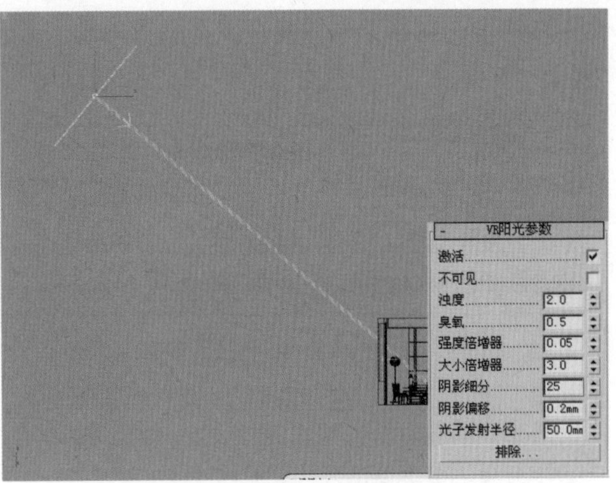

图 11—65　设置细分参数

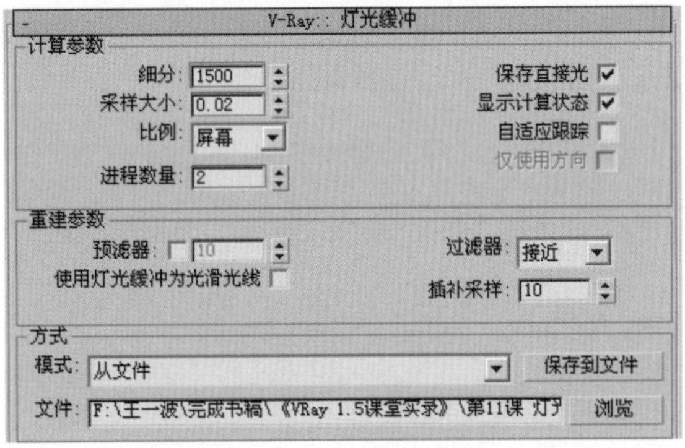

图 11—66　设置灯光缓冲参数

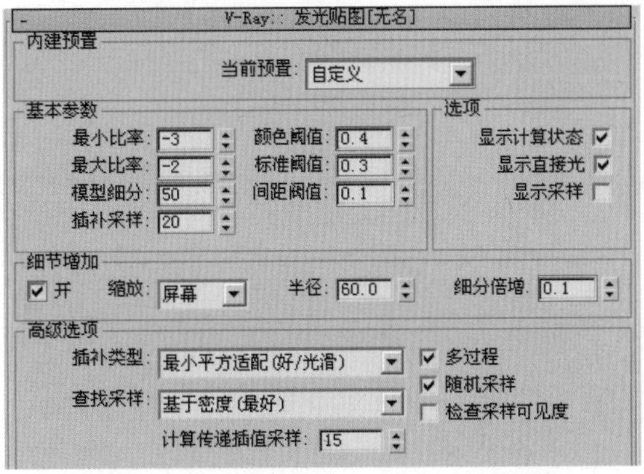

图 11—67　设置发光贴图参数

18. 进入“V—Ray :: rQMC 采样器”卷展栏中，设置“适应数量”为 0.75，“噪波阈值”为 0.001，“最小采样值”为 20，如图 11—68 所示。

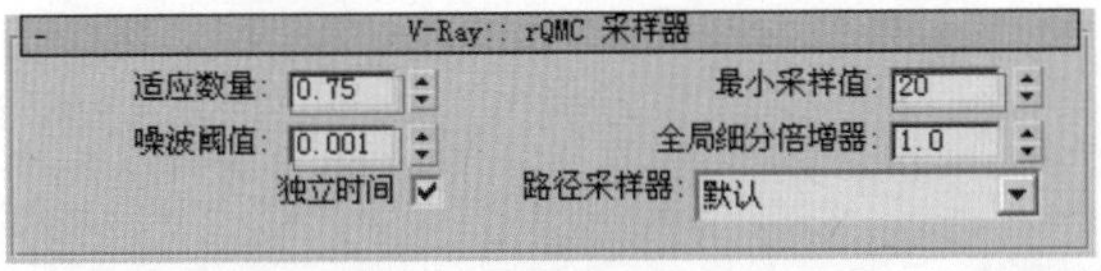

图 11—68　设置采样值参数

19.进入通用面板中设置渲染输出图像的大小为1800 × 1271，如图 11-69 所示。

图 11-69 设置输出图像的大小

20.按下键盘上的 F9 键，对当前的摄影机视图进行渲染，由于参数设置得较高，所以渲染需要一些时间。最终渲染的效果如图 11-70 所示。

图 11-70 最终渲染效果

第 12 课

夜间卧室材质

本课主要讲解夜晚卧室效果图的制作方法以及渲染器使用的技巧，对灯光也做了很全面的介绍，通过灯光和材质的搭配表现出夜晚卧室的特有材质。

12.1 夜间卧室材质设置

这一课中主要讲解一个夜晚卧室的效果图制作技巧，其中主要是为了体现夜晚卧室的温馨、安静的感觉，在例子中主要是通过材质和灯光的搭配来达到这样的效果和感觉。本课对材质部分和灯光做了详细的介绍。通过学习本课内容可以知道怎么表现夜晚卧室的效果，本课中用到渲染器参数设置的部分比较多，所以在后面的内容中也非常详细地介绍了夜晚卧室渲染所用到的参数，对材质部分也做了非常详细的介绍，夜晚卧室材质的设置技巧，一般在制作夜晚室内效果的时候非常重要。本课在后面的灯光布置小节中对灯光做了很详细的讲解，包括灯光的位置，以及灯光的参数设置等。

本课主要介绍的是材质和渲染器方面的知识，对常用的材质参数设置和渲染器渲染流程都做了很详细的介绍，本课中对灯光方面也做了很全面的讲解。

12.2 夜间卧室技术分析

01.首先打开光盘中的“夜间卧室”场景文件，发现场景中有一个开天窗的卧室模型，如图12-1所示。

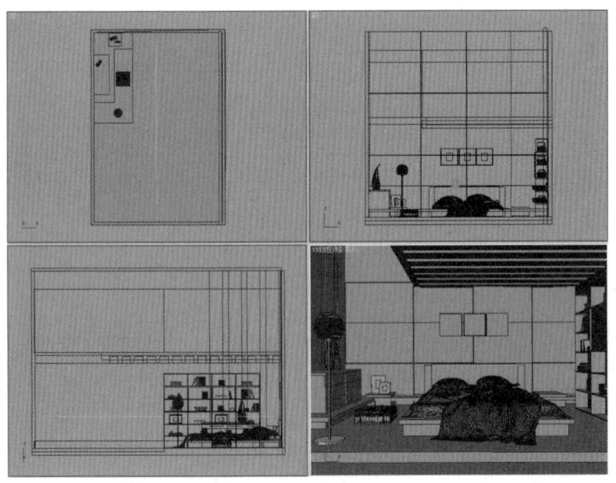

图12-1 打开场景文件

02.按下键盘上的M键，打开“材质编辑器”发现所有的材质都已经被指定好了，下面就直接对各个材质进行相应的编辑即可，如图12-2所示。

技巧/提示

开天窗的场景，主光源是由顶面的天窗投射下来的，本例是夜景场景，所以天光相对较弱。

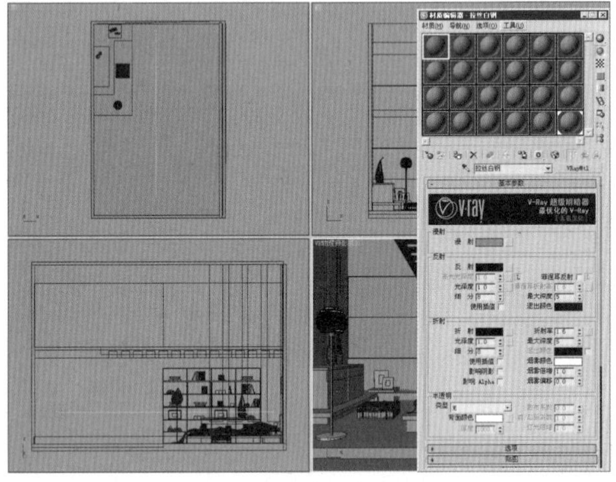

图12-2 查看材质编辑情况

03.打开“材质编辑器”选中第一个材质球，得到该材质的名称为“乳胶漆”，然后单击按钮，弹出“选择对象”对话框，查看被指定“乳胶漆”材质的模型，如图12-3所示。

04.设置“乳胶漆”材质“漫反射“颜色的值为252、255、255，然后单击按钮，激活“高光光泽度”选项，设置“高光光泽度”为0.45，“光泽度”为0.45，细分为“20 ”，如图12-4所示。

05.为“反射”添加一张“衰减”贴图，设置“衰减”贴图的类型为“Fresnel”，“折射率”为1.1，如图12-5所示。

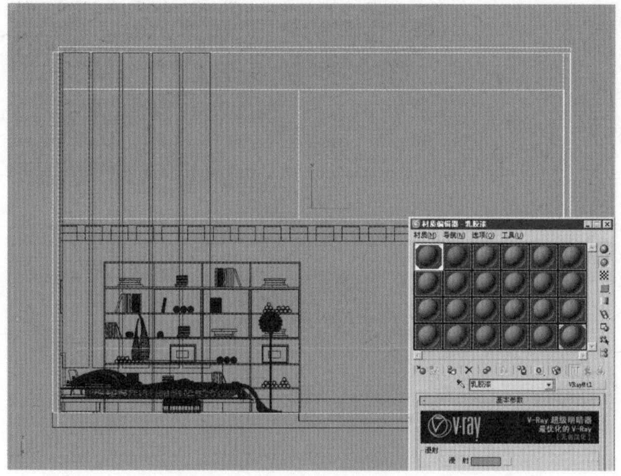

图 12-3　查看覆盖"乳胶漆"材质的模型

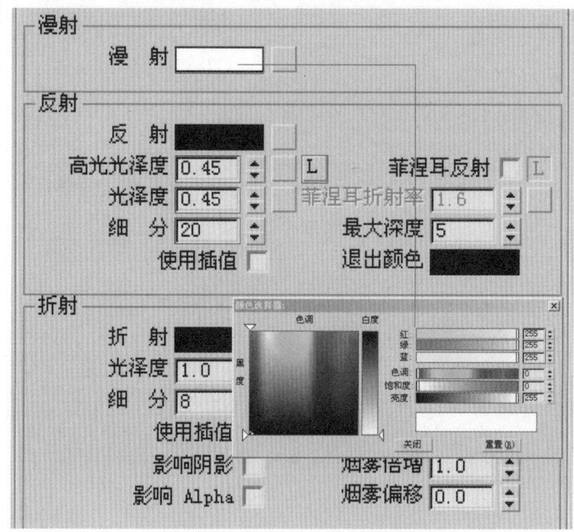

图 12-4　设置乳胶漆材质

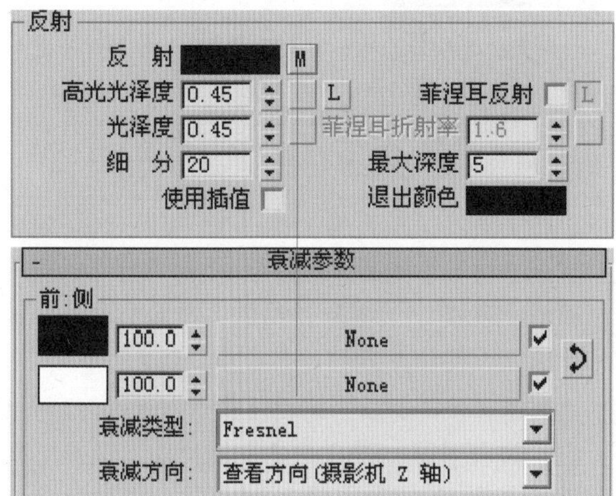

图 12-5　设置"衰减"贴图参数

06.选择以"地面砖"命名的材质球，然后单击按钮，在弹出的"选择对象"对话框中单击"选择"按钮，查看"地面砖"材质所指定的模型，如图12-6所示。

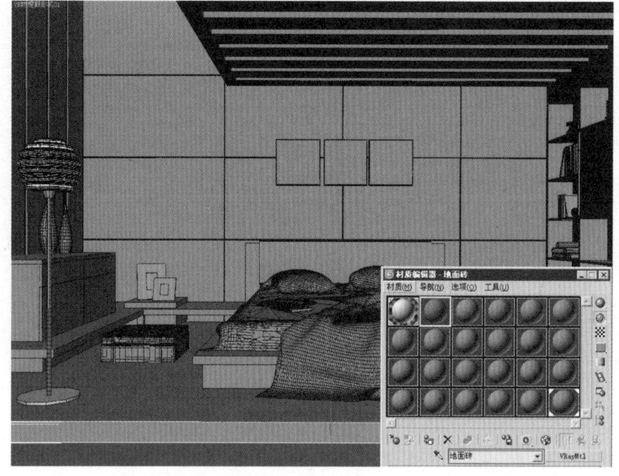

图 12-6　查看覆盖"地面砖"材质的模型

07.设置"地面砖"材质"高光光泽度"的值为0.65，"光泽度"的值为0.75，单击"漫反射"右边的按钮，弹出"材质／贴图浏览器"，并选择"位图"贴图，然后找到光盘中的"石材"贴图文件，并将其指定，如图12-7所示。

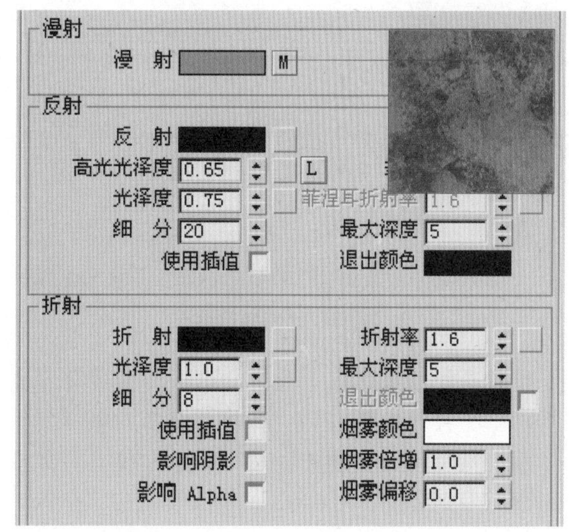

图 12-7　设置地面砖材质参数

08.为"反射"添加一张"衰减"贴图，设置"衰减"贴图的类型为"Fresnel"，"折射率"为1.8，如图12-8所示。

图 12–8 设置“衰减”贴图参数

09. 为“高光光泽”通道贴一张“石材01”贴图。在“凹凸”通道里贴一张“石材01”贴图，设置凹凸量为10。在贴图坐标下面设置它的“模糊”值为0.01，如图12–9所示。

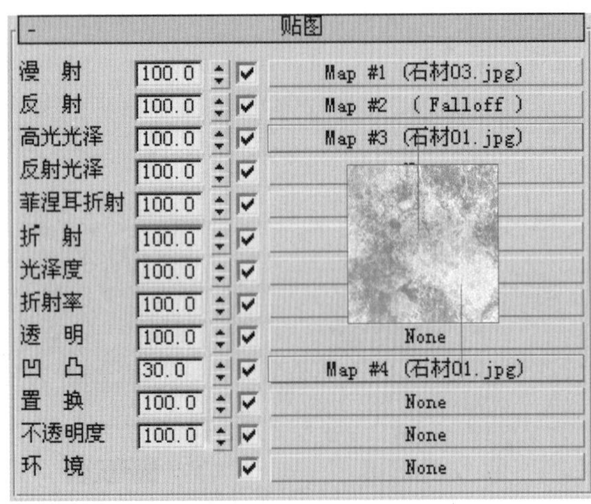

图 12–9 设置凹凸贴图

10. 打开“材质编辑器”窗口，选中“背景墙”材质球，并单击按钮，弹出”选择对象“对话框，然后可以找到该材质所指定的模型，如图12–10所示。

11. 设置“背景墙”模型的ID号，选中“背景墙”的凹线部分将其ID号设置为2，按下Alt+Q键反选，将选择的多边形的ID号设置为1，如图12–11所示。

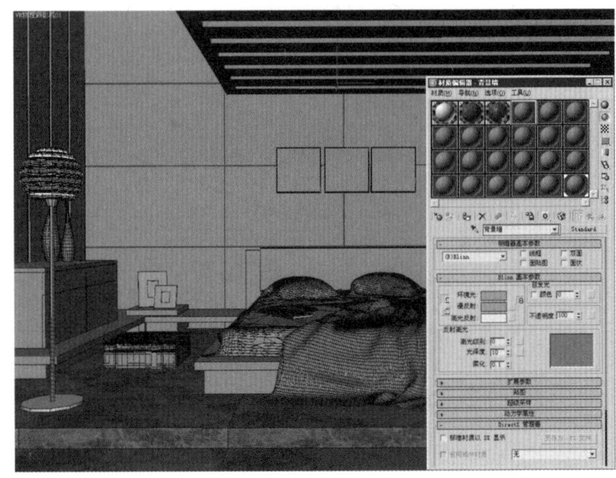

图 12–10 设置细分值

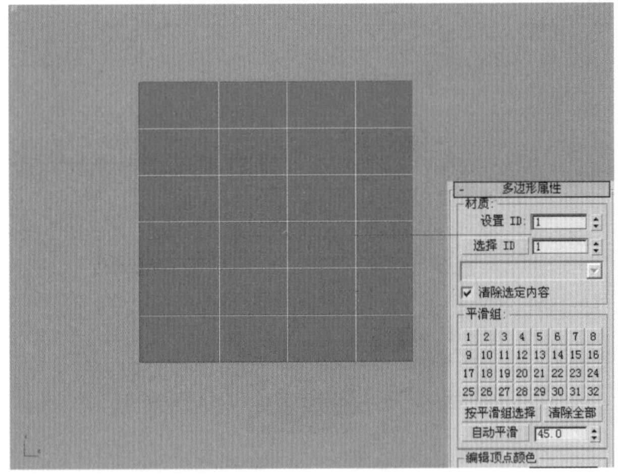

图 12–11 设置“背景墙”模型的ID号

技巧/提示

设置材质为ID号的目的是可以将一个拥有不同材质的模型的材质参数，和“多维子对象”材质对应，模型中有几个ID号，在“多维子对象”材质中就有几个子材质和它对应，这样既编辑方便，又节省了资源。

12. 打开“材质编辑器”对话框，“背景墙”材质转换成“多维/子对象”材质，并分别对两个子材质进行材质的编辑，如图12–12所示。

13. 进入第一个子材质，将材质的类型修改为VR材质。为漫射贴一张“松木”的材质。设置“高光光泽度”的值为0.45，“光泽度”的值为0.45，如图12–13所示。

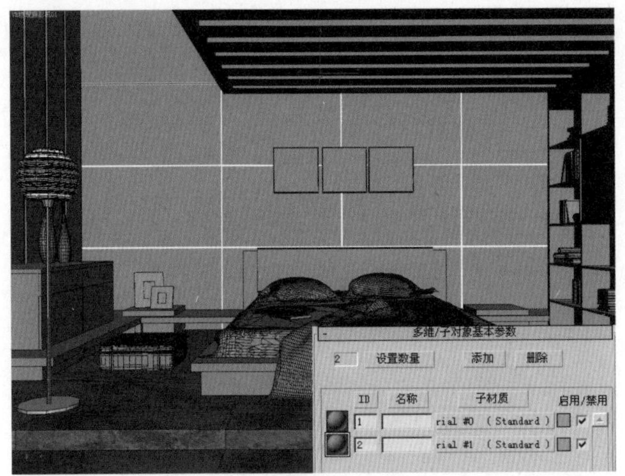

图 12—12　“多维／子对象”材质

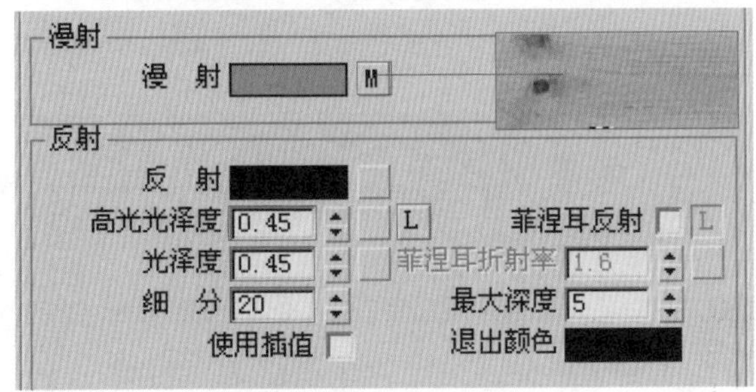

图 12—13　添加纹理贴图

14.为“反射”添加一张“衰减”贴图，设置“衰减”贴图的类型为“Fresnel”，“折射率”为 1.1，如图 12—14 所示。

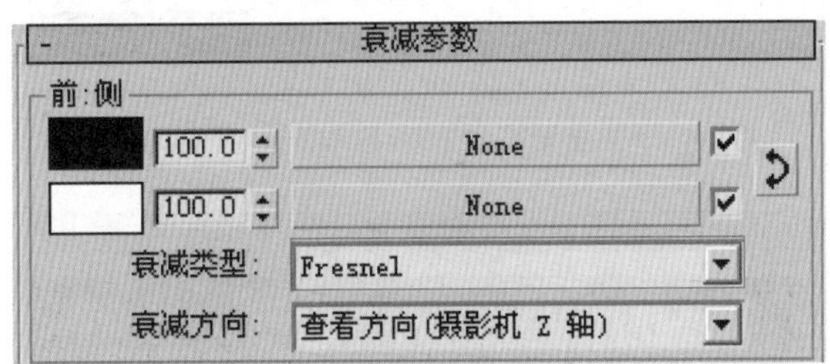

图 12—14　设置“衰减”贴图参数

15.为“高光光泽”通道贴一张“松木 01”贴图。在“凹凸”通道里贴一张“松木 01”贴图，设置凹凸量为 10，如图 12—15 所示。

16.将“乳胶漆”材质复制给第二个子材质。并将它的“漫射”颜色设置为一个深灰色的颜色，如图 12—16 所示。

17.选中“隔栅木”材质球，并单击按钮，弹出“选择对象”对话框，然后找到该材质所指定的模型，如图 12—17 所示。

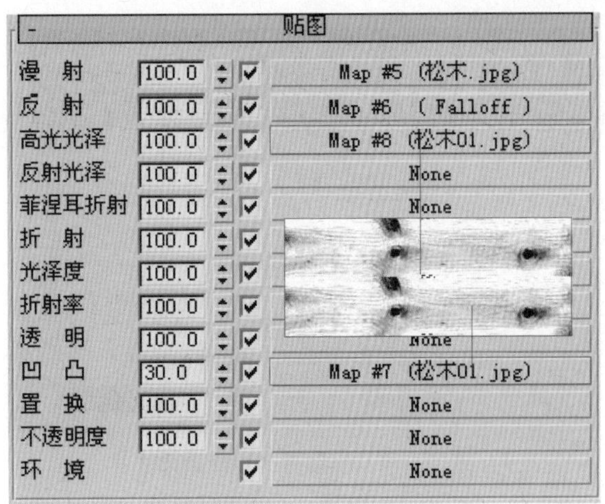

图 12—15　设置凹凸贴图

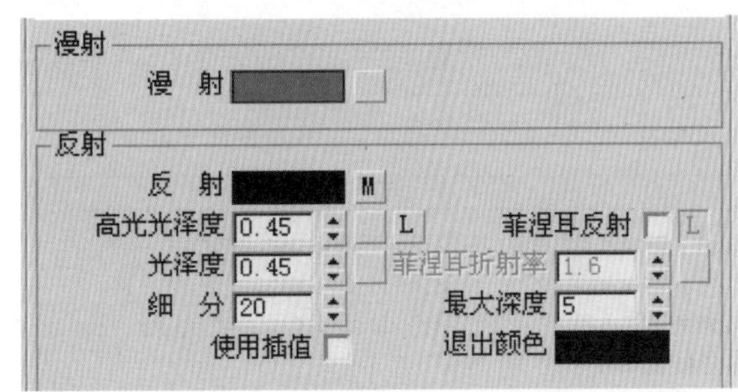

图 12—16　设置第二个子材质的参数

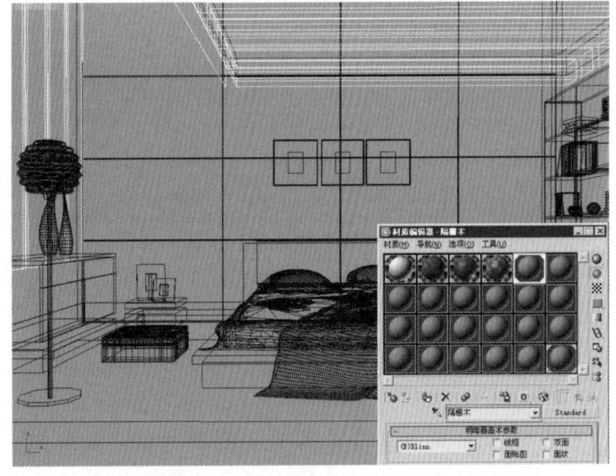

图 12—17　查看覆盖“隔栅木”材质的模型

18.设置隔栅木材质“高光光泽度”的值为 0.45，“光泽度”的值为 0.5，单击“漫反射”右边的按钮，弹出“材质／贴图浏览器”并选择“位图”贴图，然后打开光盘中的“木纹 01”位图文件，如图 12—18 所示。

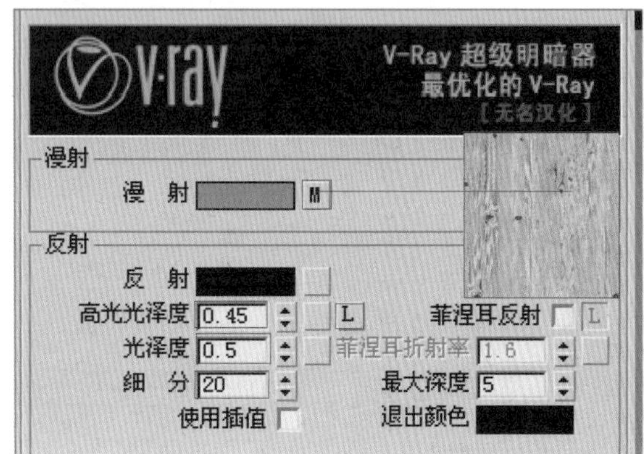

图 12—18 为漫射添加位图文件

19.为“高光光泽”通道贴一张“木纹01凹凸”贴图，在“凹凸”通道里贴一张“木纹01凹凸”贴图，设置凹凸量为5。在贴图坐标下面设置它的“模糊”值为0.01，如图12—19所示。

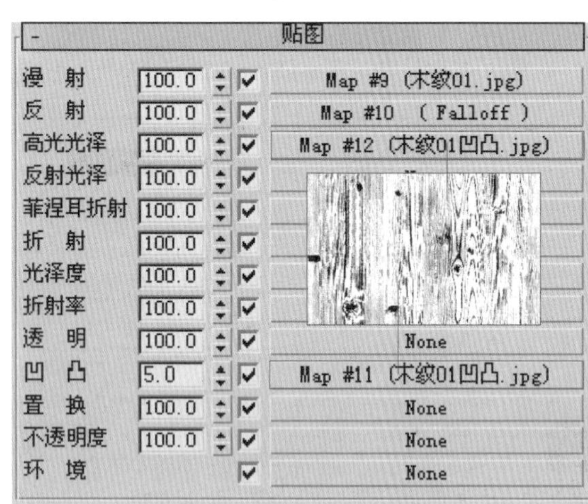

图 12—19 设置凹凸贴图

20.为“反射”添加一张“衰减”贴图，设置“衰减”贴图的类型为“Fresnel”，“折射率”为1.1，如图12—20所示。

21.选中“家具木01”材质球，并单击按钮，弹出“选择对象”对话框，然后找到该材质所指定的模型，如图12—21所示。

22.设置“家具木01”材质“高光光泽度”的值为0.35，“光泽度”的值为0.35，单击“漫反射”右边的按钮，弹出“材质／贴图浏览器”并选择“位图”贴图，然后打开光盘中的“拼木”位图文件，如图12—22所示。

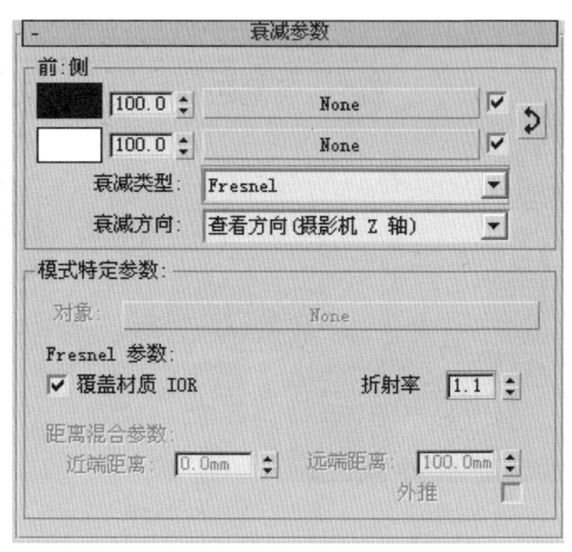

图 12—20 设置“衰减”贴图参数

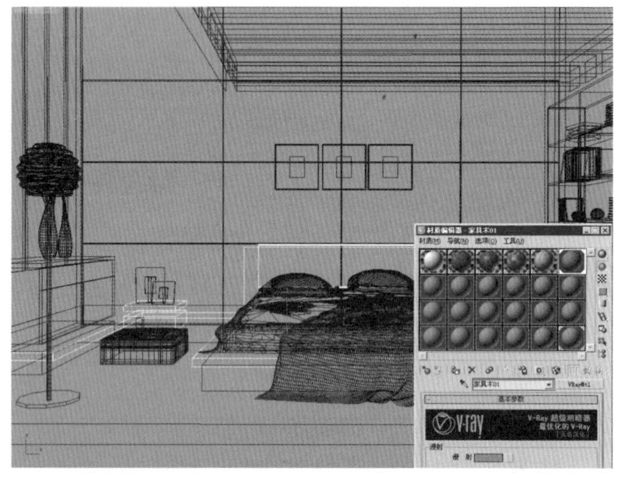

图 12—21 查看覆盖“家具木01”材质的模型

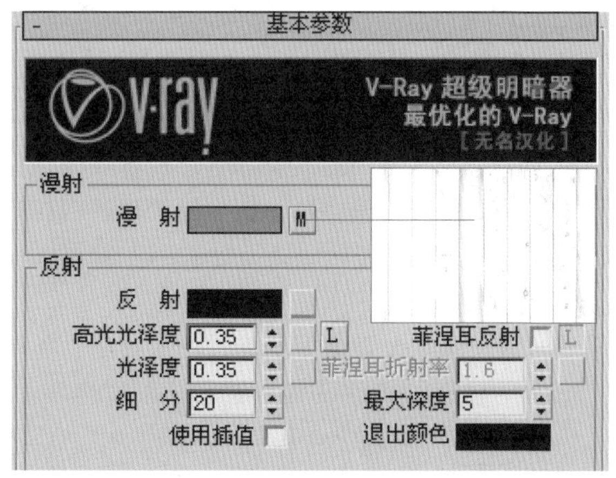

图 12—22 为漫射添加位图文件

23. 为"高光光泽"通道贴一张"拼木凹凸"贴图。在"凹凸"通道里贴一张"拼木凹凸"贴图，设置凹凸量为5。在贴图坐标下面设置它的"模糊"值为0.01，如图12-23所示。

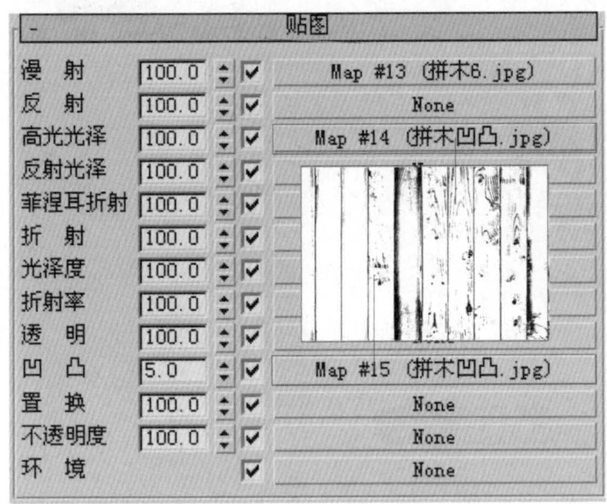

图12-23　将"床单"材质指定给模型

24. 为"反射"添加一张"衰减"贴图，设置"衰减"贴图的类型为"Fresnel"，"折射率"为1.5，如图12-24所示。

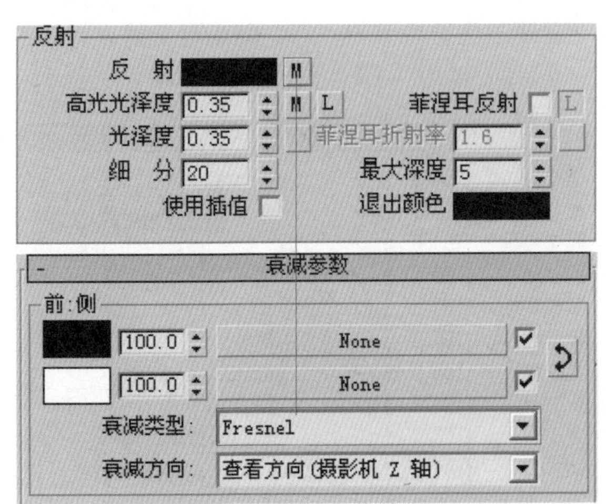

图12-24　设置"衰减"贴图参数

25. 选中"家具木02"材质球，并单击按钮，弹出"选择对象"对话框，然后找到该材质所指定的模型，如图12-25所示。

26. 设置"家具木02"材质"高光光泽度"的值为0.35，"光泽度"的值为0.35，单击"漫反射"右边的按钮，弹出"材质／贴图浏览器"并选择"位图"贴图，然后打开光盘中的"合成木"位图文件，如图12-26所示。

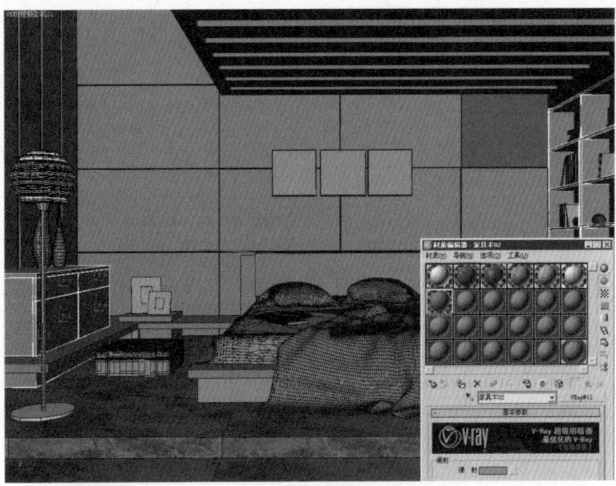

图12-25　查看覆盖"家具木02"材质的模型

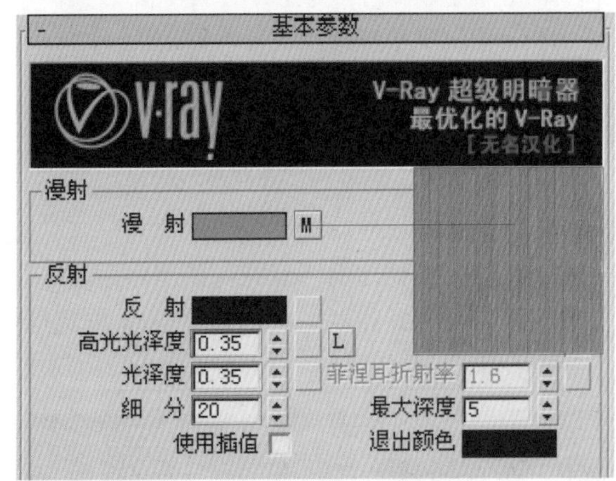

图12-26　为漫射添加位图文件

27. 为"反射"添加一张"衰减"贴图，设置"衰减"贴图的类型为"Fresnel"，"折射率"为1.1，如图12-27所示。

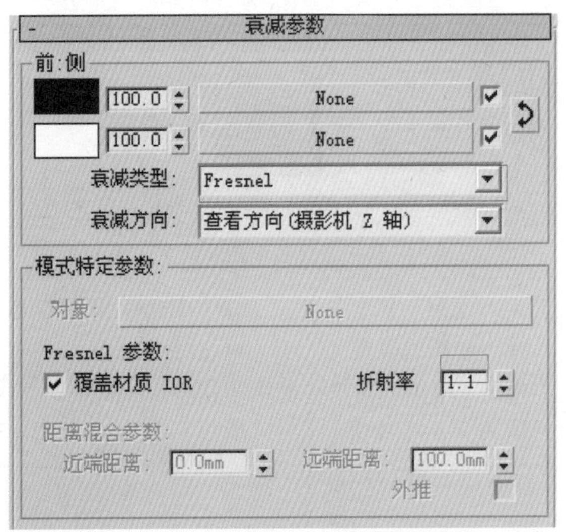

图12-27　设置"衰减"贴图参数

28.为“高光光泽”通道贴一张“合成木凹凸”贴图。在“凹凸”通道里贴一张“合成木凹凸”贴图，设置凹凸量为5。在贴图坐标下面设置它的“模糊”值为0.01，如图12−28所示。

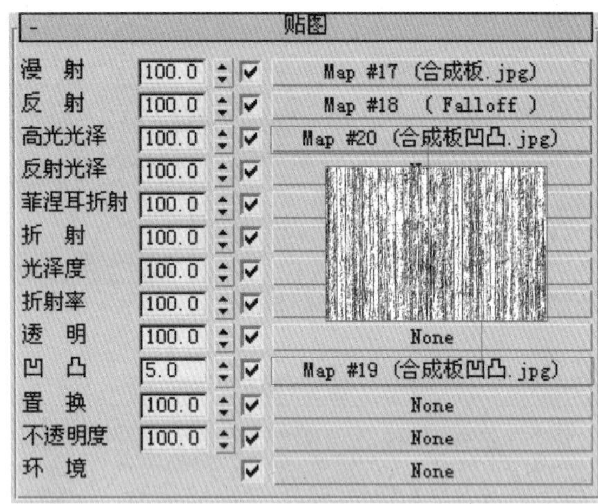

图 12−28 设置凹凸贴图

29.设置“床单”材质，为“漫射”添加一张“衰减”贴图。在弹出的“衰减”贴图对话框中设置前侧RGB颜色的值为（60、90、152），后侧RGB颜色的值为（131、173、197），如图12−29所示。

图 12−29 在凹凸中添加贴图文件

30.为“漫射”添加一张“衰减”贴图。设置“衰减”贴图的类型为“Fresnel”，“折射率”为1.1。设置“高光光泽度”的值为0.35，“光泽度”的值为0.35，如图12−30所示。

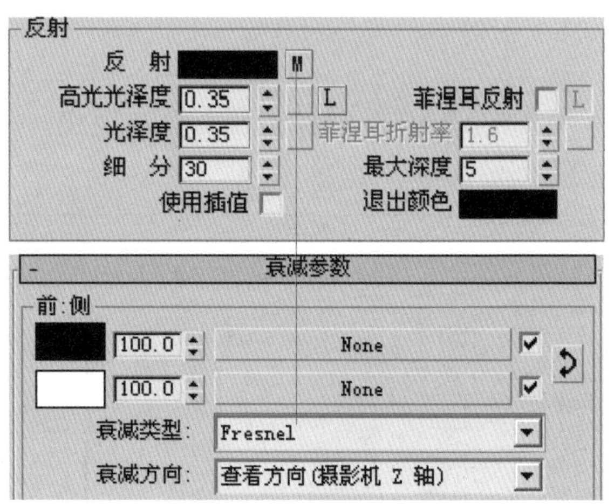

图 12−30 设置反射参数

技巧 / 提示

为“漫射”添加一张“衰减”贴图，目的是为了让“漫射”的颜色有一个衰减的过程，从而形成丰富的层次感，让本来单色调的材质在光线里产生其他色彩。

31.为“高光光泽”通道贴一张“沙发02−b”贴图。在“凹凸”通道里贴一张“沙发02−b”贴图，设置凹凸量为180。在贴图坐标下面设置它的“模糊”值为0.01，如图12−31所示。

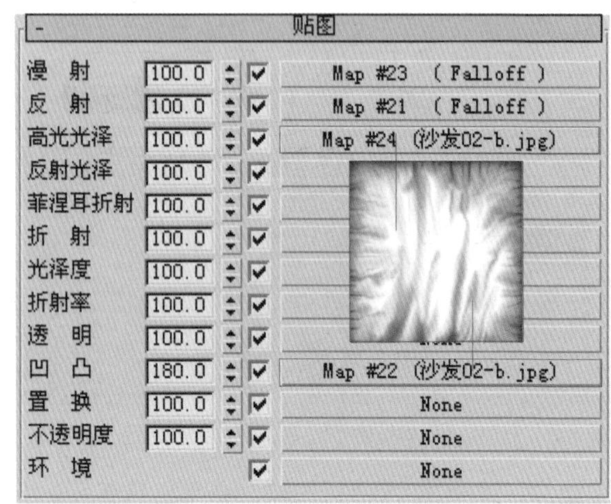

图 12−31 设置凹凸贴图

32.单击按钮，弹出“选择对象”对话框，然后选择“床单”材质对应的模型，将“床单”材质指定给模型，并为其添加UVW贴图，如图12−32所示。

图 12–32 将“床单”材质指定给模型

33.将“床单”材质拖动复制到一个新的材质，将其重新命名为“枕头”，在“枕头”材质里，将“漫射”的颜色修改成纯白色，其它参数保持不变，如图 12–33 所示。

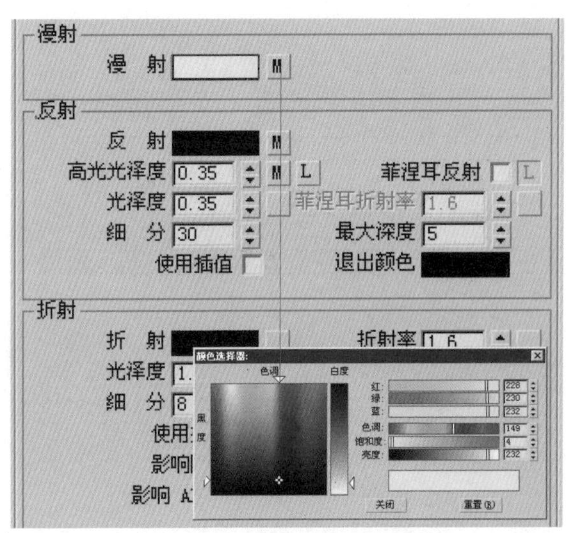

图 12–33 设置“枕头”材质

34.选中场景中对应“枕头”材质的模型，将“枕头”材质指定给模型，并为其添加 UVW 贴图，如图 12–34 所示。

35.设置“不锈钢”材质。打开“基本参数”卷展栏，设置“漫射”RGB 颜色的值为（114、120、124），“反射”RGB 颜色的值为（196、201、203），“高光光泽度”的值为 0.75，“光泽度”的值为 0.83，“细分”的值为 20，设置“折射率”的值为 1.5，如图 12–35 所示。

图 12–34 将“枕头”材质指定给模型

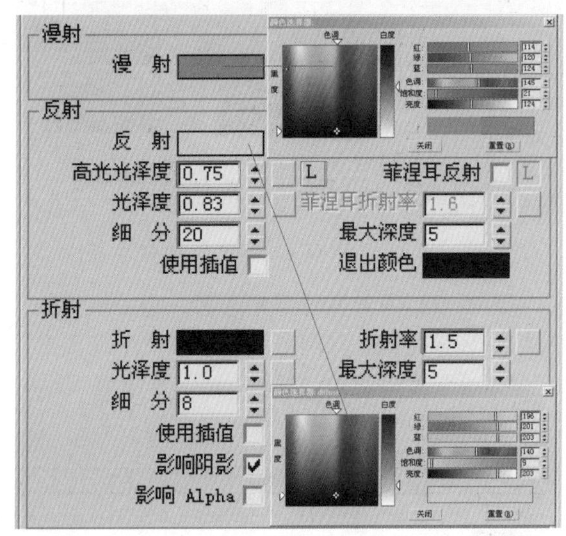

图 12–35 设置“不锈钢”材质

36.选中场景中对应“枕头”材质的模型，将“枕头”材质指定给模型（如果是需要制作磨砂金属的话，在凹凸贴图通道里贴一张“噪波”贴图就可以了），如图 12–36 所示。

图 12–36 将“不锈钢”材质指定给模型

37.设置“陶瓷”材质。进入材质编辑器中，将材质的类型修改为VR材质。将“漫射”的颜色修改为胡蓝色。打开“反射”卷展栏，设置“高光光泽度”的值为0.95，“光泽度”的值为0.98，“细分”值为50，如图12-37所示。

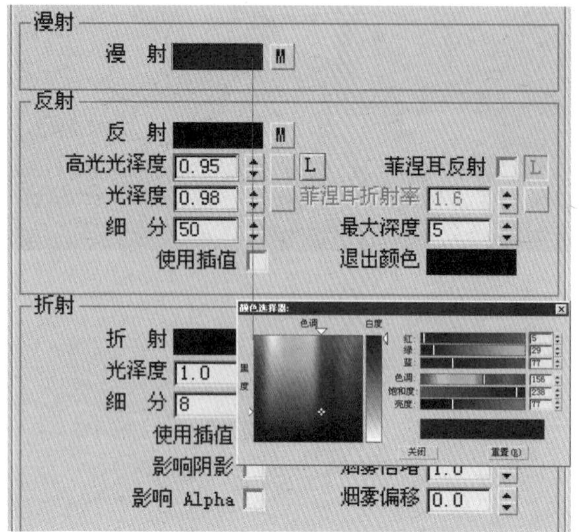

图12-37　设置“陶瓷”材质

38.进入“反射”参数卷展栏下面。为“反射”添加一张“衰减”贴图，设置“衰减”贴图的类型为“Fresnel”，“折射率”为2.0，如图12-38所示。

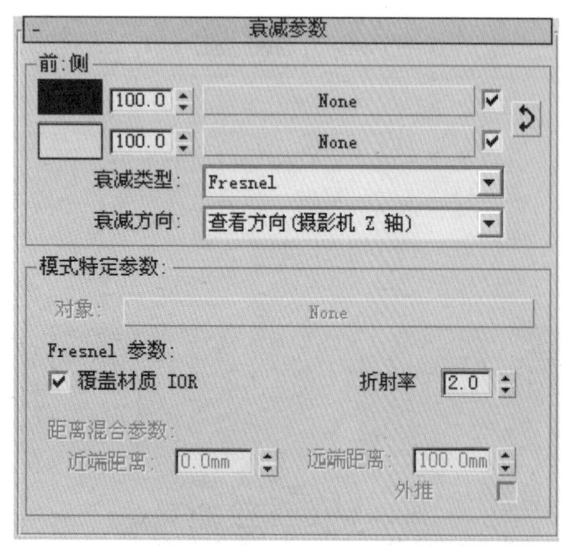

图12-38　设置“衰减”贴图

39.进入材质编辑器中单击按钮，弹出“选择对象”对话框，然后选择“陶瓷”材质对应的模型，将“陶瓷”材质指定给模型，如图12-39所示。

图12-39　在贴图中添加衰减贴图

40.设置灯光材质。进入材质编辑器中，将材质的类型修改为VR材质，单击按钮，在弹出的对话框中选择VR灯光材质，在VR灯光材质编面板中勾选“双面”选项，如图12-40所示。

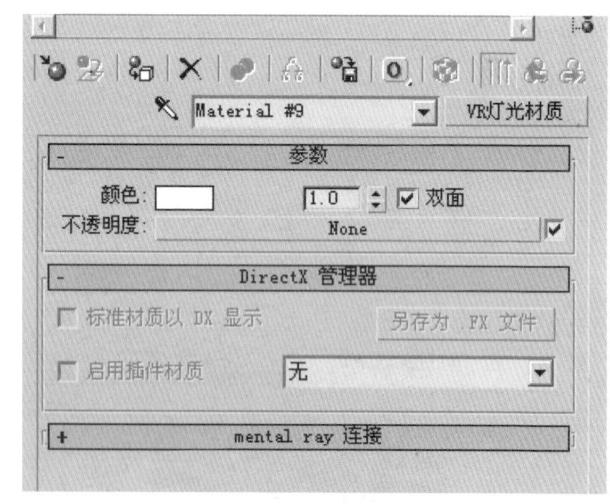

图12-40　设置灯光材质

41.进入材质编辑器中单击按钮，弹出“选择对象”对话框，然后选择“灯光”材质对应的模型，将“灯光”材质指定给模型（VRay的灯光材质是VRay渲染器提供的一种特殊材质，当这种材质被指定给物体时一般用于产生自发光效果，通常使用在室内壁灯和吊灯处比较好一些），如图12-41所示。

42.设置壁挂材质。壁挂的材质分为两部分，分别是画框木和画。先来设置“画框木”的材质。画框木的材质和前面的“家具木01”材质物理属性是相同的，只要将“家具木01”材质复制给“画框木”材质就可以了，如图12-42所示。

图 12–41 将“灯光”材质指定给模型

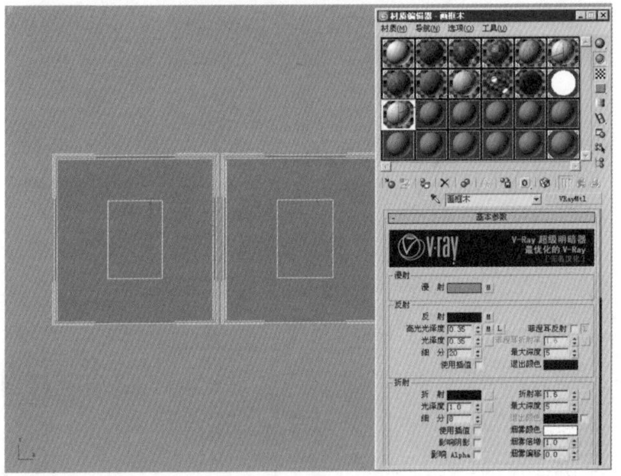

图 12–42 设置“画框木”材质

43. 设置装饰画的材质。为装饰画材质的“漫射”通道贴一张真实的纹理贴图，并为凹凸通道贴一张木头纹理的贴图，让它有木头的凹凸纹理。打开“反射”卷展栏，设置“高光光泽度”的值为 0.45，“光泽度”的值为 0.45，“细分”值为 20，如图 12–43 所示。

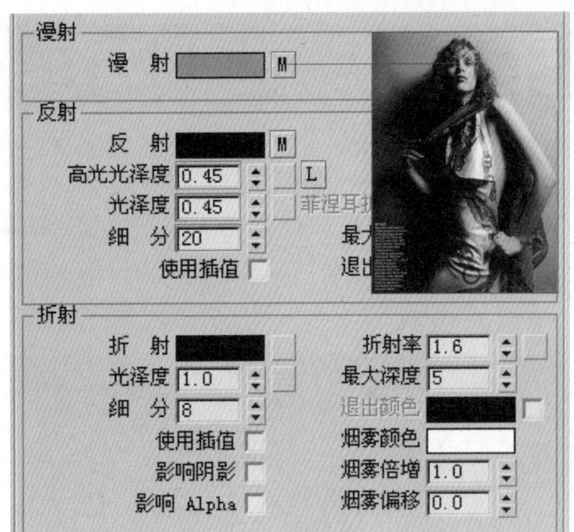

图 12–43 设置装饰画的材质

44. 进入材质编辑器中单击按钮，弹出“选择对象”对话框，然后选择“装饰画”材质对应的模型，将“装饰画”材质指定给该模型。场景中有三个装饰画模型，只要将其中一个“装饰画”材质复制给另一个“装饰画”，改变一下贴图就可以了，如图 12–44 所示。

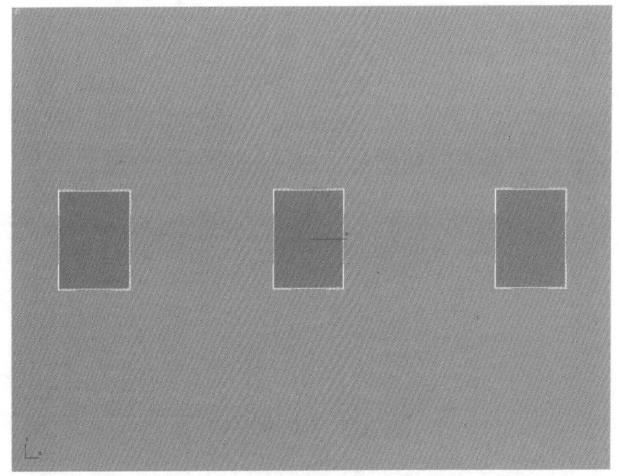

图 12–44 将装饰画材质指定给模型

12.3 夜间卧室灯光布置

01.给场景添加灯光，进入“灯光”创建面板中，单击“标准”下拉菜单，选择“VRay”灯光，然后单击“VR阳光”按钮，在前视图中创建一盏VR阳光灯光，并将其移动到合适的位置，如图12—45所示。

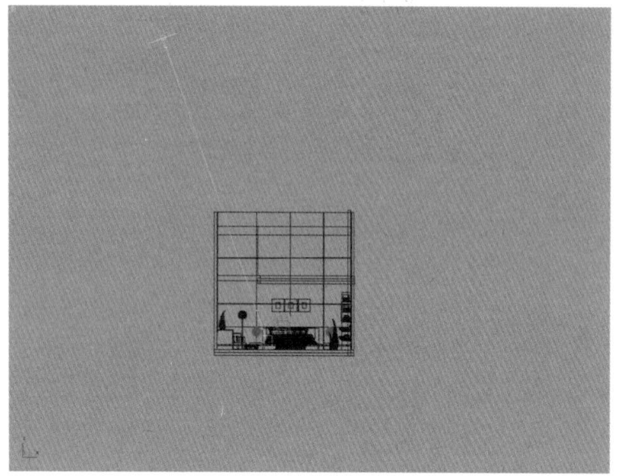

图12—45 创建“VR阳光”

02.进入“修改”命令面板中，打开“VR阳光参数”卷展栏，设置“浊度”的值为2.0，“臭氧”的值为1.0，“强度倍增器”的值为0.002，“大小倍增器”的值为3.0，如图12—46所示。

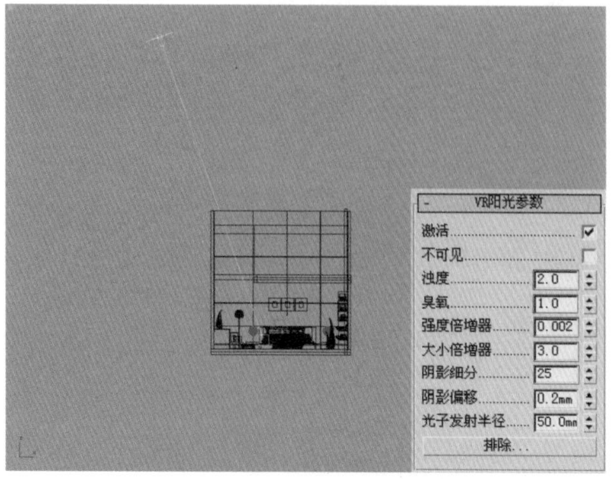

图12—46 设置“VR阳光”参数

03.为场景创建主光源，在创建面板中选择“VR灯光”，在视图中创建一盏“VR灯光”，调整它的位置和参数，如图12—47所示。

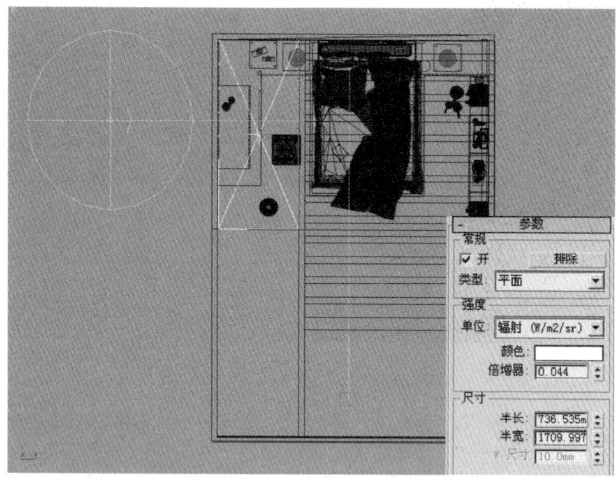

图12—47 创建主光源

04.在场景的有灯的地方，均创建一盏“VR球体光”，以此来模拟场景中的点光源，具体参数如图12—48所示。

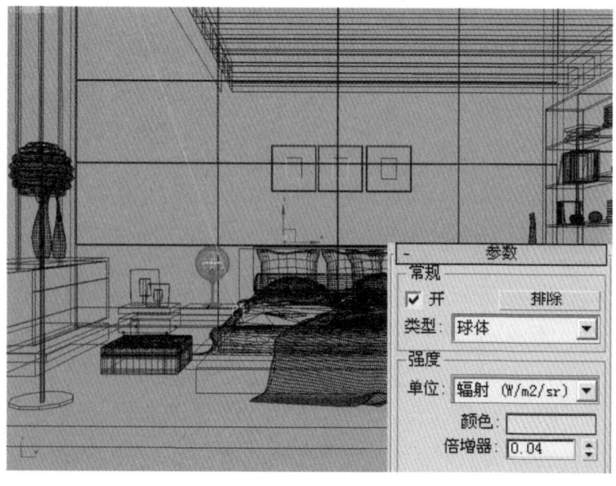

图12—48 创建点光源

技巧／提示

在给场景添加灯光的时候，可以根据场景中模型的样式来创建不同的灯光样式，比如点光源可以模拟台灯和壁灯，目标聚光灯可以模拟筒灯和射灯，目标平行光可以模拟太阳光，自由面光源和线光源可以模拟灯槽等。

12.4　夜间卧室渲染出图

01.按下键盘上的F10键，打开“渲染场景”控制面板，进入“公用”控制面板中，取消“渲染帧窗口”选项，这样可以为系统节省一些资源，如图12—49所示。

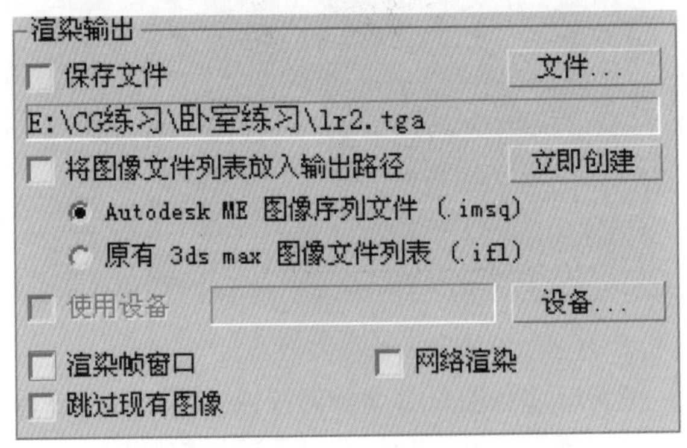

图 12—49　取消“渲染帧窗口”选项

02.继续打开“全局开关”卷展栏，取消“默认灯光”选项，打开“图像采样（反锯齿）”卷展栏，设置“图像采样器”的类型为“自适应细分”，设置“抗锯齿过滤器”为“Catmull—Rom”类型，如图12—50所示。

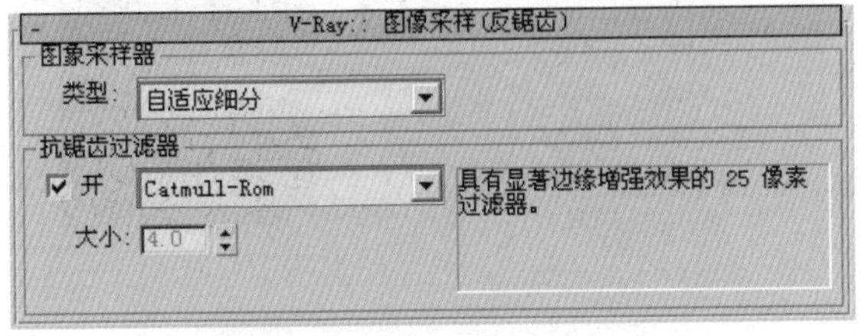

图 12—50　设置抗锯齿类型

03.打开“间接照明”卷展栏，勾选“开”选项，设置“二次反弹”的“全局光引擎”为“灯光缓冲”模式，设置它“倍增器”的值为0.75，如图12—51所示。

V-Ray:: 间接照明(GI)

开

全局光散焦：反射、折射

后处理：饱和度：1.0；对比度：1.0；基本对比度：0.5；保存每帧贴图

首次反弹：倍增器：1.0；全局光引擎：发光贴图

二次反弹：倍增器：0.75；全局光引擎：灯光缓冲

图 12—51　设置“间接照明”参数

04.打开“自适应细分图像采样器”卷展栏，设置“最小比率”的值为0，设置“最大比率”的值为3，如图12—52所示。

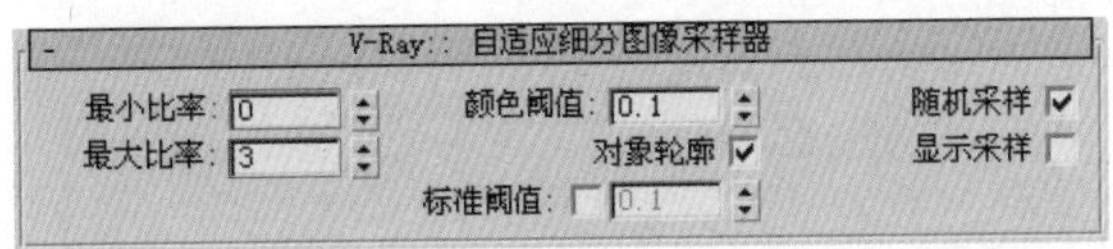

图 12—52　设置采样参数

05.进入“全局开关”卷展栏中，勾选“不渲染最终图像”选项，取消“默认灯光”选项，如图12—53所示。

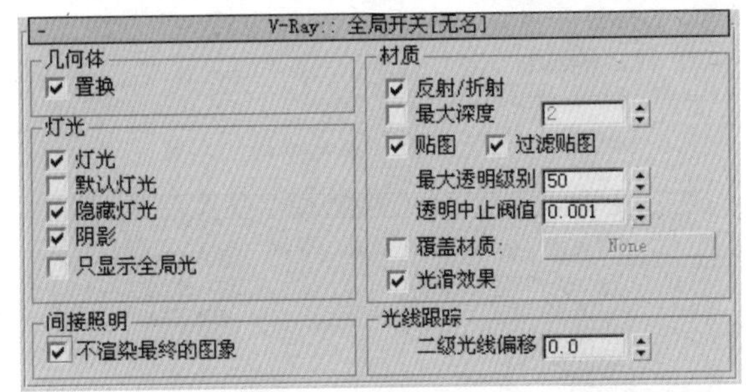

图 12—53　设置“全局开关”参数

06.进入“V—Ray::rQMC采样器”卷展栏中，设置“适应数量”为0.85，“噪波阈值”为0.5，“最小采样值”为8，如图12—54所示。

图 12—54　设置“V—Ray::rQMC采样器”参数

07.打开“发光贴图”卷展栏，设置“当前预置”的模式为“低”，设置“模型细分”的值为30，将渲染的图片以光子图的模式保存到指定的文件中，如图12—55所示。

08.进入“灯光缓冲”卷展栏中，设置细分的值为500，为光子图添加保存路径，如图12—56所示。

09.在渲染光子图之前，先在视图中创建一盏“VR物理摄影机调整它的位置，如图12—57所示。

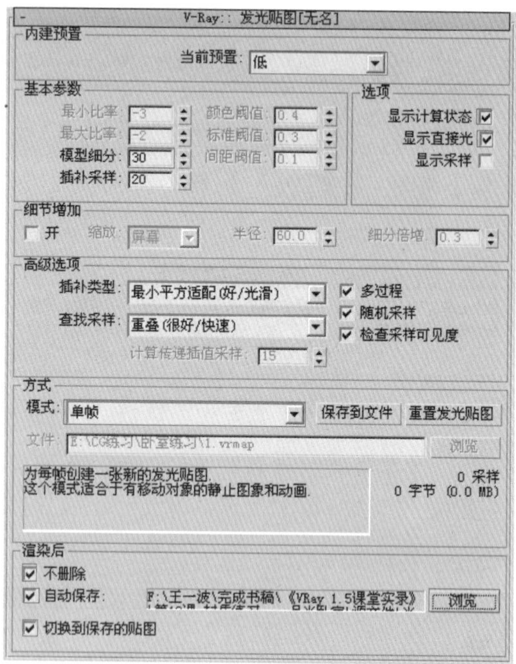

图 12-55　设置“发光贴图”参数

V-Ray:: 灯光缓冲
计算参数
细分: 500
采样大小: 0.02
比例: 屏幕
进程数量: 4
保存直接光
显示计算状态
自适应跟踪
仅使用方向
重建参数
预滤器: 10
使用灯光缓冲为光滑光线
过滤器: 接近
插补采样: 10
方式
模式: 单帧
保存到文件
文件:
浏览
渲染后
不删除
自动保存: F:\王一波\完成书稿\《VRay 1.5课堂实录》
浏览
切换到被保存的缓冲

图 12-56　设置　“灯光缓冲”参数

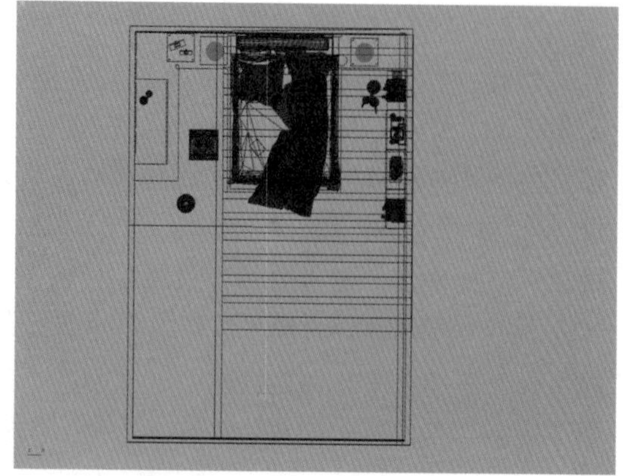

图 12-57　创建“VR 物理摄影机”

10. 设置摄影机的参数“类型”为照相机，“焦距”为 26，“白平衡”为纯白色，“快门速度”为 4，“胶片速度”为 400，如图 12-58 所示。

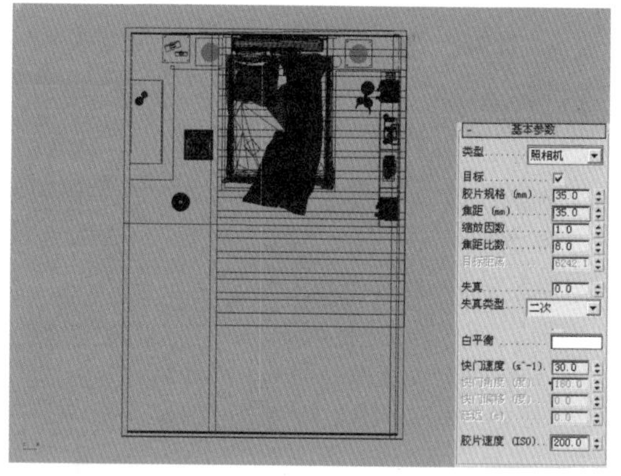

图 12-58　设置“VR 物理摄影机”参数

11. 设置环境贴图。将渲染面板中的“全局光环境倍增器”关联复制到一个新的材质球上，为材质添加“HDII”的环境贴图，并将它关联复制到“环境和效果”面板中的环境贴图上面，如图 12-59 所示。

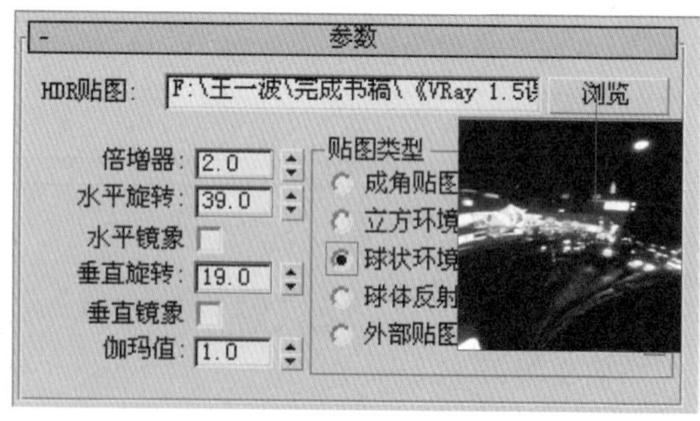

图 12-59　设置设置环境贴图

12. 现在可以对“光子图”进行渲染了，单击工具栏中的快速渲染按钮，对光子图进行渲染，效果如图 12-60 所示。

13. 将光子图导入到渲染面板中，对当前的场景进行测试渲染，效果如图 12-61 所示。

14. 进入渲染面板中的“灯光缓冲”卷展栏下面，将“细分”值修改为 1500，进程数修改为 4，如图 12-62 所示。

15. 进入“V-Ray :: rQMC 采样器”卷展栏中，设置“适应数量”为 0.75，“噪波阈值”为 0.001，“最小采样值”为 20，如图 12-63 所示。

图 12—60　光子图

图 12—61　测试效果

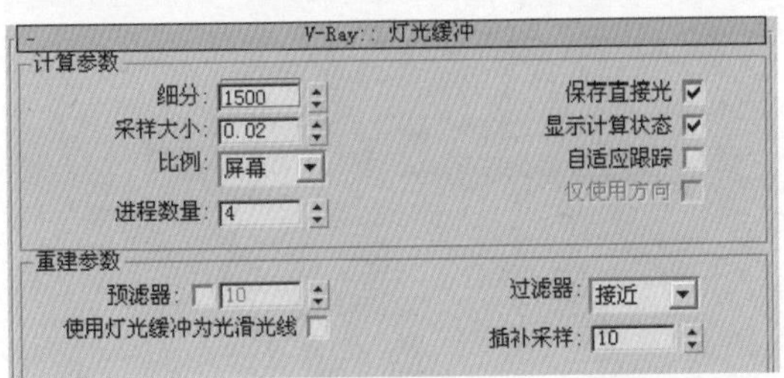

图 12—62　设置“灯光缓冲”参数

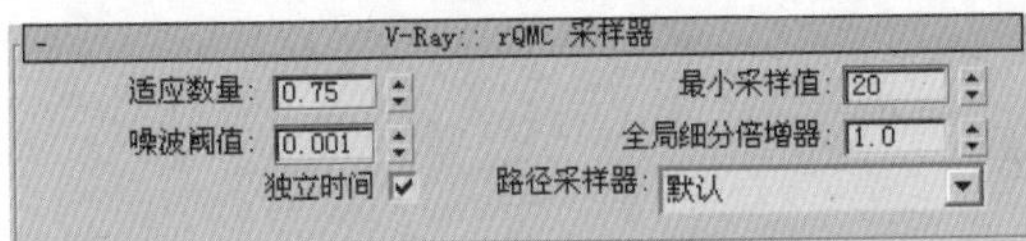

图 12—63　设置“V—Ray :: rQMC 采样器”参数

16.进入通用面板中设置渲染输出图像的大小为 1500 × 1125，如图 12—64 所示

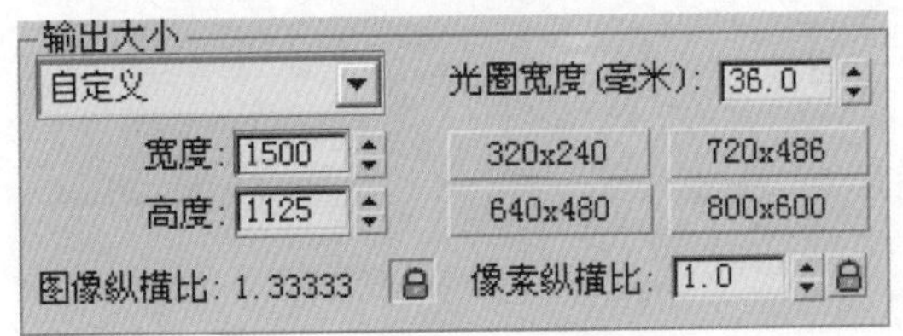

图 12—64　设置输出图像的大小

17.进入到“发光贴图”中，设置“当前预置”为“自定义”，设置“最小比率”为−3，“最大比率”为−2，“模型细分”为 50，如图 12—65 所示。

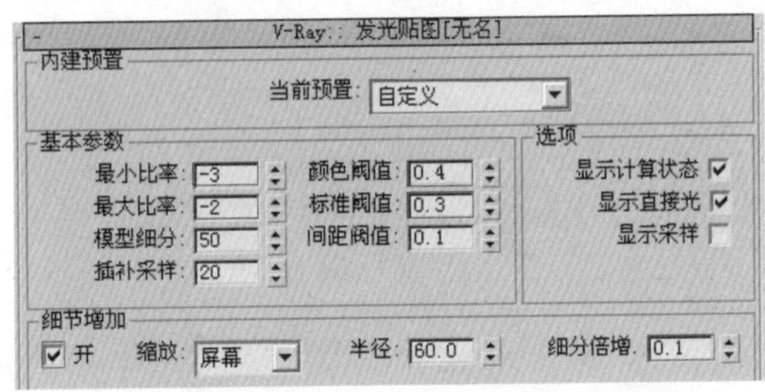

图 12—65　设置“发光贴图”参数

18.按下键盘上的 F9 键，对当前　的摄影机视图进行渲染，由于参数设置得较高，所以渲染需要一些时间，最终渲染的效果如图 12—66 所示。

图 12—66　最终效果

第 13 课

现代建筑渲染

本课主要讲解现代建筑的表现技法，以及使用VRay渲染的技巧，还有对VR材质和一些参数的设置，并结合VR阳光来照明场景。通过学习本课，可以了解室外建筑表现的流程和详细的制作过程。

13.1 现代建筑技术分析

现代建筑一词有广义和狭义之分。广义的现代建筑包括20世纪出现的各色各样风格的建筑流派的作品；狭义的现代建筑通常专指在20世纪20年代形成的现代主义建筑。在一些英文文献中，常用小写字母开头的modern architecture表示广义的现代建筑，以大写字母开头的Modern Architecture或Modernism表示狭义的现代建筑。

本课中将针对一个现代别墅的制作来让大家认识一下现代建筑的构造和设计，当然同时最主要的是让大家学习到其中的材质应用，灯光应用和渲染器的综合运用，最后通过Photoshop的后期处理得到满意的效果。

本课主要是针对渲染器的综合运用来进行讲解，从材质到灯光，再到最后的渲染器参数设置，都会非常明了地作详细的介绍，同时也对画面色彩亮度和画面的质量的控制作详细地介绍，并且还会介绍加快渲染速度的办法，最后可以让大家在保证质量的情况下迅速地渲染出效果图。

13.2 现代建筑材质设置

01.打开光盘中的“现代建筑”场景文件，观察场景文件，整个场景都处于露天里，所以在灯光设置时主要是日光照射，如图13－1所示。

图 13–1　打开场景文件

02.按下键盘上的H键，弹出“选择对象”对话框，选择“玻璃“选项，然后单击“选择”按钮，选中场景中所有的玻璃模型，如图13－2所示。

03.在选中场景中玻璃模型的情况下，按下键盘上的M键，弹出“材质编辑器”对话框，选中一个心空白的材质球，然后将其指定给玻璃模型，将材质球的名称改为“玻璃”，如图13－3所示。

图 13–2　打开选择对象对话框

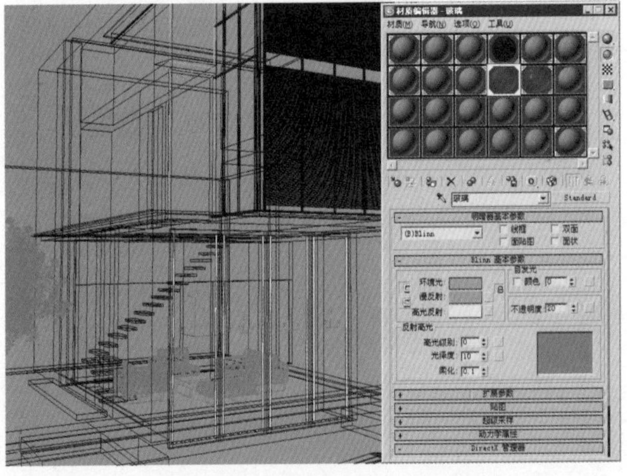

图 13–3　将材质球命名为玻璃

04.选中“玻璃”材质球的情况下，单击“Standard”按钮，弹出“材质／贴图浏览器”对话框，选择“VRayMtl”材质类型，如图13-4所示。

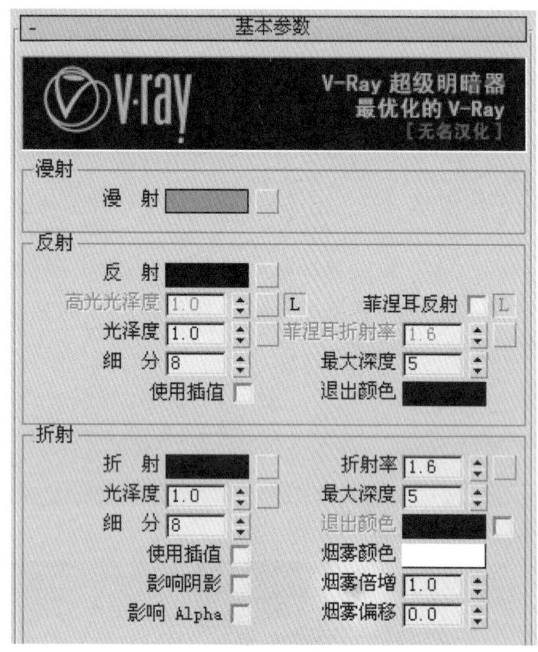

图 13-4　转换为VRayMtl材质类型

05.进入“VRayMtl”材质控制面板中，打开“基本参数”卷展栏，单击“漫射”右边的颜色框，弹出“颜色选择器”对话框，设置它RGB颜色的值都为0，然后单击“反射”右边的颜色框，设置它RGB颜色的值都为18，如图13-5所示。

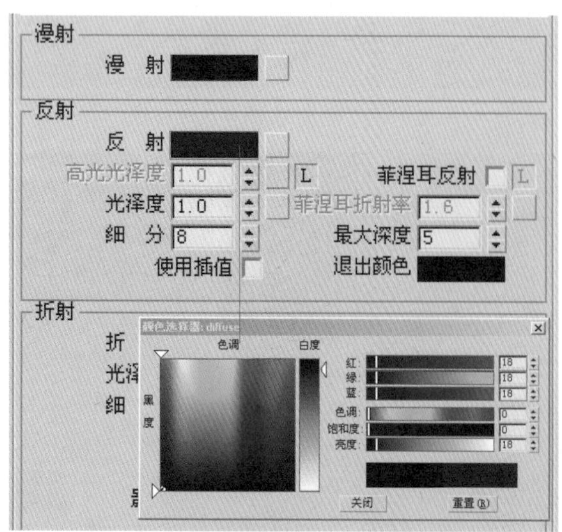

图 13-5　设置漫射的颜色

06.打开“贴图”卷展栏，单击“反射”右边的“None”按钮，弹出“材质／贴图浏览器”对话框，选择“3D贴图”类型，然后在右边的列表中选择“衰减”贴图，并将其指定，如图13-6所示。

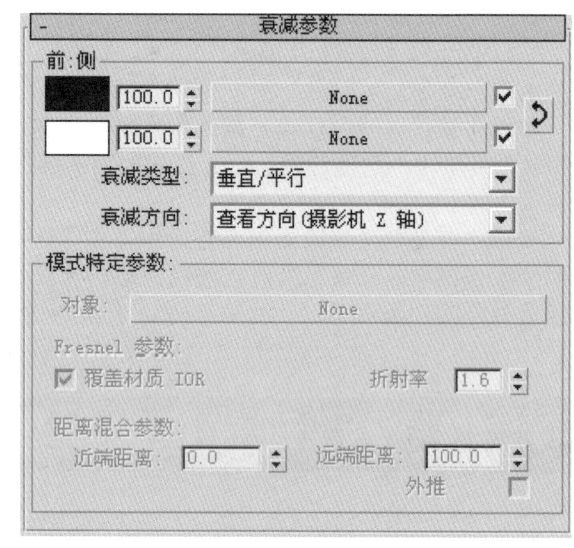

图 13-6　在反射中添加衰减贴图

07.进入“衰减”控制面板中，单击“前”的颜色框，设置它RGB颜色的值都为52，单击“侧”的颜色框，设置它RGB颜色的值都为213，如图13-7所示。

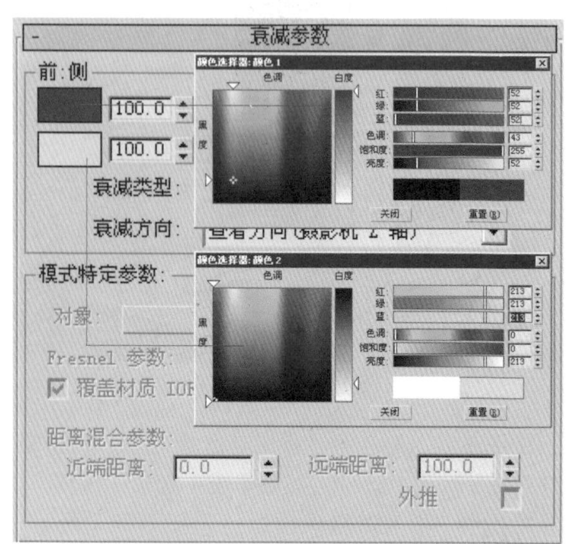

图 13-7　设置衰减的参数

08.回到上一层中，打开“基本参数”卷展栏，设置反光的“细分”值为50，然后单击“折射”右边的颜色框，在弹出的“颜色选择器”中设置它RGB颜色的值为208，如图13-8所示。

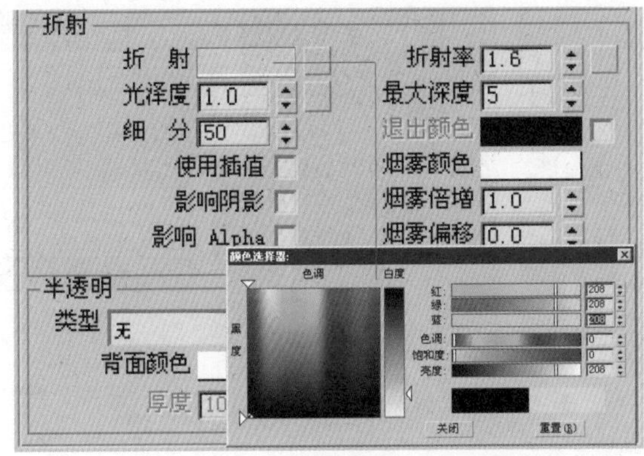

图 13-8　设置玻璃的折射参数

09.在“折射”选项组中，设置“折射率”的值为1.0，“光泽度”的值为0.9，“细分”的值为50，如图13-9所示。

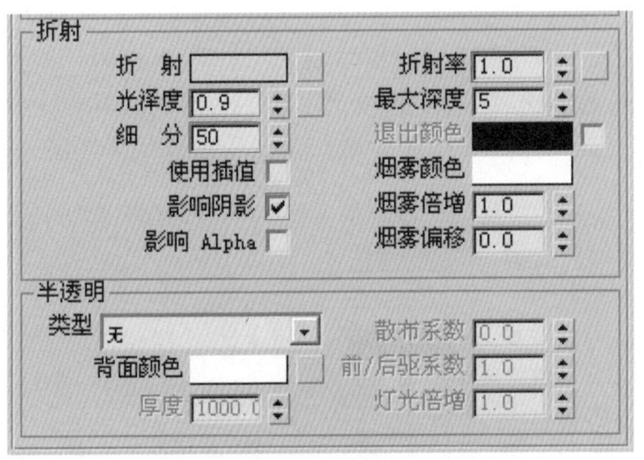

图 13-9　设置折射的参数

10.打开“材质编辑器”对话框选中第一个材质球，得到该材质的名称为“乳胶漆”，然后单击按钮，弹出“选择对象”对话框，查看被指定“乳胶漆”材质的模型，如图13-10所示。

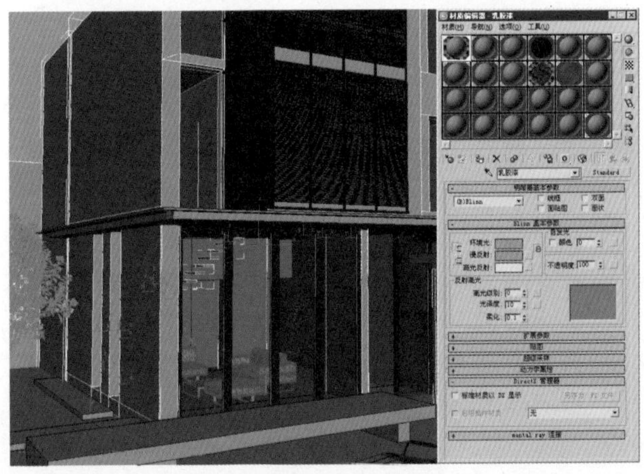

图 13-10　查看覆盖“乳胶漆”材质的模型

11.设置“乳胶漆”材质“漫反射”RGB颜色的值为(252、255、255)，然后单击按钮，激活“高光光泽度”选项，设置“高光光泽度”为0.45，“光泽度”为0.45，“细分”为20，进入“选项”卷展栏，取消“跟踪反射”选项，如图13-11所示。

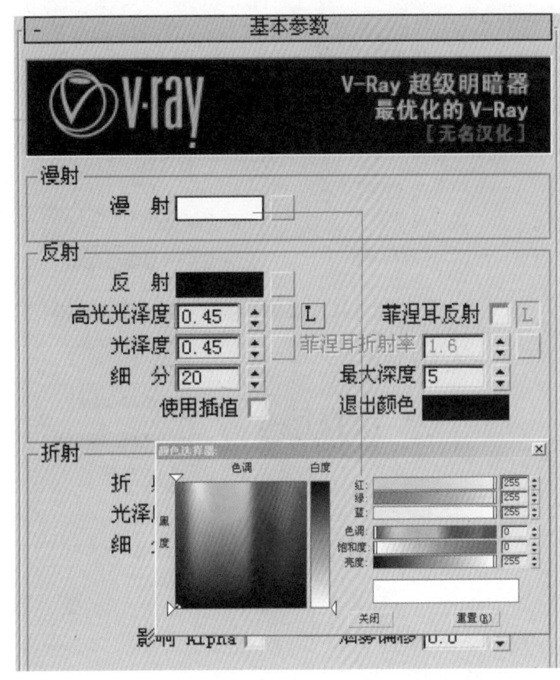

图 13-11　设置乳胶漆材质

12.为“反射”添加一张“衰减”贴图，设置“衰减”贴图的类型为“Fresnel”，“折射率”为1.1，如图13-12所示。

图 13-12　设置“衰减”贴图参数

13.打开“材质编辑器”控制面板，选中一个空白的材质球，将它命名为“黑塑钢”材质。设置“漫反射”的颜色为黑色，“高光光泽度”为0.65，“光泽度”为0.75，“细分”为20，如图13-13所示。

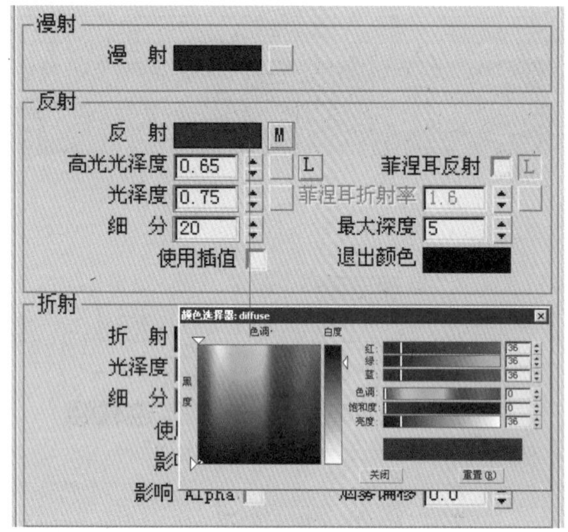

图13-13 设置“黑塑钢”材质

14.为“反射”添加一张“衰减”贴图，设置“衰减”贴图的类型为“Fresnel”，“折射率”为1.3，将材质指定给对应的模型，如图13-14所示。

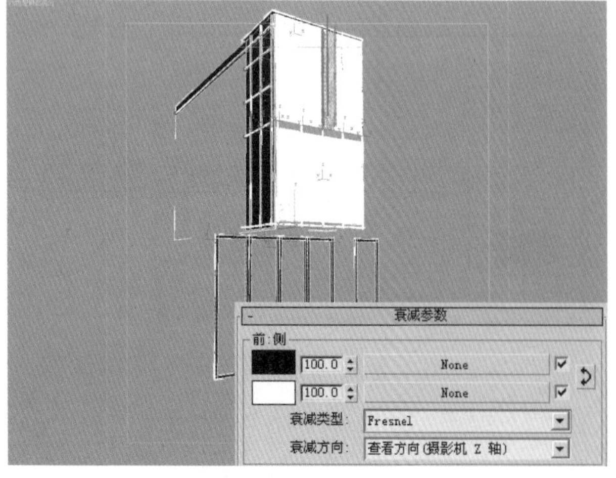

图13-14 设置“衰减”贴图参数

15.选择以“地面砖”命名的材质球，然后单击按钮，在弹出的“选择对象”对话框中单击“选择”按钮，查看“地面砖”材质所指定的模型，如图13-15所示。

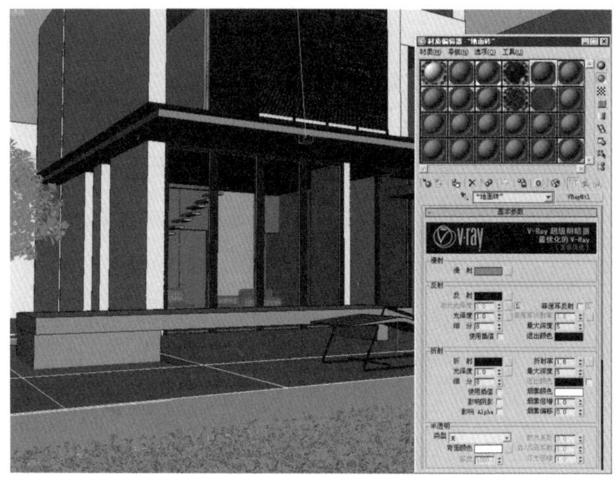

图13-15 查看覆盖“地面砖”材质的模型

16.设置地面砖材质“高光光泽度”的值为0.75，设置“光泽度”的值为0.75，单击“漫反射”右边的按钮，弹出“材质/贴图浏览器”对话框并选择“位图”贴图，然后找到光盘中的“地砖”贴图文件，并将其指定，如图13-16所示。

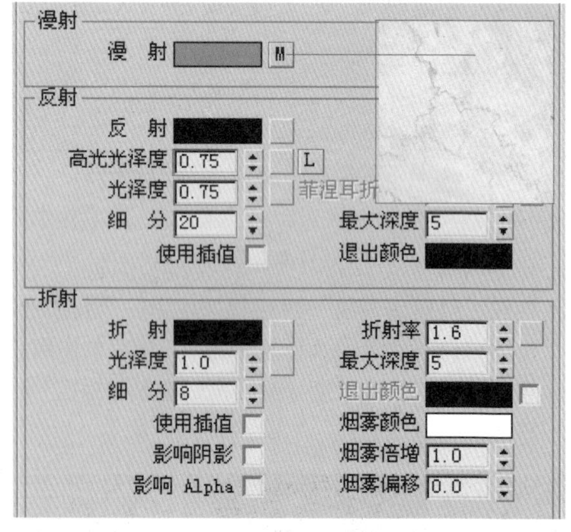

图13-16 设置地面砖材质参数

17.为“反射”添加一张“衰减”贴图，设置“衰减”贴图的类型为”Fresnel”，“折射率”为1.8，如图13-17所示。

18.选择以“水”命名的材质球，然后单击按钮，在弹出的“选择对象”对话框中单击“选择”按钮，查看“水”材质所指定的模型，如图13-18所示。

衰减参数
前:侧
100.0　None
100.0　None
衰减类型: Fresnel
衰减方向: 查看方向(摄影机 Z 轴)
模式特定参数:
对象: None
Fresnel 参数:
覆盖材质 IOR　折射率 1.8
距离混合参数:
近端距离: 0.0　远端距离: 100.0
外推

图 13–17　设置"衰减"贴图参数

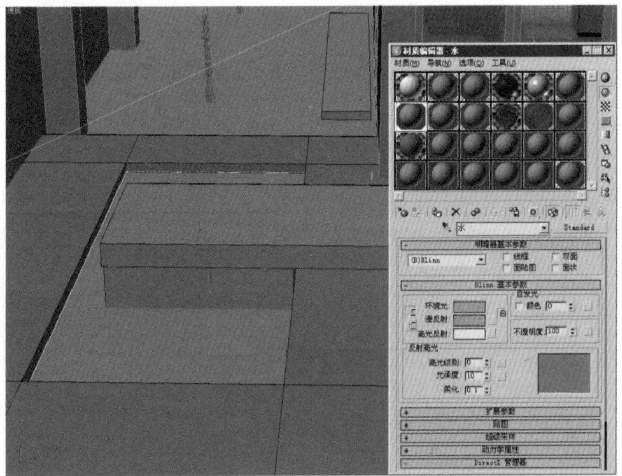

图 13–18　查看覆盖"水"材质的模型

19.设置"水"材质"高光光泽度"的值为0.5,"光泽度"的值为0.98,单击"漫反射"右边的按钮,弹出"材质／贴图浏览器"对话框并选择"位图"贴图,然后找到光盘中的"水纹"贴图文件,并将其指定,如图13–19 所示。

20.为"反射"添加一张"衰减"贴图,设置"衰减"贴图的类型为"Fresnel","折射率"为1.6,如图13–20 所示。

21.选择以"石材"命名的材质球,然后单击按钮,在弹出的"选择对象"对话框中单击"选择"按钮,查看"石材"材质所指定的模型,如图13–21 所示。

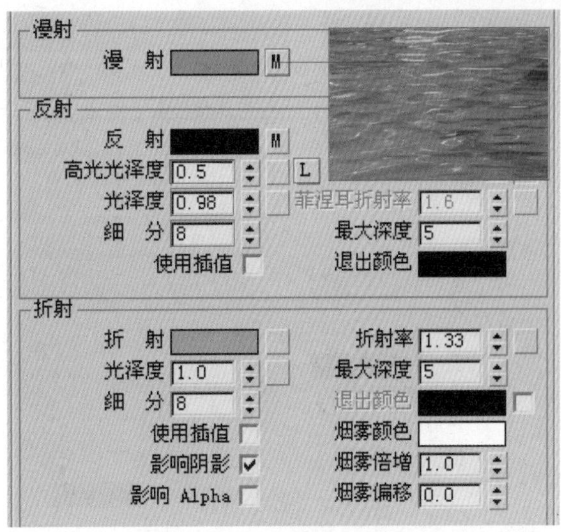

图 13–19　设置水材质参数

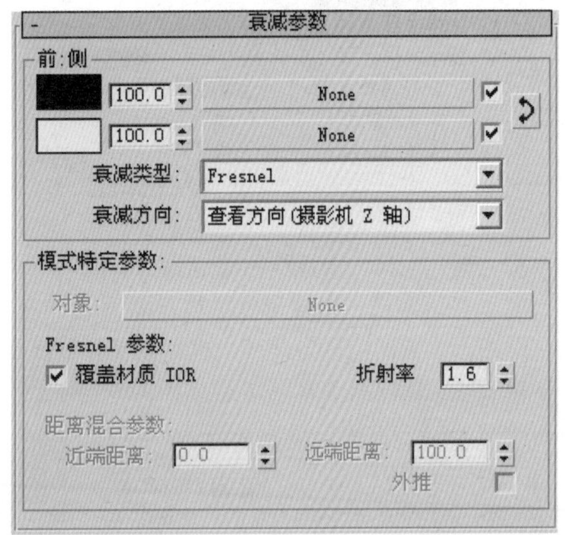

图 13–20　设置"衰减"贴图参数

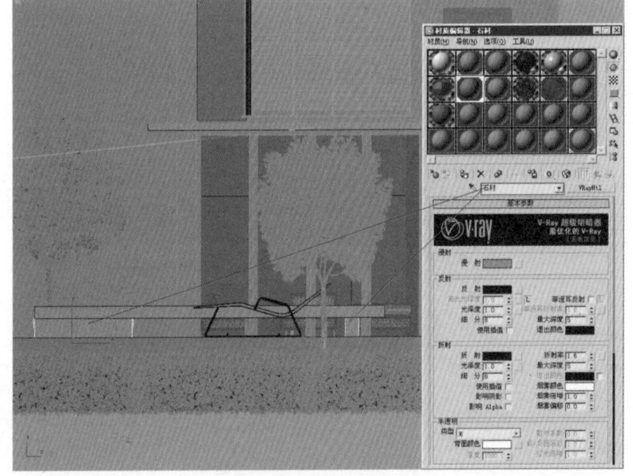

图 13–21　查看覆盖"石材"材质的模型

22.设置“石材”材质“高光光泽度”的值为0.35，“光泽度”的值为0.35，单击“漫反射”右边的按钮，弹出“材质/贴图浏览器”对话框并选择“位图”贴图，然后找到光盘中的“花岗岩”贴图文件，并将其指定，如图13-22所示。

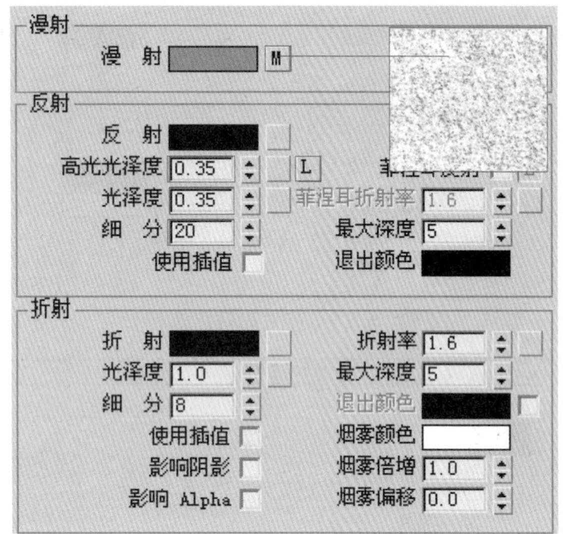

图13-22 设置“石材”材质参数

23.为“高光光泽”通道贴一张“花岗岩凹凸”贴图。在“凹凸”通道里贴一张“花岗岩凹凸”贴图，设置凹凸量为-10，在贴图坐标下面设置它的“模糊”值为0.01，如图13-23所示。

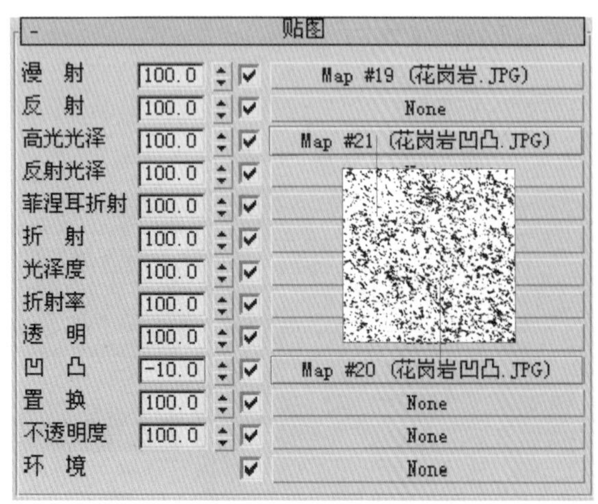

图13-23 设置凹凸贴图

24.为“反射”添加一张“衰减”贴图，设置“衰减”贴图的类型为“Fresnel”,“折射率”为1.1，如图13-24所示。

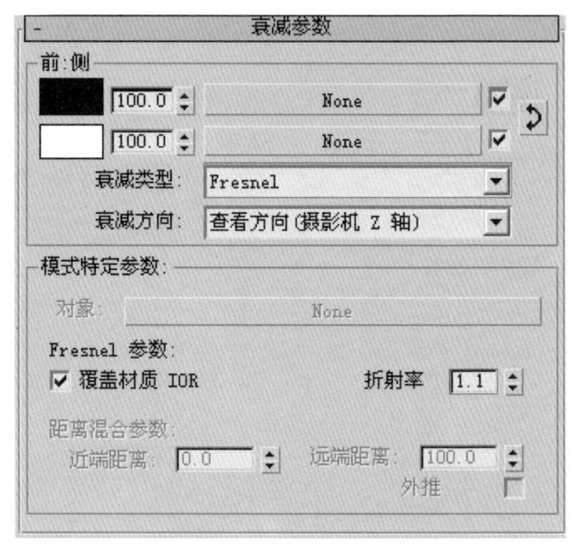

图13-24 设置“衰减”贴图参数

25.设置“石凳”模型的ID号，选中“背景墙”的凹线部分，将其ID号设置为2，按下Ctrl+I键反选，将选择的多边形的ID号设置为1，如图13-25所示。

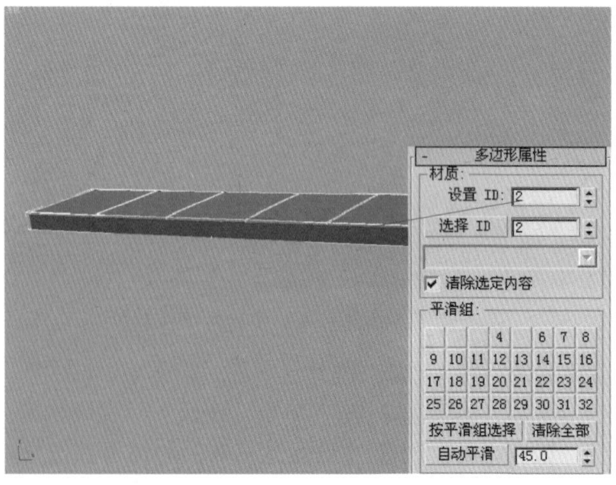

图13-25 设置“石凳”模型的ID号

26.打开“材质编辑器”对话框，“背景墙”材质转换成“多维/子对象”材质，并分别对两个子材质进行材质的编辑，如图13-26所示。

27.进入第一个子材质，将材质的类型修改为VR材质。为漫射贴一张“大理石”的材质，设置“高光光泽度”的值为0.75，“光泽度”的值为0.75，如图13-27所示。

28.将前面设置完毕的“花岗岩”材质关联复制到第二个子材质上面，如图13-28所示。

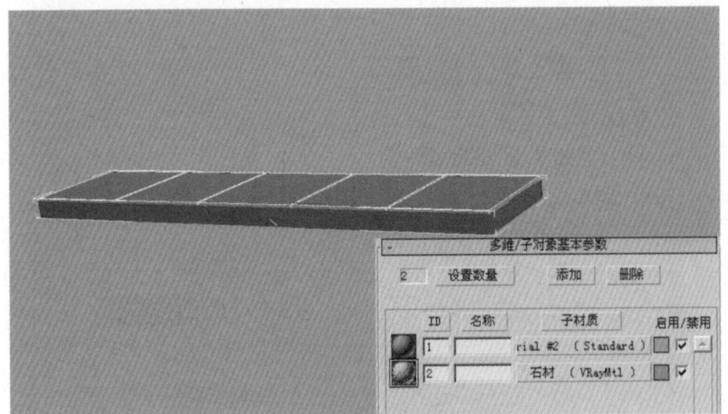

图 13–26　“多维 / 子对象”材质

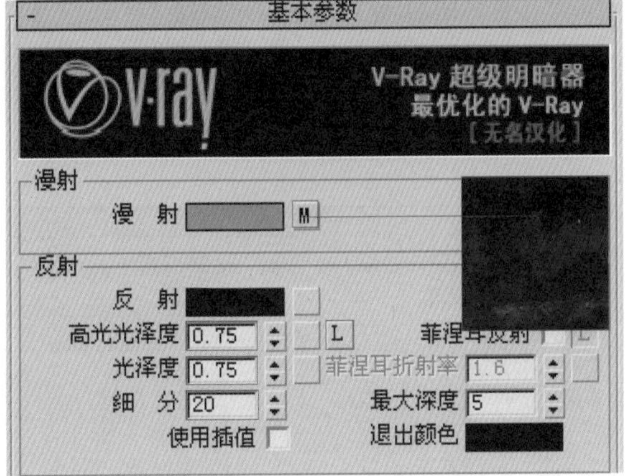

图 13–27　设置第一个子材质

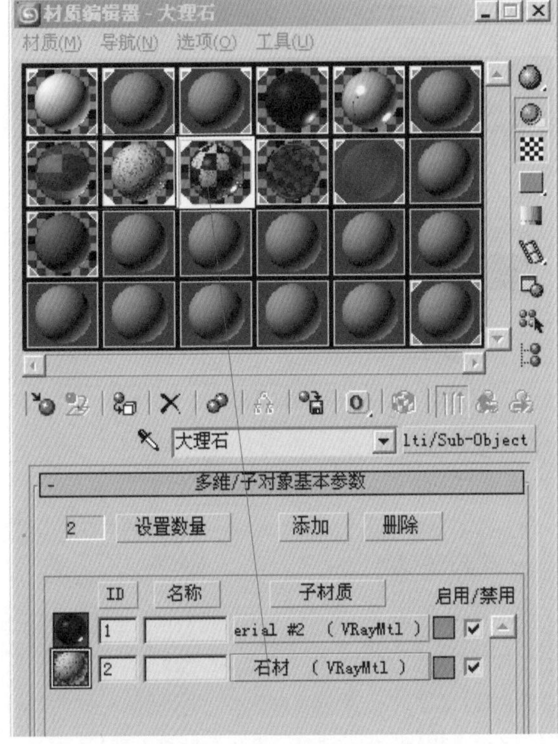

图 13–28　设置第二个子材质

29. 选择以“鹅卵石过道”命名的材质球，然后单击按钮，在弹出的“选择对象”对话框中单击“选择”按钮，查看“鹅卵石过道”材质所指定的模型，如图 13–29 所示。

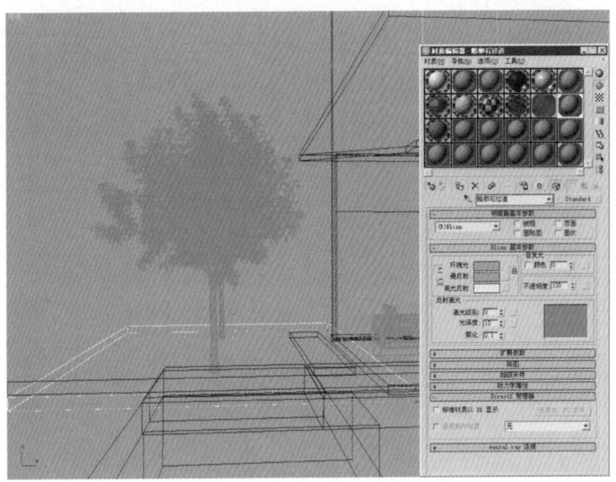

图 13–29　查看覆盖“鹅卵石过道”材质的模型

30. 设置“鹅卵石过道”材质“高光光泽度”的值为 0.35，设置“光泽度”的值为 0.35，单击“漫反射”右边的按钮，弹出“材质 / 贴图浏览器”对话框并选择“位图”贴图，然后找到光盘中的“山石”贴图文件，并将其指定，如图 13–30 所示。

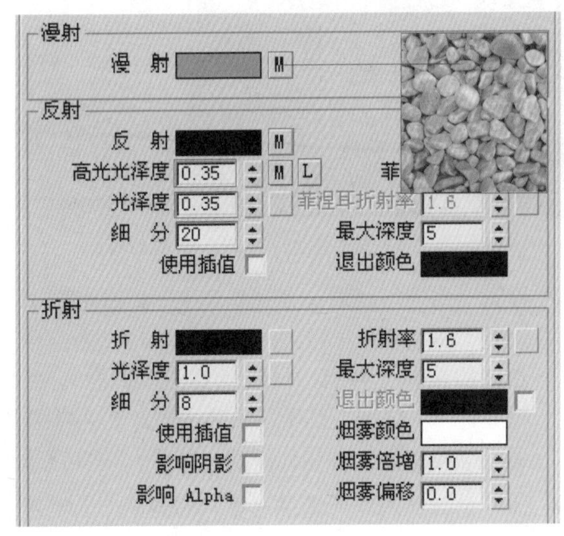

图 13–30　设置“鹅卵石过道”材质参数

31. 为“高光光泽”通道贴一张“山石凹凸”贴图。在“凹凸”通道里贴一张“山石凹凸”贴图，设置凹凸量为 –100，在贴图坐标下面设置它的“模糊”值为 0.01，如图 13–31 所示。

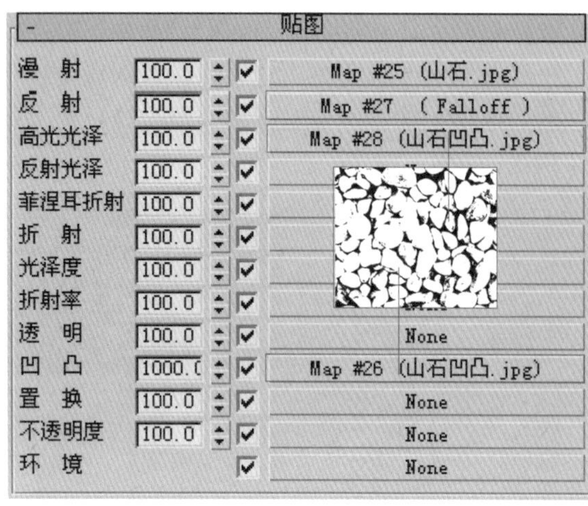

图 13—31 设置凹凸贴图

32.选择以“水泥”命名的材质球，然后单击按钮，在弹出的“选择对象”对话框中单击“选择”按钮，查看“水泥”材质所指定的模型，如图 13—32 所示。

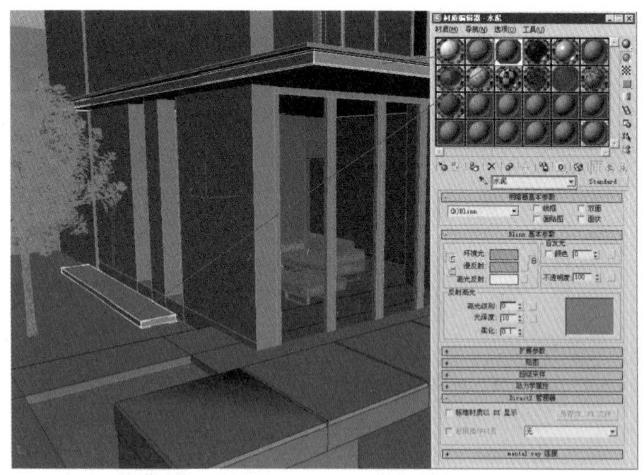

图 13—32 查看覆盖“水泥”材质的模型

33.设置“水泥”材质“高光光泽度”的值为0.35，设置“光泽度”的值为0.35，单击“漫反射”右边的按钮，弹出“材质／贴图浏览器”对话框并选择“位图”贴图，然后找到光盘中的“水泥”贴图文件，并将其指定，如图 13—33 所示。

34.为“高光光泽”通道贴一张“水泥凹凸”贴图。在“凹凸”通道里贴一张“水泥凹凸”贴图，设置凹凸量为10。在贴图坐标下面设置它的“模糊”值为0.01，如图 13—34 所示。

35.为“反射”添加一张“衰减”贴图，设置“衰减”贴图的类型为“Fresnel”，“折射率”为1.1，如图 13—35 所示。

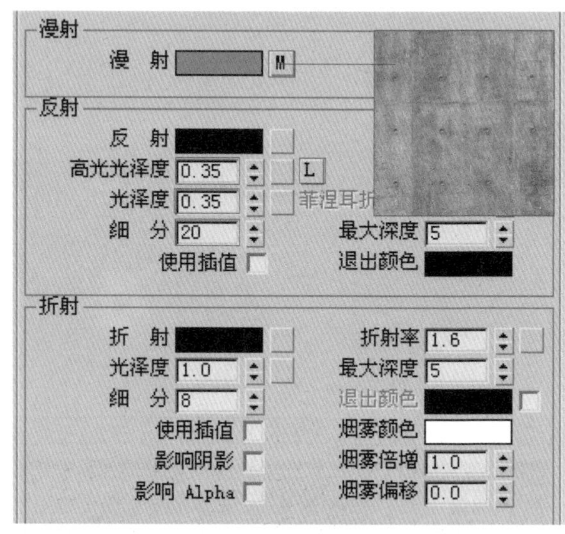

图 13—33 设置“水泥”材质参数

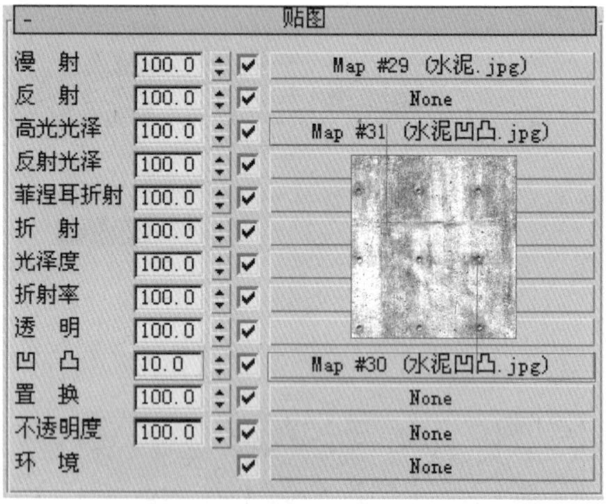

贴图			
漫 射	100.0	✓	Map #29 (水泥.jpg)
反 射	100.0	✓	None
高光光泽	100.0	✓	Map #31 (水泥凹凸.jpg)
反射光泽	100.0	✓	
菲涅耳折射	100.0	✓	
折 射	100.0	✓	
光泽度	100.0	✓	
折射率	100.0	✓	
透 明	100.0	✓	
凹 凸	10.0	✓	Map #30 (水泥凹凸.jpg)
置 换	100.0	✓	None
不透明度	100.0	✓	None
环 境		✓	None

图 13—34 设置凹凸贴图

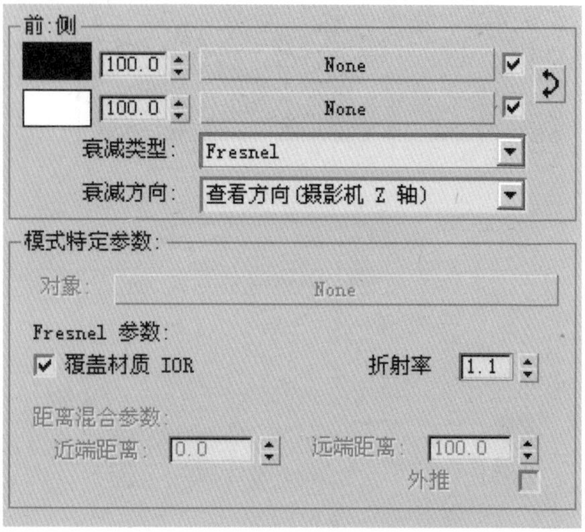

前:侧
100.0 None ✓
100.0 None ✓
衰减类型: Fresnel
衰减方向: 查看方向(摄影机 Z 轴)
模式特定参数:
对象: None
Fresnel 参数:
✓ 覆盖材质 IOR 折射率 1.1
距离混合参数:
近端距离: 0.0 远端距离: 100.0
外推

图 13—35 设置“衰减”贴图参数

36. 设置“不锈钢”材质。打开“基本参数”卷展栏，设置“漫射”RGB 颜色的值为（114、120、124），设置“反射”RGB 颜色的值为（196、201、203），设置“高光光泽度”的值为 0.75，“光泽度”的值为 0.83，“细分”的值为 20，设置“折射率”的值为 1.6，如图 13–36 所示。

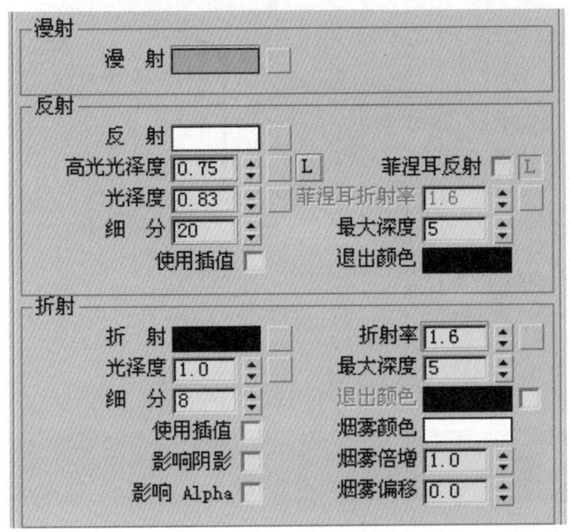

图 13–36　创建“不锈钢”材质

37. 选择以“不锈钢”命名的材质球，然后单击按钮，在弹出的“选择对象”对话框中单击“选择”按钮，查看“不锈钢”材质所指定的模型，将“不锈钢”材质指定给模型，如图 13–37 所示。

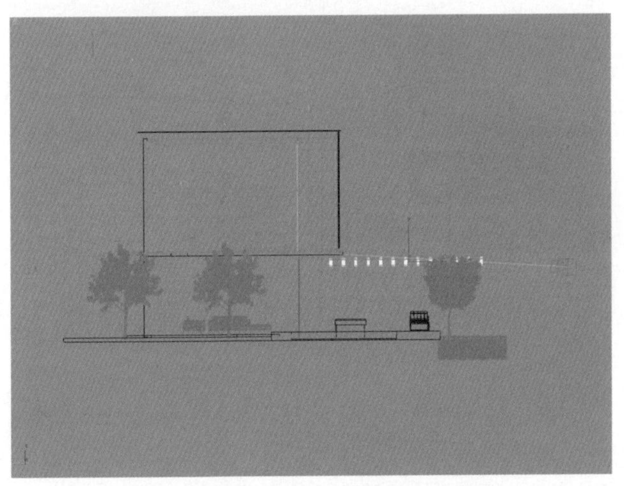

图 13–37　指定“不锈钢”材质

38. 设置“沙发布”材质。打开“基本参数”卷展栏，设置“漫射”RGB 颜色的值为（255、255、255），设置“反射”RGB 颜色的值为（45、45、45），设置“高光光泽度”的值为 0.35，“光泽度”的值为 0.35，“细分”的值为 20，如图 13–38 所示。

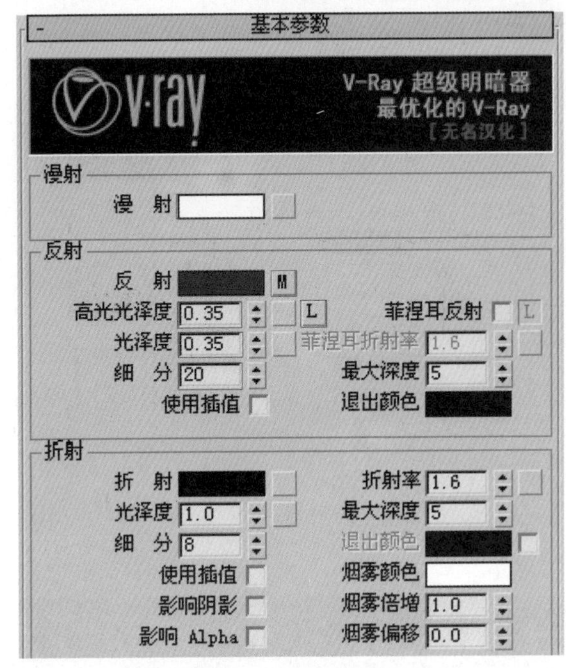

图 13–38　创建“沙发布”材质

39. 为“反射”添加一张“衰减”贴图，设置“衰减”贴图的类型为“Fresnel”，“折射率”为 1.1，为“凹凸”贴一张凹凸纹理贴图，设置凹凸的大小为 180，如图 13–39 所示。

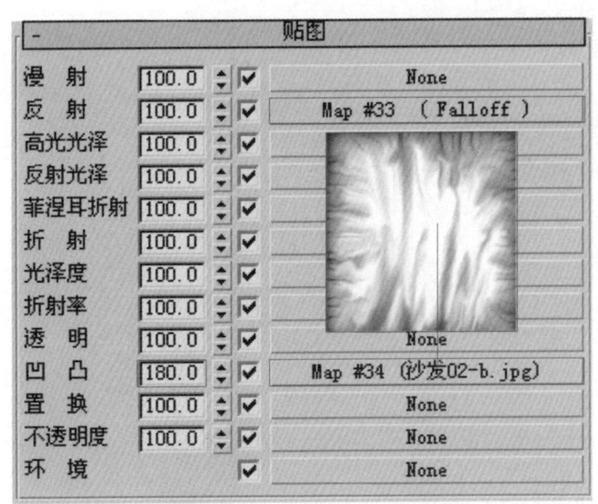

图 13–39　设置凹凸贴图

40. 设置“木纹”材质，设置“高光光泽度”的值为 0.45，“光泽度”的值为 0.5，单击“漫反射”右边的按钮，弹出“材质／贴图浏览器”对话框并选择“位图”贴图，然后打开光盘中的“拼木”位图文件，如图 13–40 所示。

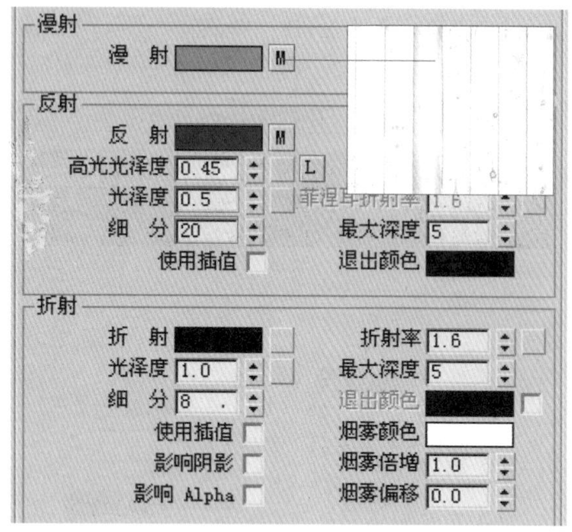

图 13-40 设置“木纹”材质

41.为“高光光泽”通道贴一张“拼木凹凸”贴图。在“凹凸”通道里贴一张“拼木凹凸”贴图，设置凹凸量为5。在贴图坐标下面设置它的“模糊”值为0.01，如图13-41所示。

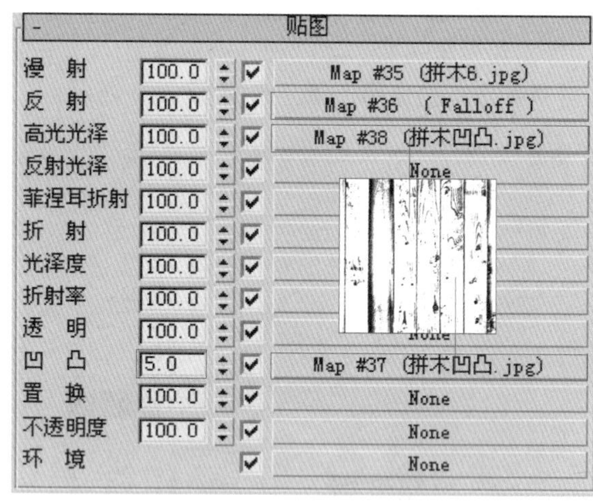

图 13-41 设置凹凸贴图

13.3 现代建筑灯光布置

01.材质已经设置完毕了，现在可以对场景进行灯光布置了。在布置灯光之前先为场景创建一盏“VR”物理摄影机，将其调整到合适的位置并对参数进行设置，如图13-42所示。

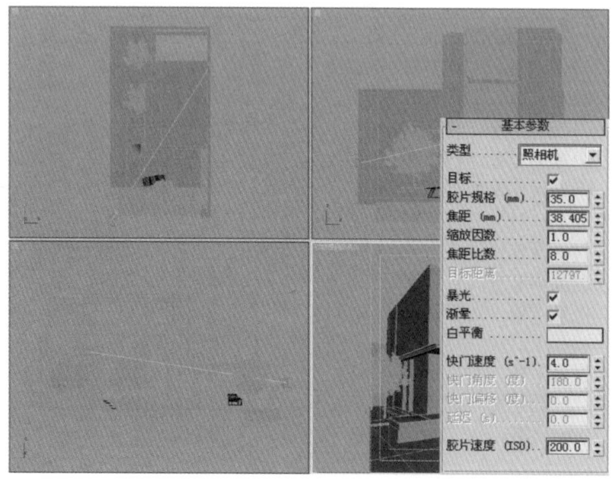

图 13-42 创建“VR”物理摄影机

02.现在给场景添加灯光。进入“灯光”创建面板中，打开“标准”下拉菜单，选择“VRay”灯光，然后单击“VR阳光”按钮，在前视图中创建一盏VR阳光灯光，并将其移动到合适的位置，如图13-43所示。

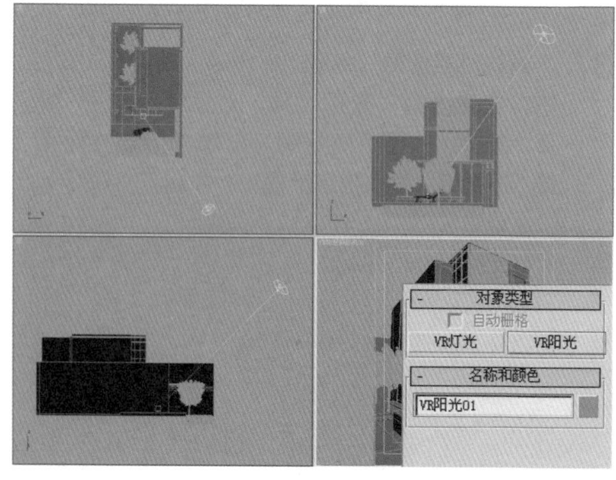

图 13-43 创建“VR阳光”

03.在选中“VR阳光”的情况下进入“修改”命令面板中，打开“VR阳光参数”卷展栏，设置“浊度”的值为3.0，设置“臭氧”的值为0.5，设置“强度倍增器”的值为0.01，“大小倍增器”的值为3，其他值都为默认，如图13-44所示。

04.对当前的灯光效果进行测试渲染，在测试渲染时为了节省渲染资源、加快渲染速度，将渲染面板的各项参数都设置得比较低，如图13-45所示。

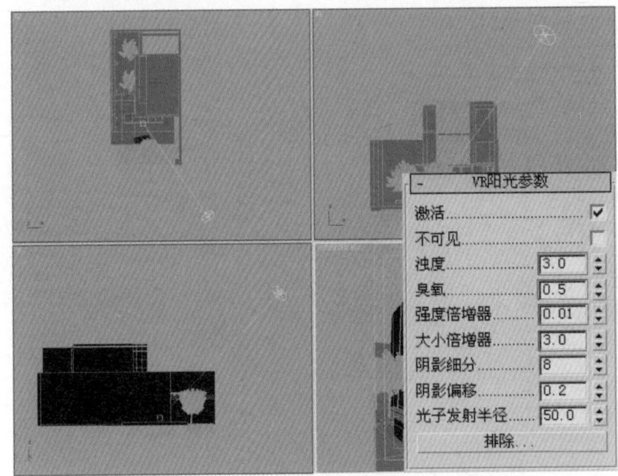

图 13-44　设置“VR 阳光”参数

图 13-45　灯光测试效果

05. 为场景的室内空间创建照明灯光。进入“灯光”创建面板中，打开“标准”下拉菜单，选择“VRay”灯光，在前视图中创建一盏“VRay”灯光，如图 13-46 所示。

图 13-46　创建“VR 灯光”

06. 在选中“VR 灯光”的情况下进入“修改”命令面板中，打开“VR 灯光”卷展栏，设置“类型”的值为”辐射“，设置“倍增器”的值为 0.004，如图 13-47 所示。

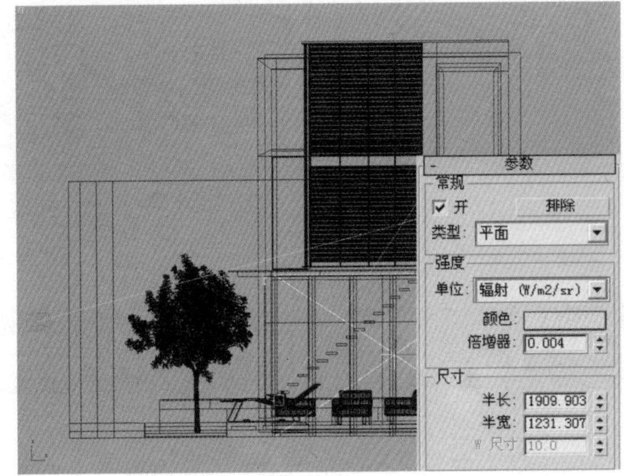

图 13-47　设置“VR 灯光”参数

07. 对当前的灯光效果进行测试渲染，得到效果如图 13-48 所示。

图 13-48　测试渲染效果

08. 设置环境贴图。将渲染面板中的“全局光环境倍增器”关联复制到一个新的材质球上，为材质添加“HDII”的环境贴图，并将它关联复制到“环境和效果”面板中的环境贴图上面，如图 13-49 所示。

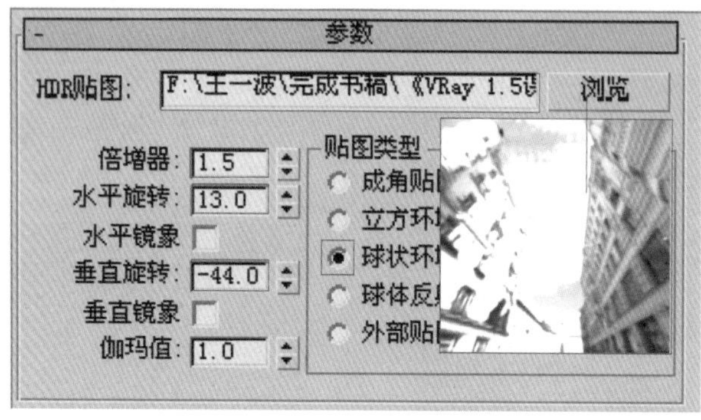

图 13-49 设置环境贴图

13.4 现代建筑渲染出图

01.按下键盘上的F10 键，打开“渲染场景”控制面板，进入“公用”控制面板中，取消“渲染帧窗口”选项，如图13-50 所示。

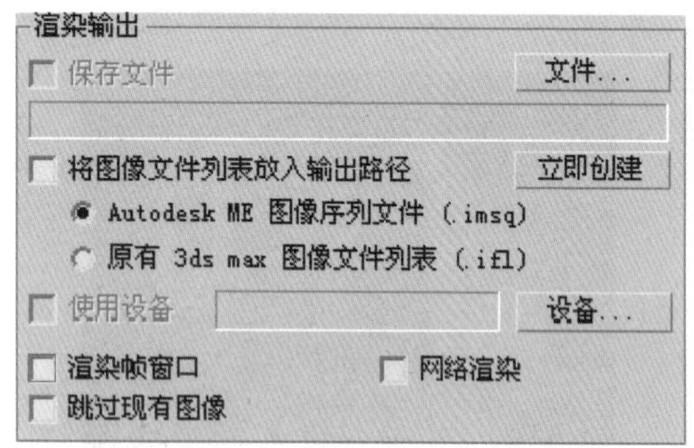

图 13-50 取消“渲染帧窗口”选项

02.继续打开“全局开关”卷展栏，取消“默认灯光”选项，打开“图像采样（反锯齿）”卷展栏，设置“图像采样器”的类型为“自适应细分”，设置“抗锯齿过滤器”为“Catmull-Rom”类型，如图13-51 所示。

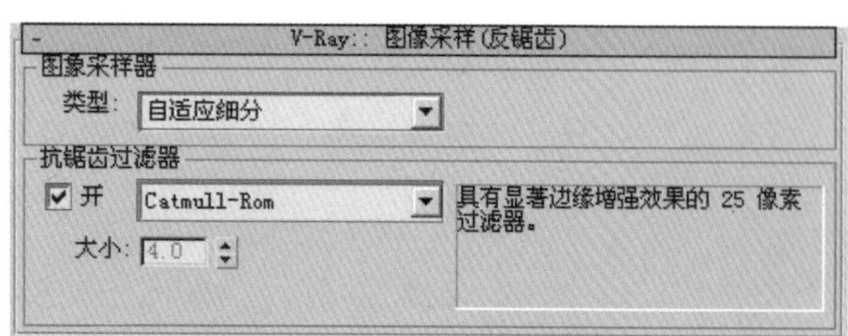

图 13-51 设置抗锯齿类型

03.打开“间接照明”卷展栏，勾选“开”选项，设置“二次反弹”的“全局光引擎”为“灯光缓冲”模式，设置它“倍增器”的值为0.8，如图13-52 所示。

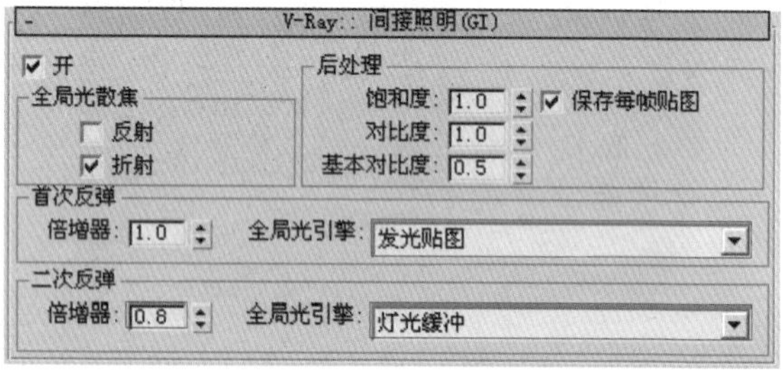

图 13-52 设置“间接照明”参数

04.打开“自适应细分图像采样器”卷展栏，设置“最小比率”的值为0，设置“最大比率”的值为3，如图13-53 所示。

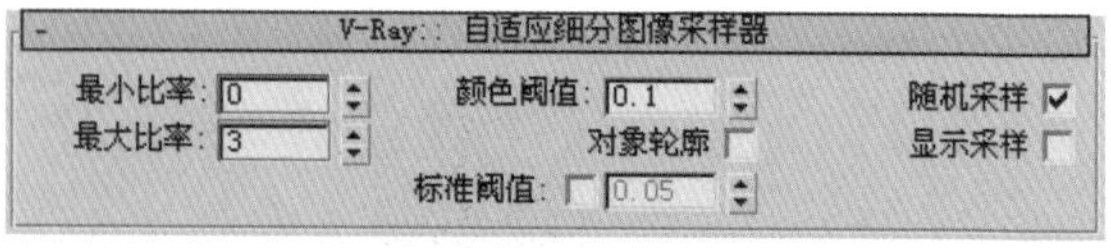

图 13-53 设置“自适应细分图像采样器”参数

05.进入“全局开关”卷展栏当中，勾选“不渲染最终图像”选项，取消“默认灯光”选项，如图13-54 所示。

06.进入“V-Ray :: rQMC 采样器”卷展栏中，设置“适应数量”为0.85，“噪波阈值”为0.05，“最小采样值”为8，如图13-55 所示。

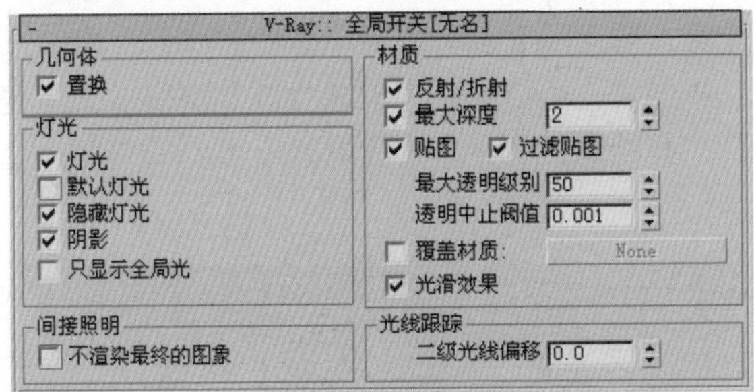

图 13-54　设置“全局开关”参数

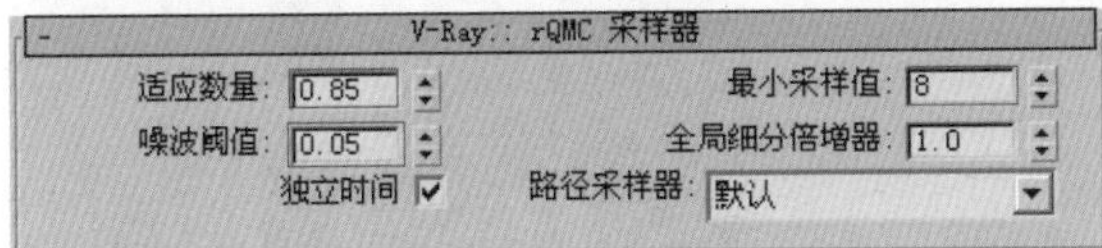

图 13-55　设置“V-Ray :: rQMC 采样器”参数

07.打开“发光贴图”卷展栏，设置“当前预置”的模式为“低”，设置“模型细分”的值为 30，将渲染的图片以光子图的模式保存到指定的文件中，最后效果如图 13-56 所示。

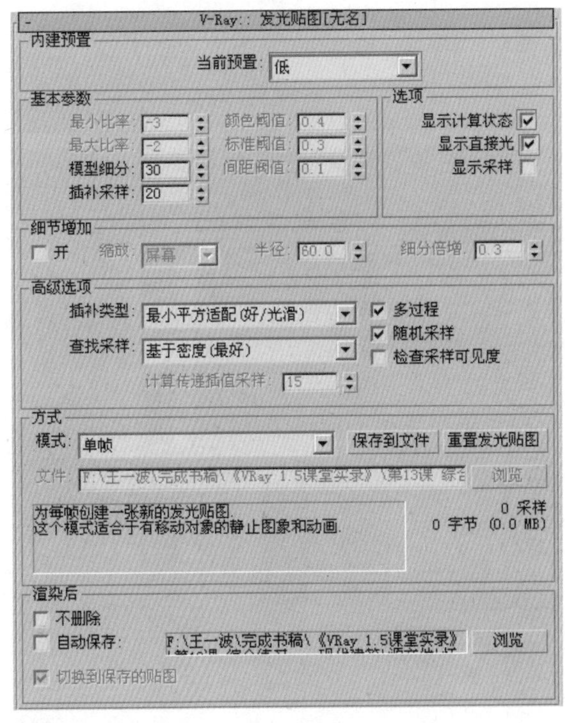

图 13-56　设置“发光贴图”参数

08.进入到“灯光缓冲”卷展栏中，设置“细分”的值为 500，为光子图添加保存路径，如图 13-57 所示。

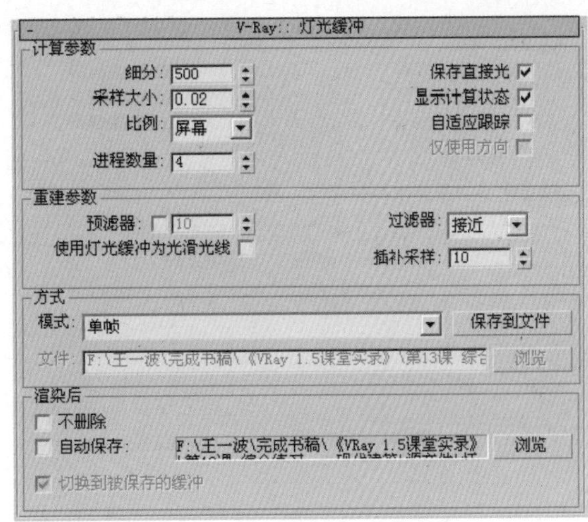

图 13-57　设置“灯光缓冲”参数

09.现在可以对“光子图”进行渲染了，单击工具栏中的快速渲染按钮，对光子图进行渲染，效果如图 13-58 所示。

图 13-58　光子图

10.进入渲染面板中的“灯光缓冲”卷展栏下面，将“细分”值修改为 1500，“进程数”修改为 2，如图 13-59 所示。

11.进入“V-Ray :: rQMC 采样器”卷展栏中，设置“适应数量”为 0.75，“噪波阈值”为 0.001，“最小采样值”为 20，如图 13-60 所示。

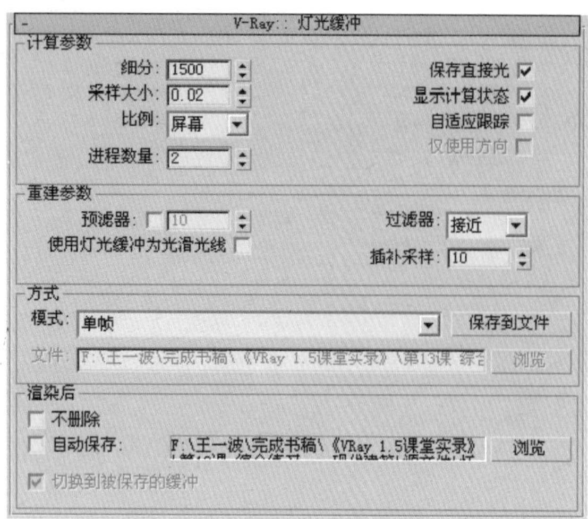

图 13-59　设置“灯光缓冲卷”参数

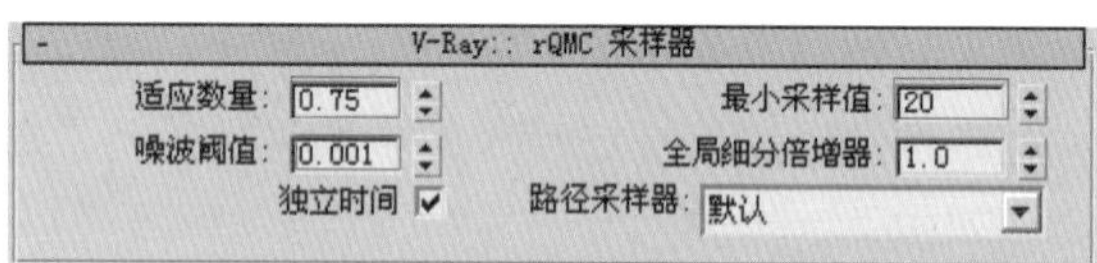

图 13-60　设置采样参数

12. 进入到“发光贴图”中，设置“当前预置”为“自定义”，设置“最小比率”为-3，“最大比率”为-2，“模型细分”为50，如图13-61所示。

图 13-61　设置“发光贴图”参数

13. 按下键盘上的F9键，对当前的摄影机视图进行渲染，由于参数设置得较高，所以渲染需要一些时间。最终渲染的效果如图13-62所示。

图 13-62　渲染后的最终效果

第 14 课

商务楼渲染

本课主要讲解运用“VR”材质、灯光和渲染器对商务楼模型进行处理，然后将渲染输出的模型图片在PS中进行合成，并为其添加环境素材。

14.1 商务楼技术分析

本课主要针对室外建筑以及现代建筑效果的制作，通过材质、灯光和后期处理等，体现出现代建筑的效果。通过学习本章可以了解到现代室外建筑效果图的制作流程，以及制作的方法。

本课主要是结合VRay渲染器，先从材质入手，再结合VR阳光，通过VR渲染器的设置得到高质量的效果图，再进入后期利用Photoshop软件进行处理，添加场景以外的辅助场景，对画面做整体的调节，以及色彩的调节，最终得到满意的效果。本课中还运用到大量的植物和人物素材，所以制作的时候比较复杂，但是制作的步骤是非常详细的，大家可以按照步骤逐一完成从而得到最后的效果图。学习完本课后完全可以自己独立制作室外建筑效果图了。

本课主要利用VR渲染器和VR阳光结合材质，表现现代建筑的效果，其中运用VR渲染器来提高画面的质量和效果。本章中也会详细地介绍VR渲染器制作的流程和一些重要的参数设置等。

14.2 商务楼材质设置

01.首先，打开光盘中的“实例应用”场景文件，观察到场景中有两座非常高的商业建筑，还有一架摄像机，场景比较宏大，如图14－1所示。

图14－1 打开场景文件

02.按下键盘上的M键，打开“材质编辑器”对话框，发现材质都已经指定给相应的模型了，现在只需要来编辑材质即可，如图14－2所示。

03.在“材质编辑器”中选中以“办公玻璃”命名的材质球，然后单击按钮，在弹出的“选择对象”对话框中，可以看到该材质所指定的模型，直接单击”选择“按钮，选中该材质所对应的模型，如图14－3所示。

图14－2 打开材质编辑器

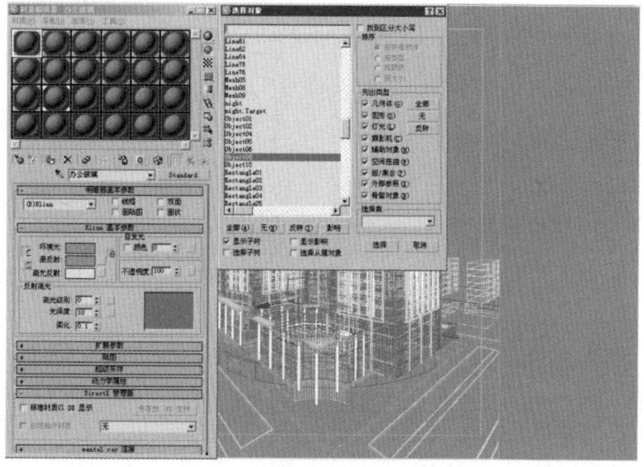

图14－3 选中办公玻璃所对应的模型

04. 单击“环境光”右边的颜色框，弹出“颜色选择器：环境光颜色”对话框，设置其RGB颜色的值分别为（65、95、110），单击“漫反射”右边的颜色框，在弹出的对话框中设置其RGB颜色的值分别为（120、141、152），如图14-4所示。

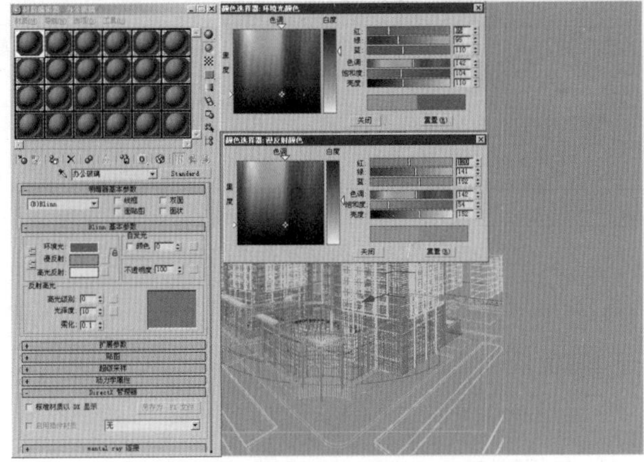

图 14-4　设置环境光颜色

05. 继续单击“高光反射”右边的颜色框，在弹出的对话框中设置其RGB颜色的值分别为（255、249、232），然后设置“高光级别”的值为131，设置“光泽度”的值为32，如图14-5所示。

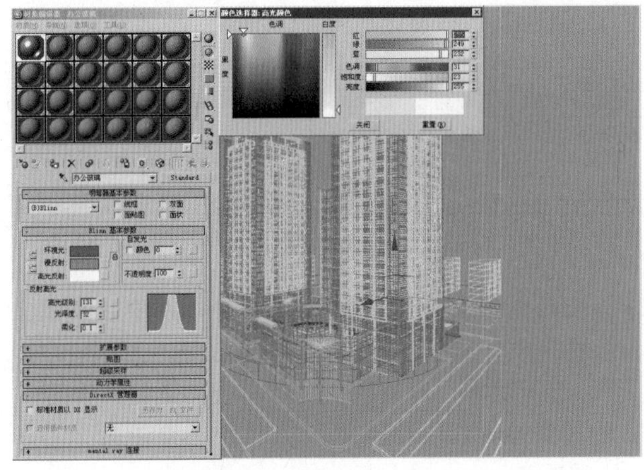

图 14-5　设置高光级别的参数

06. 打开“扩展参数”卷展栏，单击“过滤”右边的颜色框，弹出“颜色选择器：过滤色”对话框，设置其RGB颜色的值分别为（255、250、215），如图14-6所示。

07. 设置“不透明度”的值为75，然后打开“贴图”卷展栏，单击“自发光”右边的“None”贴图通道按钮，在弹出的“材质/贴图浏览器”对话框中选择“衰减”贴图，并将其指定，如图14-7所示。

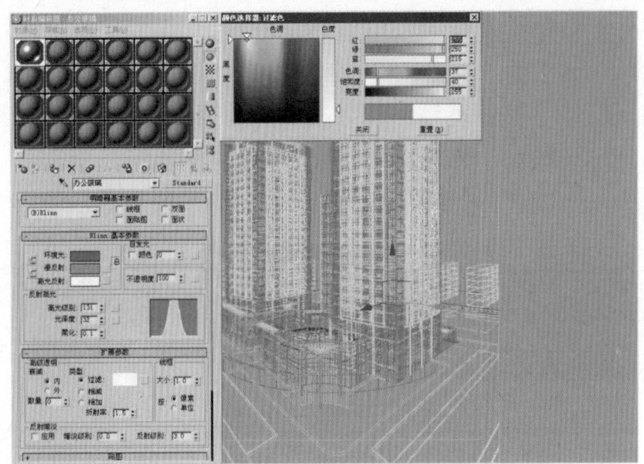

图 14-6　设置过滤色的参数

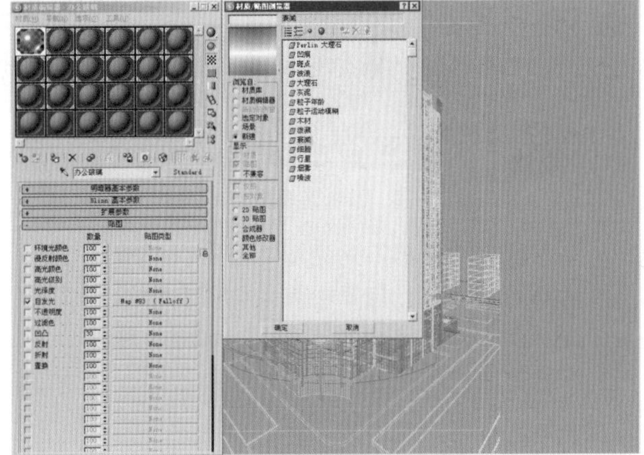

图 14-7　在自发光中添加衰减贴图

08. 进入到“衰减”贴图参数控制面板中，设置“前”RGB颜色的值都为0，设置“侧”RGB颜色的值都为92，打开“衰减类型”右边的“垂直/平行”下拉菜单，在弹出的下拉菜单中选择“Fresnel”选项，其他的参数都为默认，如图14-8所示。

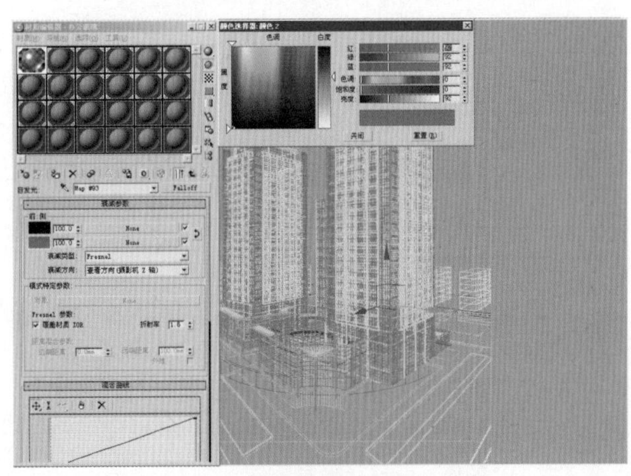

图 14-8　设置衰减贴图的参数

09.单击“反射”右边的“None”贴图通道按钮，在弹出的“材质／贴图浏览器”对话框中选择“其他”贴图类型，然后在右边的列表中选择“光线跟踪”贴图，并单击“确定”按钮，返回到上一层中，设置其“数量”的值为20，如图14–9所示。

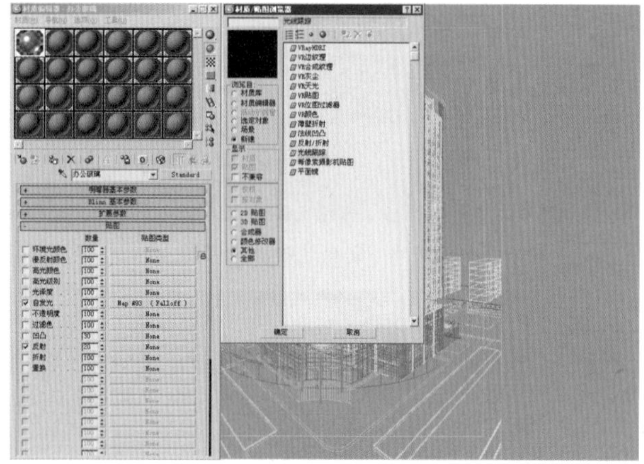

图14–9　添加光线跟踪贴图

10.在“材质编辑器”对话框中选中以“玻璃”命名的材质球，然后单击按钮，在弹出的“选择对象”对话框中直接单击“选择”按钮，这样就可以选中该材质所指定的模型了，也方便编辑，如图14–10所示。

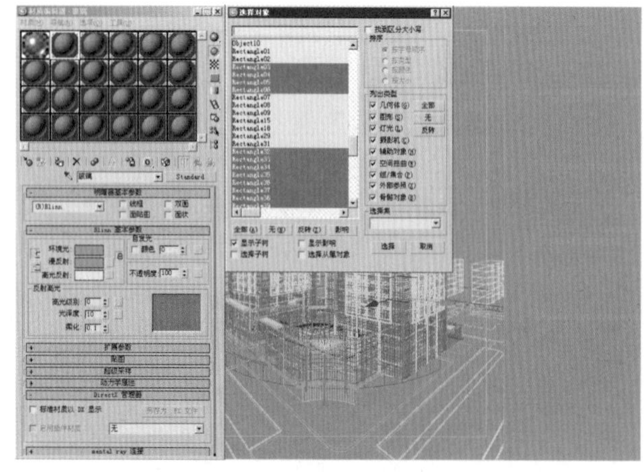

图14–10　选中玻璃材质所指定的模型

11.单击“环境光”右边的颜色框，弹出“颜色选择器：环境光颜色”对话框，设置其RGB颜色的值为（156、174、179），再单击“高光反射”右边的颜色框，弹出“颜色选择器：高光颜色”对话框，设置其RGB颜色的值分别为（217、228、236），如图14–11所示。

图14–11　设置环境光颜色

12.继续设置“高光级别”的值为67，“光泽度”的值为37，“不透明度”的值为27，玻璃材质已经设置完毕了，如图14–12所示。

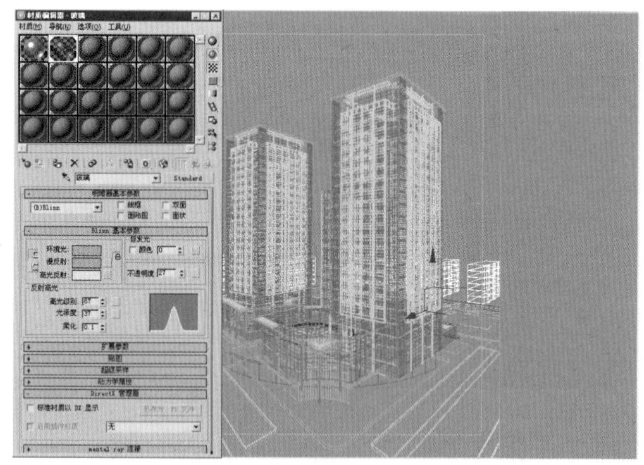

图14–12　设置高光级别参数

13.在“材质编辑器”对话框中选中以“底层玻璃”命名的材质球，然后单击按钮，在弹出的“选择对象”对话框中直接单击“选择”按钮，找到该材质所指定模型的部分，如图14–13所示。

14.单击“环境光”右边的颜色框，弹出“颜色选择器：环境光颜色”对话框，然后设置其RGB颜色的值分别为（102、112、117），单击“高光颜色”右边的颜色框，在弹出的对话框中设置其RGB颜色值分别为（217、228、236），如图14–14所示。

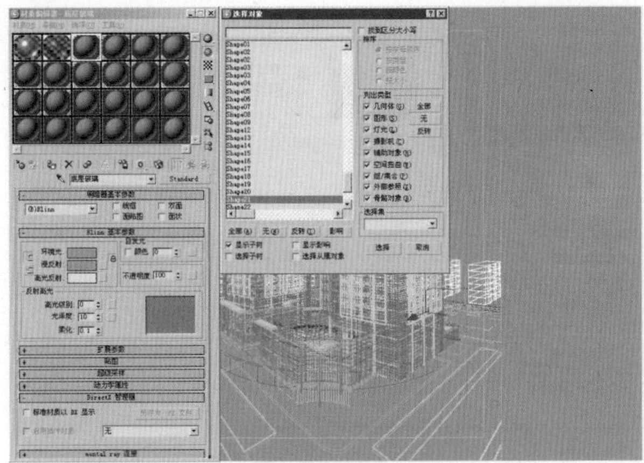

图 14—13　选中底层玻璃所指定的模型

图 14—14　设置环境光颜色

15. 继续设置“高光级别”的值为 138，“光泽度”的值为 30，“不透明度”的值为 37，打开“扩展参数”卷展栏，单击“过滤”右边的颜色框，弹出“颜色选择器：过滤色”对话框，设置其 RGB 颜色的值为（255、240、213），如图 14—15 所示。

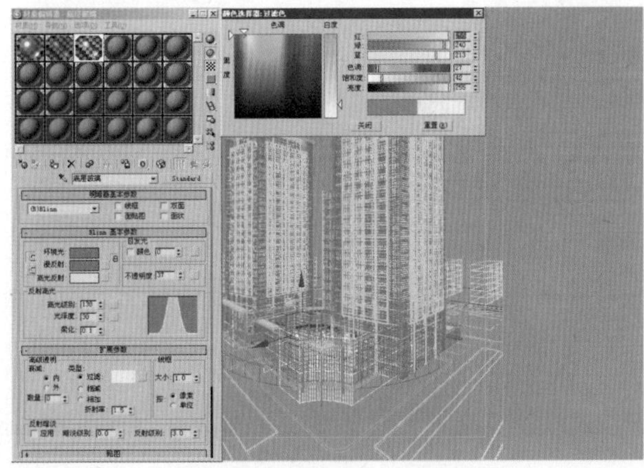

图 14—15　设置高光级别的参数

16. 打开“贴图”卷展栏，单击“漫反射”右边的“None”贴图通道按钮，弹出“材质／贴图浏览器”对话框，选择“位图”贴图，然后在弹出的“选择位图图像文件”对话框中找到光盘中的“玻璃 1”贴图文件，并将其指定，如图 14—16 所示。

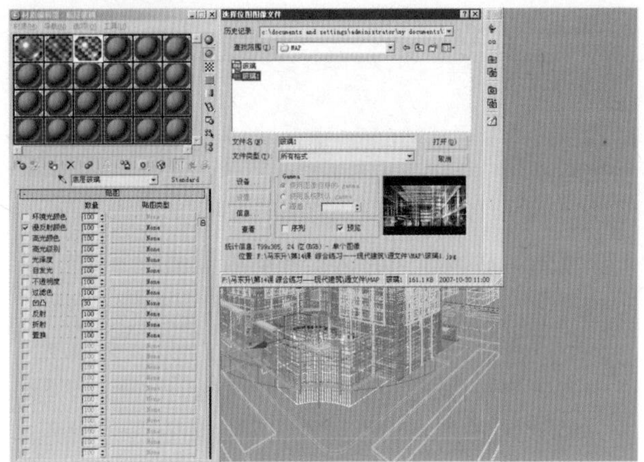

图 14—16　在位图中添加贴图文件

17. 返回到上一层中，设置“漫反射颜色”的值为 45，用鼠标将“漫反射颜色”中的通道贴图拖曳到“反射”贴图通道中，在弹出的“(复制）实例贴图”对话框中，选择“实例”方式，并单击“确定”按钮，如图 14—17 所示。

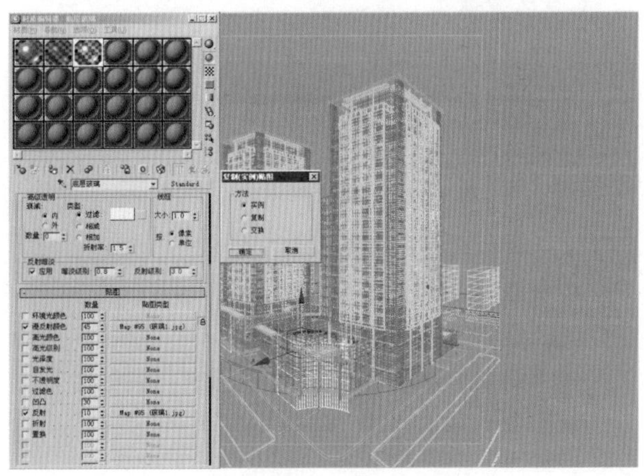

图 14—17　给反射添加贴图

18. 在”材质编辑器“对话框中选中以”浅黄墙“命名的材质球，然后单击按钮，在弹出的”选择对象“对话框中，单击”选择“按钮，选中该材质所对应的模型，如图 14—18 所示。

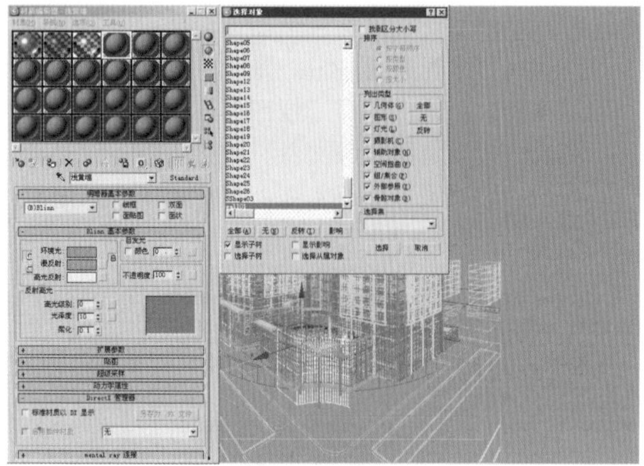

图 14-18　找到浅黄墙材质所对应的模型

19.单击“环境光”右边的颜色框，弹出“颜色选择器：环境光颜色”对话框，设置其RGB颜色的值分别为（214、188、117），单击“漫反射”右边的颜色框，在弹出的对话框中设置其RGB颜色的值分别为（255、231、166），如图14–19所示。

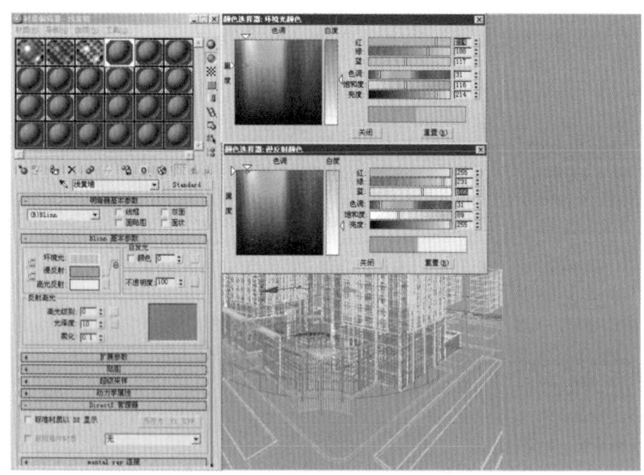

图 14-19　设置环境光的颜色

20.继续单击“高光反射”右边的颜色框，弹出“颜色选择器：高光颜色”对话框，设置其RGB颜色的值分别为（254、247、233），并设置“高光级别”的值为45，设置“光泽度”的值为21，如图14-20所示。

21.打开“贴图”卷展栏，单击“漫反射颜色”右边的“None”贴图通道按钮，在弹出的“材质/贴图浏览器”对话框中选择“位图”贴图，然后在弹出的“选择位图贴图文件”对话框中找到光盘中的“外墙贴图”文件，并将其指定，如图14-21所示。

图 14-20　设置高光级别的值

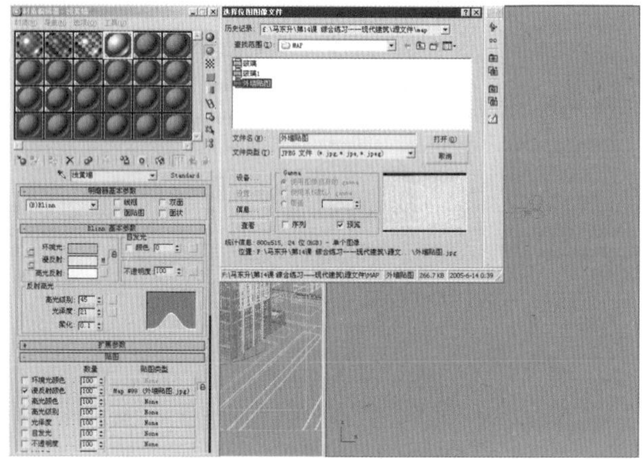

图 14-21　给漫反射中添加贴图

22.用鼠标将“漫反射颜色”贴图通道中的贴图文件拖曳到“凹凸”贴图通道中，在弹出的“复制（实例）贴图”对话框中，选择“实例”方式，并单击“确定”按钮，如图14-22所示。

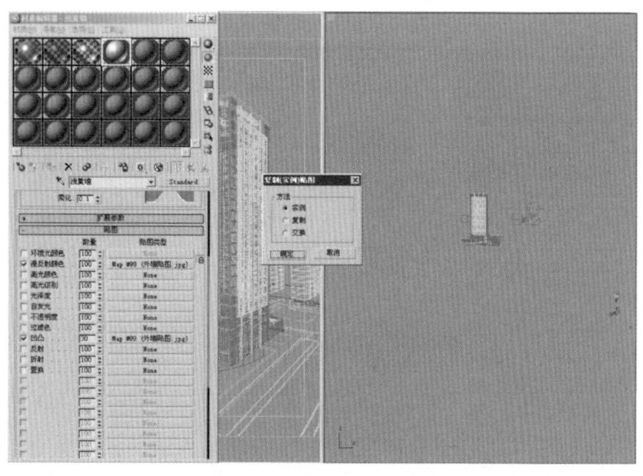

图 14-22　给凹凸添加贴图

23. 在“材质编辑器”对话框中选中以“办公玻璃2”命名的材质球，然后单击按钮，弹出“选择对象”对话框，直接单击“选择”按钮，选中该材质所指定的模型，如图 14–23 所示。

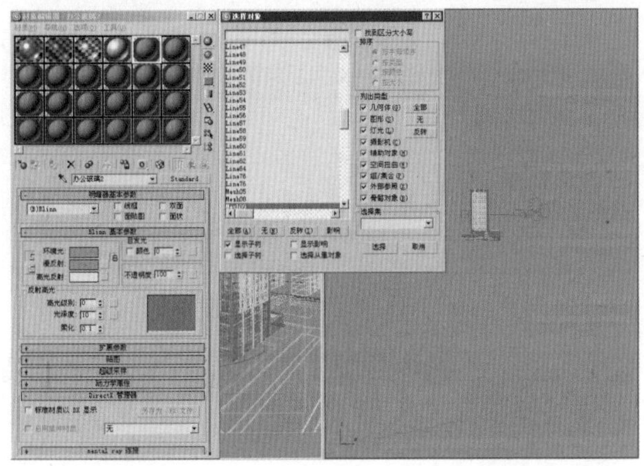

图 14–23　选中办公玻璃 2 所指定的模型

24. 继续单击“Standard”按钮，弹出“材质／贴图浏览器”对话框，在右边的列表中选择“VRayMtl”材质，并单击“确定”按钮，将材质转换为 VR 材质类型，如图 14–24 所示。

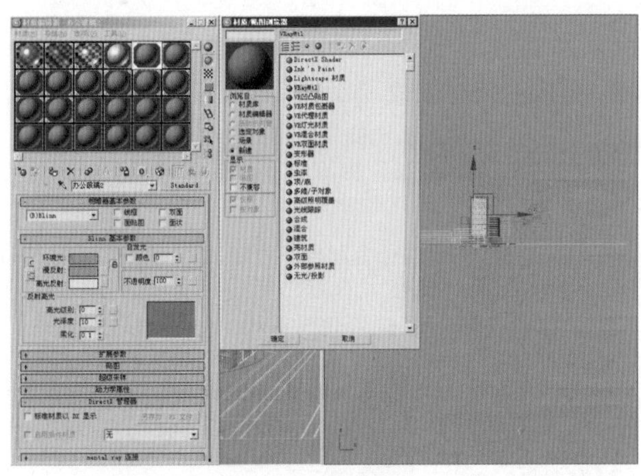

图 14–24　转换为 VR 材质

25. 进入“VRayMtl”材质参数控制面板中，将“漫射”的颜色设置为黑色，单击“反射”右边的按钮，弹出“材质／贴图浏览器”对话框，在右边的列表中选择“衰减”贴图类型，并单击“确定”按钮，如图 14–25 所示。

26. 进入“衰减”贴图参数控制面板中，单击“前”的颜色框，弹出”颜色选择器：颜色 1”对话框，设置其 RGB 颜色的值都为 52，单击”侧“的颜色框，弹出“颜色选择器：颜色 2”对话框，设置其 RGB 颜色的值都为 213，如图 14–26 所示。

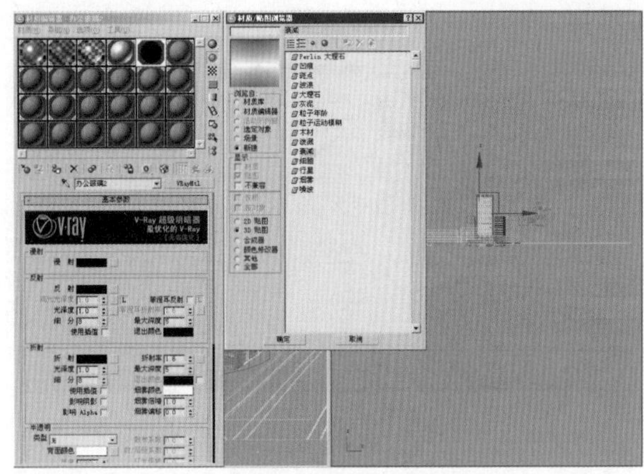

图 14–25　给反射中添加衰减贴图

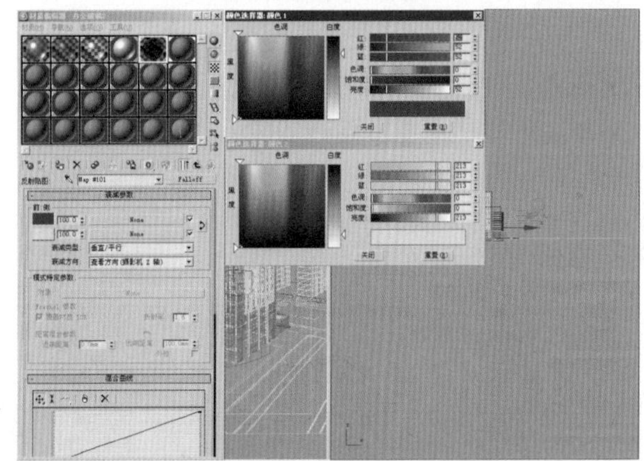

图 14–26　设置衰减材质参数

27. 打开“材质编辑器”对话框，选中以“办公玻璃3”命名的材质球，然后单击按钮，在弹出的“选择对象”对话框中直接单击“选择”按钮，选中该材质所对应的模型，如图 14–27 所示。

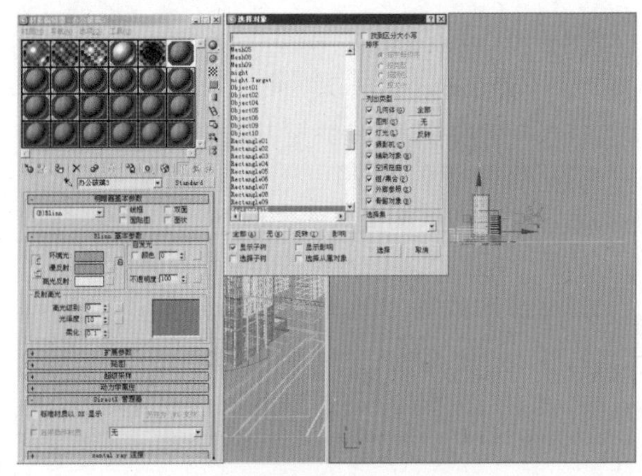

图 14–27　选中办公玻璃 3 的模型

28. 继续单击“Standard”按钮，弹出“材质／贴图浏览器”对话框，在右边的列表中选择“VRayMtl”材质类型，如图14—28所示。

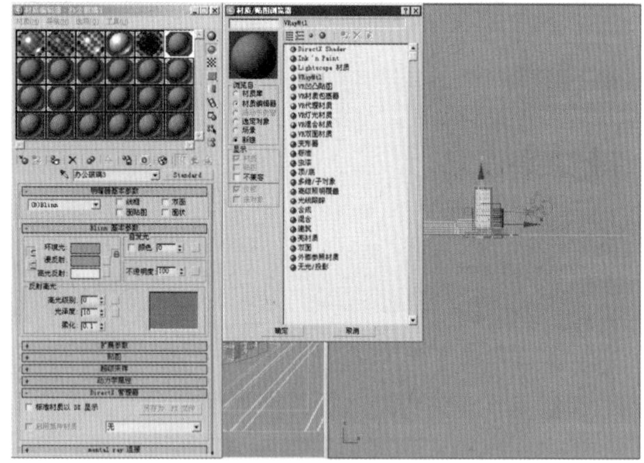

图 14—28　转换为 VRayMtl 材质类型

29. 进入“VRayMtl”材质参数控制面板中，将“漫射”的颜色设置为黑色，单击“反射”右边的按钮，弹出“材质／贴图浏览器”对话框，选择“衰减”贴图，并单击“确定”按钮，如图14—29所示。

图 14—29　在反射中添加衰减贴图

30. 进入“衰减”贴图参数控制面板中，单击“前”的颜色框，弹出“颜色选择器：颜色1”对话框，设置其RGB颜色的值都为95，单击“侧”的颜色框，在弹出的对话框中设置其RGB颜色的值都为219，如图14—30所示。

31. 打开“材质编辑器”对话框，选中以“办公玻璃4”命名的材质球，然后单击按钮，在弹出的“选择对象”对话框中单击“选择”按钮，选中该材质所指定的模型，并将其指定，如图14—31所示。

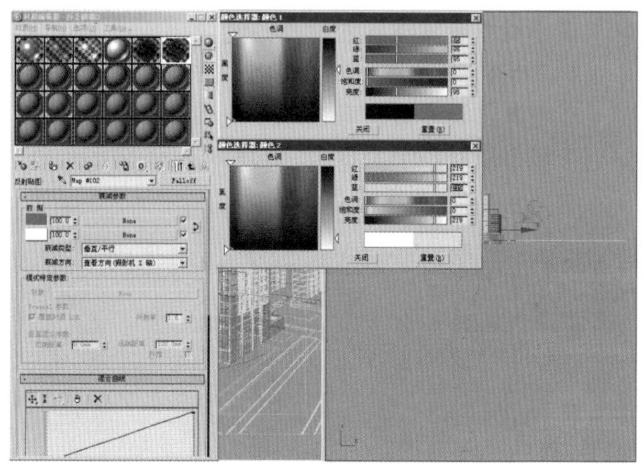

图 14—30　设置衰减参数

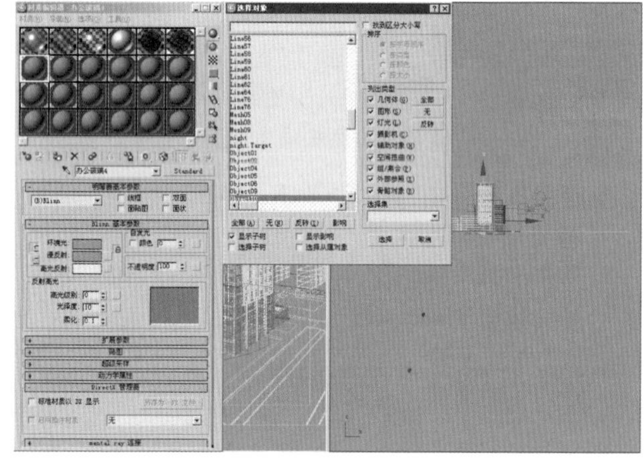

图 14—31　选中办公玻璃4所对应的模型

32. 设置“环境光”和“漫反射”RGB颜色的值分别为（60、82、94），单击“高光反射”右边的颜色框，在弹出的对话框中设置其RGB颜色的值分别为（255、249、232），如图14—32所示。

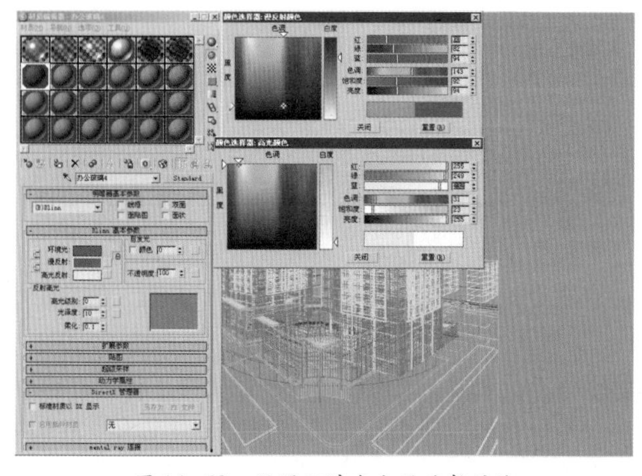

图 14—32　设置环境光和漫反射的值

33.设置“不透明度”的值为45，设置“高光级别”的值为131，设置“光泽度”的值为66，打开“扩展参数”卷展栏，单击“过滤”右边的颜色框，弹出“颜色选择器：过滤色”对话框，设置其RGB颜色的值分别为（163、180、191），如图14-33所示。

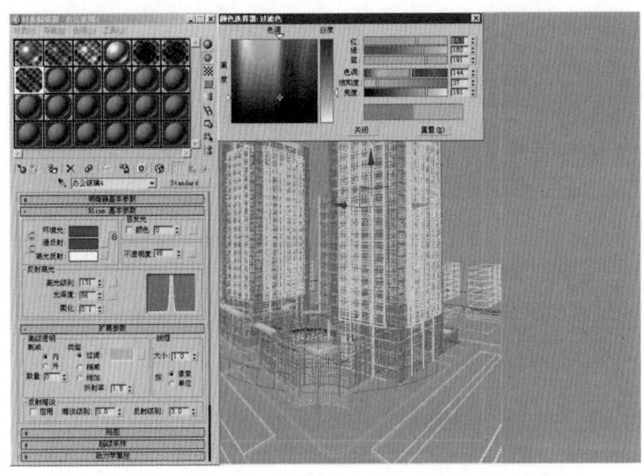

图14-33 设置办公玻璃4材质的参数

34.打开“贴图”卷展栏，单击“反射”右边的“None”贴图通道按钮，弹出“材质／贴图浏览器”对话框，选择“其他”贴图类型，然后在右边的列表中选择“光线跟踪”贴图，并单击“确定”按钮，然后返回上一层中，设置“反射”的“数量”值为50，如图14-34所示。

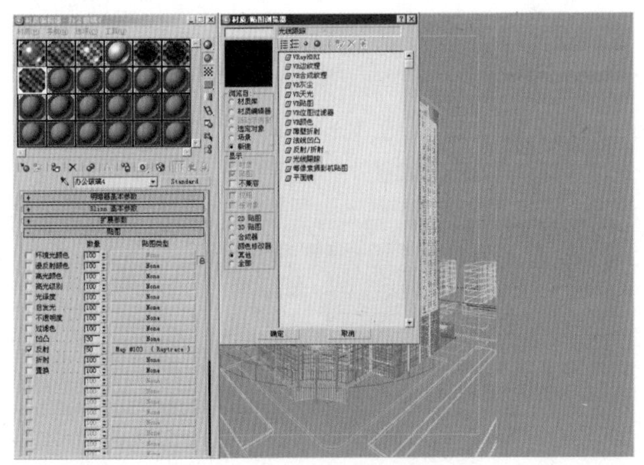

图14-34 添加光线跟踪贴图

35.选中“材质编辑器”对话框中以“楼板”命名的材质球，然后单击按钮，在弹出的“选择对象”对话框中直接单击“选择”按钮，选中该材质所对应的模型，如图14-35所示。

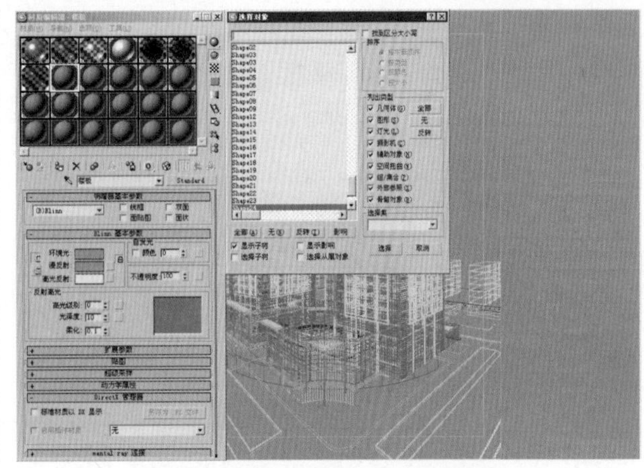

图14-35 选中楼板模型

36.单击“Standard”按钮，弹出“材质／贴图浏览器”对话框，然后选择“混合”材质类型，并单击“确定”按钮，如图14-36所示。

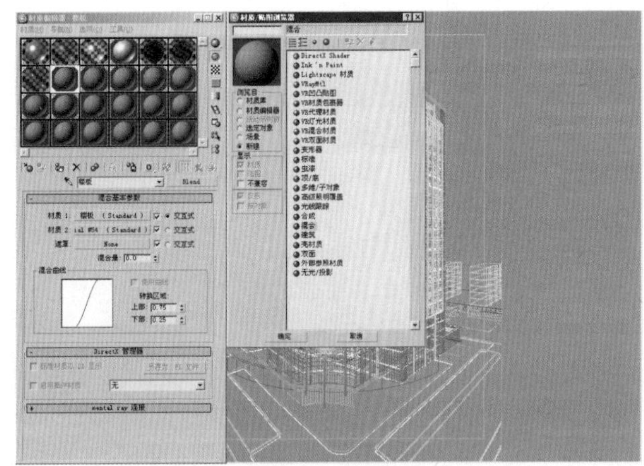

图14-36 转为混合材质类型

37.进入“材质1”参数控制面板中，单击“环境光”右边的颜色框，弹出“颜色选择器：环境光颜色”对话框，设置其RGB颜色的值为（165、170、169），“高光级别”的值为25，“光泽度”的值为20，如图14-37所示。

38.返回到“混合”材质控制面板中，进入“材质2”参数控制面板中，设置“环境光”和“漫反射”的颜色为白色，设置“自发光”选项组中“颜色”的值为80，设置“高光级别”的值为5，“光泽度”的值为25，如图14-38所示。

39.再返回到“混合”材质控制面板中，单击“遮罩“右边的“None”贴图通道按钮，弹出“材质／贴图浏览器”对话框，然后选择“位图”

贴图，在弹出的“选择位图图像文件”对话框中，找到光盘中的“楼板”贴图文件，并将其指定，如图14－39所示。

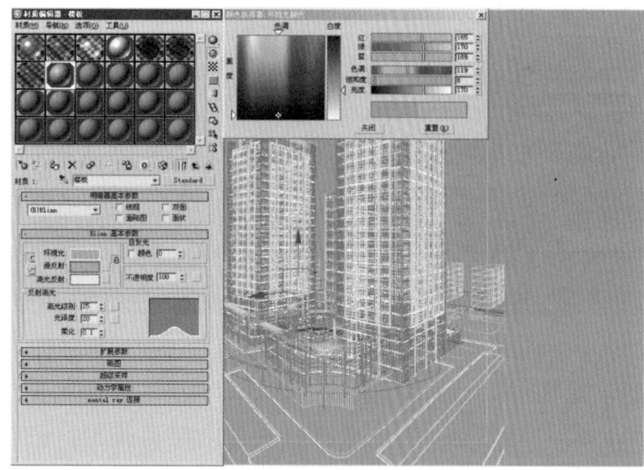

图14－37　设置环境光的颜色

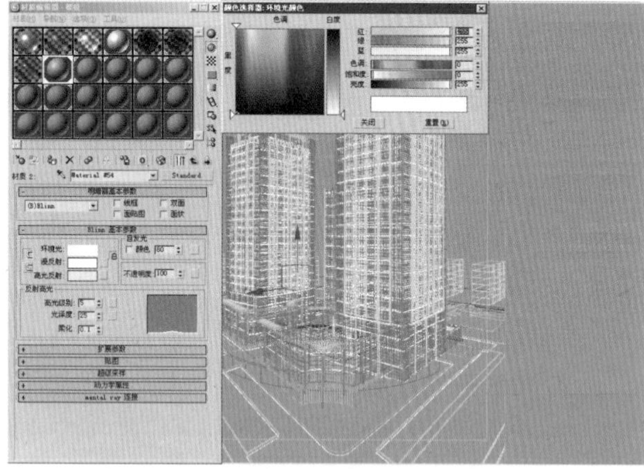

图14－38　设置材质2的参数

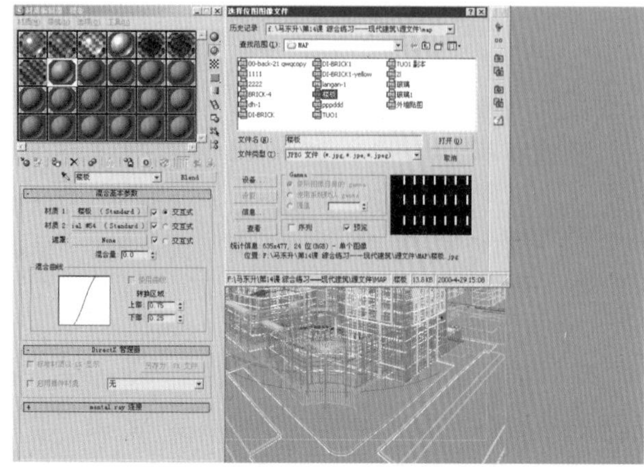

图14－39　给遮罩中添加位图

技巧／提示

混合材质可以将两个不同的材质通过一个黑白的贴图文件混合为一个材质，并且可以交互使用。一般制作黑白贴图文件的原理为黑色的部分不透明，白色的部分透明，所以可以使两种材质混合为一个材质，通常制作破旧或者叠加的材质时用得比较多。

40.打开“材质编辑器”对话框，选中以“楼板2”命名的材质球，并单击按钮，在弹出的“选择对象”对话框中单击“选择”按钮，选中该材质所指定的模型，并将其指定，如图14－40所示。

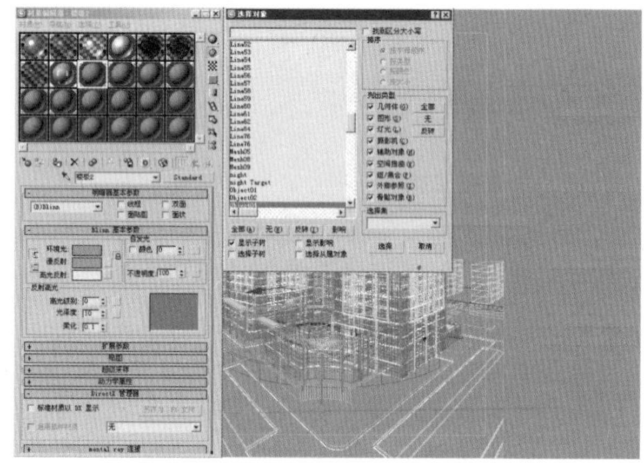

图14－40　选中楼板2所指定的模型

41.单击“环境光”右边的颜色框，弹出“颜色选择器：环境光颜色”对话框，设置其RGB颜色的值分别为（166、169、170），单击“漫反射”右边的颜色框，弹出“颜色选择器：漫反射颜色”对话框，设置其RGB颜色的值分别为（173、179、180），如图14－41所示。

图14－41　设置环境光和漫反射的颜色值

42. 设置“反射高光”选项组中“高光级别”的值为31，“光泽度”的值为18，打开“贴图”卷展栏，单击“凹凸”右边的“None”贴图通道按钮，弹出“材质/贴图浏览器”对话框，选择“噪波”贴图，并单击“确定”按钮，然后设置噪波的“大小”为0.1，如图14-42 所示。

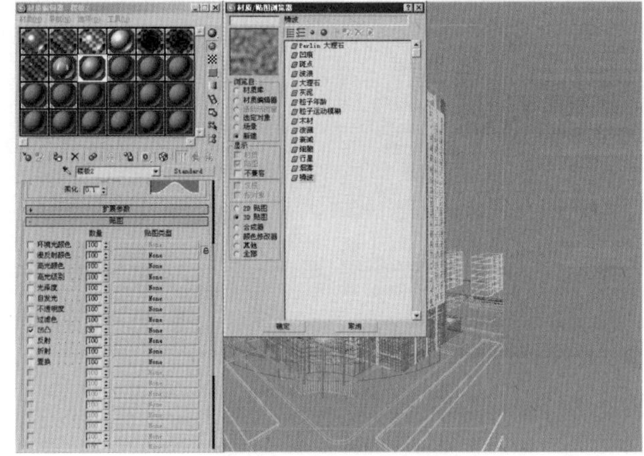

图 14-42　给凹凸中添加噪波贴图

43. 打开“材质编辑器”对话框，选中以“台阶”命名的材质球，然后单击按钮，弹出“选择对象”对话框，并单击“选择”按钮，选中该材质所指定的模型，然后将材质指定给该模型，如图14-43 所示。

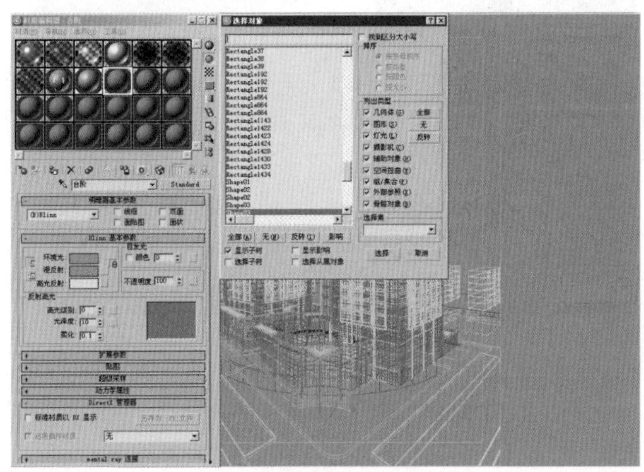

图 14-43　设置颜色 RGB 值

44. 单击“Standard”按钮，弹出“材质/贴图浏览器”对话框，选择“VRayMtl”材质类型，进入“VRayMtl”材质参数控制面板中，单击“漫射”右边的颜色框，设置其RGB 颜色的值都为188，如图14-44 所示。

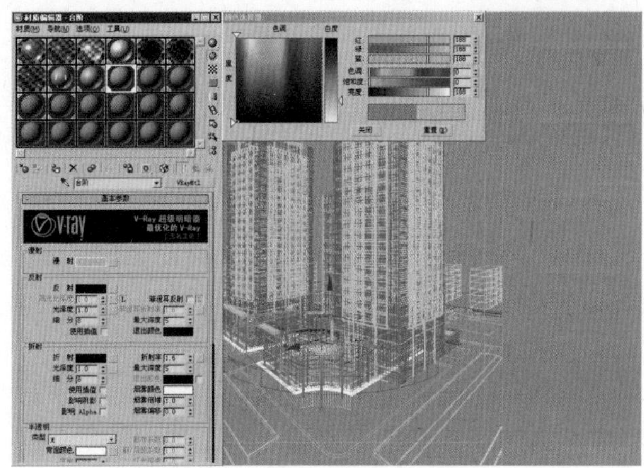

图 14-44　设置灯光参数

45. 继续设置“反射”和“折射”选项组中“细分”的值都为50，打开“贴图”卷展栏，单击“漫射”右边的“None”贴图通道按钮，弹出“材质/贴图浏览器”对话框，选择“位图”贴图，在弹出的“选择位图贴图文件”对话框中找到光盘中的“楼梯”贴图文件，并将其指定，如图14-45 所示。

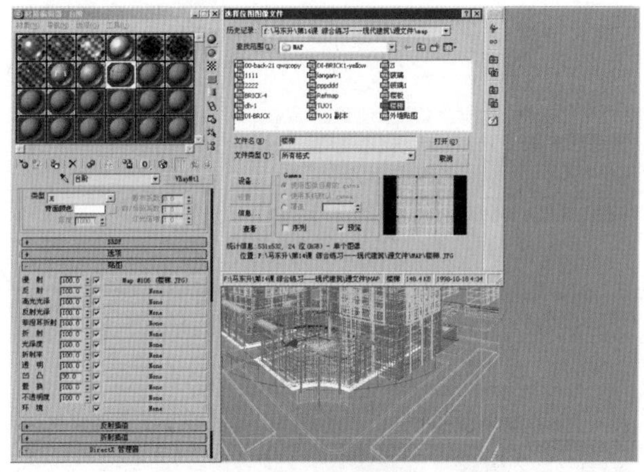

图 14-45　在漫射中添加位图贴图

46. 打开“材质编辑器”对话框，选中以“铝板”命名的材质球，然后单击按钮，弹出“选择对象”对话框，单击“选择”按钮，选中该材质所指定的模型，如图14-46 所示。

47. 单击“Standard”按钮，弹出“材质/贴图浏览器”对话框，选择“混合”材质，并单击“确定”按钮，将其指定，如图14-47 所示。

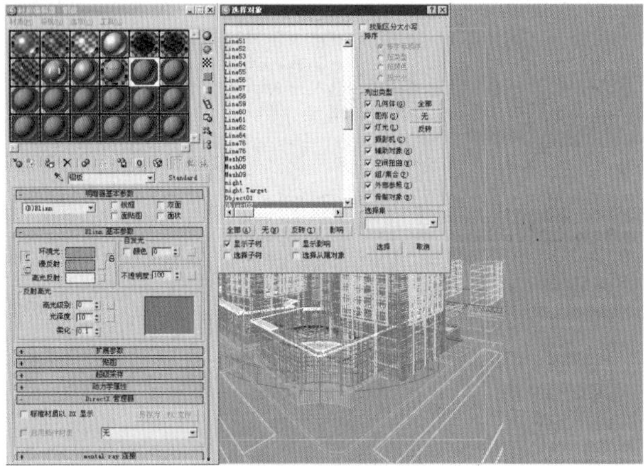

图 14—46　选中铝板材质所指定的模型

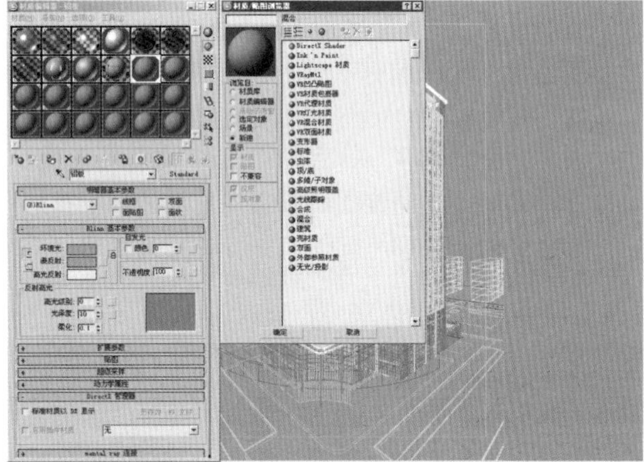

图 14—47　创建自由点光源

48.单击“材质 1”右边的按钮，进入“材质 1”参数控制面板中，单击“环境光”右边的颜色框，在弹出的对话框中设置其 RGB 颜色的值分别为（156、178、191），设置“高光级别”的值为 51，“光泽度”的值为 25，如图 14—48 所示。

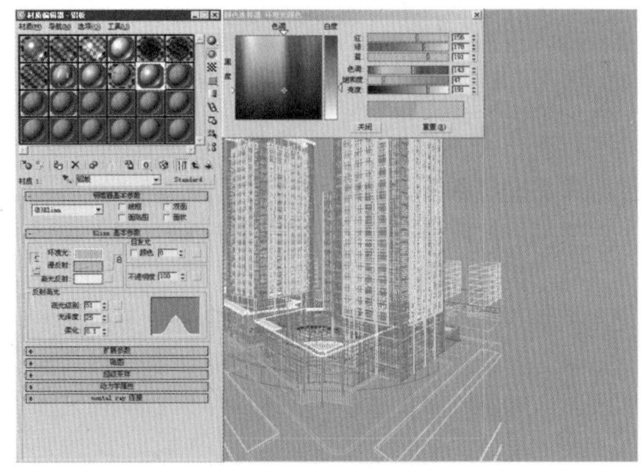

图 14—48　设置自由点光源参数

49.打开“贴图”卷展栏，单击“凹凸”右边的“None”贴图通道按钮，弹出“材质 / 贴图浏览器”对话框，选择“位图”贴图，弹出“选择位图图像文件”对话框，找到光盘中的“1111”贴图文件，并单击“打开”按钮，返回到上一层中，设置“凹凸”数量的值为 8，如图 14—49 所示。

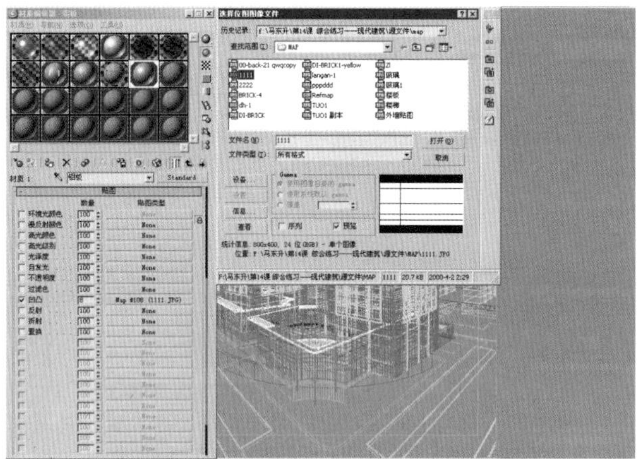

图 14—49　给凹凸添加贴图文件

50.设置“反射”的“数量”值为 30，然后单击右边的“None”贴图通道按钮，在弹出的“材质 / 贴图浏览器”对话框中选择”光线跟踪“贴图，并单击”确定“按钮，如图 14—50 所示。

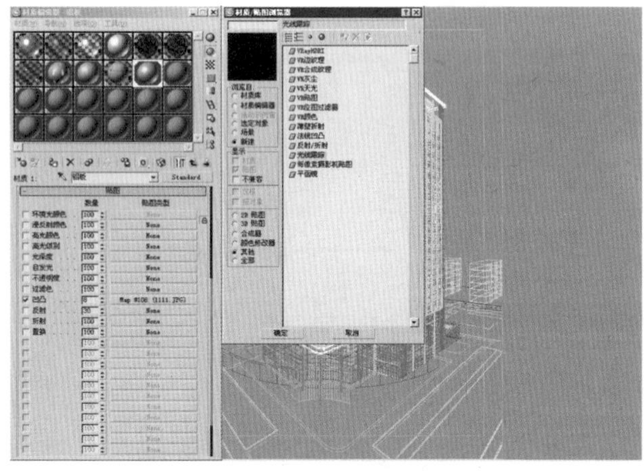

图 14—50　给反射添加光线跟踪贴图

51.单击“折射”右边的“None”按钮，弹出“材质 / 贴图浏览器”对话框，选择“位图”贴图，在弹出的“选择位图图像文件”对话框中，找到光盘中的“Refmap”贴图文件，并单击“打开”按钮，将其指定，如图 14—51 所示。

图 14—51　在折射中添加位图贴图

52. 打开“材质编辑器”对话框，选中以“铝板 1”命名的材质球，然后单击按钮，弹出“选择对象”对话框，直接单击“选择”按钮，选中该材质所指定的模型，如图 14—52 所示。

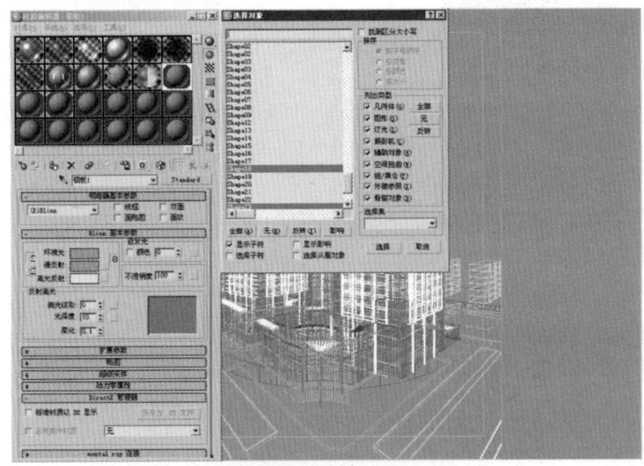
图 14—52　选中铝板 1 所指定的模型

53. 单击“环境光”右边的颜色框，弹出”颜色选择器：环境光颜色“对话框，设置其 RGB 颜色的值为(131、138、141)。单击“漫反射”右边的颜色框，弹出“颜色选择器：漫反射颜色：”对话框，设置其 RGB 颜色的值为(170、180、181)，如图 14—53 所示。

54. 设置“高光级别”的值为 51，设置“光泽度”的值为 25，打开“贴图”卷展栏，单击“反射”右边的“None”贴图通道按钮，弹出“材质／贴图浏览器”对话框，选择“位图”贴图，然后找到光盘中的“Refmap”贴图文件，如图 14—54 所示。

图 14—53　设置环境光颜色

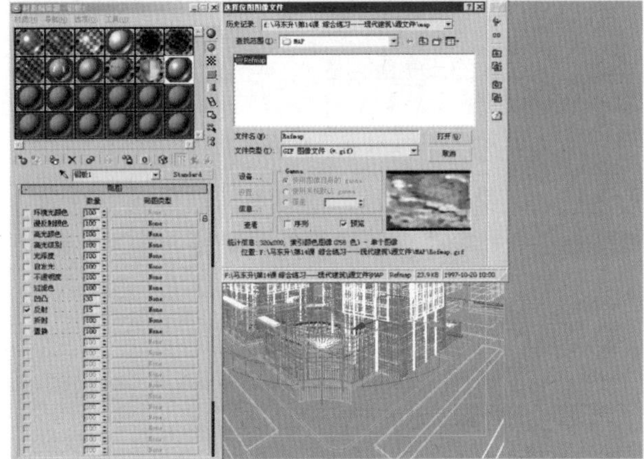
图 14—54　给反射中添加贴图

55. 打开“材质编辑器”对话框，选中以“分隔线”命名的材质球，然后单击按钮，弹出“选择对象”对话框，直接单击“选择”按钮，选中该材质所指定的模型，如图 14—55 所示。

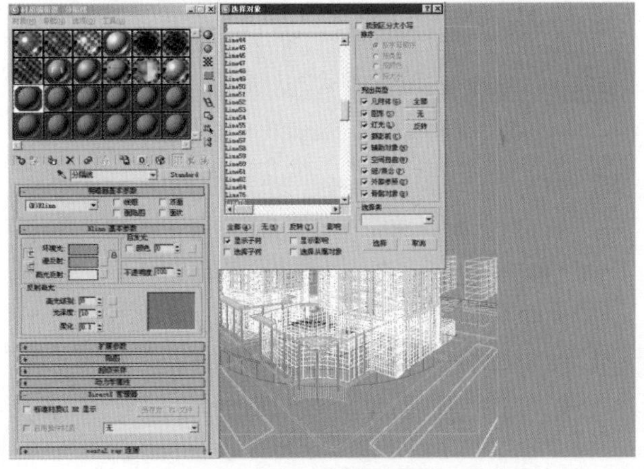
图 14—55　选中分隔线所指定的模型

56.单击“环境光”右边的颜色框，设置其颜色为黑色，单击“漫反射”右边的颜色框，设置其RGB颜色的值都为60，设置“高光级别”的值为5，“光泽度”的值为25，如图14—56所示。

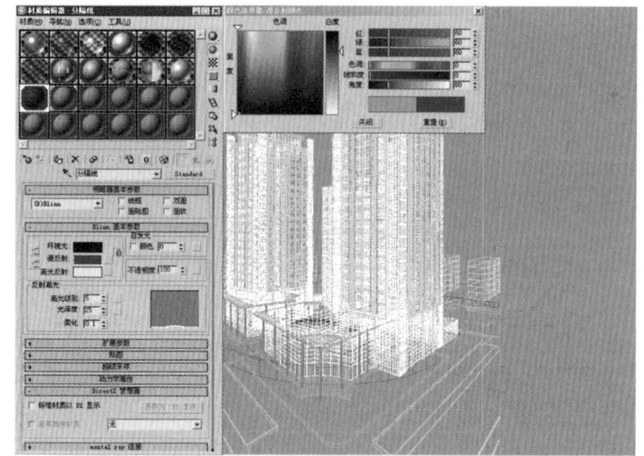

图 14—56 设置分隔线材质的参数

57.打开“材质编辑器”对话框，选中以“金属”命名的材质球，然后单击按钮，弹出“选择对象”对话框，单击“选择”按钮，选中该材质所指定的模型，如图14—57所示。

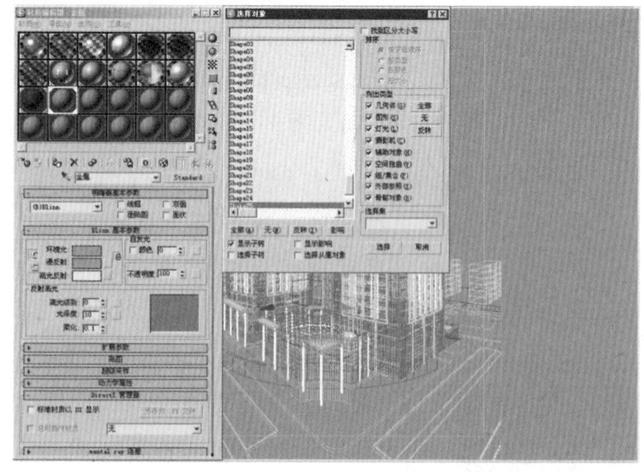

图 14—57 选中金属材质所指定的模型

58.单击“Standard”按钮，弹出“材质/贴图浏览器”对话框，选择“VRayMtl”材质类型，单击“确定”按钮，将其转换为VR材质类型，如图14—58所示。

59.单击“漫射”右边的颜色框，弹出“颜色选择器”对话框，设置其RGB颜色的值分别为（200、223、227），单击“反射”右边的颜色框，弹出“颜色选择器”对话框，设置其RGB颜色的值为120，如图14—59所示。

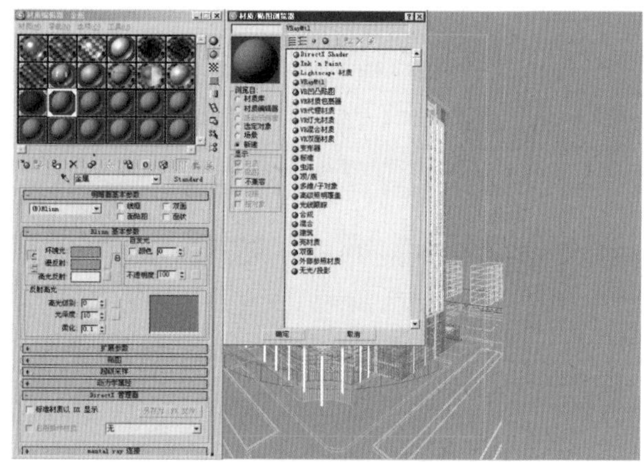

图 14—58 将材质转换为VR材质类型

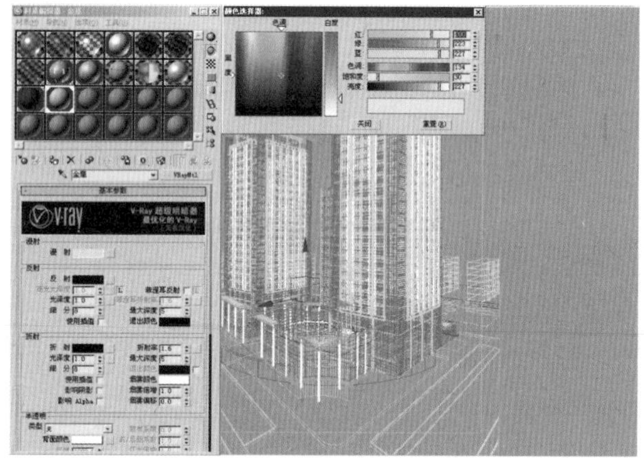

图 14—59 设置漫射和反射的参数

60.设置“反射”选项组中“光泽度”的值为0.8，设置“细分”的值为20。设置“折射”选项组中“细分”的值为20，如图14—60所示。

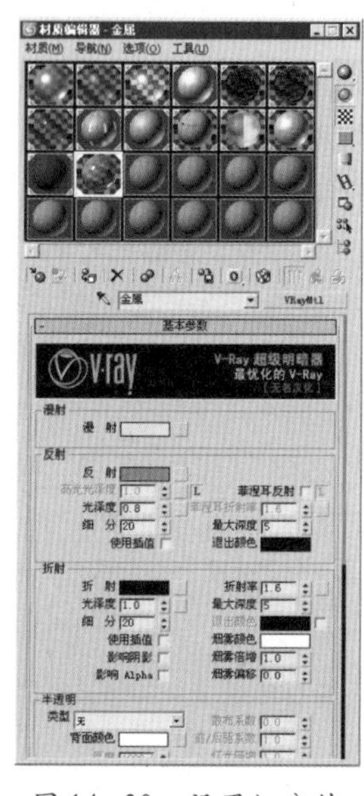

图 14—60 设置细分值

61. 所有材质都已经设置完毕了，现在进行测试渲染，观察一下指定完材质后的效果。进入摄像机视图中，按下键盘上的 Shift+Q 键进行渲染操作，如图 14-61 所示。

技巧 / 提示

室外材质的制作方法和室内材质的制作方法有本质上的区别，因为所面对的对象不同，所以在制作室外材质的时候不用把材质的参数设置得很高，这样可以提高渲染的速度。

图 14-61　指定完材质后的效果

14.3　商务楼灯光布置

01. 现在来给场景添加灯光，因为本例子所表现的是白天的场景，所以将要利用 VR 阳光来模拟。进入“灯光”创建面板中，单击“VR 阳光”按钮，在视图中创建一盏 VR 阳光，并将其移动到合适的位置，如图 14-62 所示。

图 14-62　创建 VR 阳光

02. 在选中 VR 阳光的情况下进入“修改”命令面板中，设置“浊度”的值为 2.0，“臭氧”的值为 0.35，“强度倍增器”的值为 0.01，其他参数的值都为默认，如图 14-63 所示。

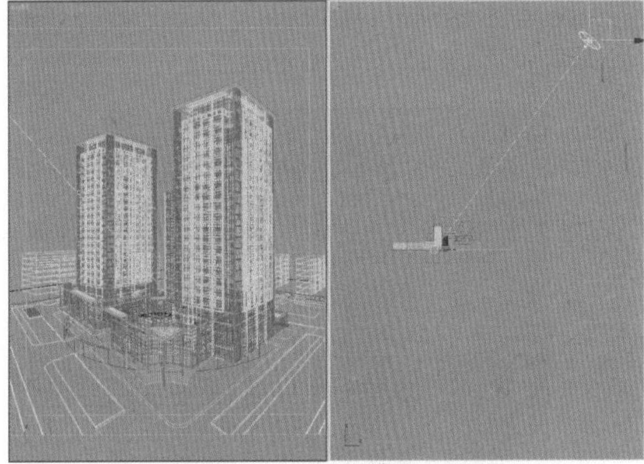

图 14-63　设置 VR 阳光参数

03. 灯光的设置已经完毕了，因为 VR 阳光系统比较完善，所以场景中也不用其他的辅助灯光，现在观察一下效果，按下键盘上的 Shift+Q 键，进行渲染操作，得到的效果如图 14-64 所示。

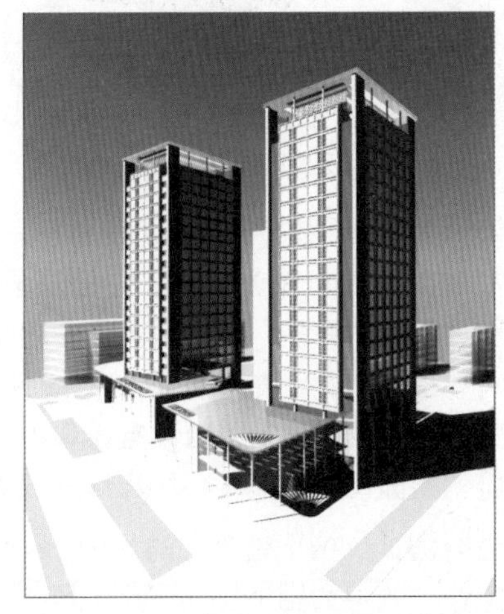

图 14-64　打完 VR 阳光后的效果

04.观察图14-64，发现曝光非常严重，现在通过渲染器的设置来完成对VR阳光的控制，按下键盘上的F10键，打开“渲染场景”对话框，进入“渲染器”参数控制面板中，打开“颜色映射”卷展栏，打开“线性倍增”下拉菜单，选择“指数”类型，然后设置“变暗倍增器”的值为0.8，设置“变亮倍增器”的值为0.8.这样就可以降低画面的强度，因为VR阳光是模拟现实中阳光的系统，所以必须通过设置修改器的参数来控制其曝光的现象，如图14-65所示。

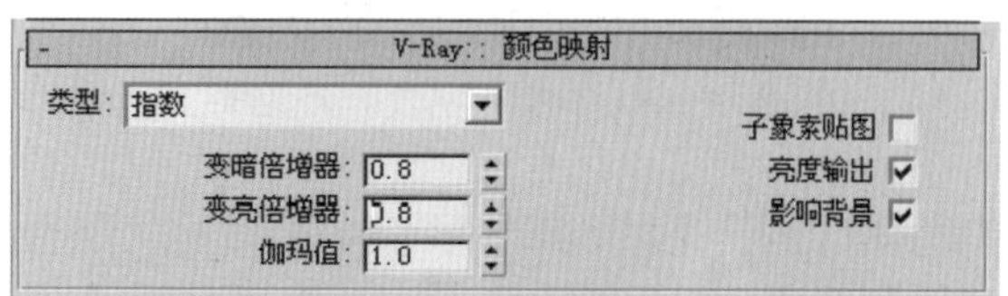

图14-65 设置“颜色映射”参数

05.现在再进行渲染，观察画面，发现画面已经非常柔和了，如图14-66所示。

图14-66 设置完颜色映射后的效果

06.再次进行两次画面的对比，虽然设置完渲染器参数后的效果没有曝光现象了，但是画面的色彩饱和度下降了许多，这样使画面看起来发灰，现在将“颜色映射”的类型改回“线性倍增”，然后将“变暗倍增器”的值设置为0.9，“变亮倍增器”的值设置为0.4，如图14-67所示。

07.再来进行测试，按下键盘上的Shift+Q键进行渲染操作，效果如图14-68所示。

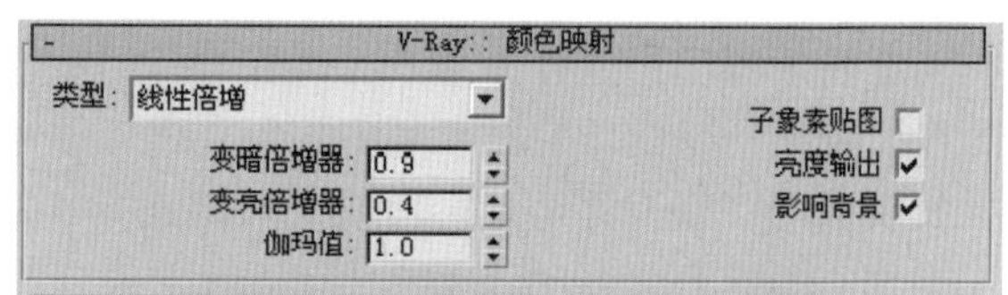

图14-67 设置“颜色映射”参数

图14-68 测试效果

技巧/提示

通常VR阳光都是配合VR渲染器的颜色映射来控制其强度的，颜色映射有很多种不同类型的模式可供选择，不同的类型所产生的作用也不同，但是最常用的只有“线性倍增”和“指数”这两项。

08.观察画面，发现画面中阴影的部分太黑了，而且背光处也比较黑，现在就来通过创建两盏补光灯来照亮比较黑暗的部分。进入“灯光”创建面板中，单击“泛光灯”按钮，在视图中沿VR阳光处创建一盏泛光灯，如图14-69所示。

图14-69 创建泛光灯

09.在选中“泛光灯”的情况下，进入“修改”命令面板中，打开“强度/颜色/衰减”卷展栏，设置“倍增”的值为0.5，单击右边的颜色框，弹出“颜色选择器:灯光颜色”对话框，设置其RGB颜色的值为（255、253、204），如图14-70所示。

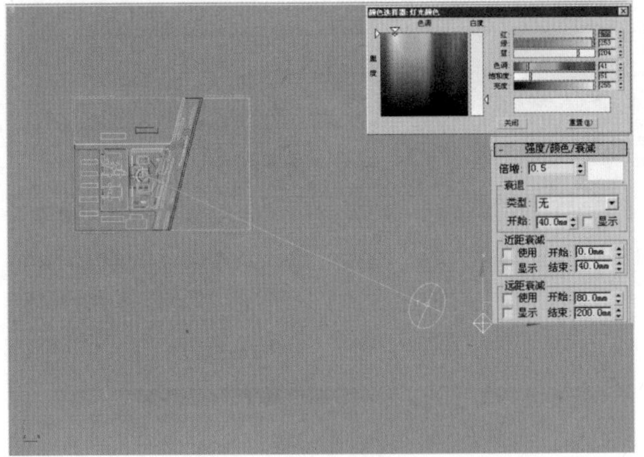

图14-70　设置灯光参数

10.再次打开“颜色映射”卷展栏，将类型设置为“指数”类型，然后进行渲染测试，如图14-71所示。

图14-71　设置颜色映射的参数

11.观察画面，发现画面的阴影部分还是比较黑暗，但是比起上面的画面来讲，画面整体部分都亮了许多，现在再创建一盏”泛光灯“辅助光来照亮阴影部分，创建的位置如图14-72所示。

12.在选中“泛光灯”的情况下，进入“修改”命令面板中，打开“强度/颜色/衰减”卷展栏，设置“倍增”的值为1.0，单击右边的颜色框，弹出“颜色选择器:灯光颜色”面板，设置其RGB颜色的值为（141、157、168），如图14-73所示。

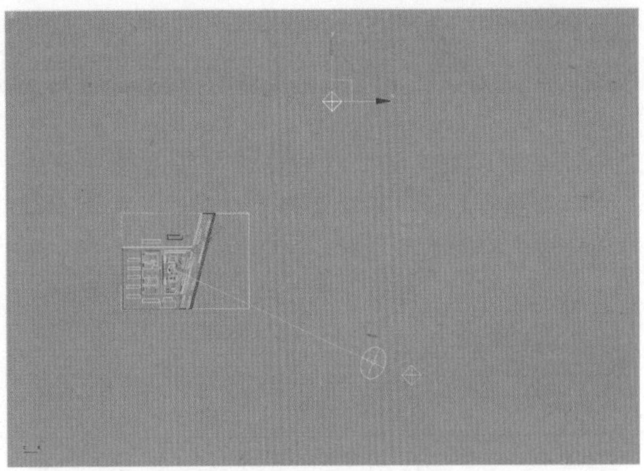

图14-72　创建辅助光源

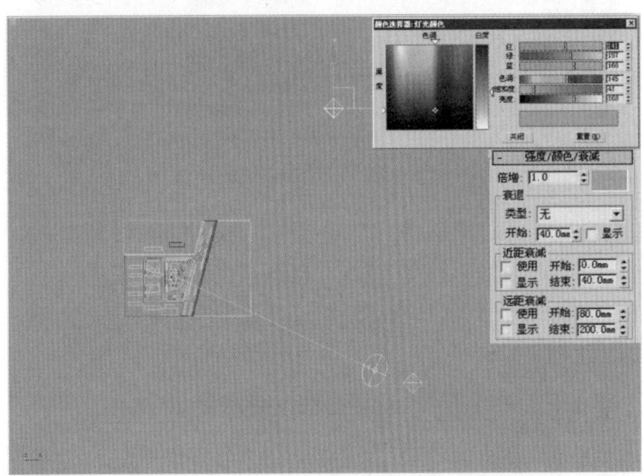

图14-73　设置泛光灯参数

13.设置完毕后，再测试一下效果，观察画面，发现画面中的阴影部分已经亮了很多，达到所需要的效果了，如图14-74所示。

图14-74　渲染效果

14.4 商务楼渲染出图

01. 现在来设置渲染输出的参数，按下键盘上的F10键，打开“渲染场景”对话框，进入“渲染器”参数控制面板中，打开“全局开关”卷展栏，取消“默认灯光”选项，勾选“不渲染最终的图像”，如图14-75所示。

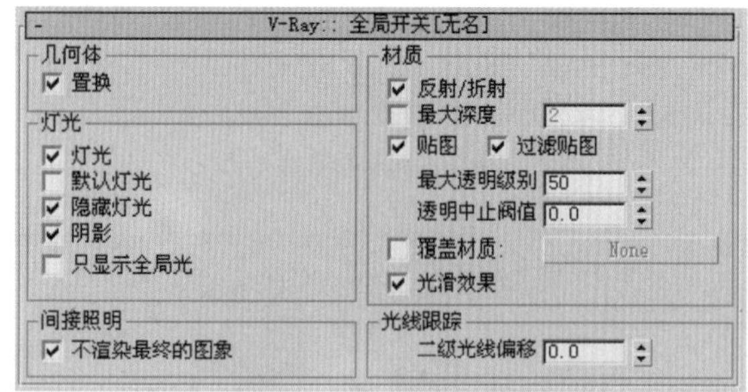

图14-75 取消“默认灯光”选项

02. 打开“图像采样（反锯齿）”卷展栏，设置“图像采样器”的类型为“自适应细分”，设置“抗锯齿过滤器”的模式为“区域”模式，如图14-76所示。

图14-76 设置“图像采样”参数

03. 打开“间接照明”卷展栏，勾选“开”选项，设置“二次反弹”的“倍增器”的值为0.5，如图14-77所示。

图14-77 设置“间接照明”参数

04. 打开“发光贴图”卷展栏，设置“当前预置”的模式为“高”，设置“模型细分”的值为20，如图14-78所示。

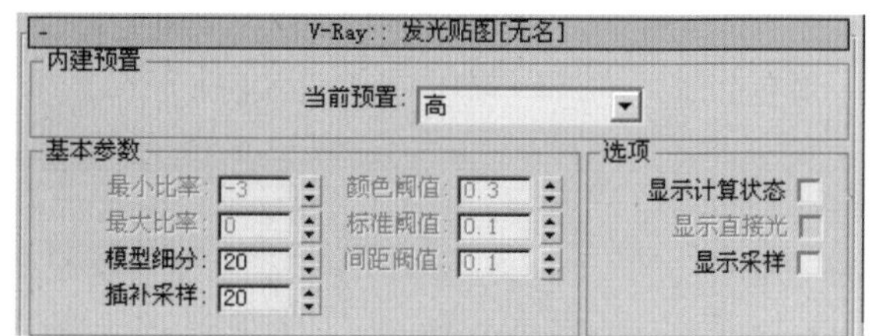

图14-78 设置“发光贴图”参数

05. 勾选“渲染后”选项组中“自动保存”选项，然后单击右边的“浏览”按钮，弹出“自动保存发光贴图”对话框，在“文件名”处输入“光子贴图”，然后单击“保存”按钮，如图14-79所示。

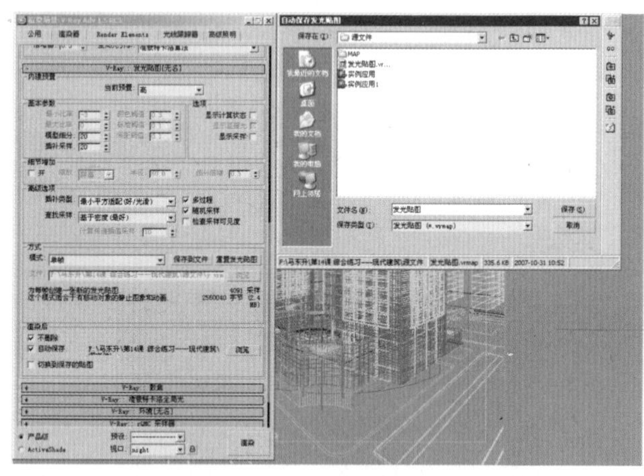

图14-79 保存光子贴图

06. 参数设置完毕后，现在进行计算光子贴图，等待一段时间后，打开“全局开关”卷展栏，取消“不渲染最终图像”选项，如图14-80所示。

图14-80 取消“不渲染最终图像”选项

07. 打开“图像采样（反锯齿）”卷展栏，设置“抗锯齿过滤器”的模式为“Catmull-Rom”，如图14-81所示。

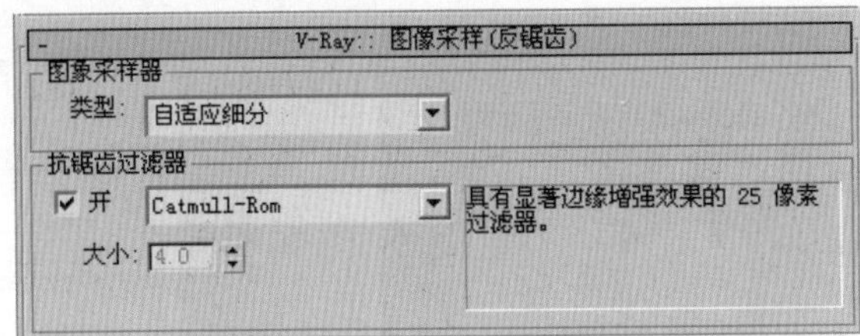

图 14—81　设置抗锯齿过滤器模式

08. 打开“发光贴图”卷展栏，设置“模型细分”的值为 70，设置“方式”选项组中的“模式”为“从文件”，然后单击“文件”右边的“浏览”按钮，弹出“选择发光贴图文件”对话框，找到刚才保存好的“光子贴图”文件，并将其指定，如图 14—82 所示。

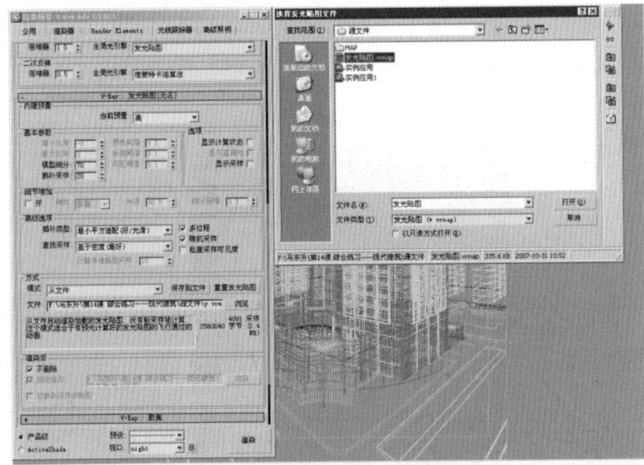

图 14—82　打开光子贴图

09. 所有的参数都设置完毕。现在进行渲染输出，耐心等待灯带一段时间后得到的效果如图 14—83 所示。

图 14—83　最终渲染后的图

技巧 / 提示

制作室外建筑效果图时，灯光非常重要，比如场景中所要表现的是白天，那么主光源将偏蓝色，表现傍晚的时候，主光源偏黄色。通常一个场景中会有三盏灯，分别是主光源、补光源和辅助光源。

14.5　利用后期软件合成最终效果图

01. 首先将场景另存为一个文件，然后来设置材质，打开“材质编辑器”对话框，选中以“办公玻璃”命名的材质球，设置其“自发光”的颜色为红色，然后将颜色分别拖拽到“环境光”和“高光反射”中，在弹出的“复制或交换颜色”对话框中选择“复制”方式，如图 14—84 所示。

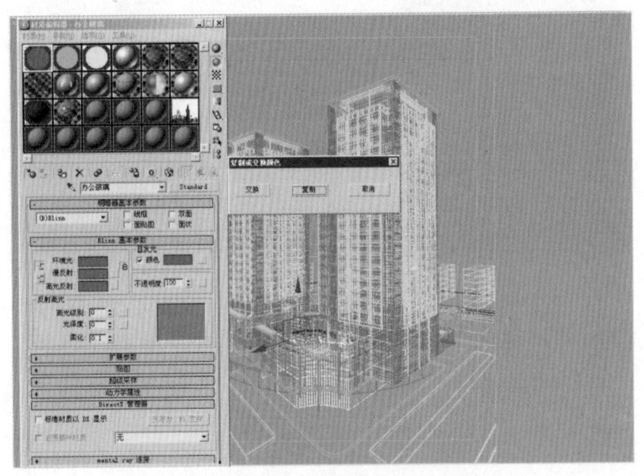

图 14—84　设置纯色材质

02.其他材质的设置方法和上面的相同，然后将渲染器所有的参数都恢复到默认，将场景中的灯光也全部删除，全部设置完毕后，进行渲染输出，得到的效果如图14-85所示。

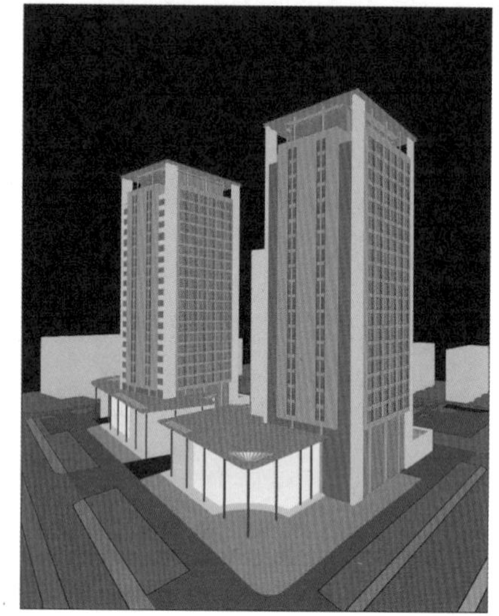

图 14-85 设置完毕后的效果

03.将通道图保存为TGA格式，然后打开Photoshop软件，单击“文件”按钮，弹出下拉菜单，选择“文件”选项，在弹出的“打开”对话框中，找到刚才制作好的效果图和通道图，并将其打开，如图14-86所示。

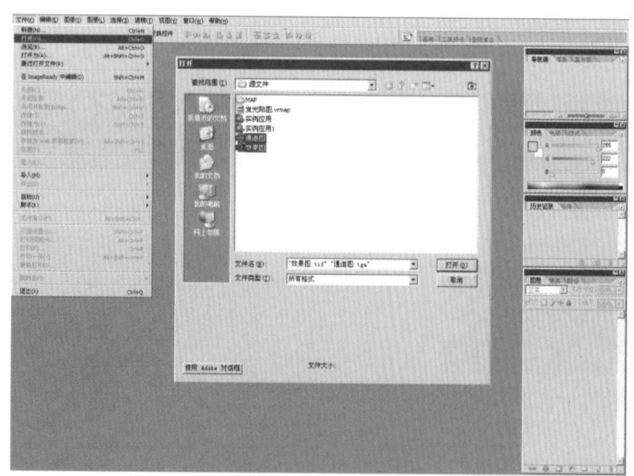

图 14-86 打开文件

04.激活通道图，将通道图拖拽到效果图上，然后进入“图层”面板中，选中“图层1”双击并将其命名为“通道图”，如图14-87所示。

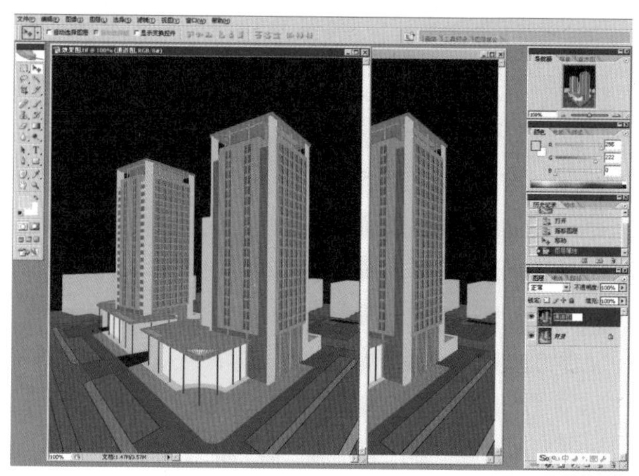

图 14-87 将通道图和效果图叠加

05.单击“工具栏”中的（魔棒）工具按钮，将“容差”的值设置为50，取消“连续”选项，然后在视图中选中玻璃部分，如图14-88所示。

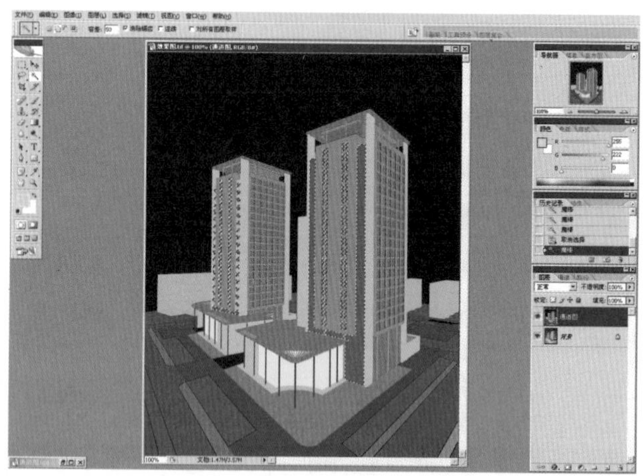

图 14-88 利用魔棒选择玻璃部分

06.在“图层”面板中，取消“通道图”图层前面的眼睛图标，然后激活“背景”图层，按下键盘上的Ctrl+B键，弹出“色彩平衡”控制面板，设置“色阶”的值分别为（−21、−9、+14），如图14-89所示。

07.打开“菜单栏”中的“图像”下拉菜单，在弹出的下拉菜单中选择“调整”选项，然后在弹出的菜单中选择“亮度/对比度”选项，弹出“亮度/对比度”控制面板，设置“亮度”的值为−20，设置“对比度”的值为10，如图14-90所示。

图 14—89　调节玻璃色彩

图 14—90　设置"亮度／对比度"的参数

08. 利用上面通用的方法，选中侧面的玻璃，并按下键盘上的 Ctrl+B 键，打开"色彩平衡"控制面板，设置"色阶"的值分别为（0、10、20），如图 14—91 所示。

图 14—91　绘制色彩平衡参数

09. 在"图层"面板中单击 （新建）按钮，新建一个图层，将其命名为"玻璃渐变"，然后在工具栏中单击 工具按钮，将其颜色设置为蓝色，然后在激活"玻璃渐变"图层的情况下，进行渐变操作，并将其"不透明度"设置为 10，如图 14—92 所示。

图 14—92　渐变操作

10. 按 Ctrl+D 键取消选区，然后再激活"通道图"图层，单击 工具，将"容差"的值设置为 32，在视图中选择铝板部分，然后再激活"背景"图层，打开"亮度／对比度"控制面板，设置"亮度"的值为 10，设置"对比度"的值为 15，如图 14—93 所示。

图 14—93　设置"亮度／对比度"参数

11. 在"图层"面板中单击 按钮，新建一个图层，将其命名为"铝板渐变"，然后单击工具栏中的 工具按钮，将其颜色设置为黑色，然后在激活“铝板渐变”图层的情况下，进行渐变操作，并设置其“不透明度”的值为20，如图14–94所示。

图 14–94 对铝板进行渐变操作

12. 单击（画笔）工具，将它的“主直径”的值设置为65，设置“不透明度”的值为20，再将颜色设置为白色，在选区中由上到下进行涂抹操作，如图14–95所示。

图 14–95 进行涂抹操作

13. 继续利用上面的方法，选中“浅黄墙”部分，再激活“背景”图层，打开“亮度／对比度”控制面板，设置“对比度”的值为5，如图14–96所示。

14. 按下键盘上的“Ctrl+B”键，打开“色彩平衡”控制面板，设置“色阶”的值分别为（–11、–13、–30），如图14–97所示。

图 14–96 设置亮度／对比度参数

图 14–97 设置色彩平衡参数

15. 进入“图层”面板中，单击按钮，新建一个图层，将其命名为“浅黄墙渐变”，然后再单击工具，对其由上到下进行涂抹操作，使其产生一个渐变的效果，如图14–98所示。

图 14–98 对浅黄色墙进行涂抹操作

16. 再激活“通道图”图层，然后用魔棒工具选中“铝板 2”部分，回到“背景”图层中，打开“亮度／对比度”控制面板，设置“亮度”的值为－10，设置“对比度”的值为 30，如图 14－99 所示。

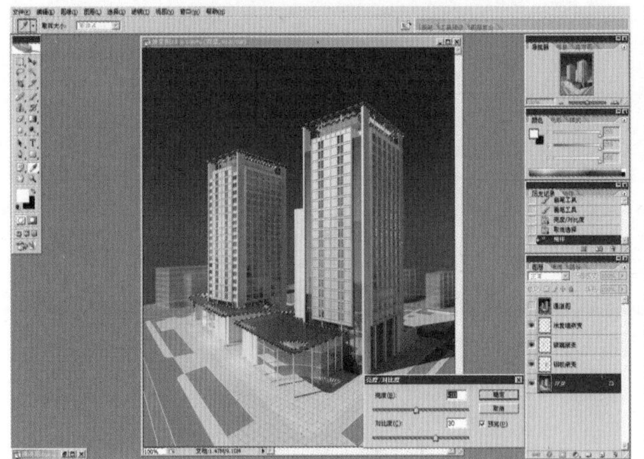

图 14－99　设置“亮度／对比度”参数

17. 进入“通道图”图层面板中，利用魔棒工具选择“底层玻璃”部分，然后回到“背景”图层中，打开“亮度／对比度”控制面板，设置“亮度”的值为－30，设置“对比度”的值为 20，如图 14－100 所示。

图 14－100　设置“亮度／对比度”参数

18. 按下键盘上的 Ctrl+B 键，打开“色彩平衡”控制面板，设置“色阶”的值分别为 21、9、0，并单击“确定”按钮，如图 14－101 所示。

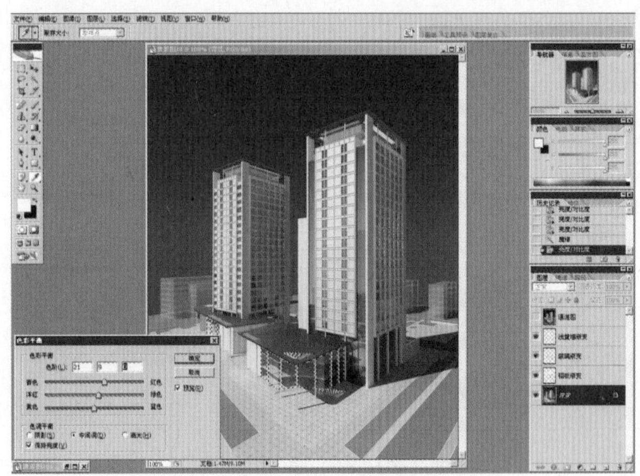

图 14－101　设置色彩平衡参数

19. 双击操作区的空白处，弹出“打开”对话框，找到光盘中的“玻璃”贴图文件，并单击“打开”按钮，然后用鼠标将其拖拽到效果图图层中，再按下键盘上的 Ctrl+Shift+I 键，进行反选，并按下键盘上的 Delete 键，进行删除，再将“不透明度”的值设置为 15，如图 14－102 所示。

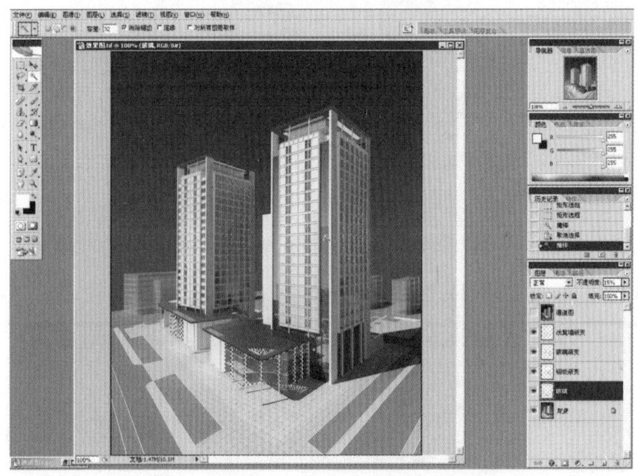

图 14－102　给玻璃添加贴图

20. 双击“背景”图层，弹出“新建图层”对话框，单击“确定”按钮，然后激活“通道图”图层，选中天空区域，再回到“图层 0”的图层中，按下键盘上的 Delete 键，对其进行删除操作，如图 14－103 所示。

21. 单击“图层”面板中的按钮，新建一个图层，并将其命名为“天空”，然后单击按钮，将其颜色设置为蓝色到白色的渐变，在画面中斜拉出一个从白到蓝的渐变，如图 14－104 所示。

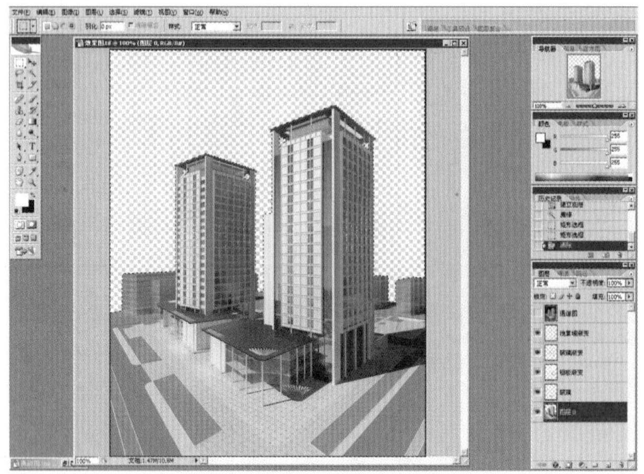

图 14—103 删除天空背景

图 14—104 拉出渐变天空

22. 打开光盘中的“晴空 1”素材文件，然后将其拖曳到效果图中，将新图层命名为“天空 2”，并将其拖拽到“天空”图层的下面，然后设置“天空”图层的“不透明度”的值为 80，如图 14—105 所示。

图 14—105 设置天空背景

23. 激活“通道图”图层，利用魔棒工具选取绿色的部分，然后回到“图层 0”图层中，打开“亮度／对比度”控制面板，设置“亮度”的值为 15，“对比度”的值为 20，如图 14—106 所示。

图 14—106 设置“亮度／对比度”参数

24. 再激活“通道图”图层，利用魔棒工具选取“人行道”部分，然后回到“图层 0”图层中，打开“亮度／对比度”控制面板，设置”亮度”的值为 0，“对比度”的值为 20，如图 14—107 所示。

图 14—107 设置“亮度／对比度”参数

25. 激活“通道图”图层，利用魔棒工具选取地面部分，然后回到“图层 0”图层中，打开“亮度／对比度”控制面板，设置“亮度”的值为 5，“对比度”的值为 5，如图 14—108 所示。

图 14–108　设置“亮度／对比度”的参数

26. 按下键盘上的 Ctrl+B 键，打开“色彩平衡”对话框，设置“色阶”的值分别为（0、–15、–12）如图 14–109 所示。

图 14–109　设置“色彩平衡”的参数

27. 激活“通道图”图层，利用魔棒工具选取草地部分，然后回到“图层 0”图层中，打开主工具栏中的“选择”下拉菜单，在下拉菜单中选择“存储选区”选项，如图 14–110 所示。

28. 弹出“存储选区”对话框，在“名称”处输入“11”，然后单击“确定”按钮，将刚才的选区保存，如图 14–111 所示。

29. 打开光盘中的“草地 1”贴图文件，然后将其拖曳到效果图中，在“图层”控制面板中，将其改名为“草地”，如图 14–112 所示。

图 14–110　选择存储选区

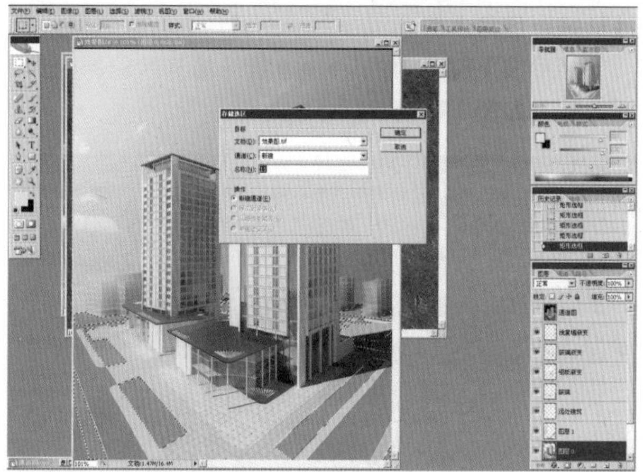

图 14–111　将选区存储

图 14–112　打开草地 1 素材文件

30. 单击主菜单栏中”选择“按钮，弹出下拉菜单，选择”载入选区“选项，弹出”载入选区“对话框，打开“通道”右边的下拉菜单，在弹出的下拉菜单中选择“11”，如图 14–113 所示。

图 14–113　载入选区

31.按下键盘上的 Shift+Ctrl+I 键，进行反选操作，然后按下键盘上的 Delete 键，将其余的部分删除，如图 14–114 所示。

图 14–114　删除选区以外的草坪

32.按下键盘上的 Ctrl+D 键，取消选区，然后再按下键盘上的 Z 键，将画面进行放大处理，再单击工具，对草坪进行处理，让草坪有立体感，如图 14–115 所示。

33.激活"通道图"图层，利用魔棒工具选中"马路"部分，然后回到"图层 0"图层中，单击主菜单栏中的"滤镜"按钮，在弹出的下拉菜单中选择"杂色"，然后再选择"添加杂色"选项，如图 14–116 所示。

图 14–115　对草坪进行处理

图 14–116　添加杂色滤镜

34.弹出"添加杂色"对话框，设置"数量"的值为 5.0，设置"分布"的模式为"平均分布"，并勾选"单色"选项，如图 14–117 所示。

图 14–117　设置杂色滤镜参数

35. 单击"图层"面板中按钮，新建一个图层，将其命名为"马路"，然后利用工具栏中的工具对其进行颜色上的处理，如图 14－118 所示。

图 14－118　对马路进行颜色处理

36. 打开光盘中的"树木"素材文件，然后将其拖曳到效果图中，并且在"图层"面板中将其命名为"树木"，如图 14－119 所示。

图 14－119　导入树木素材文件

37. 选中"树木"素材文件，按下键盘上的 Ctrl+T 键，对树木按比例进行缩放，并将其移动到合适的位置上，再按住键盘上的 Alt 键对其进行复制、移动、缩放操作，如图 14－120 所示。

38. 打开光盘中的"树木 3"素材文件，进入"图层"控制面板中，将树木 3 移动到画面中比较亮的部分，然后再对其进行调色和修改，如图 14－121 所示。

图 14－120　设置树木素材文件

图 14－121　设置树木 3 的位置

39. 打开光盘中的"树木 4"素材文件，利用上面同样的办法，将其进行按比例缩放操作，然后再进行色彩的设置和修改，并将其移动到合适的位置上，如图 14－122 所示。

图 14－122　打开树木 4 素材文件

40.再次打开“树木”场景文件，将其拖曳到效果图中，进入“图层”面板中，将其命名为“树木5”，然后再按比例进行缩放，并将其移动到合适的位置，再进行复制操作，如图14—123所示。

图14—123　设置树木5的位置

41.按住键盘上的Shift键，选中刚才复制出来的所有的图层，再按下键盘上的Ctrl+E键，将其合并，然后再按住Ctrl键，单击合并好的图层，将其变换为选区，如图14—124所示。

图14—124　选中树木5素材文件

42.打开主菜单栏中的“图像”下拉菜单，在弹出的下拉菜单中选择“调整”选项，然后再选择“亮度/对比度”选项，并设置“亮度”的值为−25，设置“对比度”的值为20，如图14—125所示。

43.按下键盘上的Ctrl+B键，打开“色彩平衡”对话框，设置“色阶”的值分别为（−27、+39、−34），然后单击“确定”按钮，如图14—126所示。

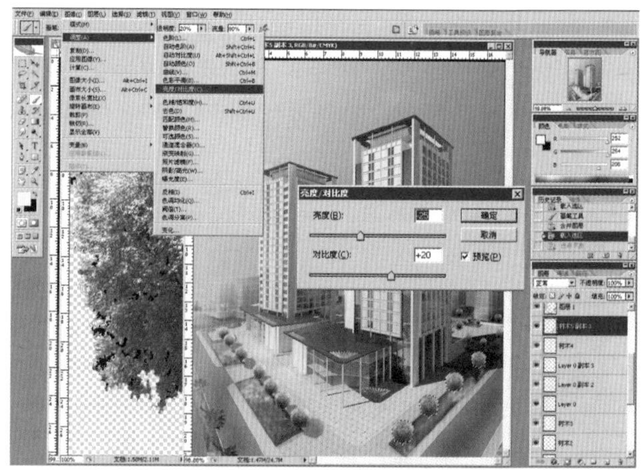

图14—125　设置“亮度/对比度”参数

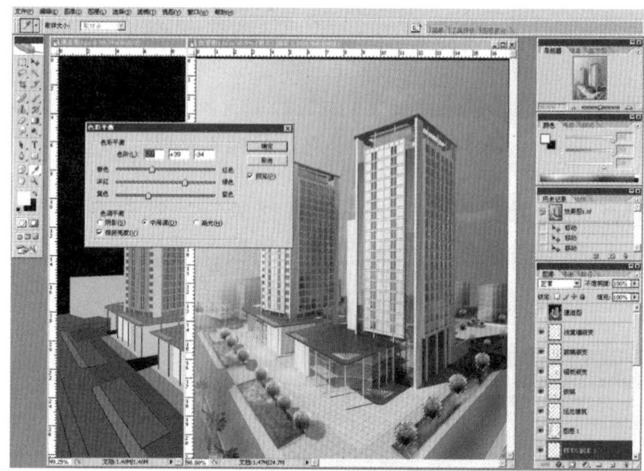

图14—126　设置色彩平衡参数

44.利用画笔工具对其进行色彩上的调整，然后按住键盘上的Alt键，对”树木5“进行复制操作，并将复制出来的图层进行旋转和缩放操作，将其填充为黑色，将“不透明度”的值设置为60，作为树木的阴影，如图14—127所示。

图14—127　创建树木5的阴影

45. 打开光盘中的"鸽子"素材文件，将其拖曳到效果图中，然后按比例进行缩放，并移动到合适的位置上，最后将人物素材和汽车素材都按同样的方法拖曳到效果图中，但是必须都按正确的比例进行缩放并移动到合适的位置上，如图 14－128 所示。

图 14－128　添加人物和汽车素材文件

技巧／提示

制作室外建筑效果图时，画面整体的色调很重要，尽量让画面的色调统一，而且要将所表达的建筑表现出来，可以通过配景来衬托出主体建筑，画面的明暗关系也很重要，离太阳近点的物体要亮一点，远的物体相对暗一些，这样画面的层次感就出来了。

46. 所有的参数和素材都设置完毕后，现在进行最后的保存输出，将效果图保存为 JPG 格式，最终效果如图 14－129 所示。

图 14－129　最终效果

第 15 课

展览展示效果图渲染

本课主要讲解“VRay 渲染器”在展览、展示中的运用。在场景中主要突出重点展示部分，处理好主次关系，从而使展示的产品的特点在灯光和周围的环境衬托下呈现给观众。

15.1 展览展示效果图技术分析

本课主要讲的是展览展示设计与后期的制作方法，展览展示设计是CG行业中后兴起的一个热门行业，现在市场中对展览展示方面的人才需求量非常大，所以通过学习本例可以让对此行有兴趣的读者朋友对展览展示有个大概的认识与了解，在制作方面，展览展示要比家装更容易一些，因为用料比较少，大部分还是来自于设计。本例就从最基础的建模开始，建好模型，最后制作材质，本例中所用到的材质大部分为VR材质类型，然后再设置渲染器的参数，最后利用后期软件进行调色和添加素材，让画面更加丰富一些。通过学习本例可以让大家对制作展览展示的流程有个基本的认识，如果想再深入一些还需要更多的资料去学习，本例只是起一个引导的作用。

本例中通过介绍从最基础的建模，到材质的制作，然后再添加灯光、设置渲染器参数、渲染出图、后期处理，从而最终得到满意的效果。本例中运用的灯光比较多，渲染器的参数设置比较少。

15.2 展览展示效果图模型创建

01. 启动3ds max程序，进入"图形"创建面板中，点击 矩形 按钮，在顶视图中创建一个"长度"为5000，"宽度"为4000的矩形，如图15-1所示。

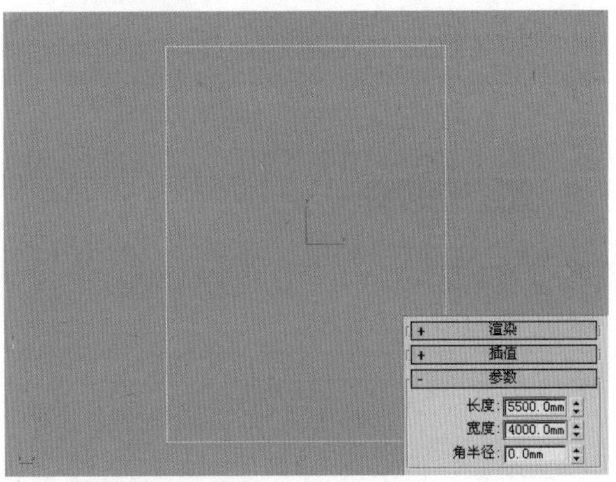

图 15-1　创建矩形

02. 在选中"矩形"的情况下，进入"修改"命令面板中，打开"修改器列表"下拉菜单，在弹出的下拉菜单中选择"挤出"命令，并设置其"数量"的值为3000.0mm，如图15-2所示。

03. 选择多边形物体后单击鼠标右键，在弹出的对话框里，选择"可编辑的多边形"，将多边形转换成"可编辑的多边形"，如图15-3所示。

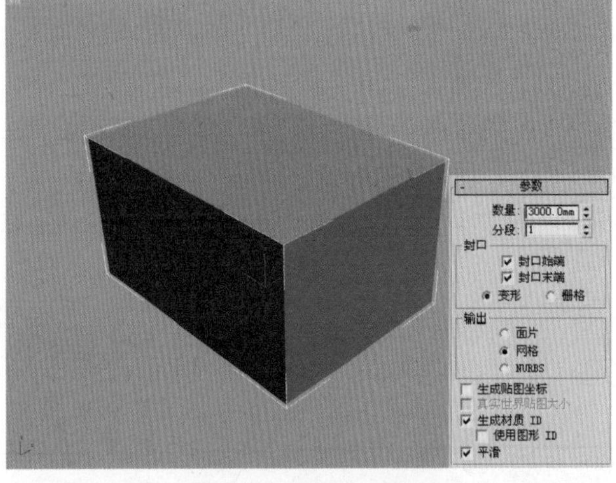

图 15-2　添加挤出命令

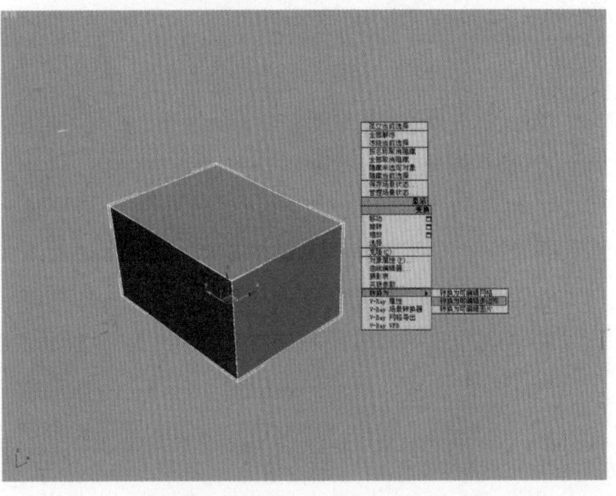

图 15-3　换成"可编辑的多边形"

04.选择所有的面，单击“编辑几何体”下面的“分离”按钮，把它们转化成单独的多边形，如图15-4所示。

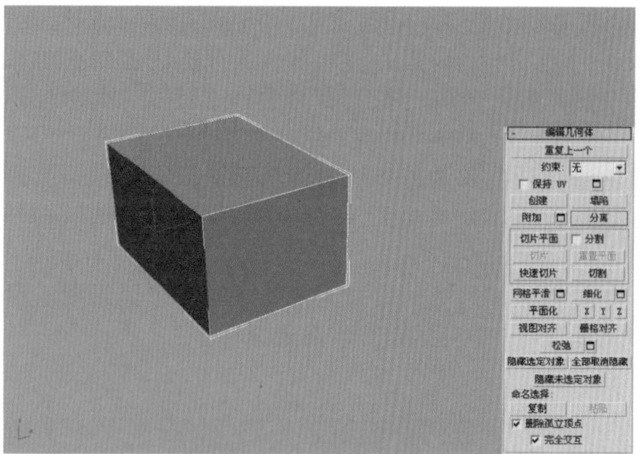

图 15-4 进行扩边操作

05.按下键盘上的T键，进入顶视图中，为场景创建一盏“VR”物理摄影机。将其调整到合适的位置并对参数进行设置，如图15-5所示。

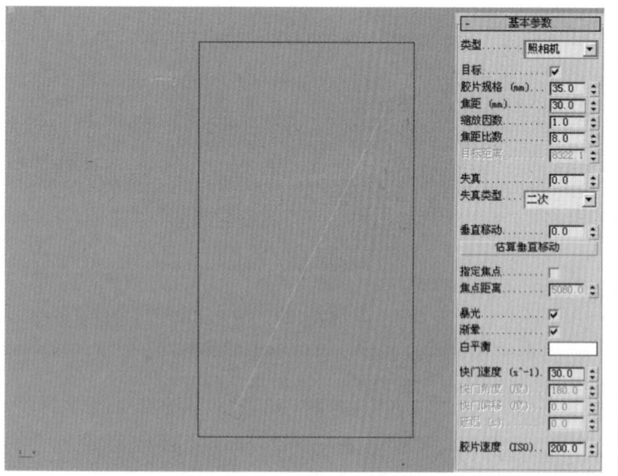

图 15-5 创建“VR”物理摄影机

06.选中所有的墙面（不包括地面和顶面）。按下键盘上的M键，打开“材质编辑器”对话框，选中一个空白的材质球，将其命名为“乳胶漆”，然后指定给模型，如图15-6所示。

07.选中地面，按下Alt+Q键，将其孤立出来。下面将对地面进行单独编辑修改，如图15-7所示。

08.选中地面，按下键盘上的M键，打开“材质编辑器”对话框，选中一个空白的材质球，将其命名为“地板”，然后指定给模型，如图15-8所示。

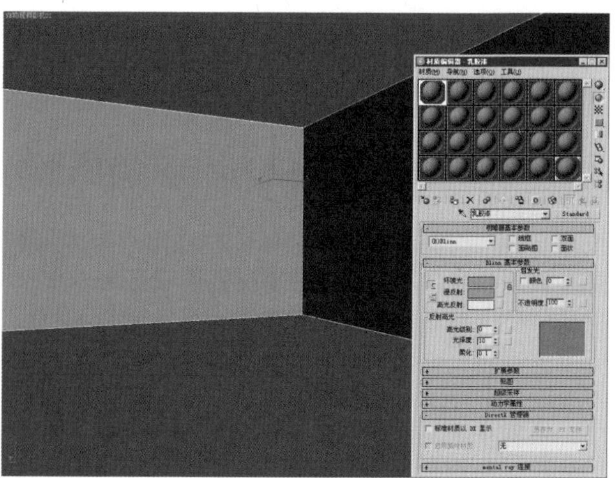

图 15-6 给模型指定材质

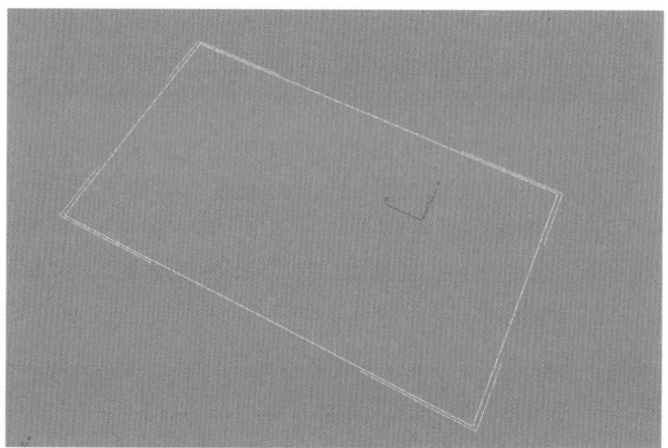

图 15-7 孤立出“地板”模型

技巧/提示

在创建模型的过程中可以为模型添加材质，这样可以在众多的模型中通过材质选择的方法，选择相同材质的模型。

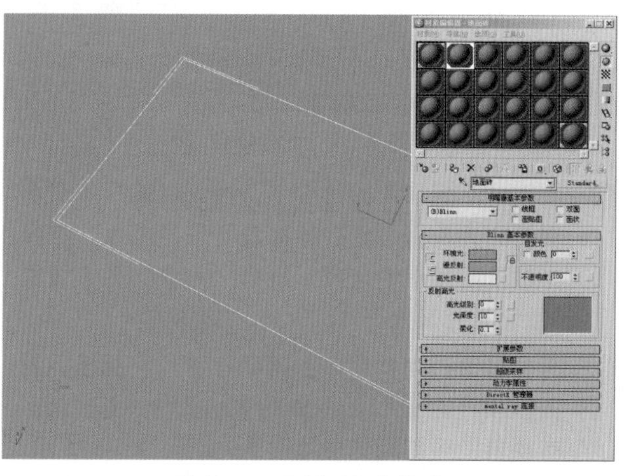

图 15-8 给模型指定材质

09. 进入“图形”创建面板中，点击 线 按钮，在顶视图中创建一个直角三角形，如图 15－9 所示。

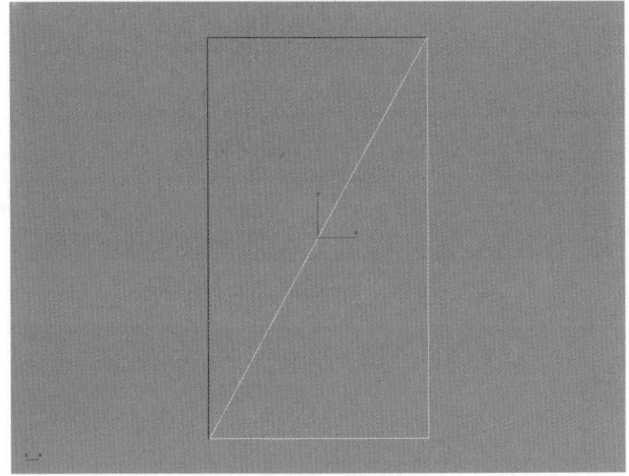

图 15—9　创建样条线

10. 选择直角三角形。将多边形转换成“可编辑的样条线”，并对其进行 50 个单位的“轮廓”操作，如图 15—10 所示。

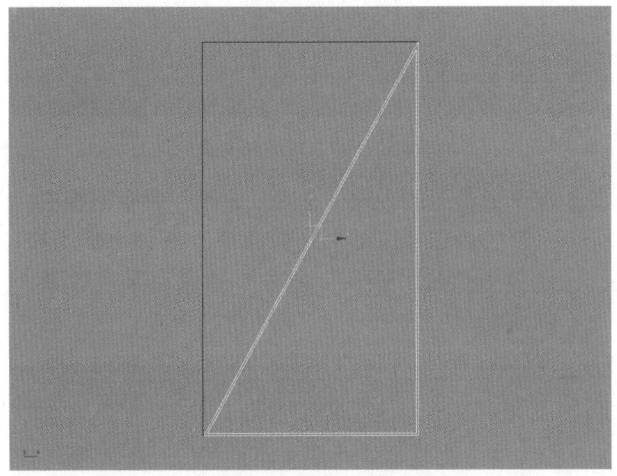

图 15—10　“轮廓”操作

11. 进入“修改”命令面板中，打开“修改器列表”下拉菜单，在弹出的下拉菜单中选择“挤出”命令，并设置其“数量”的值为 250，如图 15—11 所示。

12. 进入“图形”创建面板，选择线工具。在顶视图中创建图中所示的样条线，并对其进行 50 个单位的“轮廓”操作，如图 15—12 所示。

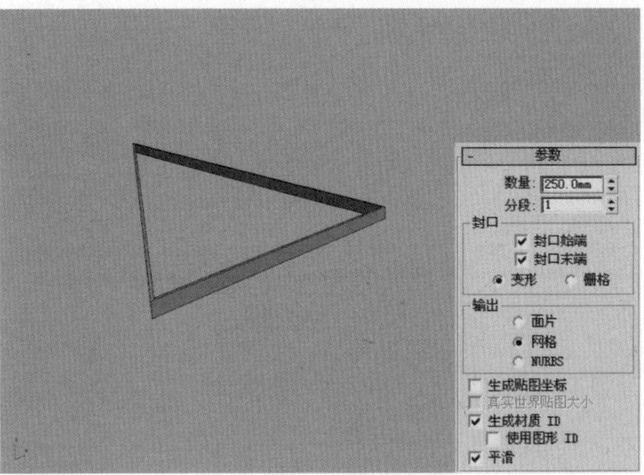

图 15—11　添加挤出命令

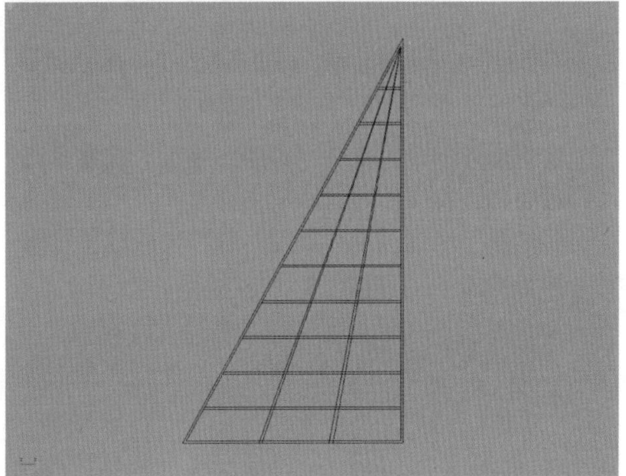

图 15—12　创建样条线

13. 进入“修改”命令面板中，打开“修改器列表”下拉菜单，在弹出的下拉菜单中选择“挤出”命令，并设置其“数量”值为 250，为刚才创建的样条线依次进行“挤出”修改，如图 15—13 所示。

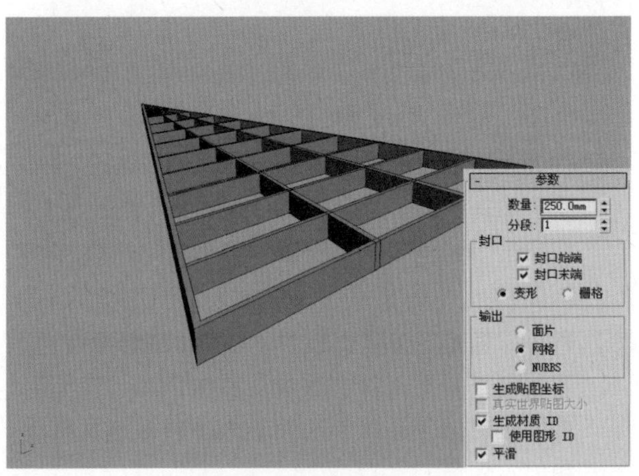

图 15—13　添加挤出命令

14. 选中刚才创建的“框架”模型，如图15－14所示。

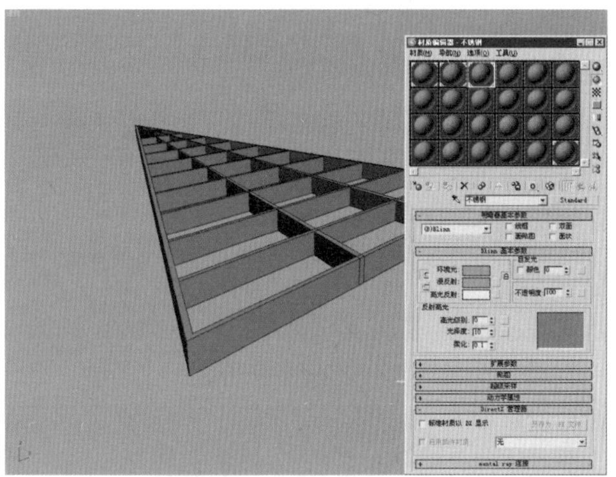

图 15－14 给模型指定材质

15. 选中刚才创建的所有“框架”模型，选择多边形物体，在弹出的对话框里，选择“可编辑的多边形”选项，将“框架”模型转换成“可编辑的多边形”，如图15－15所示。

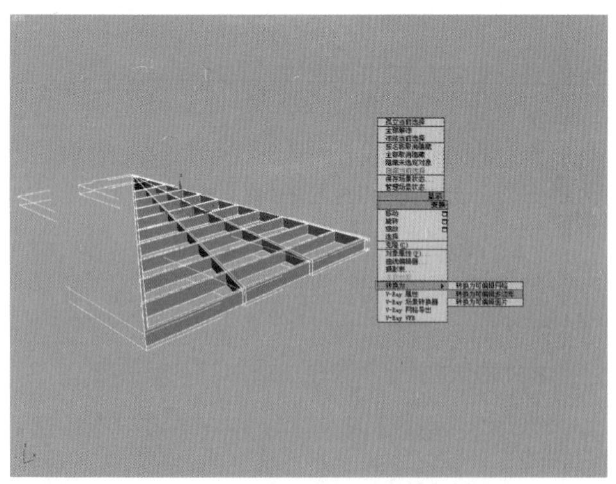

图 15－15 换成“可编辑的多边形”

16. 进入”修改“命令面板中，单击按钮，选中需要编辑的边，然后进入“编辑边”卷展栏下，并点击 切角 按钮，设置“切角量”的值为8，如图15－16所示。

17. 进入”图形“创建面板中，点击 线 按钮，利用点捕捉工具，在顶视图中创建一个和前面创建的直角三角形内轮廓大小相等的直角三角形，如图15－17所示。

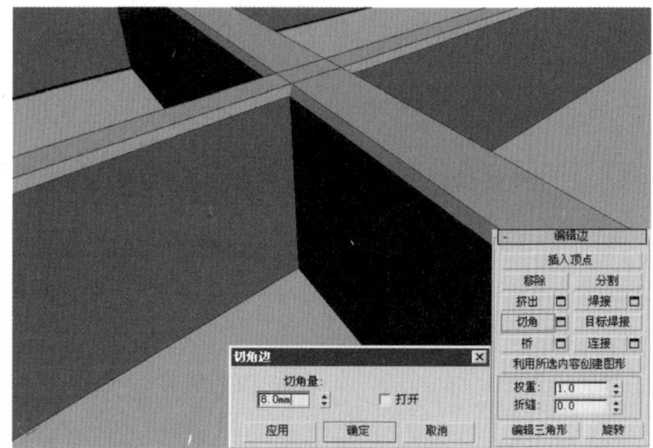

图 15－16 添加编辑多边形命令

图 15－17 创建样条线

18. 按下键盘上的2键，进入“修改”命令面板中，打开“修改器列表”下拉菜单，在弹出的下拉菜单中选择“挤出”命令，并设置其“数量”的值为50，如图15－18所示。

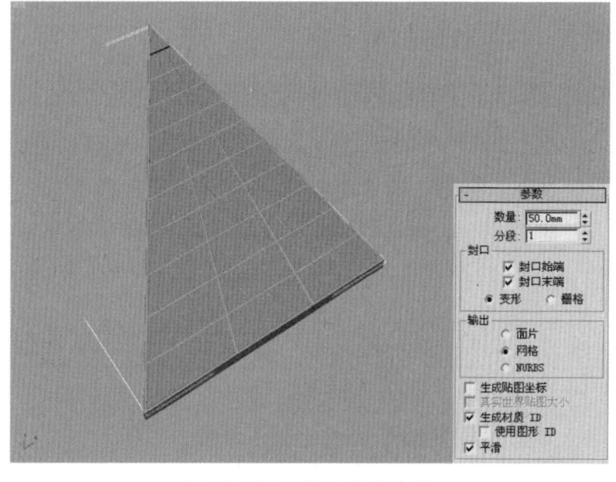

图 15－18 设置挤出参数

19. 按下键盘上的 M 键，打开“材质编辑器”对话框，选中一个空白的材质球，将其命名为“有色板”，然后将其指定给模型，如图 15–19 所示。

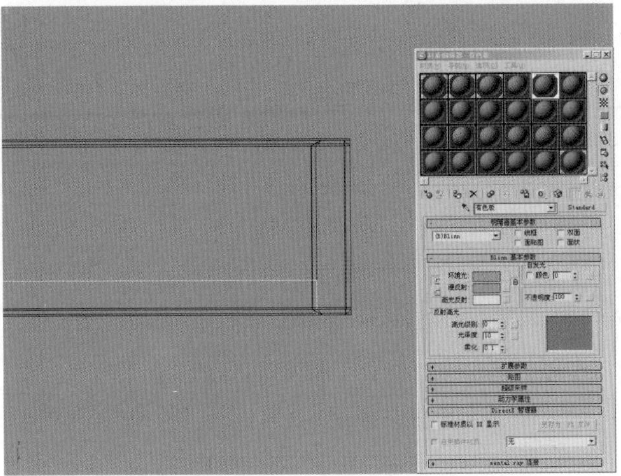

图 15–19　给模型指定材质

20. 复制一个“有色板”模型，将其调整到图中所示的位置，选中一个空白的材质球，将其命名为“玻璃”，然后指定给模型，如图 15–20 所示。

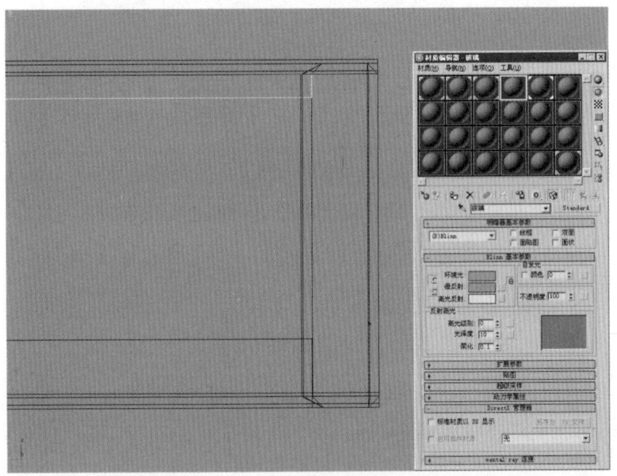

图 15–20　给模型指定材质

21. 选中顶面，按下 Alt+Q 键，将其孤立出来。下面将对地面进行单独编辑修改，如图 15–21 所示。

22. 进入“图形”创建面板中，利用边捕捉工具，在顶视图中创建一个如图 15–22 所示的矩形。

23. 进入“修改”命令面板中，打开“修改器列表”下拉菜单，在弹出的下拉菜单中选择“挤出”命令，并设置其“数量”的值为 250，为刚才创建的样条线进行“挤出”修改，如图 15–23 所示。

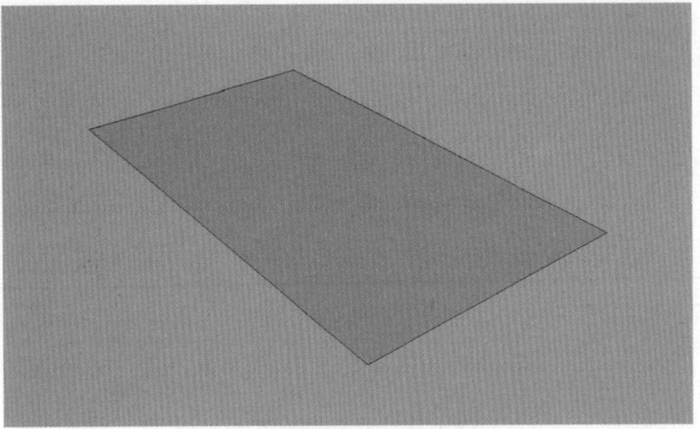

图 15–21　孤立出顶面

图 15–22　创建矩形

图 15–23　添加挤出命令

24. 将模型转换成“可编辑的多边形”进入“修改”命令面板中，单击按钮，选中需要编辑的边，然后进入“编辑边”卷展栏下，并点击 切角 按钮，设置“切角量”的值为 8，如图 15–24 所示。

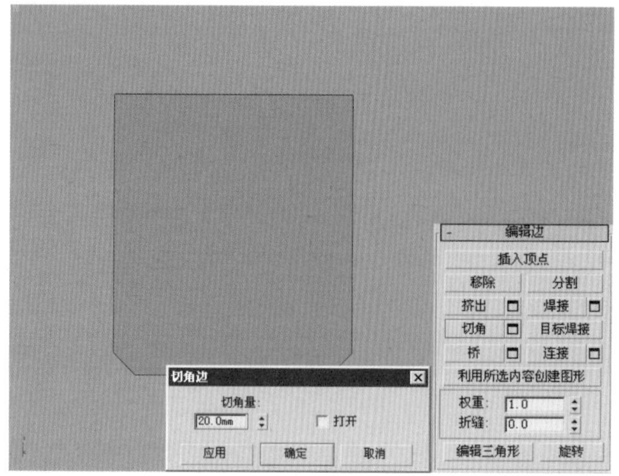

图 15-24　切角设置

25.选中刚才创建的模型，按下键盘上的M键，打开“材质编辑器”对话框，选中一个空白的材质球，将其命名为“混泥土”，然后指定给模型，如图15-25所示。

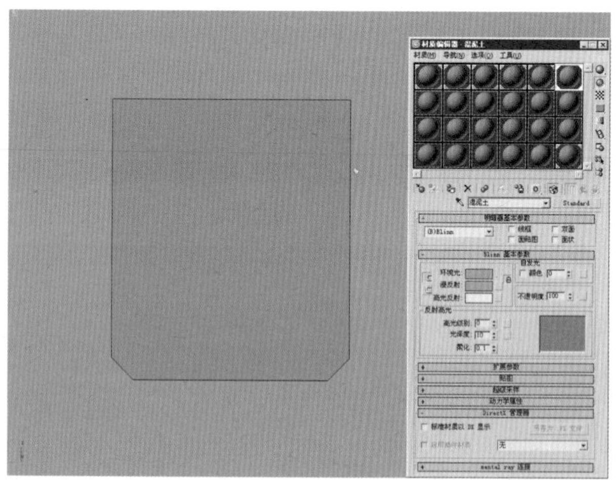

图 15-25　为模型指定材质

26.按住Shift键，在顶视图中拖动模型，在弹出的对话框里选择“实例”方式，将模型关联复制10个，并调整到对应的位置，如图15-26所示。

27.继续复制一个模型，利用旋转工具对其进行垂直旋转，调整模型的长度，使其和顶面的长度相等。将调整好的模型关联复制2个，调整到对应的位置，如图15-27所示。

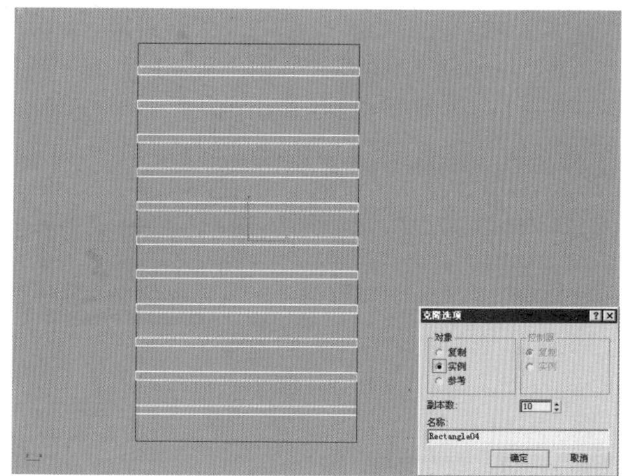

图 15-26　复制模型

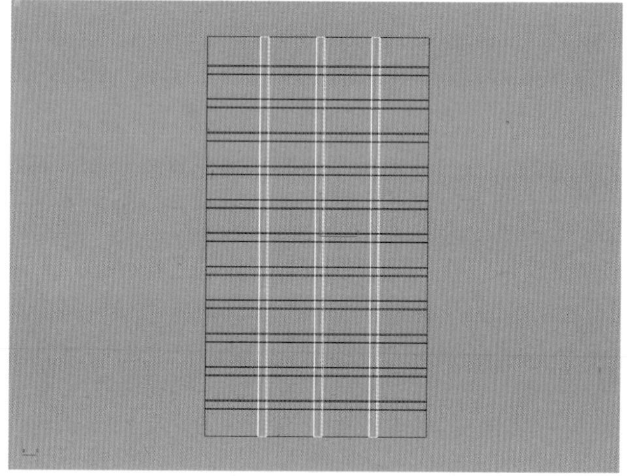

图 15-27　继续复制模型

28.进入“图形“创建面板中，点击 圆 按钮，在左视图中创建一个“半径”为5000，“步数”为20的圆形，如图15-28所示。

图 15-28　创建圆形样条线

29. 进入“修改”命令面板中，打开“修改器列表”下拉菜单，在弹出的下拉菜单中选择“挤出”命令，并设置其“数量”的值为 5000，如图 15–29 所示。

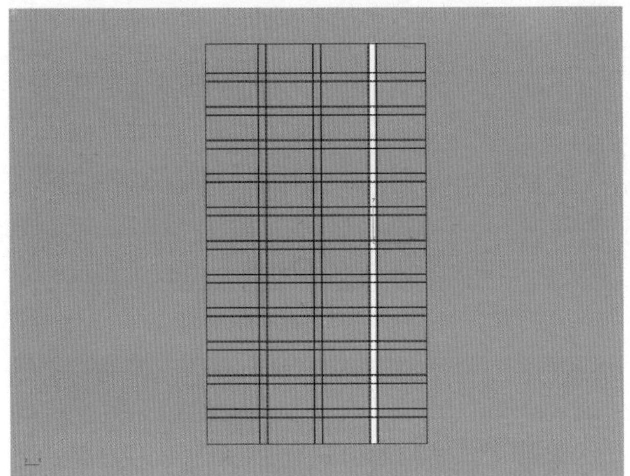

图 15–29　添加挤出命令

30. 复制一个模型，调整模型的半径大小为 25，将调整好的模型关联复制 1 个，调整到对应的位置，如图 15–30 所示。

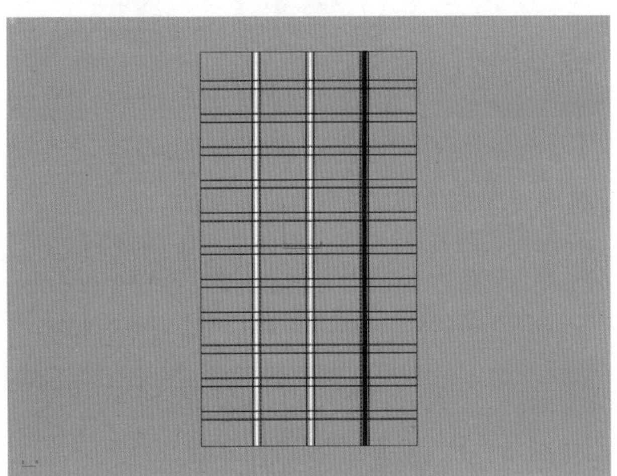

图 15–30　进行挤出操作

31. 进入“图形”创建面板中，点击 线 按钮，在左视图中创建如图 15–31 所示的样条线。

32. 进入“修改”命令面板中，打开“修改器列表”下拉菜单，在弹出的下拉菜单中选择”车削“命令，如图 15–32 所示。

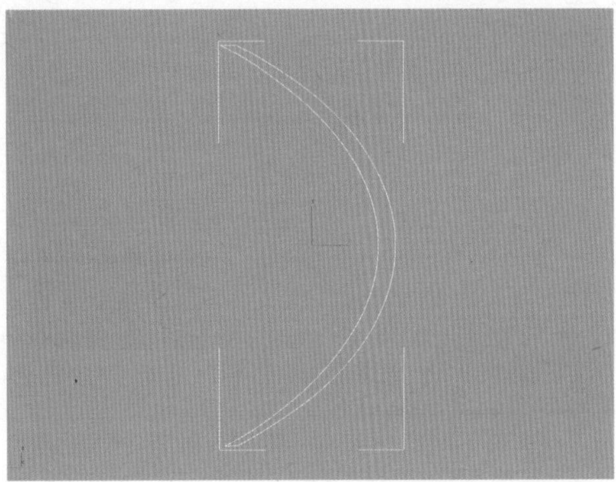

图 15–31　创建样条线

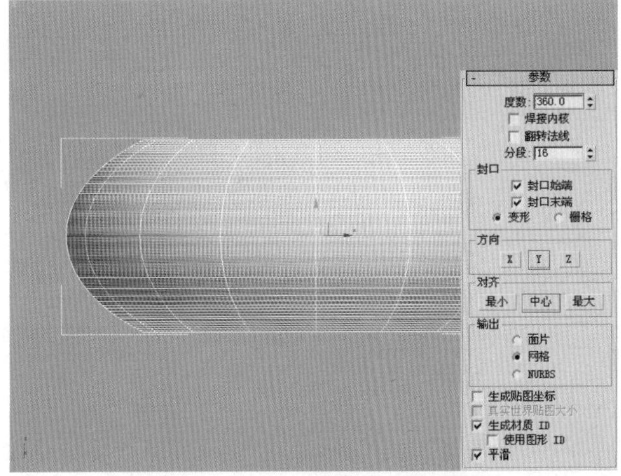

图 15–32　添加“车削”命令

33. 复制一个模型，调整到相应的位置，选中两个模，将其成组。将成组后的模型移动到”管道“的上面，并关联复制成若干个模型，如图 15–33 所示。

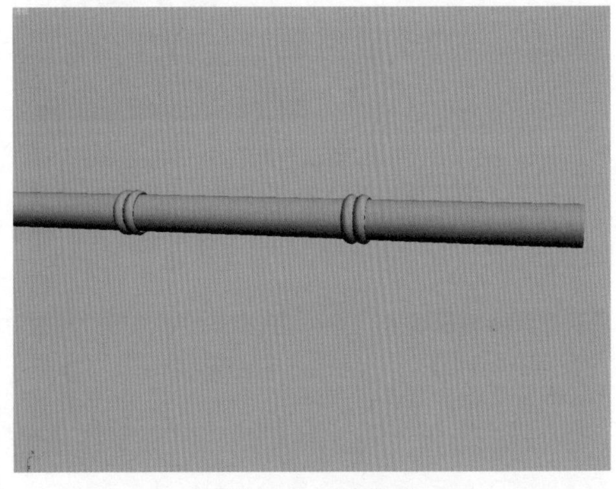

图 15–33　复制模型

34. 选中刚才创建的模型，按下键盘上的M键，打开“材质编辑器”对话框，选中一个空白的材质球，将其命名为“白色塑料”，然后指定给模型，如图15-34所示。

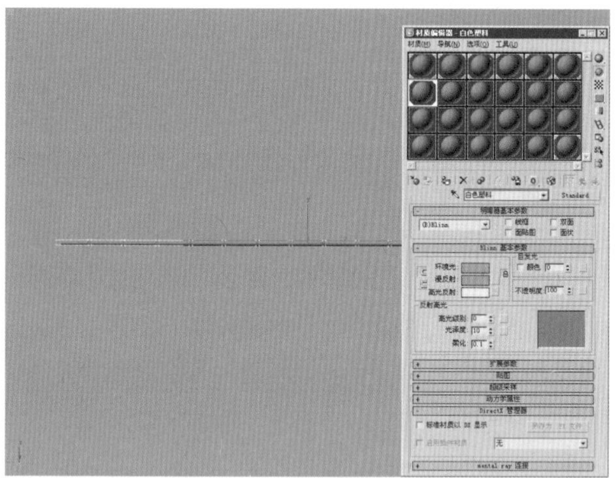

图15-34 为模型指定材质

35. 选中除去地面造型以外的所有模型，将其复制一组，删除侧面的两个面，增加场景的深度，如图15-35所示。

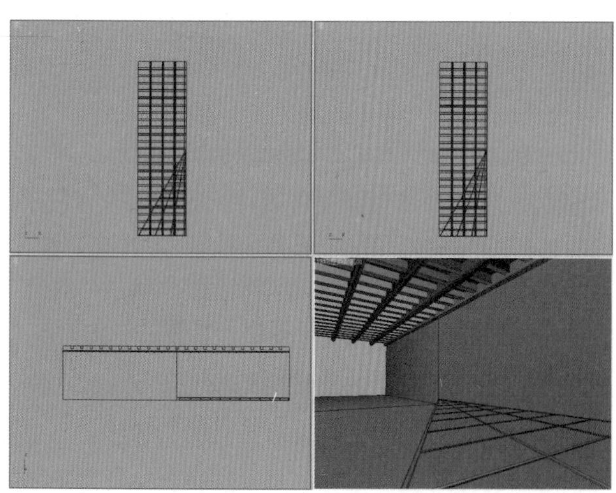

图15-35 复制模型

36. 选中左侧后面的墙，将其转换成“可编辑的多边形”，利用切割工具切割出窗户的轮廓，如图15-36所示。

37. 选择■编辑模式，选中切割出来的窗户面，单击“编辑多边形”卷展栏下的 挤出 □ 按钮，在弹出的对话框中设置“挤出”的大小为200，单击“确定”按钮，删除当前选中的面，如图15-37所示。

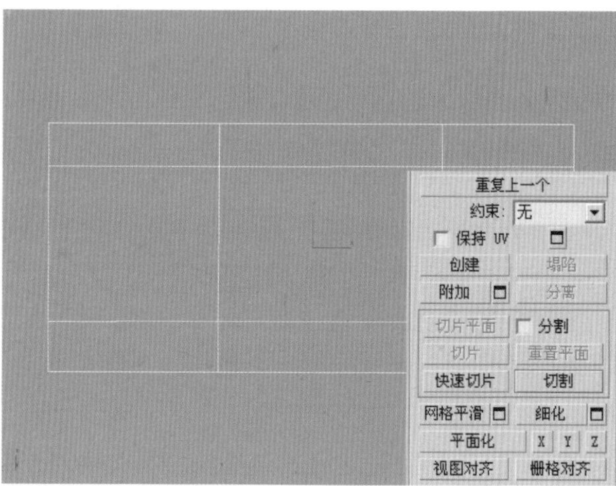

图15-36 切割轮廓

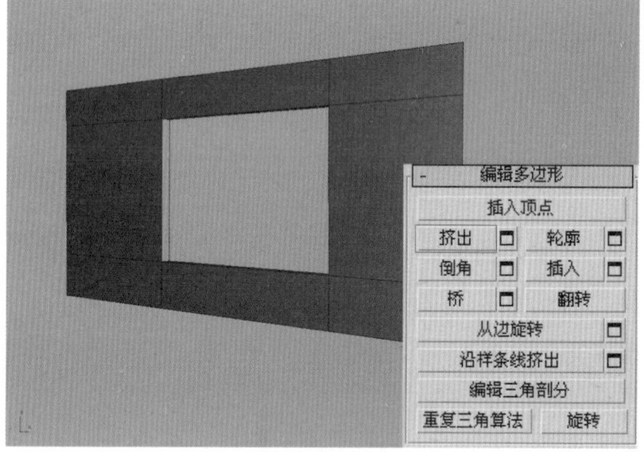

图15-37 挤出窗口

38. 创建窗框模型。先创建一个和窗户大小相符的矩形，对其进行50个单位大小的“轮廓操作”，然后利用挤出工具，将模型挤出100个单位的大小，将其调整到对应的位置，如图15-38所示。

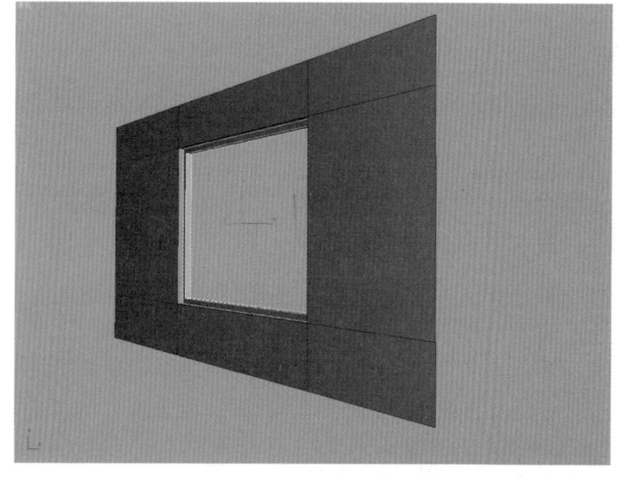

图15-38 创建窗框模型

39. 进入“前视”图中，绘制一条样条线，然后对其进行“轮廓操作”，并添加“挤出”命令，设置挤出的“数量”为 250，如图 15－39 所示。

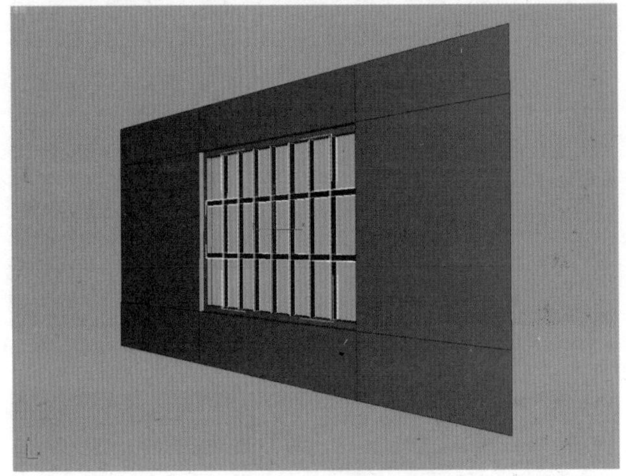

图 15－39　设置挤出参数

40. 选中刚才创建的模型，按下键盘上的 M 键，打开“材质编辑器”对话框，选中一个空白的材质球，将其命名为“塑钢”，然后指定给模型，如图 15－40 所示。

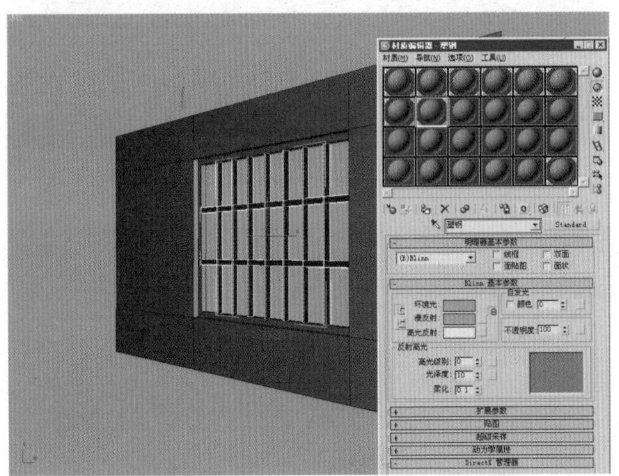

图 15－40　进行复制操作

41. 进入”图形“创建面板中，利用 2.5 边捕捉工具，在顶左图中创建一个如图 15－41 所示的矩形。

42. 选中矩形，利用挤出工具对矩形进行“挤出”操作，设置挤出的大小为 600，将其移至对应的位置，如图 15－42 所示。

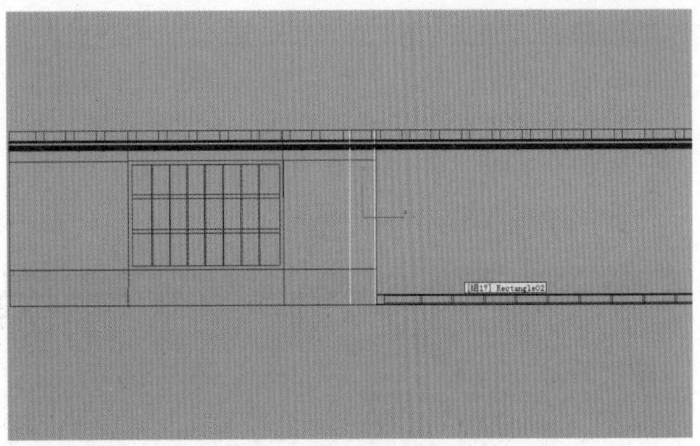

图 15－41　创建矩形

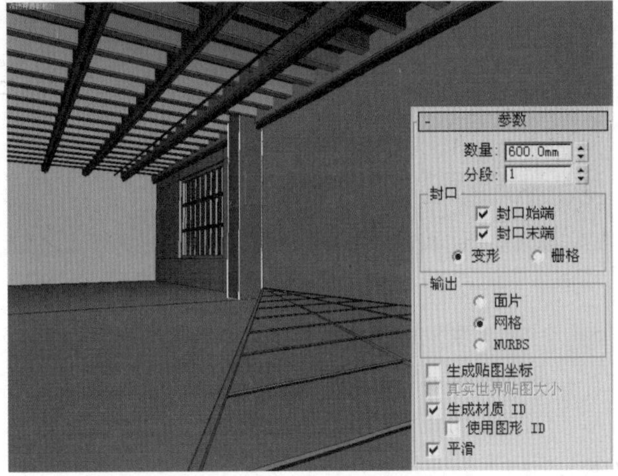

图 15－42　添加挤出操作

43. 创建“背景墙”模型，先创建一个长 5000，宽 2600 的矩形，利用挤出工具将其挤出 200 个单位，将挤出后的模型移至对应的位置。选择一个新的材质球，命名为“背景喷绘”，将材质指定给“背景墙”模型，如图 15－43 所示。

图 15－43　创建背景墙

44. 创建装饰造型。制作步骤这里不作详细叙述。主要运用了“挤出”、“切割”等命令（在模型制作的时候尽量在一个多边形上进行编辑，不要用太多的“布尔运算”以免生成太多的面，导致增加渲染时间），如图15-44 所示。

图 15-44　合并柜台造型文件

45. 创建小展区模型。小展区的模型是一个柱形空间，可以直接创建圆柱，或者利用二维挤出的方法，模型造型如图15-45 所示。

46. 将剩余的模型都合并到场景中，所有模型都制作完毕，效果如图15-46 所示。

图 15-45　创建小展区

图 15-46　合并模型

15.3 展览展示效果图材质设置

01. 设置“乳胶漆”材质。设置“漫反射”RGB 颜色的值为（252、255、255），然后单击按钮，激活“高光光泽度”选项，设置“高光光泽度”的值为0.45，“光泽度”的值为0.45，“细分”的值为20，进入“选项”卷展栏，取消“跟踪反射”选项，如图15-47 所示。

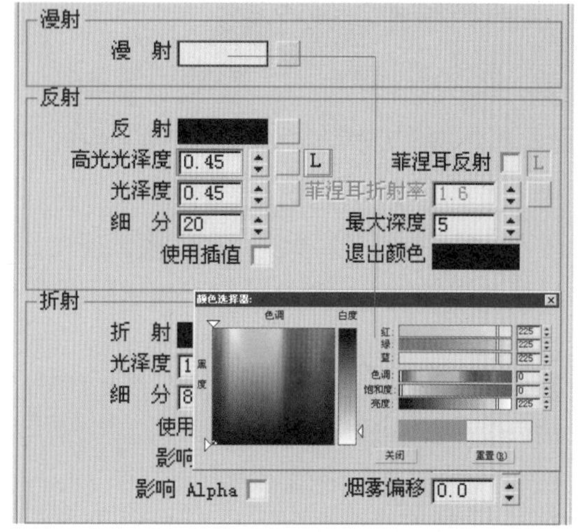

图 15-47　设置“乳胶漆”材质

02.为“反射”添加一张“衰减”贴图，设置“衰减”贴图的类型为“Fresnel”，“折射率”的值为 1.1，如图 15-48 所示。

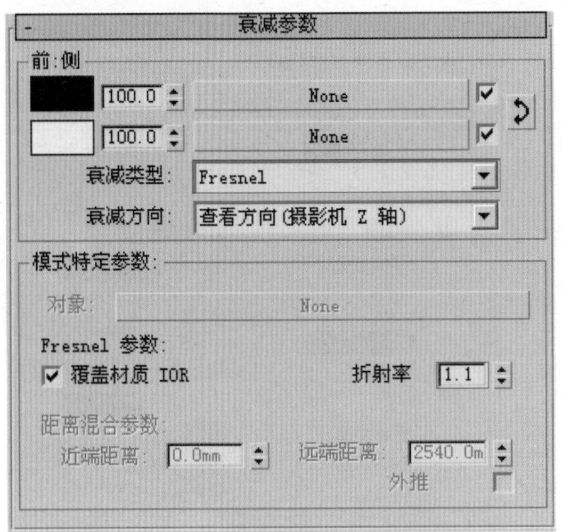

图 15-48　添加 VR 材质包裹器材质

03.设置“地板”材质。设置“高光光泽度”的值为 0.5，“光泽度”的值为 0.65，单击“漫反射”右边的按钮，弹出“材质 / 贴图浏览器”对话框并选择“位图”贴图，然后找到光盘中的“地板”贴图文件，并将其指定，如图 15-49 所示。

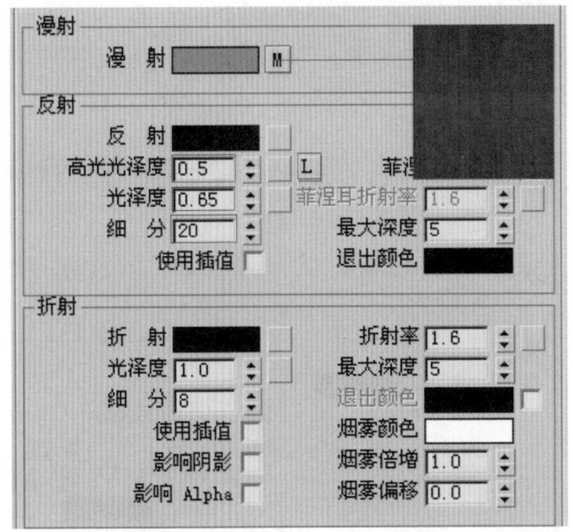

图 15-49　设置“地板”材质

04.为“反射”添加一张“衰减”贴图，设置“衰减”贴图的类型为“Fresnel”，“折射率”的值为 1.7。为“高光光泽”通道贴一张“木地板凹凸”贴图，在“凹凸”通道里贴一张“木地板凹凸”贴图，设置其凹凸量为 20，如图 15-50 所示。

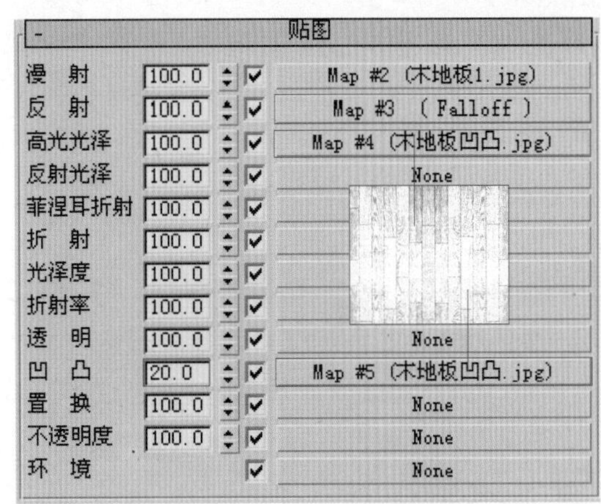

图 15-50　设置凹凸贴图

05.设置“不锈钢”材质。打开“基本参数”卷展栏，设置“漫射”RGB 颜色的值为（114、120、124），设置“反射”RGB 颜色的值为（196、201、203），设置“高光光泽度”的值为 0.75，“光泽度”的值为 0.83，“细分”的值为 20，“折射率”的值为 1.5，如图 15-51 所示。

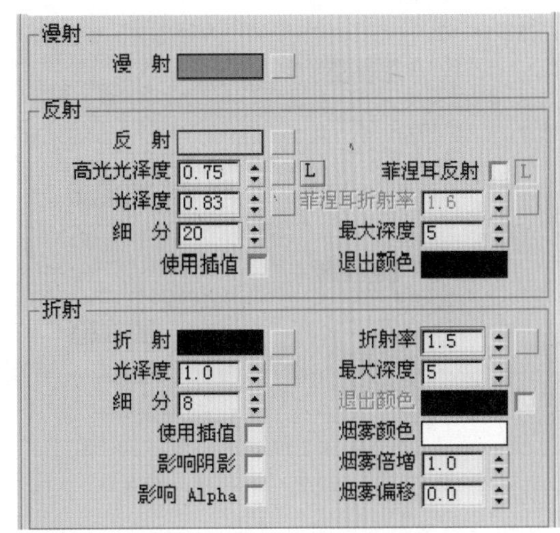

图 15-51　设置漫反射颜色

06.设置“玻璃”材质。打开“基本参数”卷展栏，设置“漫射”RGB 颜色的值为（255、255、217），设置“折射”RGB 颜色的值为（170、170、170），设置“高光光泽度”的值为 0.7，“光泽度”的值为 0.85，“细分”的值为 8，“折射率”的值为 1.6，如图 15-52 所示。

07.设置“有色板”材质。打开“基本参数”卷展栏，设置”漫射“RGB 颜色的值为（192、194、42），“高光光泽度”的值为 0.75，“光泽度”的值为0.83，“细分”的值为20，“折射率”的值为1.6，为“反射”添加一张“衰减”贴图，如图15-53所示。

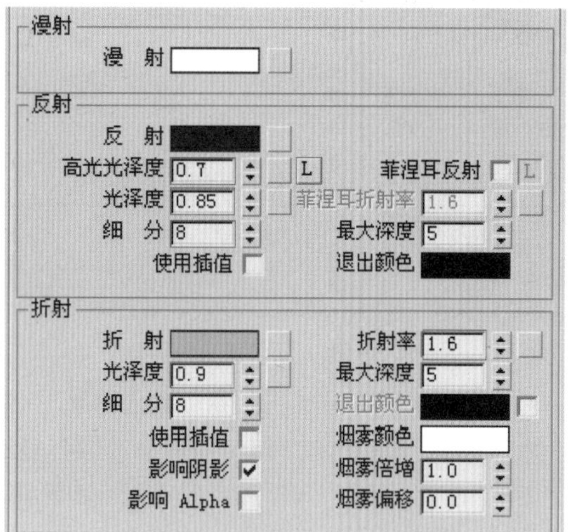

图15-52 设置“玻璃”材质

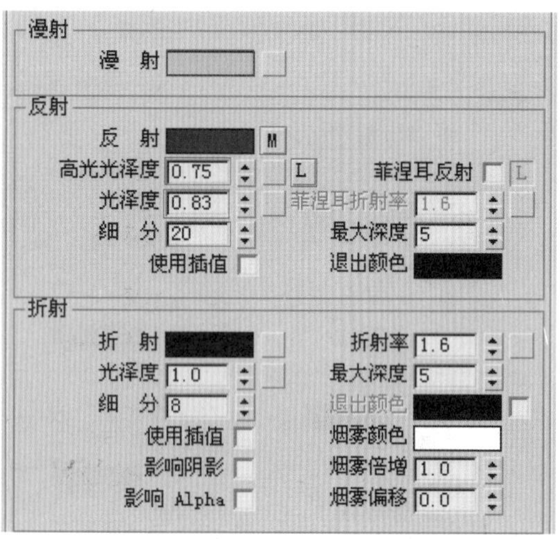

图15-53 设置“有色板”材质

08.设置“混泥土“材质。设置“高光光泽度”的值为0.35，“光泽度”的值为0.35，单击“漫反射”右边的按钮，弹出“材质/贴图浏览器”对话框并选择“位图”贴图，然后找到光盘中的“水泥”贴图文件，并将其指定，如图15-54所示。

09.为“反射”添加一张“衰减”贴图，设置“衰减”贴图的类型为“Fresnel”，“折射率”为1.1。在“凹凸”通道里贴一张“水泥凹凸”贴图，设置其凹凸量为20，如图15-55所示。

10.设置“白色塑料”材质.打开“基本参数”卷展栏，设置“漫射”为灰白色，设置“高光光泽度”的值为0.4，“光泽度”的值为0.5，“细分”的值为20，为“反射”添加一张“衰减”贴图，如图15-56所示。

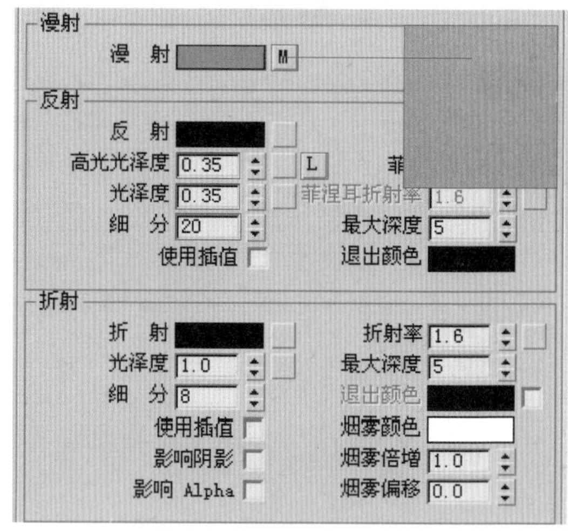

图15-54 设置“混泥土”材质

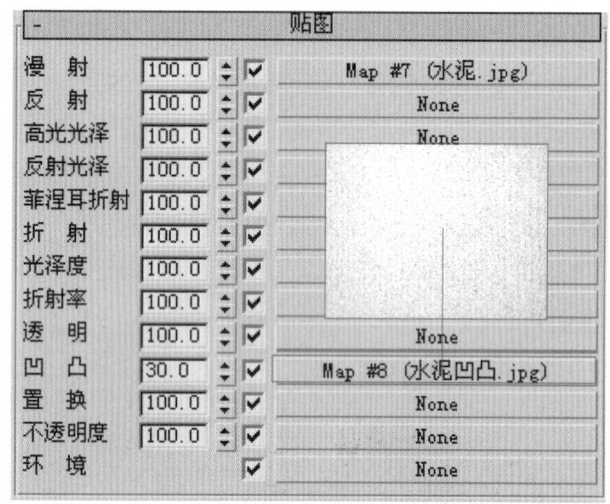

图15-55 设置凹凸贴图

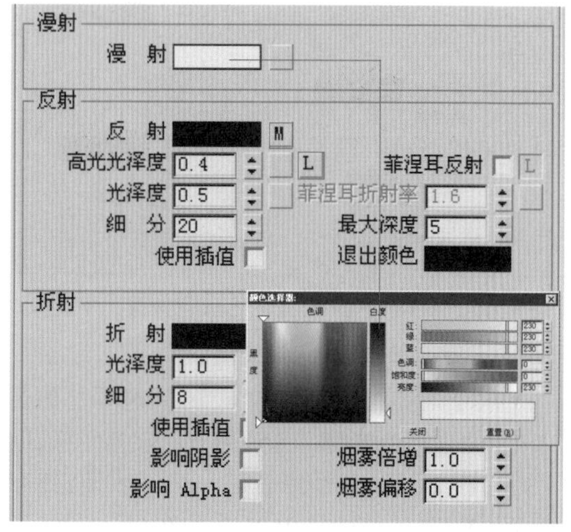

图15-56 设置“白色塑料”材质

11. 设置“背景墙”材质。设置“高光光泽度”的值为0.35，“光泽度”的值为0.4，点击“漫反射”右边的按钮，弹出“材质／贴图浏览器”对话框并选择“位图”贴图，然后找到光盘中的“背景”贴图文件，并将其指定，如图15－57所示。

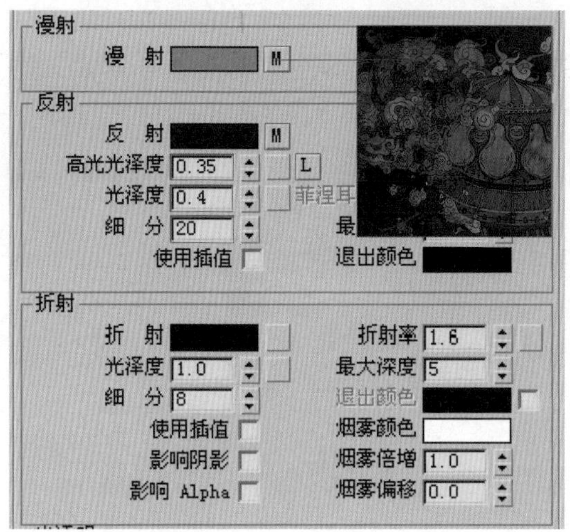

图 15－57　设置“背景墙”

12. 为“反射”添加一张“衰减”贴图，设置“衰减”贴图的类型为“Fresnel”，“折射率”为1.1。在“凹凸”通道里贴一张“背景凹凸”贴图，设置其凹凸量为20，如图15－58所示。

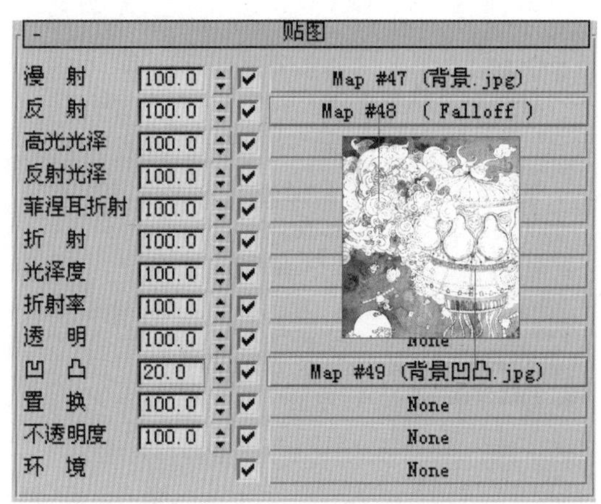

图 15－58　设置“衰减”贴图

13. 设置“亚克力”材质。打开“基本参数”卷展栏，设置“漫射”RGB颜色的值为（255、255、255），设置“反射”RGB颜色的值为（45、45、45），设置“高光光泽度”的值为0.7，“光泽度”的值为0.8，“细分”的值为20，如图15－59所示。

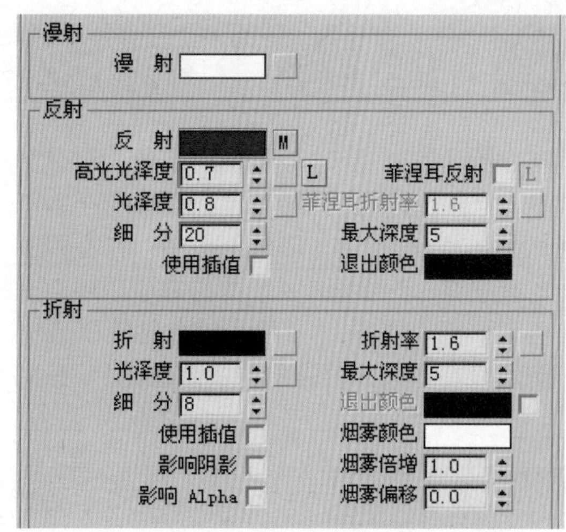

图 15－59　设置“亚克力”材质

14. 设置小展区的地面材质。设置“高光光泽度”的值为0.5，设置“光泽度”的值为0.65，点击“漫反射”右边的按钮，弹出“材质／贴图浏览器”对话框并选择“位图”贴图，然后找到光盘中的“地面”贴图文件，并将其指定，如图15－60所示。

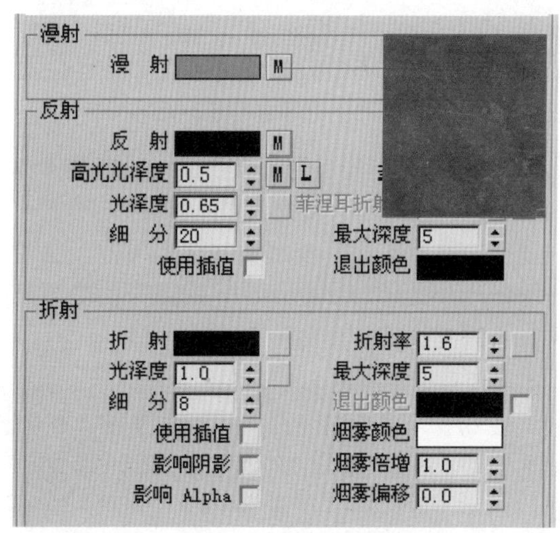

图 15－60　设置小展区的地面材质

技巧／提示

场景中的材质基本上已经设置完毕了，读者朋友可以根据前面介绍的布面材质的制作方法，将场景中的沙发布面和抱枕指定材质。

15.4 展览展示效果图灯光布置

01.现在给场景添加灯光。进入“灯光”创建面板中，打开“标准”下拉菜单，选择“VRay”灯光，然后点击“VR 阳光”按钮，在左视图中创建一盏VR 阳光灯光，并将其移动到合适的位置（虽然是夜间场景，但是仍然有天光照明，只不过天光的强度较小而已），场景如图15-61 所示。

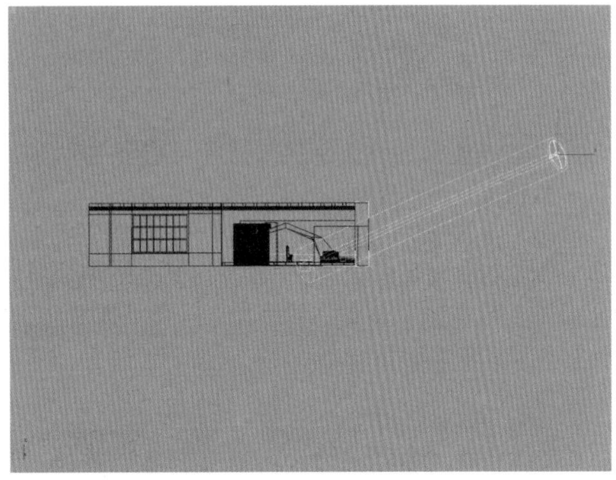

图 15-61　创建“VR 阳光”

02.在选中“VR 阳光”的情况下进入“修改”命令面板中，打开“VR 阳光参数”卷展栏，设置“浊度”的值为5.0，“臭氧”的值为0.2，“强度倍增器”的值为0.005，“大小倍增器”的值为3.0，其他值都为默认，如图15-62 所示。

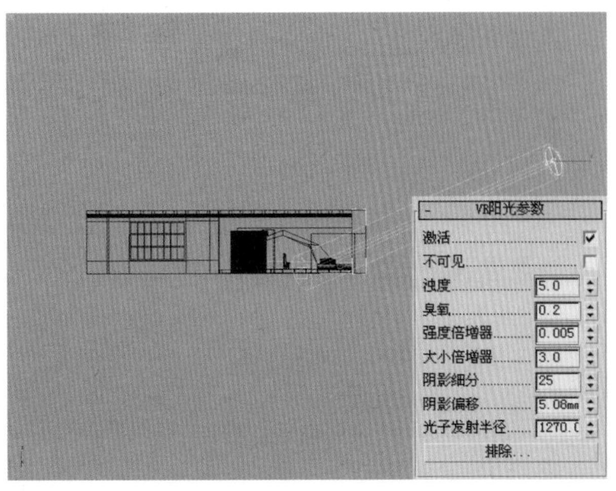

图 15-62　设置创建“VR 阳光”参数

03.观察场景会发现“VR 阳光”照射的方向被墙面阻挡住了，所以要在墙面上开一个口，让阳光能照射到室内，如图15-63 所示。

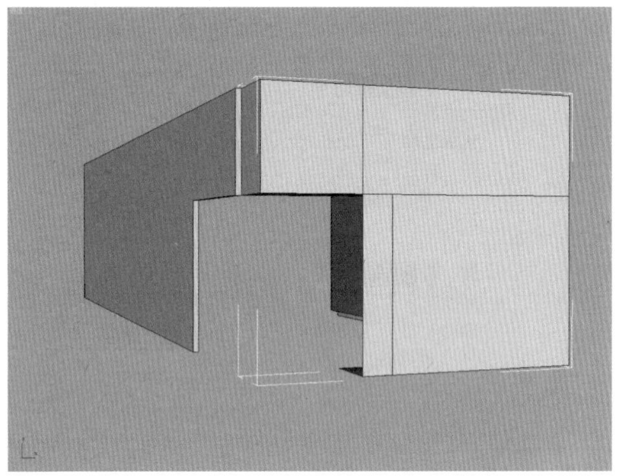

图 15-63　切割出洞口

04.按下键盘上的F10 键，打开“渲染场景”控制面板，进入“公用”控制面板中，取消“渲染帧窗口“选项，这样可以为系统节省一些资源，如图15-64 所示。

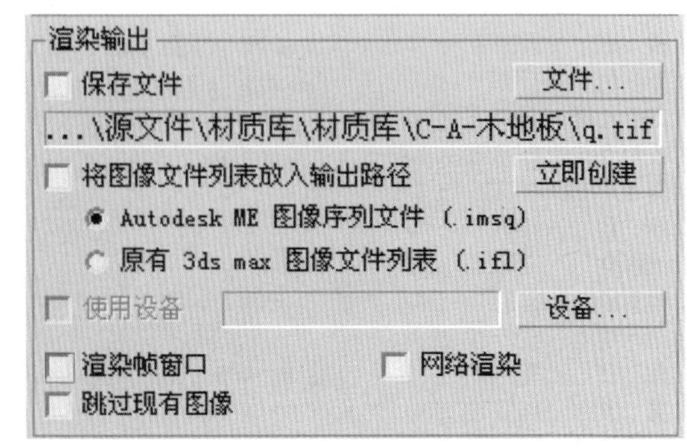

图 15-64　取消“渲染帧窗口”选项

05.为场景创建主光源，在创建面板中选择“VR 灯光”，在视图中创建一盏“VR 灯光”，调整它的位置和参数，如图15-65 所示。

06.进入“渲染器”控制面板中，打开“帧缓冲区”卷展栏，勾选“启用内置帧缓冲区”选项，这样系统将使用VR 的帧缓冲，可以提高渲染的速度，如图15-66 所示。

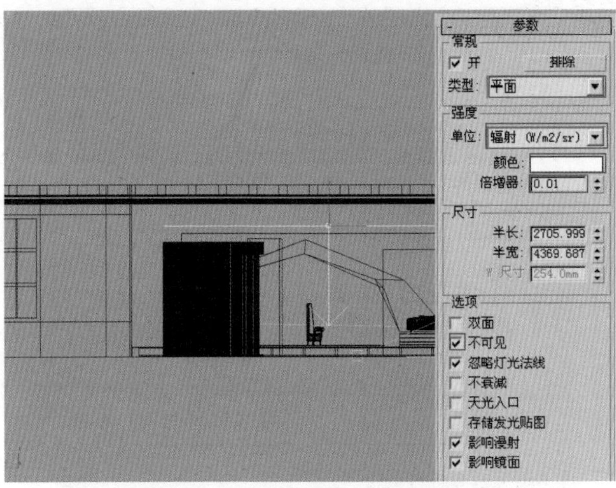

图 15-65　为场景创建主光源

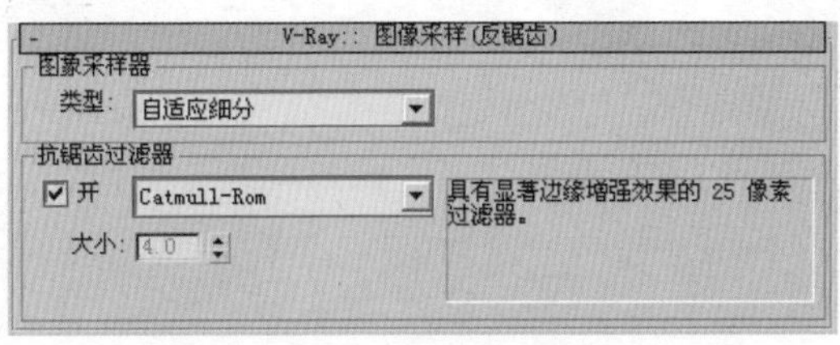

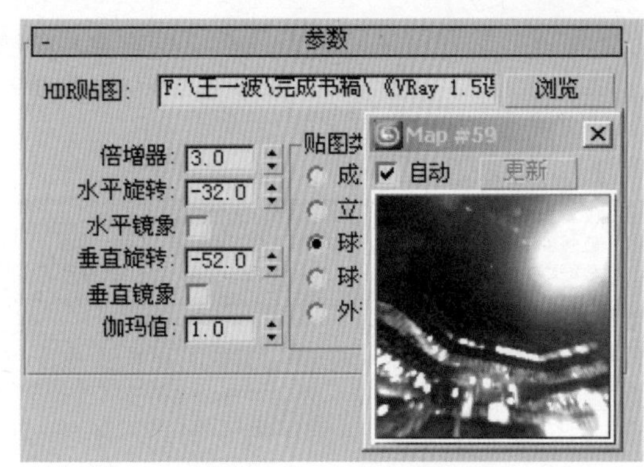

图 15-67　设置环境贴图

08. 将“HDII”的环境贴图关联复制到“环境和效果”面板中的环境贴图上面，如图 15-68 所示。

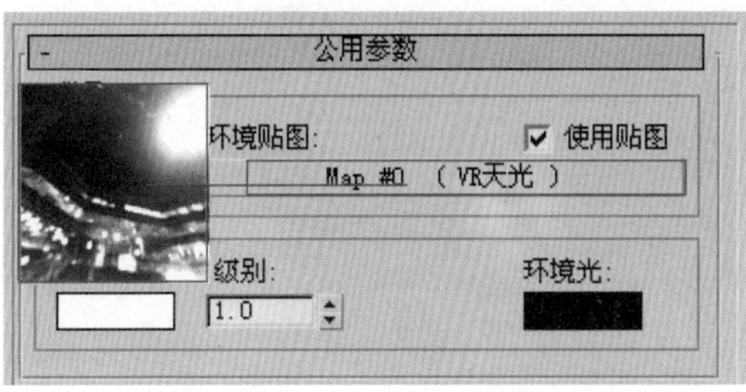

图 15-68　复制“HDII”环境贴图

图 15-66　取消“渲染帧窗口”选项

07. 设置环境贴图。将渲染面板中的“全局光环境倍增器”关联复制到一个新的材质球上，为材质添加“HDII”的环境贴图，并将它关联复制到“环境和效果”面板中的环境贴图上面，如图 15-67 所示。

技巧 / 提示

大家可以根据场景照明强度的分布来设置灯光的类型、强度以及颜色，使场景中的照明富有层次感。

15.5　展览展示效果图渲染出图

01. 打开“全局开关”卷展栏，去掉“默认灯光”选项，打开“图像采样（反锯齿）”卷展栏，设置“图像采样器”的类型为“自适应细分”，设置“抗锯齿过滤器”为“Catmull-Rom”类型，如图 15-69 所示。

图 15-69　设置抗锯齿类型

02. 打开“间接照明”卷展栏，勾选“开”选项，设置“二次反弹”的“全局光引擎”为“灯光缓冲”模式，设置“倍增器”的值为 0.8，如图 15-70 所示。

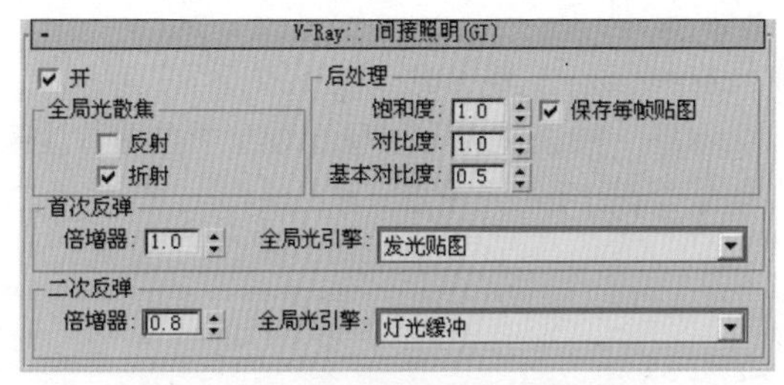

图 15-70　设置“间接照明”参数

03.打开“自适应细分图像采样器”卷展栏，设置“最小比率”的值为0，“最大比率”的值为3，如图15—71所示。

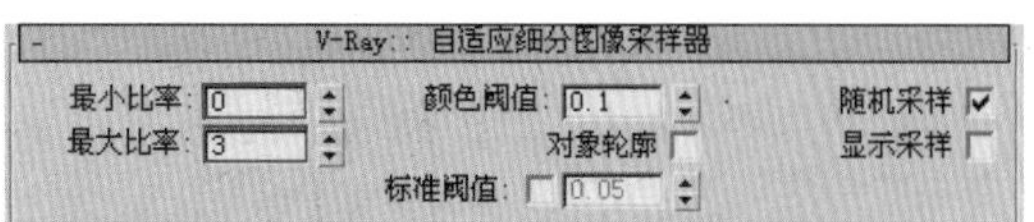

图15—71　设置“自适应细分图像采样器”参数

04.进入“全局开关”卷展栏中，勾选“不渲染最终图象”选项，取消“默认灯光”选项，如图15—72所示。

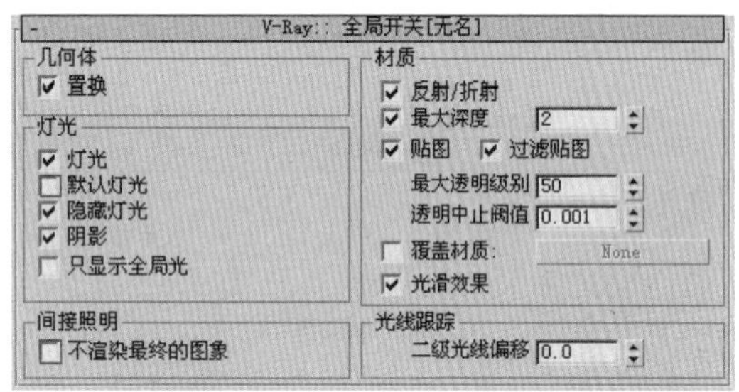

图15—72　设置“全局开关”参数

05.进入“V—Ray :: rQMC采样器”卷展栏中，设置“适应数量”的值为0.85，“噪波阈值”的值为0.05，“最小采样值”为8，如图15—73所示。

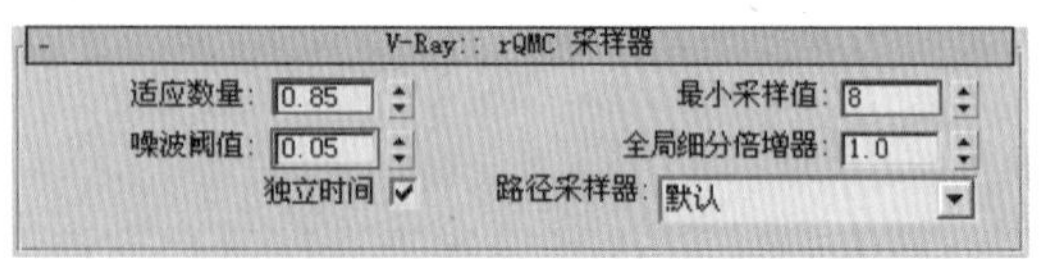

图15—73　设置颜色映射的参数

06.打开“发光贴图”卷展栏，设置“当前预置”的模式为“低”，设置“模型细分”的值为30，将渲染的图片以光子图的模式保存到指定的文件中，最后效果如图15—74所示。

07.进入到“灯光缓冲”卷展栏中，设置“细分”的值为500，为光子图添加保存路径，如图15—75所示。

08.现在可以对“光子图”进行渲染了，单击工具栏中的“快速渲染”按钮，对光子图进行渲染，效果如图15—76所示。

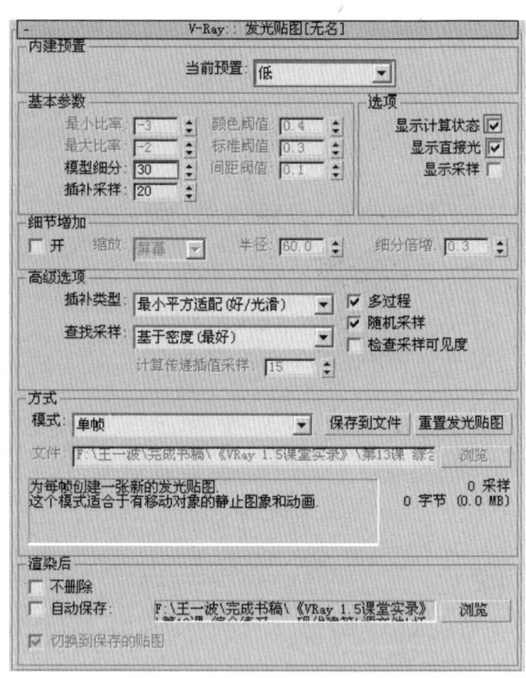

图15—74　设置“发光贴图”参数

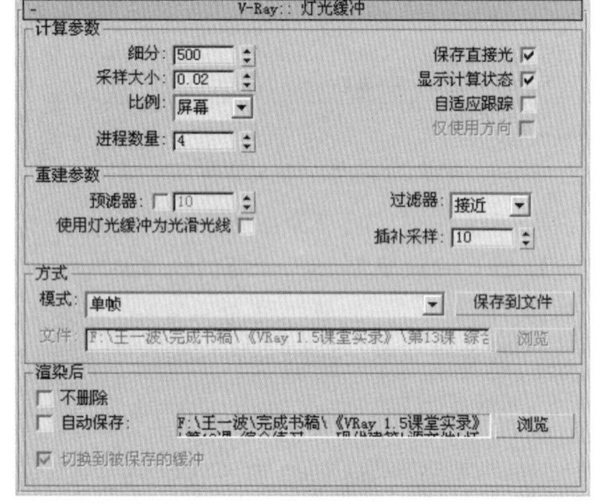

图15—75　设置“灯光缓冲”参数

图15—76　光子图

09. 进入渲染面板中的“灯光缓冲”卷展栏下面，将“细分”值修改为1500，“进程数”修改为2，如图15–77所示。

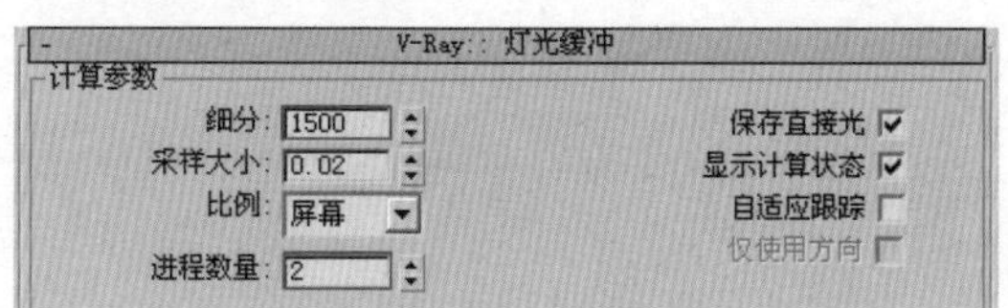

图 15–77　设置“灯光缓冲卷”参数

10. 进入“V–Ray :: rQMC 采样器”卷展栏中，设置“适应数量”为0.75，“噪波阈值”为0.001，“最小采样值”为20，如图15–78所示。

图 15–78　设置采样参数

11. 进入到“发光贴图”中，设置“当前预置”为“自定义”，“最小比率”为–3，“最大比率”为–2，“模型细分”为50，如图15–79所示。

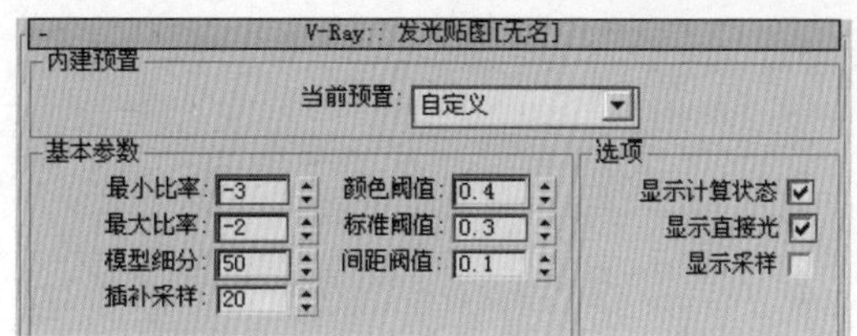

图 15–79　设置“发光贴图”参数

12. 按下键盘上的F9键，对当前的摄影机视图进行渲染，由于参数设置得较高，所以渲染需要一些时间。最终渲染的效果如图15–80所示。

图 15–80　最终渲染效果

第 16 课

汽车质感的表现

本课主要讲解“VRay”渲染器在工业造型设计当中的运用。“VRay”渲染器自带的材质在表现工业造型方面是非常突出的。一般情况下我们用专业的产品造型软件（如“Rhino”）来完成产品的造型设计，再将模型导入到3ds max中并配合“VRay”渲染器进行渲染。

16.1 汽车质感技术分析

本节主要学习运用 VRay 表现车漆的方法，这样大家在以后的学习中如果遇到类似表现车漆的问题，就可以采用本课所学的相同方法来处理。在此运用 VRay 练习渲染一辆宝马 Z4 汽车，其中主要学习车漆、金属、玻璃等材质的制作。

通过对汽车质感表现的学习，掌握 VRay 渲染器在工业制作上的优越性，并将前面学习过的材质进行综合运用，使学过的知识进一步得到巩固，同时也对工业造型设计的流程和方式有所了解。

16.2 汽车质感材质设置

01. 打开配套光盘中的汽车模型文件。在场景中有一辆未指定材质的宝马 Z4 汽车，如图 16－1 所示。

图 16–1　打开场景文件

02. 为模型创建一个环境，进入“图形”创建面板中，单击 线 按钮，在左视图中创建一条样条曲线，如图 16－2 所示。

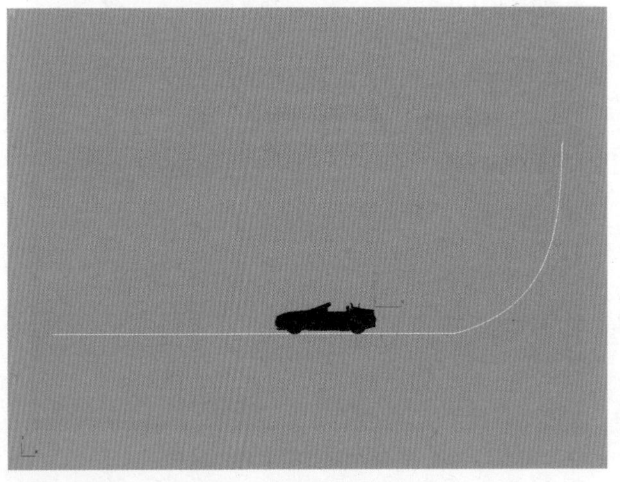

图 16–2　创建条样条曲线

03. 将创建完毕的样条线转换成“可编辑的样条线”，并对其进行适当大小的“轮廓”操作，最后将图形挤出 5000 个单位大小，如图 16–3 所示。

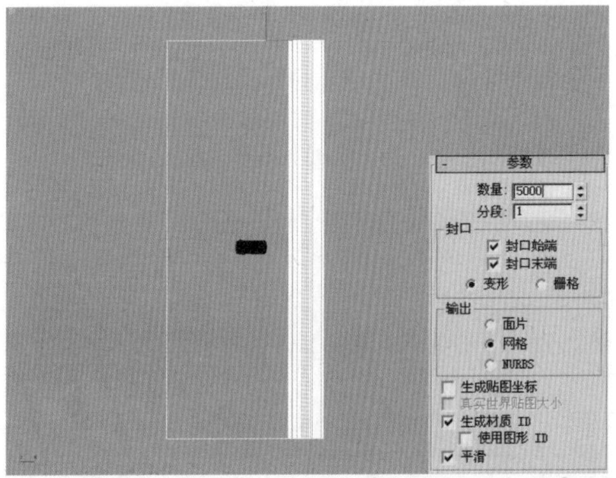

图 16–3　创建地面模型

04. 接着在视图中创建一盏“VR 物理摄影机”，调整它的位置如图 16－4 所示。

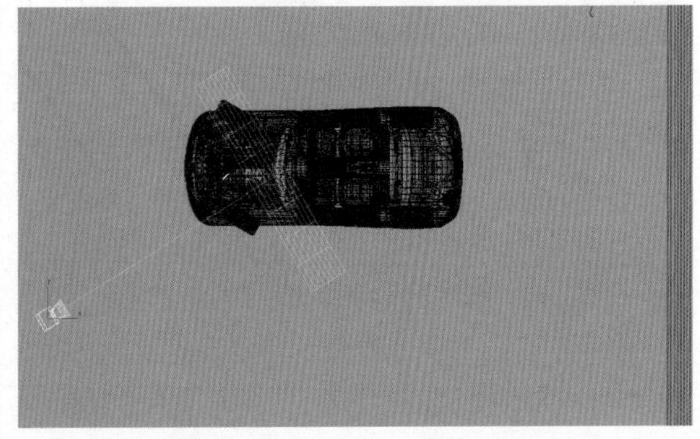

图 16–4　创建“VR 物理摄影机”

05. 设置摄影机的参数类型为“照相机”，“白平衡”为纯白色，“快门速度”为4.0，“胶片速度”为400，如图16-5所示。

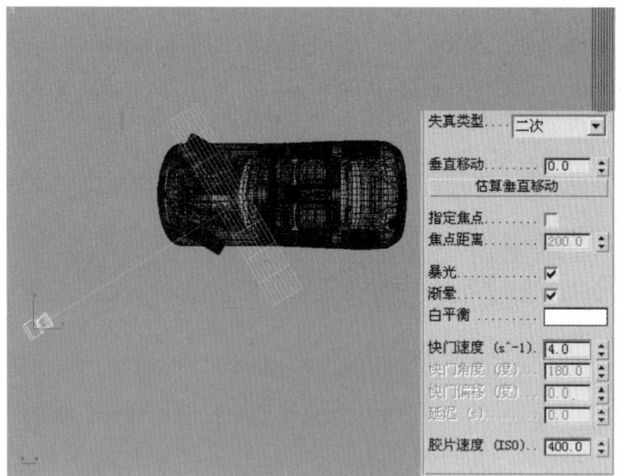

图16-5　编辑“VR物理摄影机”

06. 按下键盘上的M键，打开“材质编辑器”对话框，选中一个空白的材质球，将其命名为“车漆”，然后指定给模型，如图16-6所示。

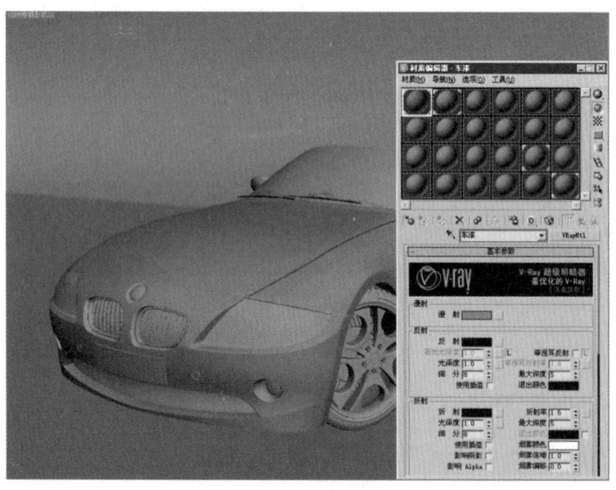

图16-6　指定“车漆”材质

07. 打开“基本参数”卷展栏，设置“漫射”RGB颜色的值为（230、234、239），“反射”RGB颜色的值为（70、70、70），如图16-7所示。

08. 设置“高光光泽度”的值为0.65，“光泽度”的值为0.7，“细分”的值为30，“折射率”的值为1.6，如图16-8所示。

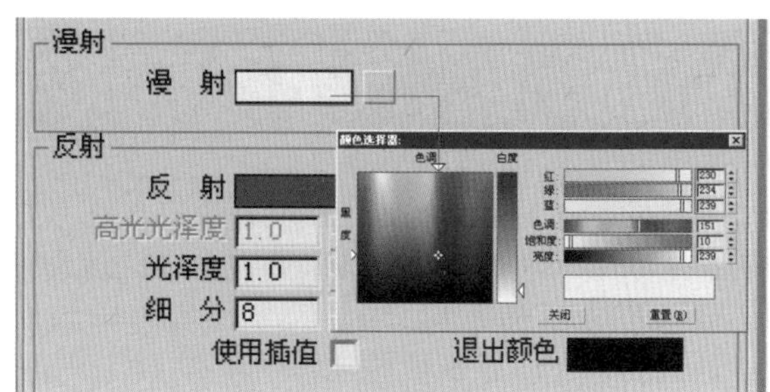

图16-7　设置“车漆”材质的颜色

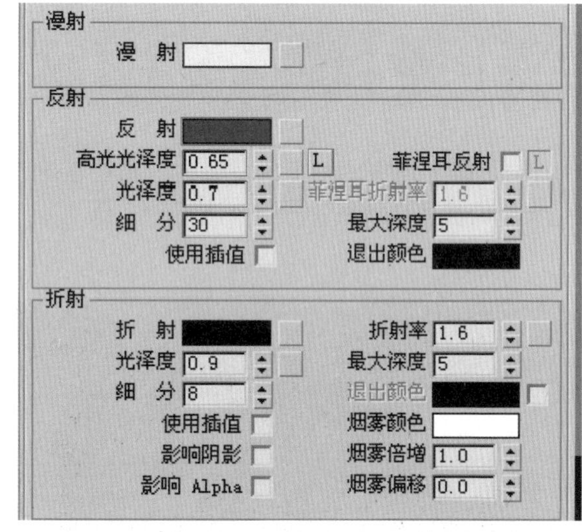

图16-8　设置“车漆”材质的光泽度

09. 为“反射”添加一张“衰减”贴图，设置“衰减”贴图的类型为“Fresnel”，“折射率”为2.5，如图16-9所示。

衰减参数
前：侧
100.0　None
100.0　None
衰减类型：Fresnel
衰减方向：查看方向(摄影机 Z 轴)
模式特定参数：
对象：None
Fresnel 参数：
覆盖材质 IOR　折射率 2.5
距离混合参数：
近端距离：0.0　远端距离：100.0
外推

图16-9　设置“衰减”贴图

10. 为“凹凸”通道贴一张“噪波”贴图，设置“噪波”的类型为“分形”，大小为 0.1，如图 16–10 所示。

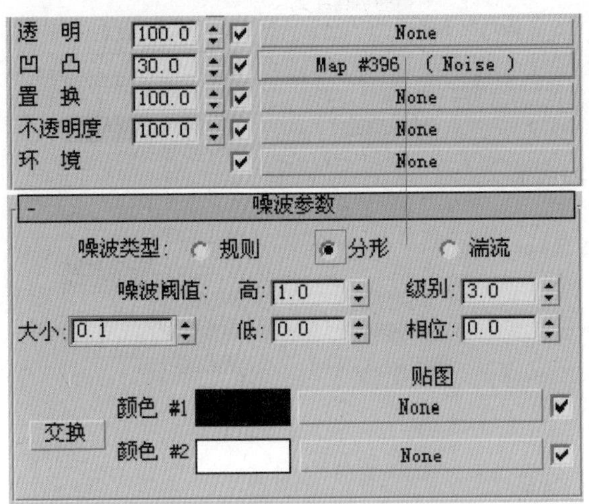

图 16–10　设置“噪波”贴图

11. 按下键盘上的 M 键，打开“材质编辑器”对话框，选中一个空白的材质球，将其命名为“玻璃”，然后指定给模型，如图 16–11 所示。

图 16–11　指定玻璃材质

12. 打开“基本参数”卷展栏，设置“漫射”RGB 颜色的值为(222、226、233)，“反射”RGB 颜色的值为(18、18、18)，“折射”RGB 颜色的值为(170、170、170)，如图 16–12 所示。

13. 为“反射”添加一张“衰减”贴图，设置“衰减”贴图的类型为“Fresnel”，“折射率”为 1.8，如图 16–13 所示。

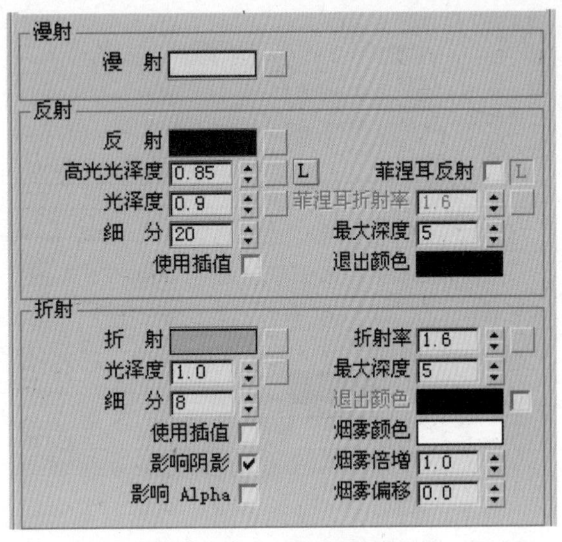

图 16–12　设置玻璃材质

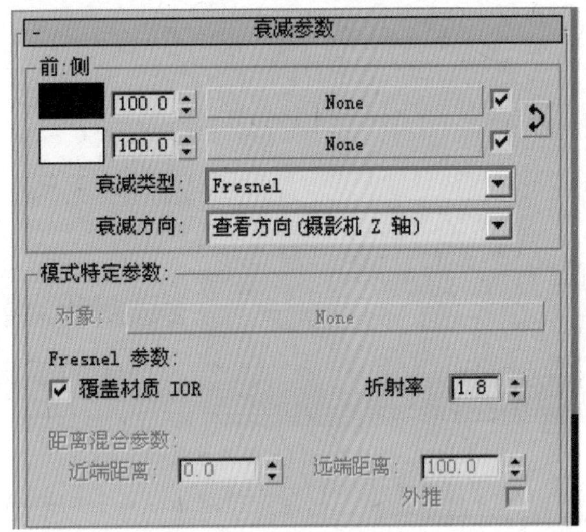

图 16–13　设置“衰减”贴图

14. 为“凹凸”通道贴一张“噪波”贴图，设置“噪波”的类型为“分形”，大小为 0.1，如图 16–14 所示。

15. 设置轮胎材质。按下键盘上的 M 键，打开“材质编辑器”对话框，选中一个空白的材质球，将其命名为“轮胎”，然后指定给模型，如图 16–15 所示。

技巧 / 提示

为“凹凸”通道贴一张“噪波”贴图，目的是为了模拟材质表面的细纹理，突出材质的细节。

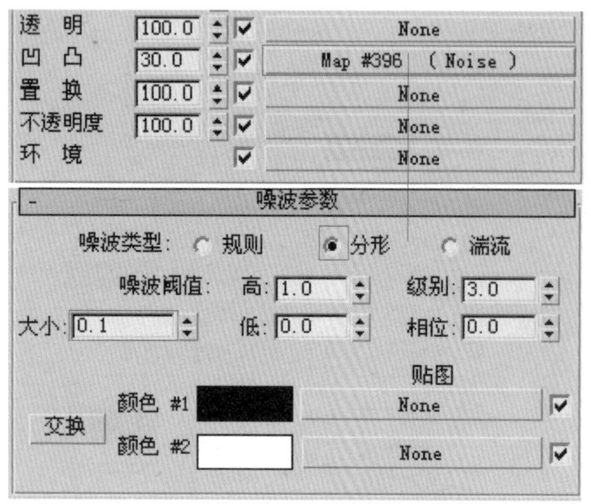

图 16—14 设置“噪波”贴图

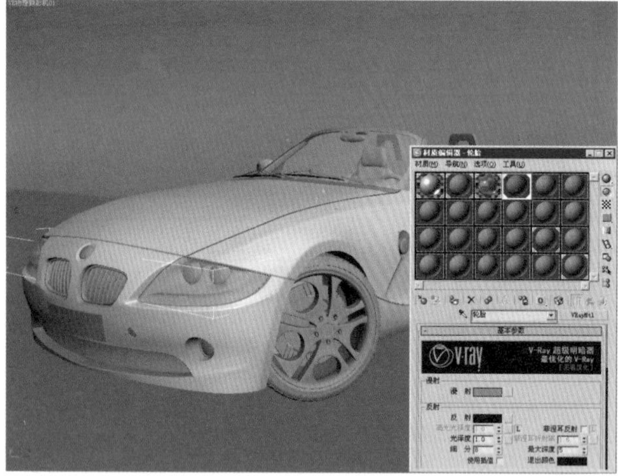

图 16—15 指定轮胎材质

16. 打开“基本参数”卷展栏，设置“漫射”RGB颜色的值为（22、22、22），设置“反射”RGB颜色的值为（28、28、28），如图16—16所示。

17. 设置“高光光泽度”的值为0.35，“光泽度”的值为0.35，“细分”的值为20，将“折射”设置为默认，为“凹凸”通道贴一张“噪波”贴图，设置“噪波”的类型为“分形”，大小为0.1，如图16—17所示。

18. 按下键盘上的M键，打开“材质编辑器”对话框，在“材质编辑器”中找到以“不锈钢”命名的材质球，单击按钮，在弹出的“选择对象”对话框中单击“选择”按钮，找到该材质所指定的模型，将不锈钢材质转换成VR材质类型，如图16—18所示。

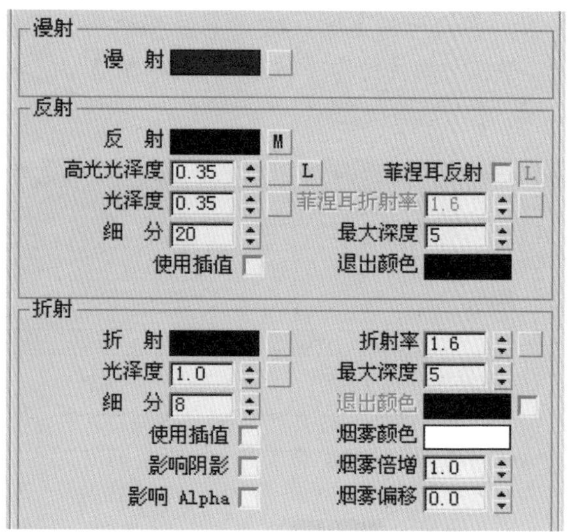

图 16—16 设置轮胎材质

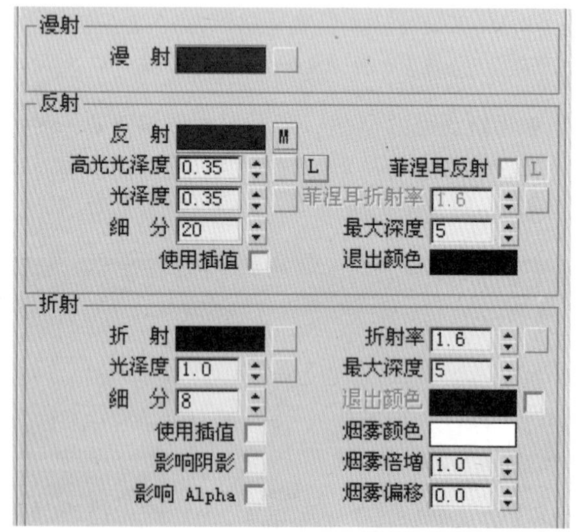

图 16—17 设置轮胎材质

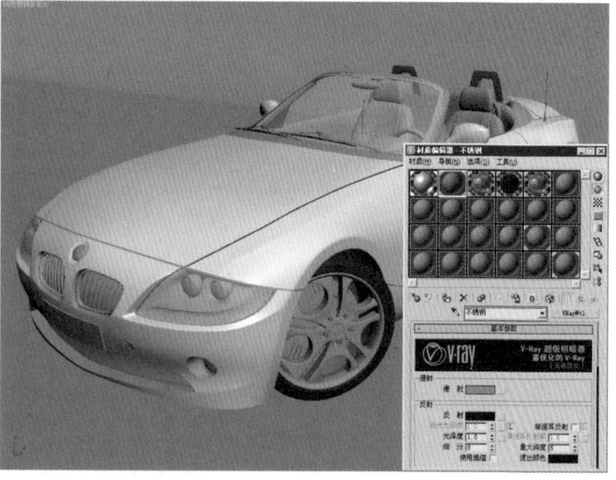

图 16—18 指定不锈钢材质

19. 打开“基本参数”卷展栏，设置“漫射”RGB颜色的值为(0、0、0)，“反射”RGB颜色的值为(180、180、180)，设置“高光光泽度”的值为0.85，“光泽度”的值为0.88，“细分”的值为20，如图16-19所示。

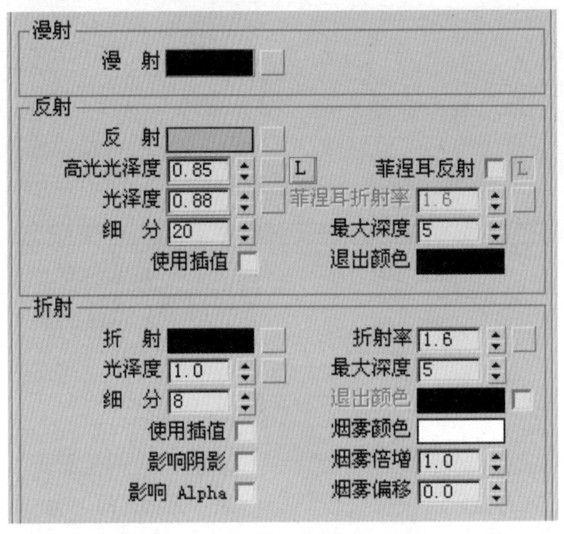

图 16-19　设置不锈钢材质

20. 设置环境贴图。将渲染面板中的“全局光环境倍增器”关联复制到一个新的材质球上，为材质添加“HDII”的环境贴图，并将它关联复制到“环境和效果”面板中的环境贴图上面，如图16-20所示。

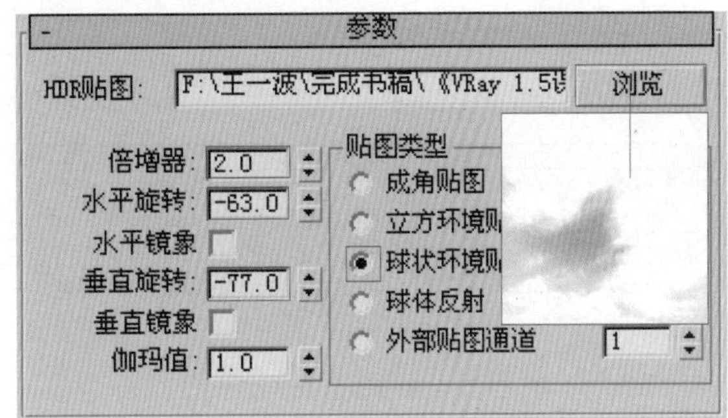

图 16-20　设置环境贴图

16.3　汽车质感灯光布置

01. 现在给场景添加灯光，进入“灯光”创建面板中，打开“标准”下拉菜单，选择“VRay”灯光，然后单击“VR阳光”按钮，在左视图中创建一盏VR阳光灯光，并将其移动到合适的位置，如图16-21所示。

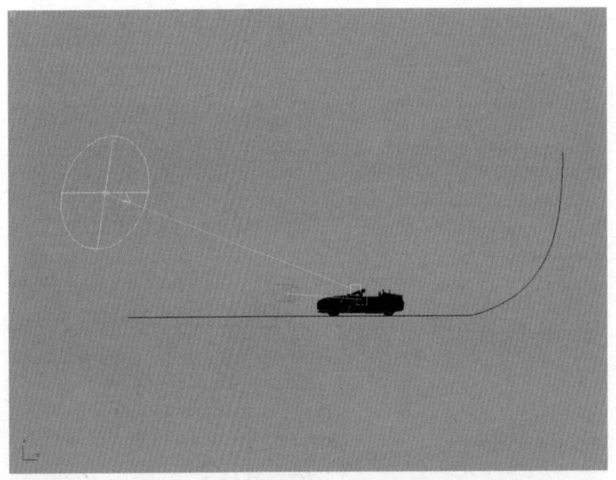

图 16-21　创建“VRay”阳光

02. 在选中“VR阳光”的情况下进入“修改”命令面板中，打开“VR阳光参数”卷展栏，设置“浊度”的值为2.0，“臭氧”的值为1.0，“强度倍增器”的值为0.002，“大小倍增器”的值为3.0，如图16-22所示。

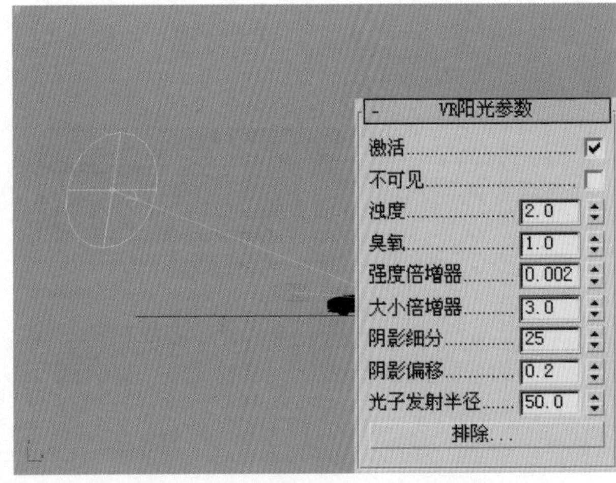

图 16-22　设置“VRay”阳光参数

16.4 汽车质感渲染出图

01.打开“图像采样（反锯齿）”卷展栏，设置“图像采样器”的类型为“自适应细分”，设置“抗锯齿过滤器”为“Catmull-Rom”类型，如图16-23所示。

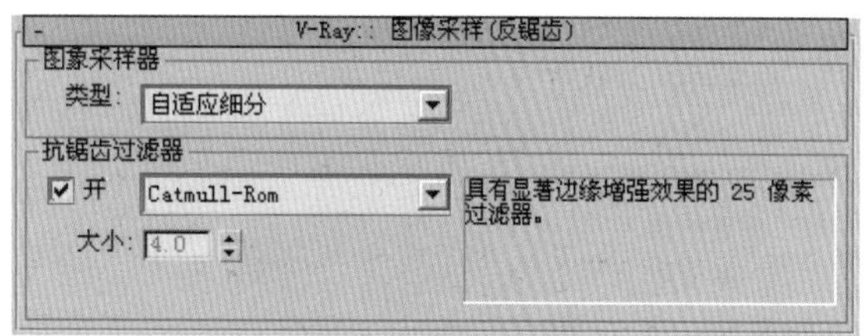

图16-23 设置抗锯齿类型

02.打开”间接照明“卷展栏，勾选“开”选项，设置“二次反弹”的“全局光引擎”为“灯光缓冲”模式，设置“倍增器”的值为0.8，如图16-24所示。

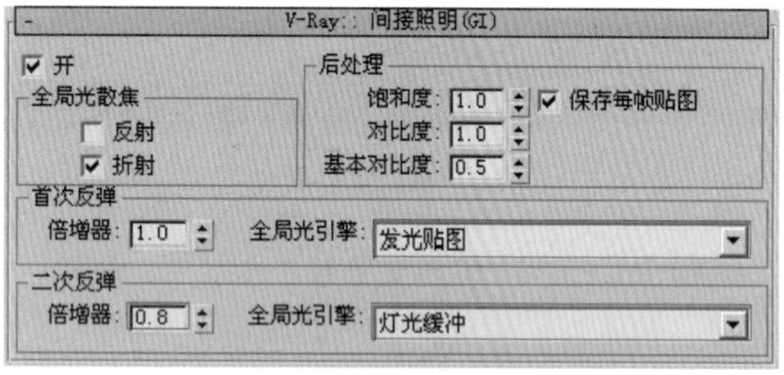

图16-24 设置间接照明参数

03.打开“自适应细分图像采样器”卷展栏，设置“最小比率”的值为0，“最大比率”的值为3，如图16-25所示。

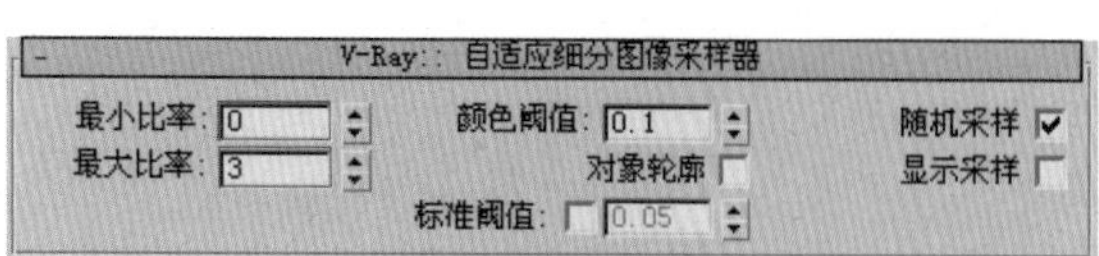

图16-25 设置采样器参数

04.进入“V-Ray :: rQMC采样器”卷展栏中，设置“适应数量”为0.75，“噪波阈值”为0.001，“最小采样值”为20，如图16-26所示。

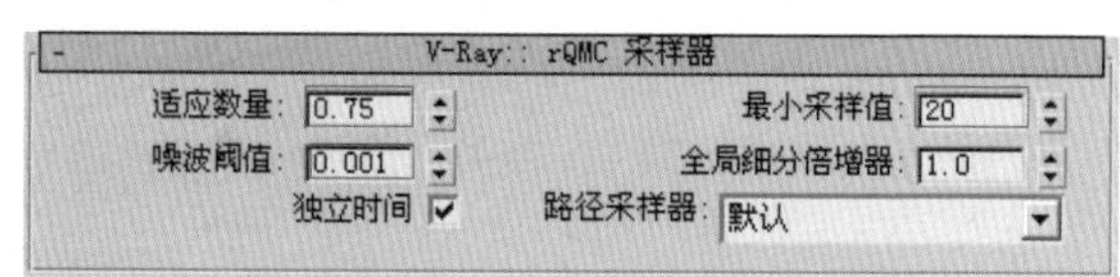

图16-26 设置采样器参数

05.进入渲染面板中的“灯光缓冲”卷展栏下面，将“细分”值修改为1500，“进程数量”修改为2，如图16-27所示。

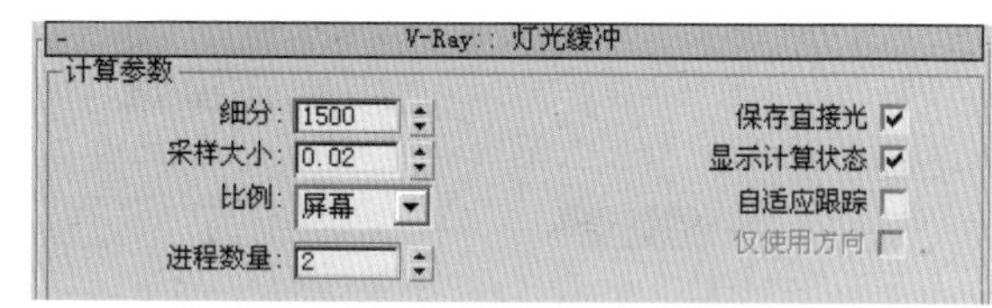

图16-27 设置灯光缓冲参数

06.进入到“发光贴图”中，设置“当前预置”为“自定义”，“最小比率”为-3，“最大比率”为-2，“模型细分”为50，如图16-28所示。

图16-28 设置发光贴图参数

07.按下键盘上的F9键，对当前的摄影机视图进行渲染，由于参数设置得较高，所以渲染需要一些时间。最终渲染的效果如图16-29所示。

图16-29 最终渲染效果

第17课

时尚手表设计

本课主要讲解“VRay”渲染器在工业造型设计当中的运用。“VRay”渲染器自带的材质在表现工业造型方面是非常突出的。一般情况下我们用专业的产品造型软件（如“Rhino”）来完成产品的造型设计，再将模型导入到3ds max中并配合“VRay”渲染器进行渲染。

17.1 时尚手表技术分析

本节学习的内容主要包括模型的创建、材质的设置以及灯光和渲染。在学习过程中要注意“编辑多边形”在模型创建中的运用，以及反光板和环境贴图的设置。

本节将通过时尚手表的设计和制作，大家对工业设计的流程有进一步的了解，同时体现”VRay”渲染器对工业造型的超写实体现。

17.2 时尚手表模型创建

01.启动3ds max程序，进入“图形”创建面板中，选择圆形工具，在顶视图中创建一个“半径”为2000的圆形，如图17-1所示。

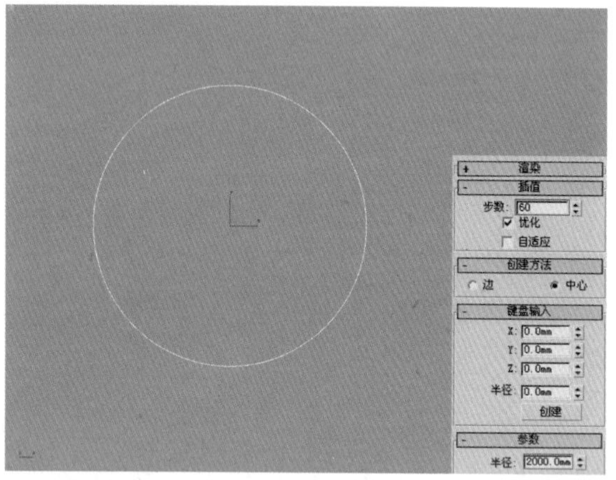

图17-1 创建圆形

02.选中圆形样条线，将其转换成“可编辑的样条线”，进入“修改”命令面板中，设置圆形样条线的“轮廓”大小为220，如图17-2所示。

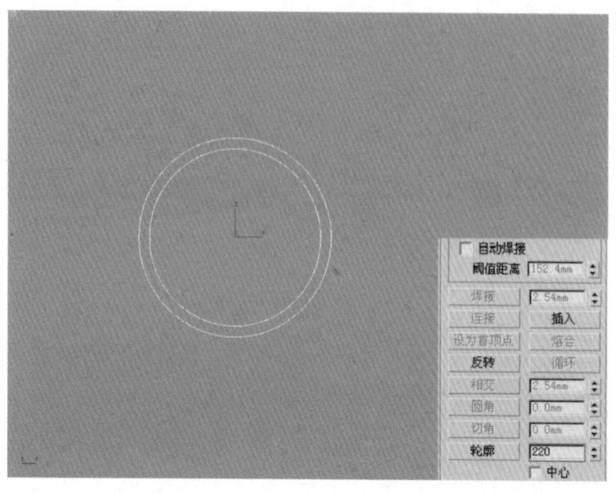

图17-2 设置“轮廓”大小

03.进入“修改”命令面板中，打开“修改器列表”下拉菜单，在弹出的下拉菜单中选择“挤出”命令，并设置其”数量“的值为220，如图17-3所示。

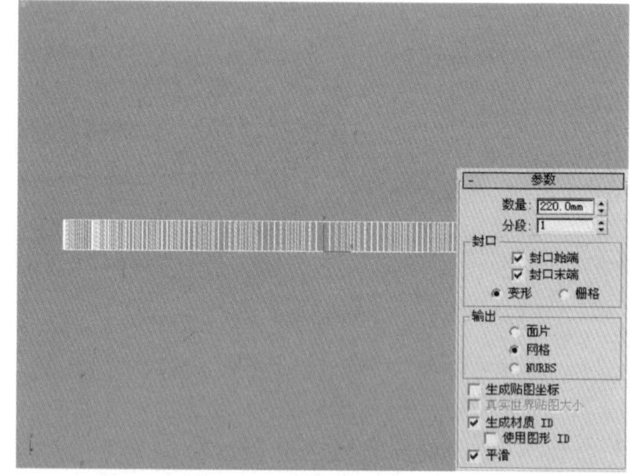

图17-3 设置“挤出”大小

04.选择多边形物体单击鼠标右键，在弹出的对话框里，选择“可编辑的多边形”，将多边形转换成“可编辑的多边形”，如图17-4所示。

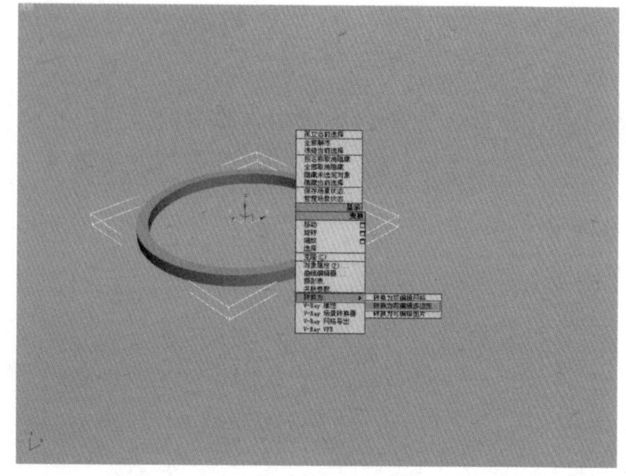

图17-4 转换成“可编辑的多边形”

05.进入“修改”命令面板中，单击 按钮，选中需要编辑的边，然后进入“编辑边”卷展栏下，并单击 切角 按钮，设置“切角量”的值为60.0mm，如图17-5所示。

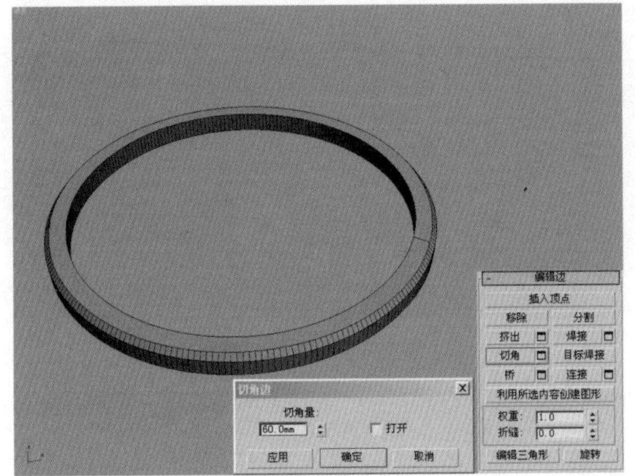

图 17-5　添加“切角”修改

06.继续进入“修改”命令面板中，单击 按钮，选中需要编辑的边，对其进行切角操作，效果如图17-6所示。

图 17-6　继续添加“切角”修改

07.进入“图形”创建面板中，选择圆形工具，在顶视图中创建一个“半径”为2000.0mm的圆形，如图17-7所示。

08.选中圆形样条线，将其转换成“可编辑的样条线”，进入“修改”命令面板中，设置圆形样条线的“轮廓”大小为60，如图17-8所示。

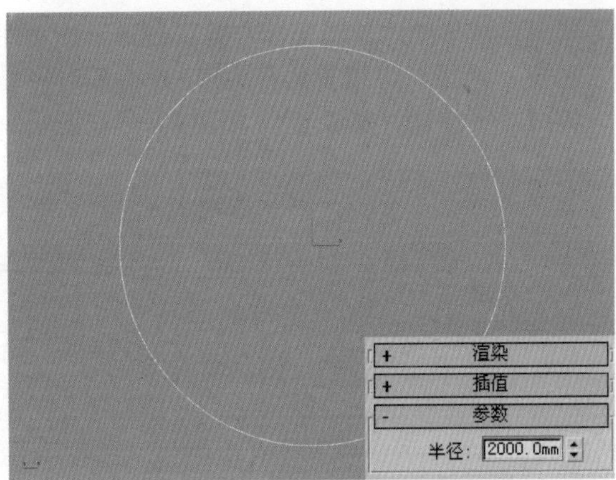

图 17-7　创建圆形

图 17-8　设置“轮廓”大小

09.进入“修改”命令面板中，打开“修改器列表”下拉菜单，在弹出的下拉菜单中选择“挤出”命令，并设置其“数量”的值为10.0mm，如图17-9所示。

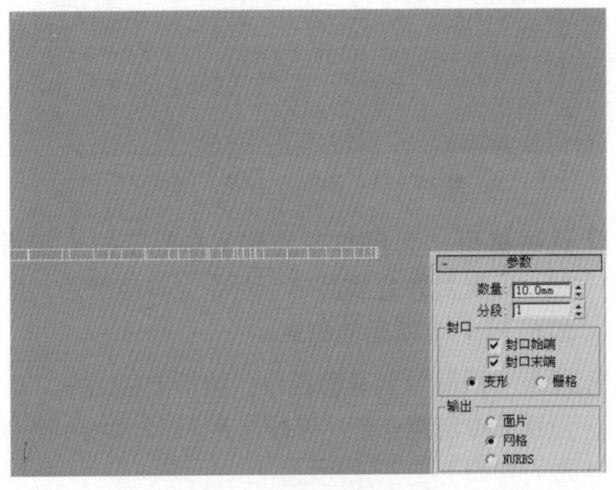

图 17-9　设置“挤出”大小

10.选择多边形物体单击鼠标右键，在弹出的对话框里，选择“可编辑的多边形”，将多边形转换成“可编辑的多边形”，如图17－10所示。

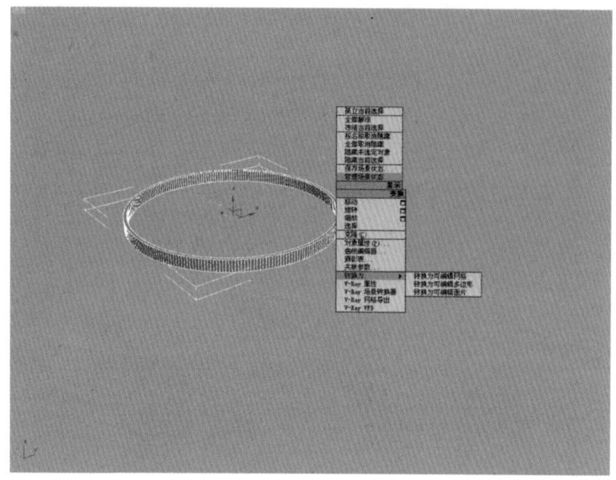

图17－10 设置“轮廓”大小

11.进入“修改”命令面板中，单击按钮，选中需要编辑的边，然后进入“编辑边”卷展栏下，并单击 切角 按钮，设置“切角量”的值为100.0mm，如图17－11所示。

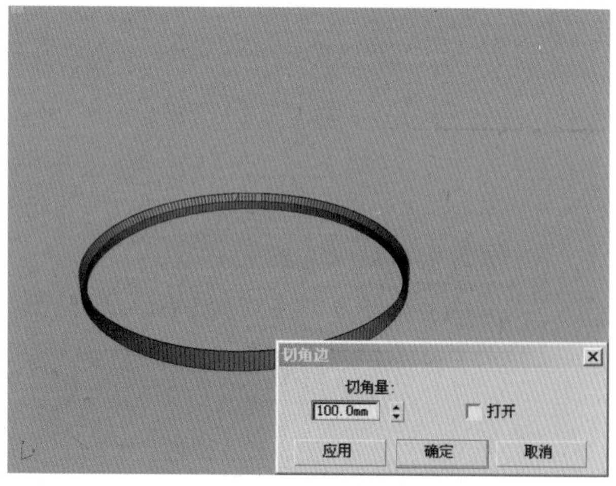

图17－11 添加“切角”修改

12.选中模型，利用对齐工具单击手表的外圈模型，设置对齐方式为中心对齐，将模型移动到如图17－12所示的位置。

13.进入“图形”创建面板中，选择圆形工具，在顶视图中创建一个“半径”为1825.0mm的圆形，如图17－13所示。

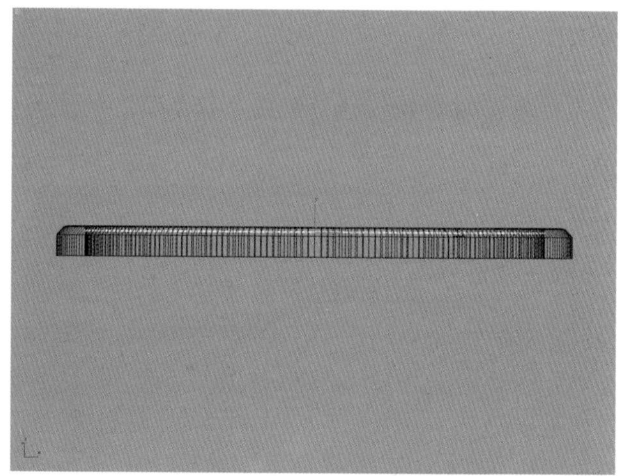

图17－12 对齐模型

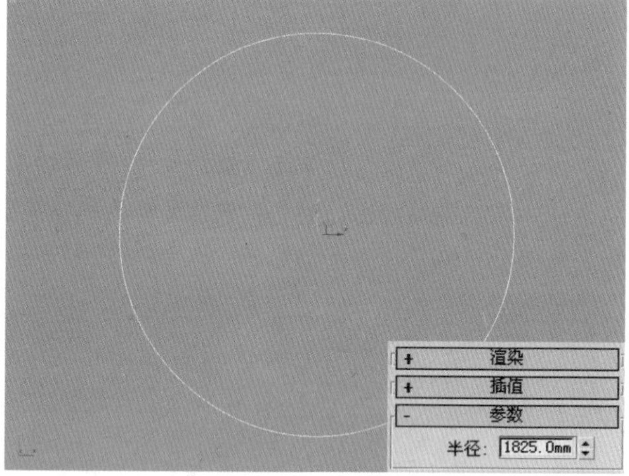

图17－13 创建圆形

14.进入“修改”命令面板中，打开“修改器列表”下拉菜单，在弹出的下拉菜单中选择“挤出”命令，并设置其“数量”的值为30.0mm，如图17－14所示。

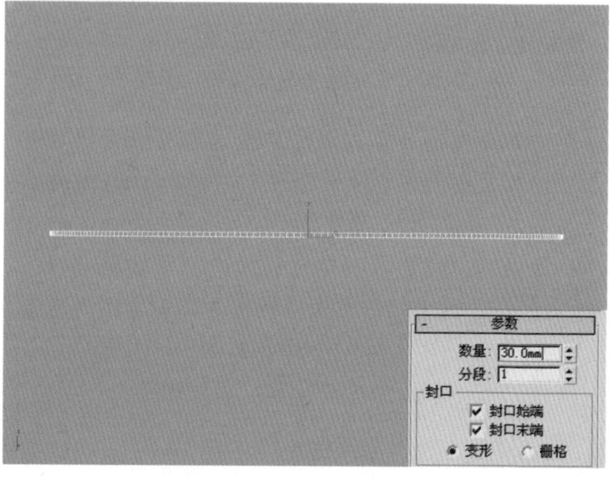

图17－14 设置“挤出”大小

15. 选中模型，利用对齐工具单击手表的外圈模型，设置对齐方式为中心对齐，将模型移动到如图 17-15 所示的位置。

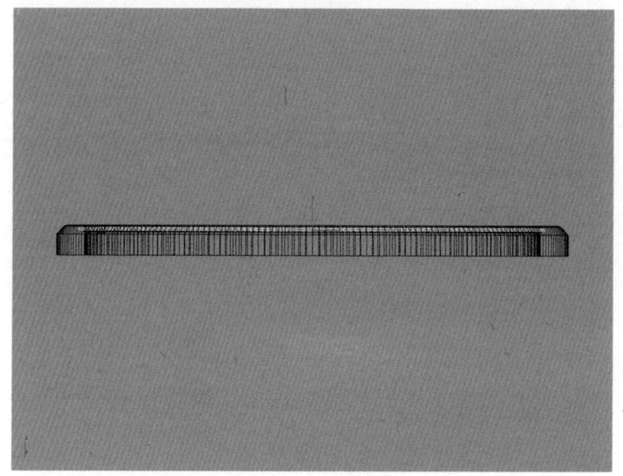

图 17-15　对齐模型

16. 进入"图形"创建面板中，选择圆形工具，在顶视图中创建一个"半径"为 1825.0mm 的圆形，如图 17-16 所示。

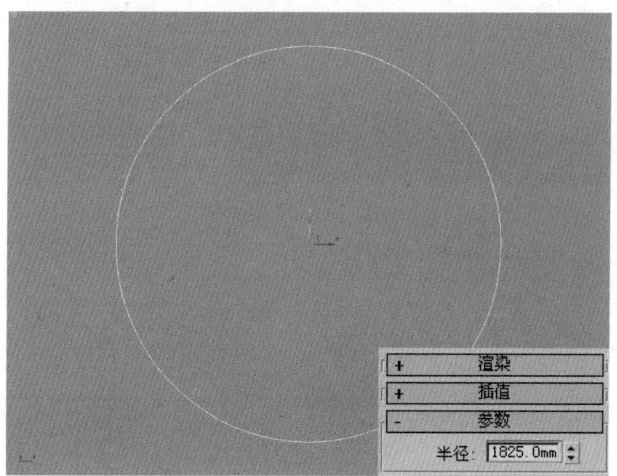

图 17-16　创建圆形

17. 进入"图形"创建面板中，单击 矩形 按钮，在顶视图中创建一个"长度"为 1200.0mm，"宽度"为 200 的矩形，如图 17-17 所示。

18. 将"圆形"转换成"可编辑的样条线"，选择 附加 工具，然后单击"矩形"图形，将其组合成一个整体，如图 17-18 所示。

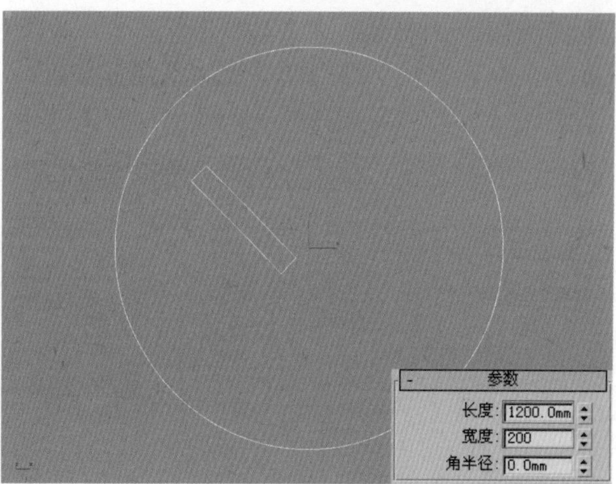

图 17-17　创建矩形

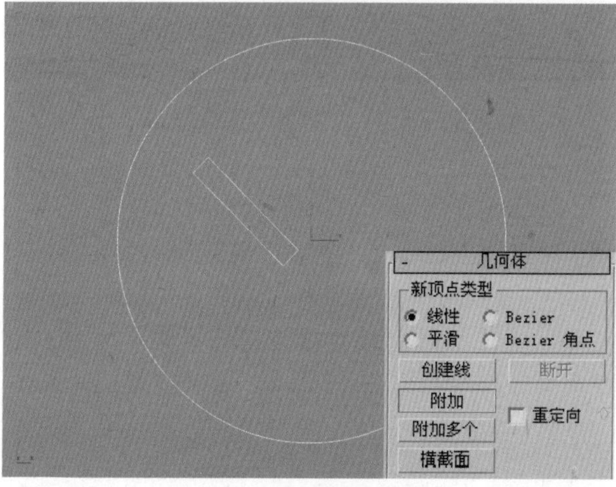

图 17-18　附加样条线

19. 进入"修改"命令面板中，打开"修改器列表"下拉菜单，在弹出的下拉菜单中选择"挤出"命令，并设置其"数量"的值为 10.0mm，如图 17-19 所示。

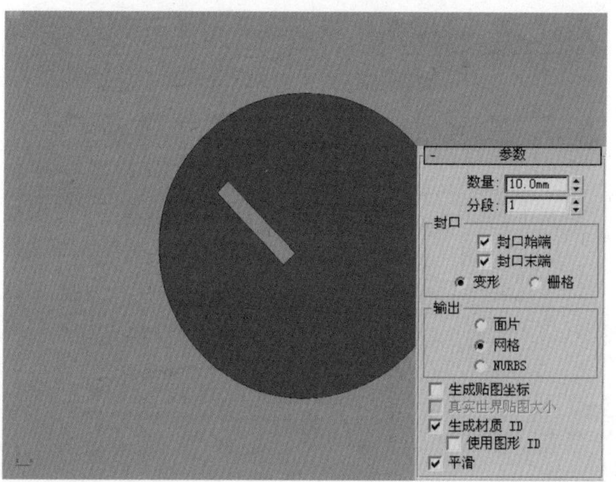

图 17-19　设置"挤出"大小

20.选中模型，利用对齐工具单击手表的外圈模型，设置对齐方式为中心对齐，将模型移动到如图17-20所示的位置。

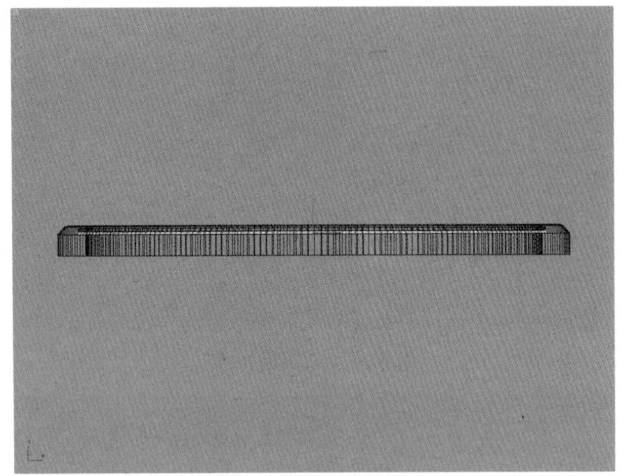

图17-20 对齐模型

21.利用图形创建工具创建两个圆形图形，然后运用“附加”工具，将两个圆形组合成一个整体，如图17-21所示。

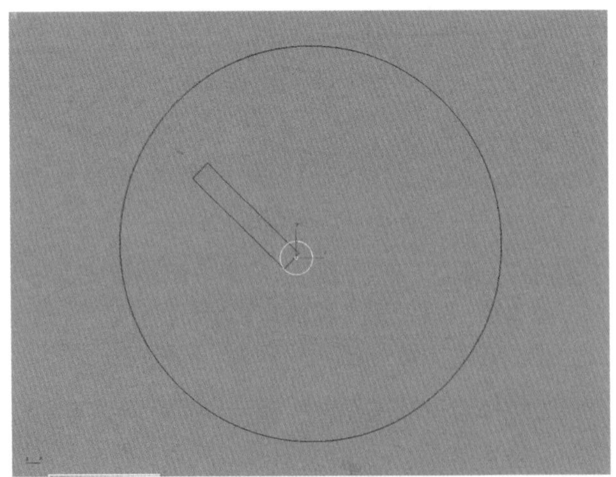

图17-21 创建圆形

22.进入“修改”命令面板中，打开“修改器列表”下拉菜单，在弹出的下拉菜单中选择“挤出”命令，并设置其“数量”的值为40，如图17-22所示。

23.进入“图形”创建面板中，单击 矩形 按钮，在顶视图中创建一个“长度”为1200.0mm，“宽度”为100.0mm的矩形，如图17-23所示。

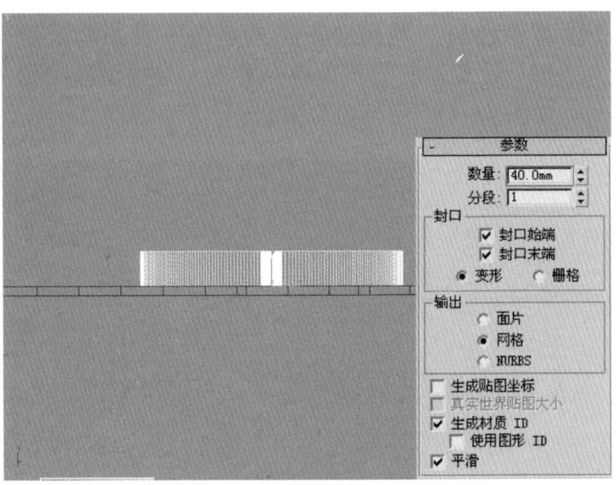

图17-22 设置“挤出”大小

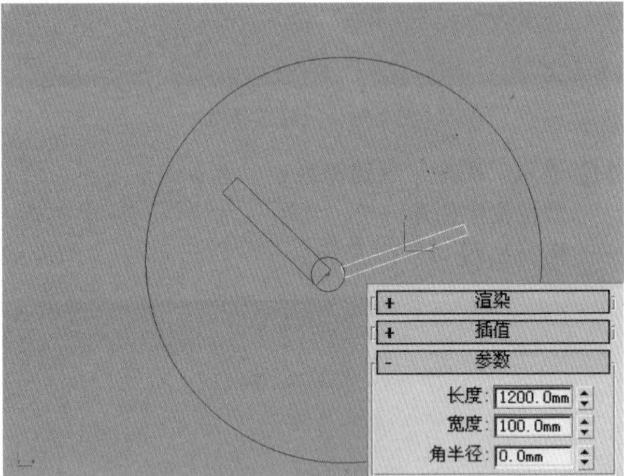

图17-23 创建矩形

24.进入“修改”命令面板中，打开“修改器列表”下拉菜单，在弹出的下拉菜单中选择“挤出”命令，并设置其“数量”的值为30.0mm，如图17-24所示。

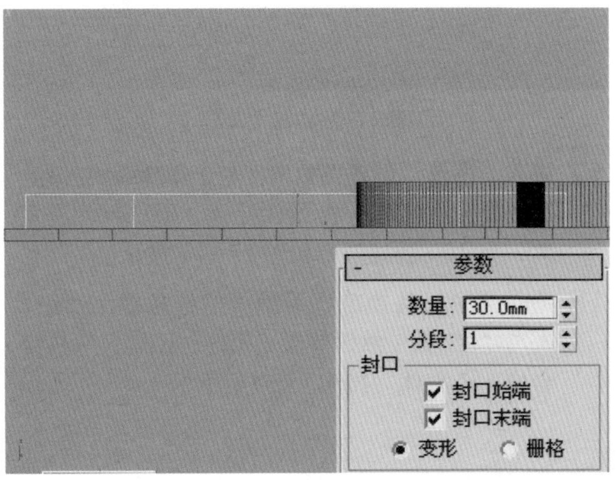

图17-24 挤出模型

技巧／提示

本例中创建模型主要运用的是二维图形挤出的方法，主要目的是能更好地解剖模型的结构，除了这种方法外还可以运用编辑多边形中的面挤出和倒角的方法。

25. 将刚才创建的“分针”模型复制一个，进入“修改”命令面板中，将宽度修改为 21.0mm，长度修改为 2000.0mm，如图 17-25 所示。

图 17-25　创建分针

26. 进入“图形”创建面板中，单击 文本 按钮，在顶视图中创建一个数字 10，如图 17-26 所示。

图 17-26　创建文本

27. 进入“修改”命令面板中，打开“修改器列表”下拉菜单，在弹出的下拉菜单中选择“挤出”命令，并设置其“数量”的值为 10，如图 17-27 所示。

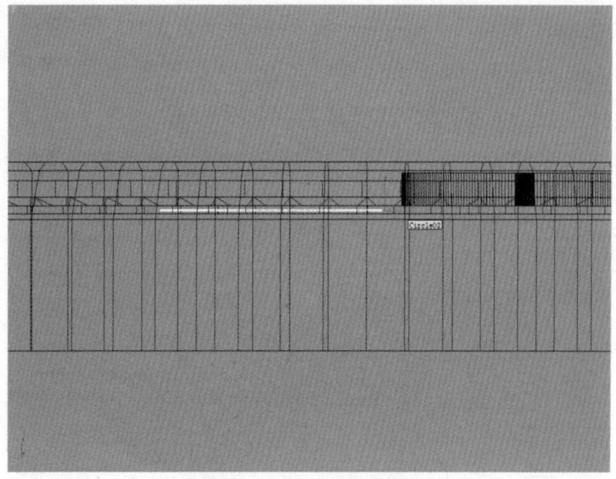

图 17-27　挤出模型

28. 进入“图形”创建面板中，单击 线 按钮，在左视图中创建如图 17-28 所示的样条线。

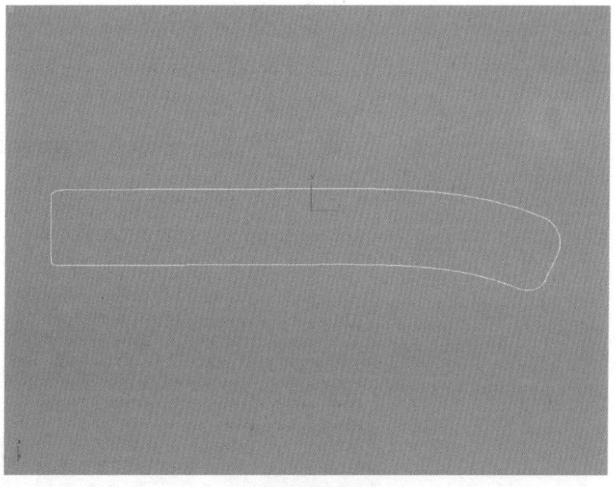

图 17-28　创建图形

29. 进入“修改”命令面板中，打开“修改器列表”下拉菜单，在弹出的下拉菜单中选择“挤出”命令，并设置其“数量”的值为 90.0mm，如图 17-29 所示。

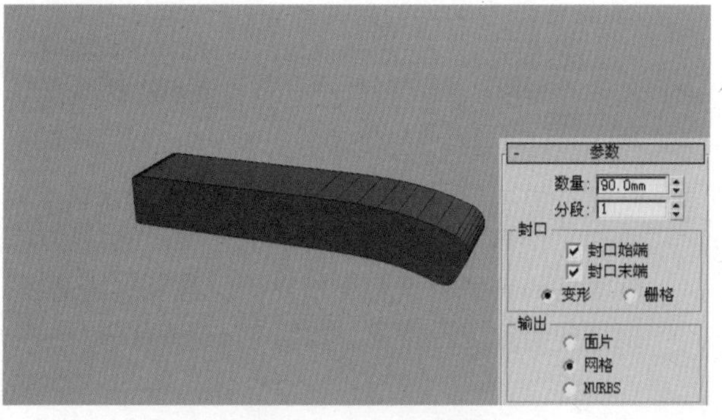

图 17-29　挤出模型

30. 将多边形转换成“可编辑的多边形”，并利用“倒角”工具对模型进行修改，得到的造型如图 17-30 所示。

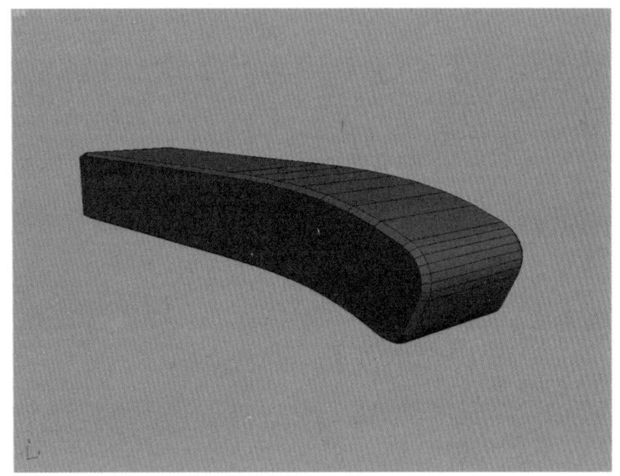

图 17-30　修改模型

31. 将模型进行复制，选择复制的方式为“实例”的方式，这样在后面的修改过程中就不需要逐个进行了，只需要修改其中的一个就会改变所有关联的模型，如图 17-31 所示。

图 17-31　复制模型

32. 进入“图形”创建面板中，单击 线 按钮，在“前”视图中创建如图 17-32 所示的样条线。

33. 利用“挤出”工具和“编辑多边形”下的“倒角”、“切角”工具对模型进行修改。然后以关联复制的方式将模型复制三个。将复制好的模型移动到对应的位置，如图 17-33 所示。

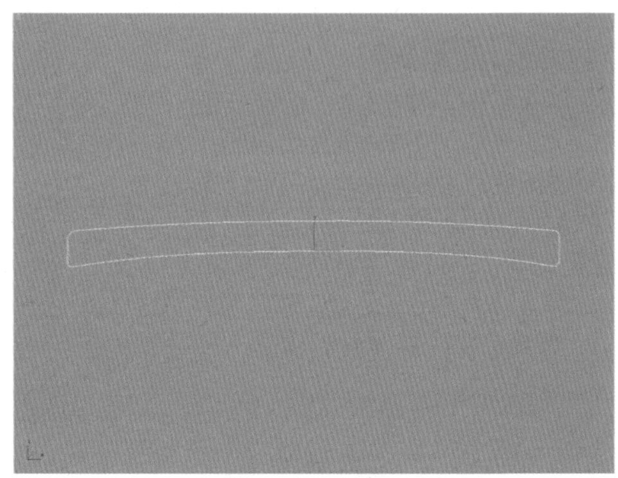

图 17-32　创建图形

图 17-33　创建模型

34. 制作表带的模型，表带的模型制作和前面的制作方法一样。先创建样条线，然后对样条线进行编辑，再利用“挤出”和“编辑多边形”工具对模型进行修改，如图 17-34 所示。

图 17-34　创建表带模型

17.3 时尚手表材质设置

01.设置“表壳金属”材质。设置“漫反射”颜色的值为（16、16、16），然后单击按钮，激活“高光光泽度”选项，设置“高光光泽度”的值为0.75，“光泽度”的值为0.83，“细分”的值为20 ，如图17−35所示。

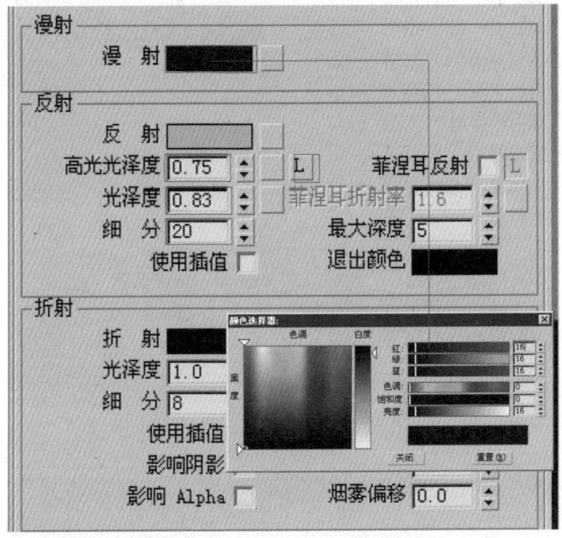

图 17−35　设置“表壳金属”材质

02.设置“反射”RGB颜色的值为（174、177、185），为“凹凸”通道添加一张“噪波”贴图，设置“噪波”贴图的类型为“分形”,大小为0.1，如图17−36所示。

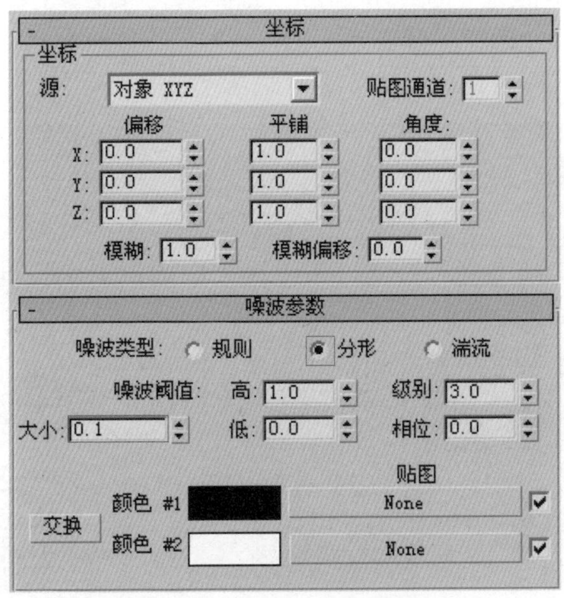

图 17−36　添加“噪波”贴图

03.设置“表面”材质。设置“漫反射”RGB颜色的值为（235、235、235），然后单击按钮，激活“高光光泽度”选项，设置“高光光泽度”为0.65，“光泽度”为0.75，“细分”为20 ，如图17−37所示。

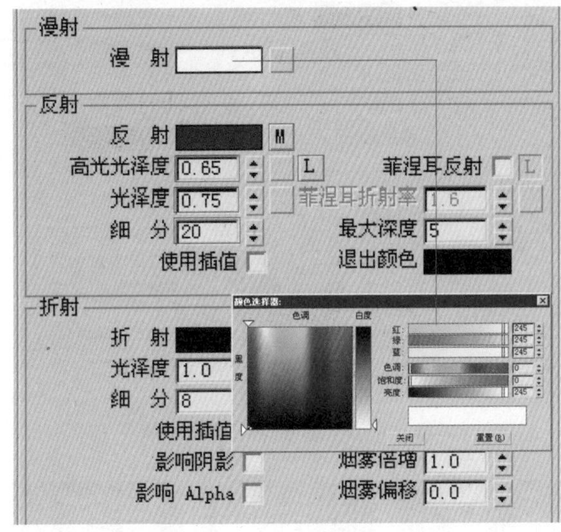

图 17−37　设置“衰减”贴图

04.设置“反射”RGB颜色的值为（45、45、45），为“反射”添加一张“衰减”贴图，设置“衰减”贴图的类型为“Fresnel”,“折射率”为1.4，如图17−38所示。

图 17−38　设置“衰减”贴图

05.设置“表带”材质。设置“漫反射”RGB颜色的值为（250、250、250），然后单击L按钮，激活“高光光泽度”选项，设置“高光光泽度”的值为0.45，“光泽度”的值为0.45，“细分”的值为20 ，如图17-39所示。

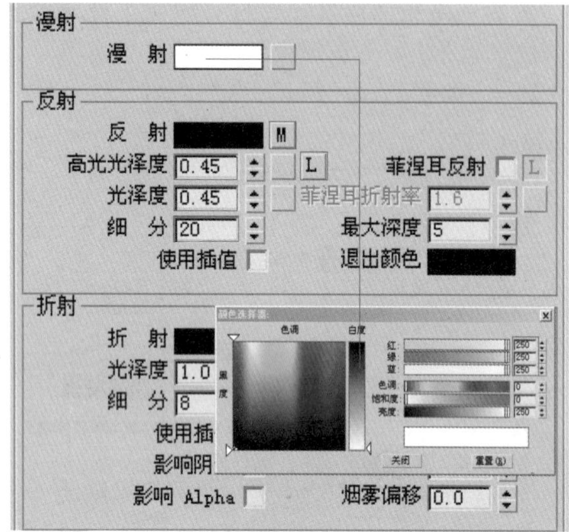

图17-39 设置“表带”材质

06.为“反射”添加一张“衰减”贴图，设置“衰减”贴图的类型为”Fresnel”，“折射率”为1.1。为“凹凸”通道添加一张“凹凸”贴图，设置凹凸的大小为8，如图17-40所示。

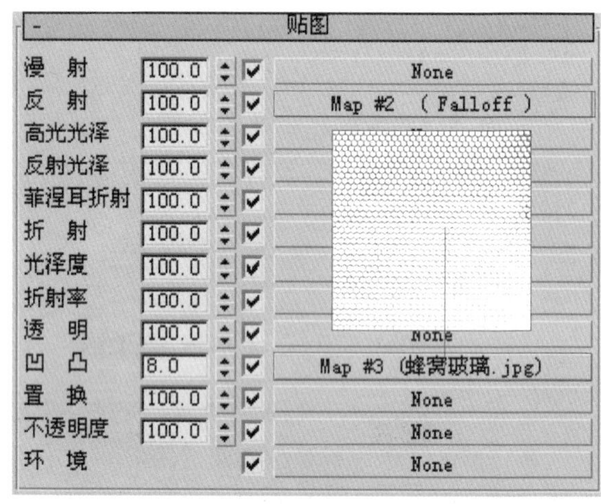

图17-40 添加凹凸贴图

17.4 时尚手表灯光设置

01.现在给场景添加灯光，场景中的灯光很简单，只有一盏“VR阳光”。进入“灯光”创建面板中，打开“标准”下拉菜单，选择“VRay”灯光，然后单击“VR阳光”按钮，在左视图中创建一盏VR阳光灯光，并将其移动到合适的位置。如图17-41所示。

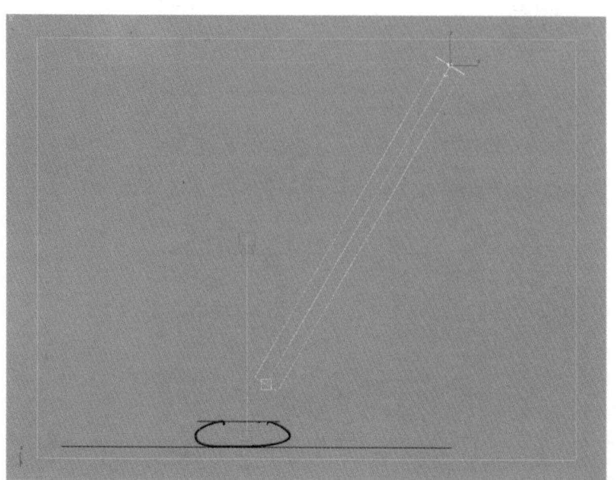

图17-41 创建“VR阳光”

02.在选中“VR阳光”的情况下进入“修改”命令面板中，打开“VR阳光参数”卷展栏，设置“浊度”的值为2.0，“臭氧”的值为1.0，“强度倍增器”的值为0.002，“大小倍增器”的值为3.0，如图17-42所示。

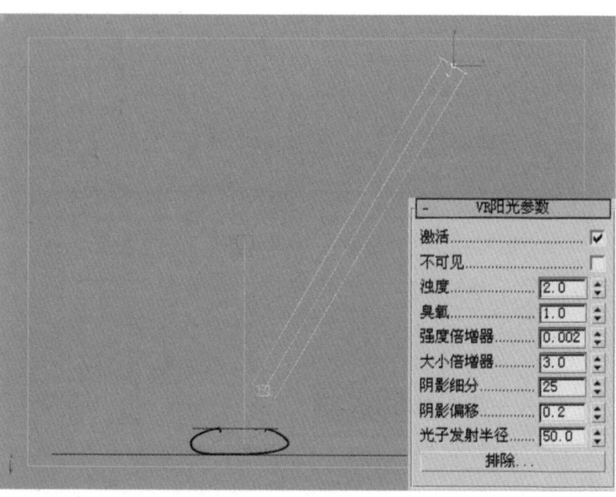

图17-42 设置“VR阳光”参数

17.5 时尚手表渲染出图

01.打开“间接照明”卷展栏，勾选“开”选项，设置“二次反弹”的“全局光引擎”为“灯光缓冲”模式，设置“倍增器”的值为0.8，如图17-43所示。

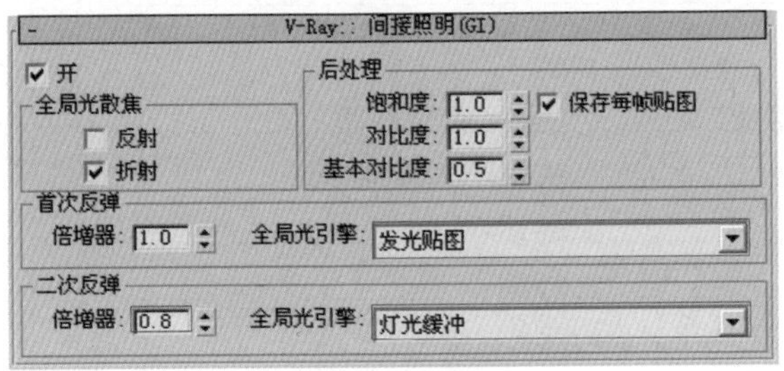

图 17-43　设置间接照明参数

02.打开“全局开关”卷展栏，取消“默认灯光”选项，打开“图像采样（反锯齿）”卷展栏，设置“图像采样器”的类型为“自适应细分”，设置“抗锯齿过滤器”为“Catmull-Rom”类型，如图17-44所示。

V-Ray:: 图像采样(反锯齿)
图象采样器
类型: 自适应细分
抗锯齿过滤器
开　Catmull-Rom　具有显著边缘增强效果的 25 像素过滤器。
大小: 4.0

图 17-44　设置抗锯齿类型

03.打开“自适应细分图像采样器”卷展栏，设置“最小比率”的值为0，“最大比率”的值为3，如图17-45所示。

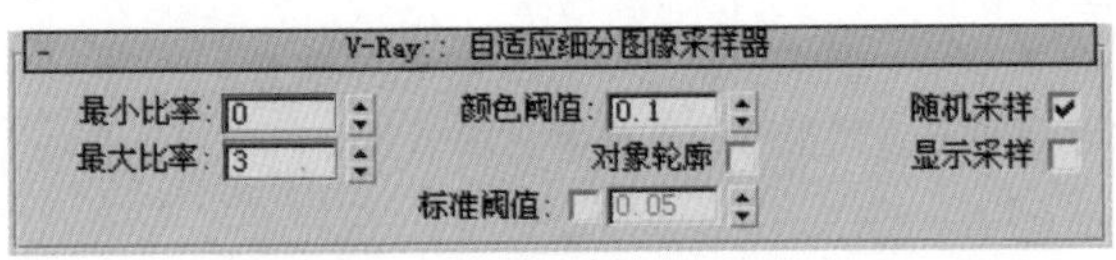

图 17-45　设置采样器参数

04.进入“V-Ray :: rQMC 采样器”卷展栏中，设置“适应数量”为0.75，“噪波阈值”为0.001，“最小采样值”为20，如图17-46所示。

图 17-46　设置采样器参数

05.进入渲染面板中的“灯光缓冲”卷展栏下面，将“细分”的值修改为1500，”进程数量“修改为2，如图17-47所示。

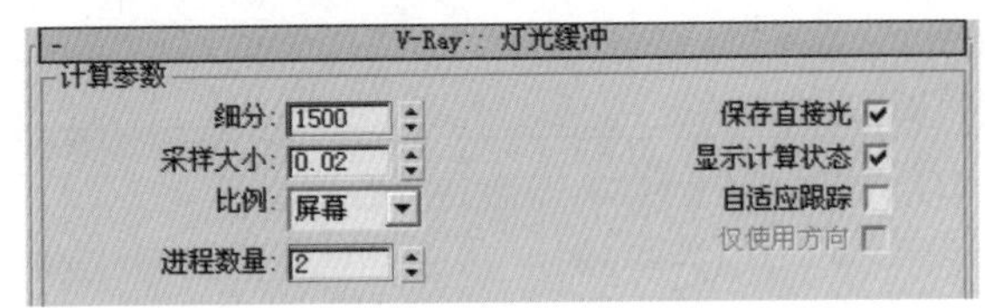

图 17-47　设置灯光缓冲参数

06.进入到“发光贴图”中，设置“当前预置”为“自定义”，设置“最小比率”为-3，“最大比率”为-2，“模型细分”为50，如图17-48所示。

V-Ray:: 发光贴图[无名]
内建预置
当前预置: 自定义
基本参数
最小比率: -3　颜色阈值: 0.4
最大比率: -2　标准阈值: 0.3
模型细分: 50　间距阈值: 0.1
插补采样: 20
选项
显示计算状态
显示直接光
显示采样

图 17-48　设置发光贴图参数

07.按下键盘上的F9键，对当前的摄影机视图进行渲染，由于参数设置得较高，所以渲染需要一些时间。最终渲染的效果如图17-49所示。

图 17-49　最终效果

NO:

读者意见反馈表

感谢您选择了清华大学出版社的图书，为了更好的了解您的需求，向您提供更适合的图书，请抽出宝贵的时间填写这份反馈表，我们将选出意见中肯的热心读者，赠送本社其他的相关书籍作为奖励，同时我们将会充分考虑您的意见和建议，并尽可能给您满意的答复。

本表填好后，请寄到：北京清华大学出版社学研大厦A座513 陈绿春 收（邮编100084）。也可以采用电子邮件（chenlch@tup.tsinghua.edu.cn）的方式。

书名：________

个人资料：

姓名：______ 性别：____ 年龄：____ 所学专业：______ 文化程度：______

目前就职单位：________ 从事本行业时间：______

E_mail地址：________ 电话：______

通信地址：________ 邮编：______

(1)下面的渲染软件哪一个您比较感兴趣

①VRay ②Lightscape ③Brazil ④Mental Ray

⑤Maxwell ⑥FinalRender ⑦Max ⑧其他

多选请按顺序排列 ______

选择其他请写出名称 ______

(2)效果图的书您最想学的部分包括

①建模 ②材质 ③贴图 ④灯光

⑤渲染 ⑥后期 ⑦综合 ⑧其他

多选请按顺序排列 ______

选择其他请写出名称 ______

(3)图书的表现形式，您更喜欢哪些类型

①实例类 ②综合类 ③大全类

④基础类 ⑤理论类 ⑥其他

多选请按顺序排列 ______

选择其他请写出名称 ______

(4)本类图书的定价，您认为哪个价位更加合理

①48左右 ②58左右 ③68左右

④78左右 ⑤88左右 ⑥其他

多选请按顺序排列 ______

选择其他请写出范围 ______

(5)您购买本书的因素包括

①封面 ②版式 ③书中的内容

④价格 ⑤作者 ⑥其他

多选请按顺序排列 ______

选择其他请写出名称 ______

(6)购买本书后您的用途包括

①工作需要 ②个人爱好 ③毕业设计

④作为教材 ⑤培训班 ⑥其他

多选请按顺序排列 ______

选择其他请写出名称 ______

(7)您对本书封面的满意程度

○很满意 ○比较满意 ○一般○不满意

○改进建议或者同类书中你最满意的书名

______

(8)您对本书版式的满意程度

○很满意 ○比较满意 ○一般○不满意

○改进建议或者同类书中你最满意的书名

______

(9)您对本书光盘的满意程度

○很满意 ○比较满意 ○一般○不满意

○改进建议或者同类书中你最满意的书名

______

(10)您对本书技术含量的满意程度

○很满意 ○比较满意 ○一般○不满意

○改进建议或者同类书中你最满意的书名

______

(11)您对本书文字部分的满意程度

○很满意 ○比较满意 ○一般○不满意

○改进建议或者同类书中你最满意的书名

______

(12)您最想学习此类图书中的哪些知识

______

(13)您最欣赏的一本VRay的书是

______

(14)您的其他建议（可另附纸）

______

注：用电子邮件回复的读者，请将个人资料和书名填写完整，其他项目填序号和答案即可。本页复印有效。